国家奶牛产业技术体系疾病防控岗位科学家项目(何洪彬)
山东省"泰山学者特聘专家"人才项目

牛常见传染病及其防控

何洪彬　王洪梅　周玉龙　主编

中国农业科学技术出版社

图书在版编目（CIP）数据

牛常见传染病及其防控／何洪彬，王洪梅，周玉龙主编.—北京：中国农业科学技术出版社，2017.11

ISBN 978-7-5116-3100-8

Ⅰ.①牛… Ⅱ.①何…②王…③周… Ⅲ.①牛病–传染病防治 Ⅳ.①S858.23

中国版本图书馆 CIP 数据核字（2017）第 118047 号

责任编辑　张孝安　　崔改泵

责任校对　贾海霞

出 版 者　中国农业科学技术出版社
　　　　　北京市中关村南大街 12 号　邮编：100081

电　　话　（010）82109708（编辑室）　（010）82109702（发行部）
　　　　　（010）82109709（读者服务部）

传　　真　（010）82106650

网　　址　http://www.castp.cn

经 销 者　各地新华书店

印 刷 者　北京富泰印刷有限责任公司

开　　本　787 mm×1 092 mm　1/16

印　　张　15.375

字　　数　270 千字

版　　次　2017 年 11 月第 1 版　2017 年 11 月第 1 次印刷

定　　价　60.00 元

《牛常见传染病及其防控》

编 委 会

主　　编　何洪彬　王洪梅　周玉龙

参编人员　侯佩莉　赵贵民　朱洪伟
　　　　　刘　宇　宋玲玲　郇延军
　　　　　程凯慧　何成强　王晓声
　　　　　高玉伟　贺文琦　李　杰

前　言

PREFACE

养牛业是重要的新兴产业，我国肉牛和奶牛存栏总量居世界第三位，但单产水平低、经济效益差，口蹄疫、牛传染性鼻气管炎、牛病毒性腹泻黏膜病、布鲁氏杆菌病等牛的主要传染病是影响单产和经济效益的主要因素。然而，与猪和禽传染病防控比较，牛传染病防控起步晚、底子薄，理论基础薄弱，诊断技术缺乏，流行背景不清，疫苗制品匮乏，面临严峻挑战。令人可喜的是，越来越多的人开始关注并积极参与牛病防控研究。经过多年研究实践，我们在"十二五"和"十三五"国家奶牛产业技术体系疾病防控岗位科学家项目及山东省人才项目"泰山学者特聘专家"的资助下，结合国内外的研究进展，针对我国牛传染病的流行情况，编写了《牛常见传染病及其防控》一书。书中重点介绍了牛常见传染病病原、致病机制、流行病学、诊断及防控等，涉及病毒病、细菌病及其他传染病累计 43 种，并简单介绍了牛常见传染病综合防控措施及无疫区建设的进展。本书立足常见传染病，突出简练实用的特点，可供牧场广大兽医技术人员阅读使用，亦可供农业院校相关专业师生、畜牧兽医科研工作者参考。

我国专业从事牛传染病防控研发的机构很少，专业从事牛病防控科技的研发和教学人员严重不足，牛传染病防控专业毕业的专业型人才也不多，牛常见传染病的流行病学数据不系统，防控理论和技术相对匮乏，可供参考的文献明显不足，加之笔者水平有限，书中错误、遗漏之处在所难免，敬请广大读者批评指正。

作　者
2017 年 3 月

目　　录

CONTENTS

第一章 牛常见传染病

一、口蹄疫

口蹄疫是由口蹄疫病毒引起的，发生于牛、羊、猪等偶蹄动物的一种急性、热性、高度接触性传染病。世界动物卫生组织将口蹄疫列为动物 A 类烈性传染病，一旦暴发，所有感染和接触的动物都必须宰杀和无害化处理，经济损失巨大，严重危害畜牧业的健康发展以及相关产品的对外贸易，对国家的政治、经济具有深远的影响。口蹄疫以高热及口腔黏膜、蹄部和乳房皮肤等组织发生水疱、溃烂为主要特征。

（一）病原

1. 分类

口蹄疫病毒（Foot‐and‐mouth disease virus，FMDV）属于小 RNA 病毒科（*Picornavirus*）口蹄疫病毒属。口蹄疫病毒具有较高的遗传和抗原变异性，根据病毒在动物中引起交叉保护能力的不同，分为 A、O、C、Asia1、SAT1、SAT2 和 SAT3 7 个血清型。口蹄疫病毒具有高度的传染性和变异性，流行强度与病毒株、宿主等多种因素有关。我国口蹄疫流行以 Asia 1 型、O 型和 A 型为主，自 2006 年以来主要流行 O 型和 A 型口蹄疫。我国 O 型口蹄疫流行病毒株主要有 3 个拓扑型：CATHAY 型、ME‐SA 型（泛亚毒）和SEA 型。

2. 形态和培养特性

口蹄疫病毒粒子直径 23~25nm，呈圆形或六角形，由 60 个拷贝的衣壳蛋白亚单位和结构蛋白 VP4 及单股正链 RNA 组成的二十面体，无囊膜。衣壳蛋白亚单位由结构蛋白VP1、VP2 和 VP3 组成，VP4 位于衣壳内表面与 RNA 紧密结合。其 RNA 具有感染性和遗传性，病毒的衣壳蛋白决定了抗原性、免疫性和血清学反应的能力，并保护基因组 RNA免受核糖核酸酶等的降解。

口蹄疫病毒在病畜的水疱液、水疱皮内及其淋巴液中含毒量最高。在出现水疱 10~12h 后，病毒进入血液，随血液分布于全身的组织和体液，形成病毒血症；水疱破溃后，在病畜的乳、尿、泪、涎水、粪便及各脏器中均含有一定量的病毒。

口蹄疫病毒能在多种细胞内培养增殖，并产生细胞病变。由于口蹄疫病毒对上皮细胞具有很强的嗜性，常用的原代细胞有牛舌上皮细胞、牛甲状腺细胞、猪和羊胎肾细胞等，其中以犊牛甲状腺细胞最为敏感，产生病毒滴度高，常用于病毒的分离与鉴定。传代细胞系 PK15、BHK-21 和 IBRS-2 等细胞较敏感，常用于本病毒的增殖。培养方法主要为单层培养法和悬浮培养法，后者主要用于疫苗的生产，获得高滴度的病毒液。

豚鼠和乳鼠是较常用实验动物。在豚鼠后肢跖部皮内接种或刺划，常于 24~48h 后在接种部位形成原发性水疱，血液中能检测到病毒，在感染 2~5d 后在口腔等处出现继发性水疱。乳鼠对口蹄疫病毒非常敏感，能检测出病料中少量病毒，3~5d 的乳鼠，皮下或腹腔接种，10~14h 表现呼吸急促、四肢和全身麻痹等症状，于 16~30h 内死亡。牛、犬、猫、大鼠、仓鼠、家兔等人工接种亦可感染。

3. 抵抗力

口蹄疫病毒对外界环境的抵抗力较强。在自然条件下，感染病毒的组织和污染的饲料、饲草、土壤等可保持传染性达数周至数月之久。高温和紫外线对病毒有杀灭作用。水疱液中的病毒经 80~100℃ 很快被杀死，在 60℃ 5~15min 和 37℃ 12~24h 条件下可被灭活。鲜牛奶中的病毒在 37℃ 可存活 12h，在 18℃ 可存活 6d，酸奶中的病毒难以存活。本病毒对酸、碱敏感，2%~4% 的氢氧化钠、3%~5% 福尔马林溶液、0.2%~0.5% 过氧乙酸、5% 次氯酸钠、5% 的氨水等均为较好的消毒剂。

4. 分子特征

病毒基因组为单股正链 RNA，全长约 8 500 个核苷酸（nt），由 5′端非编码区（5′-NCR）、开放阅读框（ORF）和 3′端非编码区（3′-NCR）组成。5′-NCR 和 3′-NCR 包含了与基因表达和病毒复制有关的顺式作用元件，距离基因组 5′末端约 400nt 处有特征性的 poly C 序列，poly C 的长短与病毒的毒力有关。在 ORF 的起始密码子的上游有内部核糖体进入位点（IRES），小 RNA 病毒科病毒可以借助 IRES 进行非帽子依赖性的翻译。ORF 编码病毒多聚蛋白，它们依赖于自身编码的蛋白酶（L、2A、3C）及少数的宿主因子，经过 3 级裂解后，形成病毒结构蛋白（VP1、VP2、VP3 和 VP4）和非结构蛋白（L、2A、2B、2C、3A、3B、3C 和 3D）。VP1、VP2、VP3 和 VP4 四种结构蛋白，组装成病毒衣壳；L 蛋白通过裂解起始因子 eIF4G 来终止宿主细胞蛋白的合成；2A 蛋白能诱导 P1/2A 的释放；2B 蛋白会造成细胞核周围内质网 ER 蛋白的累积，提高膜的渗透性，引起细胞病变；2C 蛋白高度保守，具有 ATPase 和 RNA 结合活性，在感染细胞中与膜囊泡的形成有关；2BC 蛋白可以阻止宿主细胞蛋白质转运进而抑制其加工修饰；3A 是一种与膜相关蛋白，与宿主嗜性有关；3B 编码了 3 种不同拷贝的 VPg 蛋白，可充当引发 RNA 复制的引物和病毒衣壳化的信号，其拷贝数与口蹄疫病毒毒力密切相关；3C 为丝氨酸蛋白酶，负责细胞组蛋白 H3 和真核翻译起始因子 eIF4G 和 eIF4A 的裂解，影响宿主细胞基因组的转录；3D 是一种 RNA 依赖的 RNA 聚合酶，可以催化病毒 RNA 的合成。病毒 RNA 以 VPg 为引物，在 3D RNA 聚合酶的催化下，和 3A、2B、2C 及一些宿主细胞蛋白形成复制复合体参与合成病毒 RNA，新合成的模板 RNA 在衣壳的包被下组装形成成熟的病毒粒子。

（二）致病机制

1. 病毒感染机制

口蹄疫病毒可以与宿主细胞表面的受体分子结合，通过胞吞作用进入细胞，在细胞质内复制和增殖。病毒 RNA 通过 IRES 利用不依赖帽子结构的形式启始翻译，合成结构蛋白 VP0、VP1、VP3 和非结构蛋白 2A、2B、2C、3A、3B、3C、3D。在 3D RNA 聚合酶作用下，进行 RNA 的复制，先合成负链 RNA，再以负链 RNA 为模板合成子代正链 RNA。正链 RNA 进入衣壳形成前病毒粒子，随后 VP0 裂解为 VP2 和 VP4，成为有侵染力的子代病毒粒子。新的感染性病毒粒子通常在感染后 4~6h 生成。

病毒与受体的结合是致病感染的第一步。整联蛋白和硫酸乙酰肝素是目前已知的两类口蹄疫病毒的受体。据报道，整联蛋白 αVβ1、αVβ3、αVβ5、αVβ6、αVβ8 可以识别口蹄疫病毒衣壳蛋白 VP1 的 RGD 基序，其中，αVβ6 只存在于上皮细胞中，相比于其他受体，病毒在体内更易于与其结合。然而，在口蹄疫自然感染过程中，何种整联蛋白发挥关键作用及整联蛋白间的协同功能尚不清楚。硫酸乙酰肝素是体外培养时口蹄疫病毒利用的受体，最初被认为是某些 O 型口蹄疫病毒进入细胞的受体，后来发现 A、C、Asia1 和 SAT-1 等其他血清型病毒也能以其为细胞受体。

病毒进入细胞后脱衣壳，140S 病毒粒子分裂为五聚体组成的 12S，然后释放出 RNA，在核糖体上通过不依赖帽子结构的机制开始 RNA 翻译。口蹄疫病毒正链 RNA 的 IRES 可与翻译起始因子 eIF4G、eIF4B 和 PTBP 等大量的细胞蛋白相互作用。RNA 翻译启动后，首先合成一条多聚蛋白链，L 蛋白自我催化从多聚蛋白链上裂解下来，然后 2A 也自我催化从 P2 蛋白上脱离。

病毒 RNA 在膜复制复合体内合成，该复合体为含有 P2 和 P3 区域编码的非结构蛋白的内质网和高基尔体膜。其中 2B、2C 定位于复合体外表面，为病毒基因组的复制起始位置，而 2C 是启动负链 RNA 合成的必需蛋白。3A 是小 RNA 病毒复合物与内膜结构结合的锚定蛋白；3B 的 pUpU 结构可与基因组 RNA 的 3′端 polyA 结合，作为病毒 RNA 复制的引物蛋白；3A 和 3B 可形成稳定的 3AB，3AB 可与基因组 RNA 的三叶茎环结构和 3D RNA 聚合酶结合，并作为 3D 的辅助蛋白发挥作用。3C 蛋白酶能与正链 RNA 结合，可在病毒感染后期切割宿主翻译起始因子 eIF4A，裂解组蛋白 H3，抑制宿主细胞的翻译。3D RNA 聚合酶在复合体内与正链 RNA 结合，以 VPg 为引物，合成负链 RNA，再以负链 RNA 为模板合成正链 RNA。

病毒的衣壳包装与成熟是病毒复制的最后一步。P1 被 3C 蛋白酶分解为 VP0、VP1 和 VP3，装配成衣壳，组装成五聚体，然后 12 个五聚体再装配成病毒衣壳结构。正链 RNA 进入衣壳形成前病毒粒子，随后前病毒粒子的 VP0 裂解为 VP2 和 VP4，成为成熟的具有侵染力的子代病毒粒子。

2. 持续感染机制

反刍动物自然感染后，主要在上呼吸道咽部的上皮细胞中复制病毒。在口蹄疫形成期间，病毒扩散到全身，在许多上皮组织复制。临床的口蹄疫病毒感染通常在 7d 内被清除，然而病毒却能储藏在宿主的咽喉部位，形成持续感染。口蹄疫病毒可在牛和绵羊体内形成持续感染，在其咽部软腭可检测到口蹄疫病毒，而不表现临床症状。

口蹄疫病毒衣壳蛋白上的氨基酸突变能够影响病毒抗原性的改变，有利于病毒亚群逃脱宿主免疫系统的清除作用，并在宿主体内建立持续感染。口蹄疫病毒 RNA 聚合酶在病毒基因组复制过程中会错误掺入 10^{-5} ~ 10^{-3} 左右的核苷酸，并且没有校对机制消除错误掺入的核苷酸。口蹄疫病毒抗原的变异能使病毒种群连续复制和传播，动物机体通过呈递未变异前病毒衣壳而产生的抗体，并不能完全中和新病毒，如果病毒连续变异，感染过程就会逐步发展，进而形成持续感染。

动物若在口蹄疫病毒感染的急性期未能及时清除病毒，将形成持续性感染，在持续感染部位分泌低水平口蹄疫病毒，并能逃脱宿主的免疫监控系统。口蹄疫病毒在感染细胞后调节 MHC I 类分子的表达，介导关闭宿主细胞的蛋白质合成系统，导致宿主细胞不能提呈病毒肽，不能刺激机体产生免疫应答，进而帮助口蹄疫病毒逃脱宿主的免疫监控。由于宿主体液免疫和细胞免疫功能的损害，减缓体内病毒的清除，这将在感染组织中产生更多的病毒突变株。因而，宿主免疫系统的损伤为口蹄疫病毒的持续感染创造了前提条件。

3. 逃逸宿主天然免疫机制

免疫系统可分为天然免疫和获得性免疫两大类，是机体抵御病原微生物入侵、监视并清除异物和外来病原微生物的重要保护系统。在口蹄疫病毒感染早期，免疫抑制往往具有优势，其主要表现为病毒能在呼吸系统中快速增殖，然后传播到其天然的感染部位。因而，口蹄疫病毒必须突破宿主的第一道防线——天然免疫。

口蹄疫病毒能引起宿主淋巴细胞的减少。口蹄疫病毒的多数病毒株可能引起机体外周血淋巴细胞出现急性短暂的减少，并伴随着严重的病毒血症。此外，严重的病毒血症以及淋巴细胞的减少会导致 T 细胞受到破坏。这类功能缺陷的 T 细胞不能有效增殖，其分泌干扰素的能力也受到抑制，为口蹄疫病毒的快速复制和传播提供机会。

口蹄疫病毒抑制干扰素的产生。宿主树突状细胞是最主要的抗原递呈细胞，在抵抗病原体的天然免疫过程中起着重要作用。浆细胞来源的树突状细胞能够分泌大量 α 干扰素，并在抗口蹄疫免疫血清存在的情况下抵抗病毒的感染。在口蹄疫病毒感染的急性期，外周血中的口蹄疫病毒可抑制骨髓来源的树突状细胞分泌 α 干扰素的能力，在病毒感染 48h 内抑制作用最明显。

口蹄疫病毒破坏自然杀伤细胞的功能。自然杀伤（natural killer，NK）细胞通过细胞应激信号识别被病毒感染的细胞，并且能激发细胞产生毒性。因此，病毒往往通过破坏 NK 细胞应答逃逸宿主的免疫系统。研究表明，口蹄疫病毒的急性感染可导致 NK 细胞的功能紊乱。在口蹄疫病毒感染 2~3d 后，猪 NK 细胞的应答能力明显下降，持续 2~3d 后恢复到正常水平。同时有证据表明，从口蹄疫病毒感染猪中所分离的 NK 细胞不能分泌 IFN-γ，这可能是由于口蹄疫病毒破坏 NK 细胞的功能。

口蹄疫病毒蛋白酶参与宿主的免疫抑制。口蹄疫病毒 L 蛋白主要通过阻碍转录起始因子 NF-κB 基因的表达和调节 NF-κB 的活性、抑制干扰素及 MHC-I 的合成等途径抑制宿主细胞先天性免疫反应和炎症反应。L 蛋白具有裂解翻译起始因子 eIF4G 的功能，使 eIF4G 因子与 eIF4E、eIF4A 和 eIF3 因子相互分离，从而阻断宿主细胞依赖加帽 mRNA 的蛋白翻译，而抑制细胞蛋白合成。L 蛋白还能影响 IFN-β mRNA 的转录。研究表明，3C 蛋白能负调控宿主蛋白的转录以及翻译，从而逃避宿主抗病毒天然免疫。3C 蛋白不仅能切割组蛋白 H3，还能在病毒 RNA 翻译开始减弱时，部分切割诱导翻译起始因子 eIF4A，在口蹄疫病毒感染晚期切割 eIF4G，阻碍宿主细胞转录。此外，口蹄疫病毒的 2B 蛋白和 2C 蛋白以及它们的前体蛋白 2BC 能够利用内质网和高尔基体途径阻止宿主细胞蛋白的交换。

4. 诱导细胞凋亡机制

在病毒感染早期，病毒需要抑制宿主细胞凋亡以完成其复制，生成子代病毒；而在病毒感染后期，又需要宿主细胞凋亡崩解释放子代病毒，使子代病毒扩散感染周围细胞组织。

研究证实，通过重组表达的口蹄疫病毒 VP1 蛋白处理 BHK-21 细胞，可以使 AKT 失活，且可以通过去磷酸化糖原合成激酶，切割 caspase-3、caspase-7 和 caspase-9 前体的方式来促进 BHK-21 细胞凋亡。口蹄疫病毒还能利用 VP1 的"RGD"基序结合细胞表面受体后诱导宿主细胞的凋亡。另外，口蹄疫病毒的 3C 蛋白具有诱导 BHK-21 细胞凋亡的功能，2C 蛋白可与 N-myc 和 STAT 相互作用因子（Nmi）作用，从而诱导细胞发生凋亡。

在经典的凋亡诱导过程中，caspase-3 通过裂解 eIF4G I 和 eIF2A 来抑制宿主的帽子依赖性蛋白的翻译。口蹄疫病毒也采用相似的策略，在感染细胞中 L 蛋白协同细胞内蛋白酶（但不依赖 caspase）抑制宿主细胞的翻译过程，直接或间接地裂解 eIF4G I。因而，L 蛋白在口蹄疫病毒诱导宿主细胞凋亡中发挥重要作用。研究证实，L 蛋白能够诱导牛肾细胞凋亡，并且细胞的凋亡与致病性有关；此外，研究还发现 L 蛋白还阻碍了 α-IFN 的翻译，抑制双链 RNA 依赖蛋白激酶 R（PKR）的合成，α-IFN 可使 FasL 表达增加，通过 Fas/FasL 途径诱导细胞凋亡，而 PKR 不仅可以阻断病毒蛋白的合成，而且还可以通过磷酸化 eIF-2α、激活 p53 等通过内源性途径诱发细胞凋亡。

（三）流行病学

1. 易感动物

口蹄疫可侵害多种动物，偶蹄动物更为易感，其中黄牛、奶牛最易感，其次是牦牛、水牛和猪，再次是绵羊、山羊、骆驼等。黄羊、野羊、野牛、野猪和鹿等野生动物也有发病的报道。一般幼畜较成年家畜易感。

2. 传播途径

口蹄疫传播媒介多样，可通过直接接触、间接接触、气源性传播等。病牛与健康易感牛可通过直接接触而感染；病牛的分泌物、排泄物可造成饲料、草场、水源等污染，通过消化道及受损伤的皮肤黏膜而引起易感动物间接接触而传染；空气也是口蹄疫的重要传播媒介，可发生远距离的气源性传播。

3. 传染源

带毒动物；与病牛或带毒牛直接接触或通过被污染的垫料、地面等间接接触感染；被污染的河流和池塘的水成为重要的传染源；病毒气溶胶。

4. 流行特点

本病不分年龄和季节均可发生，呈散发或地方流行性，牧场呈大规模流行。该病具有周期性，表现为秋冬开始、冬春加剧、春末减缓、夏季平息的规律。

（四）症状与病理变化

1. 症状

牛口蹄疫病毒感染潜伏期为 2~7d，病牛体温可高达 40~41℃，精神萎靡，食欲减退；流涎，1~2d 后很快就在唇内、齿龈、舌面、颊部黏膜出现水疱，同时或随后蹄趾间、蹄冠部柔软皮肤及乳房皮肤红肿、疼痛、迅速发生水疱；口角大量流涎，呈白色泡沫状，少食、拒食或反刍停止；水疱经一昼夜破裂形成红色糜烂，之后糜烂逐渐愈合，也可能发生溃疡，愈合后形成瘢痕，体温恢复正常。若病牛管理不当，糜烂部位发生继发性感染化脓、坏死，出现纤维性蛋白坏死性口膜炎、咽炎和胃肠炎等并发症；蹄部疼痛造成站立不稳、跛行甚至蹄壳脱落；乳腺水疱可引起乳腺炎，泌乳量减少，甚至停止泌乳。

犊牛患病时，水疱症状不明显，主要表现为出血性肠炎和心肌麻痹，死亡率高。

本病一般呈良性经过，一周即可痊愈。若蹄部出现病变，病期可延长至2周以上，病死率一般为1%～3%。但在某些情况下，病牛趋向恢复时，可突然恶化，病牛全身虚弱，肌肉振颤，特别是心跳加快、节律失调、食欲废绝、反刍停止，行走摇摆不稳，因病毒侵害心肌，心脏麻痹而突然倒地死亡，被称为恶性口蹄疫，病死率高。

2. 病理变化

良性口蹄疫是最多见的一种病型，多呈良性转归，病畜很少死亡。组织学变化主要表现皮肤和皮肤型黏膜的棘细胞肿大，变圆而排列疏松，细胞间有浆液性浸出物积聚，随后随病程发展，肿大的棘细胞发生溶解性坏死直至完全溶解，溶解的细胞形成小泡状体或球形体，故称之谓泡状溶解或液化。口蹄疫水疱破溃后遗留的糜烂面可经基底层细胞再生而修复。如病变部继发细菌感染，除于感染局部见有化脓性炎症外，还可见肺脏的化脓性炎、蹄深层化脓性炎、骨髓炎、化脓性关节炎及乳腺炎等病变。

恶性口蹄疫病例多由于机体抵抗力弱或病毒致病力强所致的特急性病例，剖检本型病例的主要变化见于心肌和骨骼肌，口蹄水疱病变不明显，口腔多无水疱与糜烂病变，故诊断较困难。成龄动物骨骼肌变化严重，而幼畜则心肌变化明显。心肌主要表现稍柔软、表面呈灰白、浑浊，于室中隔、心房与心室面散在有灰黄色条纹状与斑点样病灶，好似老虎身上的斑纹，故称"虎斑心"。镜检见心肌纤维肿胀，呈明显的颗粒变性与脂肪变性，严重时呈蜡样坏死并断裂，崩解呈碎片状。病程稍长的病例，在病性肌纤维的间质内可见有不同程度的炎性细胞浸润和成纤维细胞增生，并有钙盐沉着。骨骼肌变化多见于股部、肩胛部、前臂部和颈部肌肉，病变与心肌变化类似，即在肌肉切面可见有灰白色或灰黄色条纹与斑点，具斑纹状外观。镜检见肌纤维变性、坏死，有时也有钙盐沉着。软脑膜呈充血、水肿，脑干与脊髓的灰质与白质常散发点状出血，镜检见神经细胞变性，神经细胞周围水肿，血管周围有淋巴细胞和胶质细胞增生围绕而具"血管套"现象，但噬神经细胞现象较为少见。

（五）诊断

口蹄疫根据流行病学、临床症状和病理变化特点一般即可做出初步诊断，确诊需进行实验室的病原学诊断，参见口蹄疫诊断技术国家标准（GB/T 18935—2003）。牛口蹄疫应注意与牛瘟、牛黏膜病、牛恶性卡他热和传染性水泡性口炎鉴别，见附表1。

1. 牛食道—咽部分泌物（O-P液）的病毒检查试验

（1）样本采集、保存与处理。

①样本采集：被检动物在采样前禁食12h，采样用经2%柠檬酸或2%氢氧化钠浸泡消毒并自来水冲洗的特制探杯。采样时动物站立稳定，操作者左手打开牛口腔，右手握探杯，随吞咽动作将探杯送入食道上部10～15cm处，轻轻来回移动2～3次，然后将探杯拉出。每采完一头动物，探杯都要进行消毒和清洗。

②样本保存：将采集到的8~10ml O-P液倒入容量25ml以上，事先加有8~10ml细胞培养维持液，或0.04mol/L PB（pH值为7.4）的灭菌容器如广口瓶，细胞培养瓶或大试管中。加盖翻口胶塞后充分摇匀。贴上防水标签，并写明样品编号、采集地点、动物种类、时间等，尽快放入装有冰块的冷藏箱内。然后转往-60℃冰箱保存。

③样本处理：先将O-P液样品解冻。在无菌室内将O-P液（1份）倒入100ml灭菌塑料离心管内，再加入不少于该样品1/3体积的三氯三氟乙烷（TTE）。用高速组织匀浆机10 000r/min搅拌3min使其乳化，然后3 000r/min离心10min。将上层水相分装入灭菌小瓶中，作为RT-PCR检测萃取总RNA或分离病毒（接种细胞管）的材料。

（2）病毒分离培养。

①制备单层细胞：按常规法将仔猪肾（IB-RS-2）或幼仓鼠肾（BHK21）传代细胞分装在25ml培养瓶中，每瓶分装细胞悬液5ml。细胞浓度$2\times10^5\sim3\times10^5/ml$，37℃静止培养48h。接种样品前挑选已形成单层，细胞形态正常的细胞瓶。

②样品接种：每份样品接种2~4瓶细胞；另设细胞对照2~4瓶。接种样品时，先倒去细胞培养瓶中的营养液，加入1ml已经TTE处理过的O-P液，室温静置30min。然后再加4ml细胞维持液（pH值为7.6~7.8）。细胞对照瓶不接种样品，倒去营养液后加5ml细胞维持液。37℃静止培养48~72h。

③观察和记录：每天观察并记录。如对照细胞单层完好，细胞形态基本正常或稍有衰老，接种O-P液的细胞如出现口蹄疫病毒典型CPE，及时取出并置-30℃冻存。无CPE的细胞瓶观察至72h，全部-30℃冻存，作为第1代细胞/病毒液再作盲传。

④盲传：将第1代细胞/病毒液1ml接种单层细胞培养物，吸附1h加4ml细胞维持液。37℃静止培养48~72h，接种后每天观察1~2次。对上一代出现可疑CPE的样品更要注意观察。记录病变细胞形态和单层脱落程度，及时收集细胞/病毒液以备进行诊断鉴定试验。未出现CPE的观察至72h，置-30℃冻存，作为第2代细胞/病毒液，再作盲传。至少盲传3代。

（3）结果判定。以接种O-P液样品的细胞出现典型CPE为判定依据。凡出现CPE的样品判定为阳性，无CPE的为阴性。为了进一步确定分离病毒的血清型，将出现CPE的细胞/病毒液作间接夹心ELISA确定血清型。或接种3~4d乳鼠，视乳鼠发病及死亡时间盲传1~3代。再以发病致死乳鼠组织为抗原材料作微量补体结合试验，鉴定病毒的血清型。

2. 液相阻断—酶联免疫吸附试验（LpB-ELISA）

（1）材料。

①样品采集：无菌采血，每头不少于10ml。自然凝固后无菌分离血清装入灭菌小瓶中，可加适量抗菌素，加盖密封后冷藏保存。每瓶贴标签并写明样品编号、采集地点、动物种类、时间等。

②所需试剂：0.1mol/L PBS、0.04mol/L PBS、50%甘油-PBS、0.05 mol/L Na_2CO_3-$NaHCO_3$ pH值为9.6（包被缓冲液）、稀释液A、3.3mmol/L OPD（邻苯二胺）、柠檬酸-PB（pH值为5.0）。

③捕获抗体：用不同血清型的口蹄疫病毒146S抗原的兔抗血清，将该血清用pH值为9.6碳酸盐/重碳酸盐缓冲液稀释成最适浓度。

④抗原：用 BHK-21 细胞培养增殖口蹄疫毒株制备，并进行预滴定，以达到某一稀释度，加入等体积稀释剂后，滴定曲线上限大约 1.5，稀释剂为含 0.05％吐温-20，酚红指示剂的 PBS（PBST）。

⑤检测抗体：豚鼠抗口蹄疫病毒 146S 血清，预先用 NBS（正常牛血清）阻断，稀释剂为含 0.05％吐温 20，5％脱脂奶的 PBS（PBSTM）。将该检测抗体稀释成最适浓度。

⑥酶结合物：兔抗豚鼠 Ig-辣根过氧化物酶（HRP）结合物，用 NBS 阻断，用 PBSTM 稀释成最适浓度。

（2）试验程序。

①包被：ELISA 板每孔用 50μl 兔抗病毒血清包被，室温下置湿盒过夜。

②洗涤：用 PBS 液洗板 5 次。

③加被检血清：在另一酶标板中加入 50μl 被检血清（每份血清重复做 2 次）>2 倍连续稀释起始为 1∶4。

④加抗原：向被检血清酶标板中加抗原，每孔内加入相应的同型病毒抗原 50μl，混合后置 4℃过夜，或在 37℃孵育 1h，加入抗原后使血清的起始稀释度为 1∶8。将 50μl 的血清/抗原混合物转移到兔血清包被的 ELISA 板中，置 37℃孵育 1h。用 PBS 液洗板 5 次。

⑤加抗血清：每孔滴加 50μl 同型病毒抗原的豚鼠抗血清，置 37℃孵育 1h。用 PBS 液洗板 5 次。

⑥加酶结合物：每孔加 50μl 酶结合物，置 37℃孵育 1h。用 PBS 液洗板 5 次。

⑦加显色底物：每孔加 50μl 含 0.05％H_2O_2（3％质量浓度）的邻苯二胺。

⑧加终止液：加 50μl 1.25mol/L 硫酸中止反应，15min 后，将板置于分光光度计上，在 492nm 波长条件下读取光吸收值。每次试验时，设立强阳性、弱阳性和 1∶32 牛标准血清以及没有血清的稀释剂抗原对照孔，阴性血清对照孔。

（3）结果判定。抗体滴度以 50％终滴度表示，即该稀释度 50％孔的抑制率大于抗原对照孔抑制率均数的 50％。滴度大于 1∶40 为阳性，滴度接近 1∶40，应用病毒中和试验重检。

（六）防控措施

新中国成立以来我国曾多次发生口蹄疫，造成巨大的经济损失。我国出台了强制免疫政策，形成了免疫预防为主结合局部扑杀的防控策略。市场上常用的疫苗主要为灭活疫苗，分别为牛口蹄疫 O 型、亚洲 1 型、A 型三价灭活疫苗、牛口蹄疫 O 型-亚洲 1 型二价灭活疫苗及口蹄疫 A 型灭活疫苗，其中牛口蹄疫 O 型、Asia 1 型、A 型三价灭活浓缩疫苗引起的应激反应小，产生较长的免疫期，免疫效果较好。一般口蹄疫疫苗分别于春、秋两季各免疫一次，或按免疫时间免疫，肌内注射，成年牛 3~5ml/头，犊牛 2ml/头，瘦弱、病牛、临产前 1.5 个月、怀孕初期（3 个月内）、4 月龄以下的犊牛禁用。近两年发生过口蹄疫的地区实行每年免疫四次，免疫 1 个月后再加强免疫 1 次。

口蹄疫防控的总原则是首先做好预防，规模化牛场要高度重视，做好卫生防疫、生物安全等综合防控措施。牛场的选址要符合动物防疫条件，设计规划合理；开展科学免疫，定期进行抗体水平监测并及时补免；加强疫情监测及预警，建立疫情报告制度；注意引种安全，禁止从疫区进口动物及其产品并加强入境检疫；加强动物饲养管理，提高动物抗病能力；强化病害动物的无害化处理；限制奶牛场人员、运输车辆及用具的流动；健全消毒卫生制度，强化消毒控制措施，减少病原微生物等各种因素对畜群造成的影响，降低疫病发生风险。

在发现口蹄疫疫情后，首先迅速诊断，上报疫情，划定疫点、疫区，严格封锁疫区。若疫点少、疫情已扩散时，则采用严格封锁疫区、疫点，扑杀病畜及同群牲畜，尸体要进行深埋、焚烧或化制等无害化处理，拔除疫点，消灭疫源，达到扑灭目的。若疫点分布广、疫情已扩散时，则要严格封锁疫区、疫点，扑杀病畜及同群可疑感染牲畜，实行强制免疫、强制检疫、强制封锁、强制扑杀、强制消毒等措施。疫区内各疫点周围及受威胁地区，用疫苗进行环形包围免疫注射，建立免疫带。口蹄疫疫区若解除封锁，必须在疫点和疫区最后一头病畜痊愈后 14d，再无口蹄疫发生时，经上一级畜牧兽医部门检查验收后，并对疫点及周围被污染的场所、栏圈、用具、车辆等物品，进行全面的严格消毒处理，由原发布封锁令的政府宣传解除封锁。

农业部在《关于加快推进动物疫病区域化管理工作的意见》（农医发〔2010〕39 号）中，明确了动物疫病区域化管理目标，即用五年时间在全国范围内分区域、分类型、分阶段、分病种对动物疫病实行区域化管理，进行动物疫病区域控制和净化，全面推进无疫区建设。吉林永吉县、辽宁省已经建成口蹄疫无疫区，从而达到有效控制和净化口蹄疫，提高了畜产品质量安全水平，促进了畜产品国际贸易。

（撰写人：王洪梅；校稿人：何洪彬、王洪梅）

二、传染性鼻气管炎

牛传染性鼻气管炎（Infectious Bovine Rhinotracheitis，IBR）是由牛传染性鼻气管炎病毒（Infectious Bovine Rhinotracheitis Virus，IBRV）引起的牛的一种急性、热性、接触性传染病，症状以高热、呼吸困难、鼻炎和上呼吸道炎症为主，导致牛流产、肺炎等。病毒的组织嗜性较广，可感染呼吸系统、生殖系统、神经系统、眼结膜和胎儿。由于病毒的急性感染造成机体免疫力低下，可继发细菌感染，延缓育肥牛群的生长和增重，影响成年牛的产奶量及繁殖力，若治疗不及时常常导致死亡。该病在世界范围内流行，给全球养牛业造成重大经济损失。目前，对于 IBR 的防控主要采取两种手段，即疫苗接种和净化。养牛业发达国家主要利用灭活疫苗和减毒疫苗进行免疫预防，并结合净化持续性感染牛的措施有效地控制了 IBR；我国尚没有安全有效的商品化疫苗可以应用，防控形势极为严峻。

（一）病原

1. 分类

牛传染性鼻气管炎病毒（Infectious Bovine Rhinotracheitis Virus，IBRV）即牛疱疹病毒 1 型（Bovine Herpesvirus-1，BHV-1）是疱疹病毒科（*Herpesviridae*）甲疱疹病毒亚科（*Alphaherpesvirinae*）水痘病毒属（*Varicellovirus*）成员。

2. 形态及培养特性

病毒颗粒由内至外依次是核心、衣壳和囊膜 3 部分，直径约 150~220nm。核心由 DNA 与蛋白质缠绕而成，直径介于 30~70nm。衣壳为六角形正二十面体，由 3 层组成，中层和内层是无特定形态的蛋白质薄膜，外层衣壳的形态结构由 162 个互相连接呈放射状排列且有中空轴孔的壳粒构成，囊膜表面分布有10种糖基化蛋白。

本病毒能在多种细胞上培养，如牛肾细胞、牛睾丸细胞、牛胎肾细胞，以及马、猪、羊、兔的肾细胞等细胞上都能生长，并可以使细胞聚团，产生巨核合胞体，出现细胞病变。一般常用牛肾传代细胞（MDBK）来培养本病毒。在MDBK细胞上增殖时，病毒能在短时间内迅速吸附到细胞表面，进而侵染细胞，此过程的发生在2h内。一般经过36~48h即可观察到细胞病变。

3. 生化特性

牛传染性鼻气管炎病毒耐碱而不耐酸，抗冻而不耐热。在pH值为6.9~9.0的碱性环境下十分稳定，而在pH值6以下很快就会失活死亡；在-70℃内低温保存，病毒可存活数年，在4℃中，能存活30~40d，并且感染滴度几乎不发生变化，在22℃里保存5d后，其感染滴度就会降低10倍；在37℃时，约经10h病毒有一半死亡，而在56℃下，21min即可全部灭活。病毒在0.5%NaOH、0.01%HgCl$_2$、1%漂白粉、1%酚类数秒即可灭活；在5%的甲醛溶液中只需要1min即会死亡。不同的毒株对乙醚的敏感性差异很大，但都对氯仿十分敏感。丙酮、酒精或紫外线均可破坏病毒的感染力，可在24h内将其完全杀死。

4. 血清学分型

目前，发现牛传染性鼻气管炎病毒只有一个血清型，根据病毒DNA核酸内切酶图谱，可将其分为几个亚型：BHV-1.1（呼吸道亚型）、BHV-1.2（生殖道亚型），BHV-1.2又可分为BHV-1.2a和BHV-1.2b。BHV-1.1亚型是引起牛传染性鼻气管炎的经典病毒，可引起呼吸道型和流产型症状，此亚型病毒曾在欧洲的多个国家及美洲流行。BHV-1.2a亚型可引起牛传染性鼻气管炎（IBR）、传染性脓疱性外阴阴道炎（IPV）和流产等多种疾病，此亚型病毒曾在巴西大面积流行，后来在欧洲也出现过，但近年来很少出现。BHV1.2b亚型也可引起IBR、IPV，但其致病性比BHV-1.1亚型弱。

5. 分子特征

IBRV基因组属双链线性DNA分子，全长138kbp，G+C含量高达72.3%。由一个106kb的长独特区（UL）、一个10kb的短独特区（US）以及短独特区两端的11kb反向重复序列（IRS，TRS）组成，短独特区的正反异构使病毒DNA存在两种异构体。IBRV基因组可编码约70个左右的蛋白质，包括12种囊膜蛋白，其中10种糖蛋白分别是位于UL区的gB、gC、gH、gM、gL、gK的6个糖蛋白和位于US区的gD、gE、gG、gI 4种糖蛋白，其余2种gN和gJ为非糖基化蛋白。负责病毒的吸附、渗透和在细胞之间扩散的主要糖蛋白是gB、gC、gD和gE。

（二）致病机制

病毒的糖蛋白在病毒与细胞以及病毒与宿主免疫系统的作用过程中具有重要功能。

由于病毒感染器官的不同而形成各种病型。病毒侵入呼吸道器官后进入上皮细胞，在细胞核内复制，并进入血液。病毒感染细胞一般有以下3个过程，首先是病毒通过糖蛋白gB和（或）gC与细胞表面的结构形成低亲和力的结合，然后通过糖蛋白gD与细胞表面的特异性受体相结合，特别是nectin-1受体。最后病毒囊膜与细胞质膜融合，这一关键的步骤需要BHV-1的4种糖蛋白gD、gB、gH和gL形成的异源二聚体。病毒粒子进入细胞质之后，病毒蛋白与细胞动力蛋白复合物和微管共同作用使病毒到达核孔，并将病毒DNA释放进细胞核，之后病毒基因依次表达，并包装成新病毒，同时引起细胞坏死和凋亡。细胞的坏死主要是病毒宿主关闭（virion host shutoff，VHS）蛋白抑制了细胞内蛋白质的合成。

病毒侵入眼内时能引起急性结膜炎，混入眼泪中的病毒通过鼻泪管而进入鼻腔。病毒侵入生殖道时，可导致脓疱形成，引起脓疱性阴道炎，病毒侵入血液中，往往引起败血症，但在病程较短的病例中只发生暂时性的败血症。在病毒感染过程中有干扰素形成，并出现于感染黏膜分泌液中。一般在感染后9d形成体液型抗体，并积聚于感染黏膜和血浆中。在形成病毒血症时，病毒能穿过胎盘感染胎儿而引起流产。在临床康复过程中，病毒定居于未知的细胞中而成隐性感染，即使抗体形成，病毒仍能使宿主持续感染终生。此外，病毒感染后，为了消除细胞毒性T细胞对感染细胞的发现和清除，BHV-1通过降低I型主要组织相容性复合物（MHC）分子的细胞表面表达水平来降低抗原细胞的提呈作用，引发CD_4^+淋巴细胞、B淋巴细胞和单核细胞等牛白细胞亚类的凋亡，导致机体出现免疫抑制。

（三）流行病学

自从1956年Madin等在美国的牛体内分离到IBRV以来，世界各大洲均有牛传染性鼻气管炎的报道，已成为全球性重要疫病。血清抗体检测表明，包括至今还没有分离出病毒的少数南美国家，几乎所有国家的牛群都不同程度地检出了IBRV抗体。意大利、澳大利亚、新西兰、墨西哥等国的抗体阳性率均高于50%。2012年南非、伊朗牛群抗体阳性率分别高达74.47%、72%。我国于1980年从新西兰进口的奶牛中检出并首次报道了该病，近些年来该病流行调查报道逐渐增多。2007年对全国29个省市1 344份奶牛血清进行流行病学调查，平均阳性率为35.8%；2008年检测了全国11个省份的2 012份血清，平均阳性率为46%；2010年对北方5个地区（北京市、辽宁省、吉林省、内蒙古自治区、山西省）的血清学抗体调查显示血清阳性率最高可达66.7%；2012年对北方六省、区、市（山东省、河北省、河南省、内蒙古自治区、新疆维吾尔自治区、北京市）进行IBR流行病学调查，最高阳性率达68%。上述所报道的检测数据尽管不系统，但表明了IBRV在我国牛群中普遍存在。另外，在进口种牛检疫中也发现了病毒检测阳性牛。由此可见，我国IBRV感染形势严峻，亟须系统的流行病学调查数据，为追溯疫源、了解区域疫情动态和疫病的防控提供科学依据。

1. 易感动物、传染源、传播途径

一般情况下，牛是IBRV在自然界的唯一宿主，不同年龄和品种的牛都易感，20~60d龄犊牛最易感。该病在牛群的发病率为10%~90%，死亡率为1%~5%。在实验条件下，还可感染山羊、绵羊、猪等。近几年调查发现，在河马、黑斑羚、鹿科动物（包括狍、驯鹿、小鹿、马鹿、白尾鹿等）体内也检测到IBRV。

带毒种公牛精液及带毒病畜是牛传染性鼻气管炎的主要传染源。部分牛感染IBRV后不表现临床症状，或出现症状的牛耐过后痊愈，病毒可长期存在牛体从而成为潜在的长期性的传染源。

牛感染本病后，可通过眼、鼻和生殖道分泌物向外排毒。本病毒可通过空气扩散传播或与病牛的直接接触而传播，主要经飞沫、交配和身体接触传播。在传播途径上，呼吸道途径和生殖系统途径是本病传播的主要途径；在传播方式上，水平传播和垂直传播同时出现，还可以通过初乳传给分娩后的新生胎儿。

2. 流行特点

本病在秋季和寒冷的冬季较易流行，特别是舍饲的大群奶牛在过度拥挤、密切接触的条件下更容易迅速传播。另外，应激因素、社会因素、发情及分娩可能与本病发作有关，发病率视牛的个体及周围环境而异。一般牛群临床发病率为20%～30%。严重的流行，发病率可高于75%，但病死率在10%以下。本病可引起育肥牛群的成长和增重延缓，奶牛产奶量减少和流产等。一般育肥牛比母牛和奶牛的发病率高、病情较重、病死率也高。牛传染性鼻气管炎病毒存在着潜伏—激活的循环，一些应激因素，如长途运输和分娩可激活体内潜伏感染的病毒，可引起间歇排毒，在自然界形成传染源，因此，对潜伏感染牛的检出尤为重要。

（四）临床症状

本病死亡率低，多数动物感染后不表现临床症状，或仅出现亚临床症状，但可携带高水平的抗体。病毒感染后发病的严重程度主要与病毒株毒力的强弱、动物体本身的抗病能力，如年龄等因素有关，如果有潜在的细菌共感染的威胁则会加剧临床症状。继发细菌感染可导致多种严重的呼吸道疾病。自然感染的病牛，潜伏期为4～6d。人工气管内接种或外阴道滴注，潜伏期可缩短至18～72h。病程主要取决于感染发病的严重程度，一般为4～8d。根据患病动物感染器官的不同可分为多种临床类型，主要包括：呼吸道型（潜伏期一般是5～7d，病牛高热达40℃以上、食欲降低，咳嗽，呼吸困难，眼、鼻排出大量分泌物，大量流泪，眼睑水肿，后期转为黏脓性鼻液，鼻内可见溃疡灶。若继发细菌性致死性肺炎可导致病牛死亡）、生殖道感染型（引起母牛外阴道发炎充血和公牛外生殖器发炎，导致妊娠牛流产和非妊娠牛不孕）、脑膜脑炎型（多发于3～6个月龄的犊牛，呈现神经症状、痉挛、流涎）、眼结膜炎型（结膜充血、水肿）、流产型。

（五）病理变化

呼吸道型的病变局限于上呼吸道和气管，肺脏大多正常，口、鼻腔、咽、喉、气管有不同程度的炎症反应。轻度发病牛上呼吸道黏膜充血、肿胀伴随卡他性渗出物；严重者在黏膜下有出血点和坏死灶。病理组织学检查可见黏膜出血，上皮细胞变性、坏死脱落，肺泡呈出血、水肿及局部坏死状，呼吸道黏膜下层有淋巴细胞、巨噬细胞和浆细胞等免疫细胞浸润，大量嗜中性粒细胞聚集在坏死的表皮黏膜内，病变器官上皮细胞内可发现典型的病毒聚集而成的嗜酸性包涵体。生殖道型感染后表现为外阴、阴道、包皮、阴茎黏膜的炎症。

脑膜炎型的犊牛脑膜出现轻度出血，病理组织学检查可见脑组织血管周围淋巴细胞渗出。

（六）诊断

我国动植物检疫法规中明确规定，进出口牛及其肉制品必须检测IBRV。根据临床症状、病理变化和流行病学做出初步诊断，结合病毒的分离鉴定或血清学检测等实验室诊断方法作出确切的诊断。当发生呼吸型症状时，本病应与支气管肺炎、牛流感、恶性卡他热、牛病毒性腹泻/黏膜病、坏疽性鼻炎、牛瘟、泰勒原虫病区别。当发生流产型症状时，本病应与布氏菌病、李斯特菌病、钩端螺旋体病、牛病毒性腹泻/黏膜病区别。

1. 病原学诊断方法

主要有病毒的分离培养，病毒核酸的分子生物学检测，病毒抗原的免疫学检测包括免疫荧光染色、免疫组织化学以及抗原 ELISA 等。分子生物学检测与抗原 ELISA 方法常用于临床样本的检测。

（1）病毒的分离培养。病毒分离可用多种细胞，最常用的是原代或次代牛肾、肺或睾丸细胞，或者由牛胎儿的肺、鼻甲或气管等组织制备的细胞株以及建立的传代细胞系，如牛肾传代细胞（MDBK）和牛气管细胞（EBTr）都比较适用。病毒也能在山羊、绵羊、兔和马的肾细胞及兔睾丸、人羊膜等细胞培养物内增殖。接种病毒后，细胞典型变化是圆缩，聚集成葡萄样群落，在向四周扩展的同时，中心部细胞逐渐脱落，3~4d 后细胞单层基本全部脱落，有时会发现有几个细胞核的巨大细胞。若 7d 还没出现 CPE，就得再盲传 2 次。

（2）分子生物学方法。PCR 诊断方法目前多用于精液等样品中的 IBRV DNA 的检测，扩增的目的片段有 TK、gB、gC 和 gD 4 个基因。Marsri（1996）建立了检测精液中病毒 gB 基因的套式 PCR 方法。Galeota 等（1997）建立的定量 PCR 方法，能够鉴别诊断 TK、gC 基因缺失疫苗。陈茹等（2005）建立了 gC 基因的实时荧光 PCR 诊断技术，该法检测时间短，敏感性高，适用于进境牛和牛精液中 IBRV 快速检测。Thonur L 等（2012）建立了针对牛呼吸道合胞体病毒、牛传染性鼻气管炎病毒和牛副流感病毒Ⅲ型的一步法多重 RT-PCR，敏感性高，重复性强。何洪彬（2015）建立了可快速检测 IBRV 的荧光定量 PCR 及可应用于现场快速诊断的重组酶聚合酶扩增技术（RPA）。

2. 血清学诊断方法

（1）病毒中和试验（VN）。各种牛源细胞或传代细胞系均可用于 VN 试验，包括次代牛肾细胞或睾丸细胞、牛肺或气管细胞株或 MDBK 传代细胞系。实验时必须做病毒抗原、标准阳性血清及阴性血清的对照：病毒抗原对照和阴性血清加抗原对照应出现细胞病变；阳性血清加抗原对照应无细胞病变；被检血清对细胞应无毒性，对照细胞正常生长。试验因毒株、血清开始的稀释度、病毒/血清孵育时间、所用细胞类型、最后判读结果时间和终点判读（50% 和 100%）不同而异。

（2）酶联免疫吸附试验（ELISA）。以 IBRV 全病毒或具有免疫原性的糖蛋白以及它们的主要抗原表位为抗原或制备单克隆抗体建立 ELISA 诊断方法，检测血清或奶样中的抗体。目前，本方法已被很多国家运用于检测牛群中的 IBRV 抗体，也有相关商品化试剂盒。Kramps 等利用抗 BHV-Ⅰ gB 糖蛋白上的单克隆抗体建立了 ELISA 法。Bertolotti、Perrin 等利用牛传染性鼻气管炎病毒的 gE 基因作为包被抗原，建立的间接 ELISA 方法具有较高的敏感性和特异性，可用于区分接种疫苗的动物和自然感染的牛群。Cork J 等建立了基于 ELISA 检测方法的低成本的生物传感器系统，可定量分析牛奶样品中抗体水平，成为一种新的检测平台，可在 15min 内完成对 194 份血清和 50 个散装牛奶样品的检测。在丹麦，研究人员将阻断 ELISA 作为基础试验用于检测 BHV-1 抗体，灵敏度是 SN 的 2 倍。我国学者建立了 IBRV gB 间接 ELISA 和双抗体夹心 ELISA 检测方法以及特异性强的 gB/gG 间接 ELISA 方法，可用于临床诊断。

（七）防控措施

疱疹病毒感染宿主后，使宿主发生轻度疾病过程并使其成为病毒的长期宿主。由于难以控制疱疹病毒的传播和清除感染，因而对该病的预防控制非常困难。本病虽然对生命并不构成威胁，然而对家畜的商品交易造成限制以及可能引起继发感染。

由于 IBR 对世界养牛业造成了巨大的经济损失，截至目前，对于 IBR 的控制主要采取2 种方法，即疫苗接种和扑杀。欧洲一些国家如丹麦和瑞士，采取净化血清阳性牛的方法已清除了该病，虽然该方法最为直接有效，但耗资巨大，对于养牛范围大、IBR 普遍存在的发展中国家而言并不现实。因此，对于有该病流行的区域和牛群实施免疫接种，是非常重要的预防措施。针对 IBR 的疫苗有重组活病毒疫苗、DNA 疫苗、灭活疫苗、病毒载体疫苗。使用商业化的基因缺失的标记疫苗可以鉴别自然感染动物和疫苗接种动物，采取预防免疫为主结合扑杀净化策略，有利于 IBR 的预防和根除。

针对 IBR 的疫苗有常规疫苗（灭活苗和减毒活苗）和新型疫苗。灭活疫苗安全性好，但免疫持续期短，免疫效果稍差，可用于怀孕母牛的免疫。减毒疫苗，可引起体液免疫和细胞免疫，免疫效果好，但为避免流产和精液传播，一般不用于怀孕母牛和种公牛。目前国际市场上已报道的灭活疫苗和减毒疫苗有上百种。2 周龄至 3 月龄的犊牛第一次接种商品化的缺失疫苗 2ml，3 月龄时再次接种 2ml；3 月龄以上的接种 2ml。鼻内用牛传染性鼻气管炎疫苗，是将其喷于鼻腔内，新生犊牛和怀孕母牛都可以使用。但由于免疫持续期仅有 1 年，故需每年重复接种 1 次。对于灭活牛传染性鼻气管炎疫苗，接种时需进行两次注射，以后每年重复接种 1 次。

由于本病毒可导致持续性感染，因此防制本病最重要的措施是必须实行严格检疫，防止引入传染源和带入病毒（如带毒精液）。引进带毒动物是导致本病流行的主要原因。严禁从有本病的国家或地区引进动物及其肉制品，引进的动物需进行隔离观察和血清学试验，坚决淘汰抗体阳性牛。

（撰写人：宋玲玲；校稿人：何洪彬、王洪梅）

三、病毒性腹泻—黏膜病

牛病毒性腹泻—黏膜病（Bovine viral diarrhea-mucosal disease，BVD-MD）是由牛病毒性腹泻病毒（Bovine viral diarrhea virus，BVDV）引起的一种重要传染病，临床上以发热、腹泻、黏膜糜烂、溃疡、白细胞减少、持续感染、免疫抑制、怀孕母牛流产、产死胎和畸型胎或致死性黏膜病为主要特征。该病呈世界性分布，给全球养牛业发展造成了巨大的经济损失。我国目前已有 20 多个省市自治区分离到 BVDV 或检测到了该病毒的抗体。2008 年，中华人民共和国农业部发布第 96 号公告，将牛病毒性腹泻定为三类疫病，世界动物卫生组织（OIE）也将该病列为法定报告的动物疫病及国际动物胚胎交流病原名录三类疫病。目前，养牛业发达国家主要采取疫苗免疫并净化持续感染牛为主的综合防制措施，我国刚有商品化的灭活疫苗，尚未大范围的推广应用，该病在我国牛群中的流行呈上升趋势，给养殖业造成严重经济损失。

（一）病原

1. 分类

BVDV 属于黄病毒科（*Flaviviridae*）瘟病毒属（Pestivirus），与猪瘟病毒（Classical swine fever virus，CSFV）和绵羊的边界病毒（Border disease virus，BDV）同属，能够突破宿主嗜性发生交叉感染，存在抗原相关性，在血清学上有交叉反应。

形态和培养特性BVDV核衣壳为非螺旋的20面体对称结构，病毒粒子有囊膜，略呈圆形，直径为40~60nm，囊膜表面有10~12nm的环形亚单位。BVDV能在胎牛肾、睾丸、脾、肺、皮肤、肌肉、气管、鼻甲、胎羊睾丸、猪肾等细胞培养物中增殖传代。目前常用牛肾继代细胞株MDBK，也有用鼻甲骨细胞增殖该病毒。根据BVDV可否使体外培养的传代细胞发生病变效应，可分为两个生物型（biotype）：致细胞病变型（cytopathic biotype，CP）和非致细胞病变型（noncytopathic biotype，NCP），在自然感染中，NCP比CP型更为流行，且只有NCP型能引起持续性感染，两种生物型在黏膜病的发生过程中都具有重要作用。

2. 生化特性及抵抗力

病毒粒子在蔗糖密度梯度中的沉降系数为80~90S。BVDV对乙醚、氯仿及胰酶敏感。紫外光照射5min可灭活病毒。病毒不耐热，在18~20℃条件下，可存活26d，而56℃1min即可使其灭活。$MgCl_2$不起保护作用，一般消毒药物均有效。本病毒在低温下较稳定，真空冻干情况下可在-70~-60℃下保存多年。

3. 血清学分型

BVDV仅有一种血清型，但应用多克隆抗体和单克隆抗体实验证明，BVDV不同毒株间有显著的遗传和抗原多样性。

4. 分子特征

BVDV基因组为单股正链RNA，长12.3~12.5kb。整个基因组可分为5′端非翻译区（5′-untranslated region，5′-UTR）、一个大的开放阅读框架区（open reading frame，ORF）和3′端非翻译区（3′-untranslated region，3′-UTR）3个部分。BVDV的5′UTR含有复制所需要的顺式作用元件和一个非帽依赖的翻译起始所需的内部核糖体进入位点（internal ribosom entry site，IRES或ribosomollanding pads，RPL）；3′UTR含有参与RNA复制的信号。5′-UTR由380~385个核苷酸组成，5′末端无甲基化的"帽子"结构，5′-UTR序列在BVDV各毒株间有较高的保守性，但该基因的208~223bp和294~323bp的核苷酸变异较大，故常根据该变异区可鉴别BVDV基因型和基因亚型。根据BVDV基因组5′-UTR序列比较，BVDV分为牛病毒性腹泻病毒Ⅰ型（BVDV-1）和牛病毒性腹泻病毒Ⅱ型（BVDV-2）。根据BVDV基因组中5′UTR、N^{pro}和E2序列的比较，BVDV-1可以分为18个亚型（1a-1r），根据BVDV-2型5′-UTR二级结构差异，将BVDV-2划分为BVDV-2a、BVDV-2b、BVDV-2c和BVDV-2d 4个亚型。我国主要流行的毒株为BVDV-1b型。由于RNA病毒的高突变性以及国际交流贸易的日渐频繁，BVDV基因新亚型还在不断出现。

BVDV基因组只含有一个大的ORF，首先编码约4 000个氨基酸残基的多聚蛋白前体，多聚蛋白经加工后，最先形成的是p20蛋白和前体蛋白Prgp140、p125和PrP175，后在宿主细胞信号肽酶和病毒非结构蛋白的作用下，至少生成11种成熟的蛋白质，它们在基因组上的位置从N端到C端依次为5′-P20（N^{pro}）-P14（C）-gp48（E^{ms}）-gp25（E1）-gp53（E2）-P7-P125（NS2-3）-P10（NS4A）-P30（NS4B）-P58（NS5A）-P75（NS5B）-3′。其中，P14、gp48、gp25和gp53为病毒的结构蛋白，是由前体蛋白Prgp140经蛋白水解酶的切割和糖基化酶的修饰加工而形成的，主要位于BVDV基因组的5′-N端部分，构成病毒的衣壳和囊膜。

核心蛋白p14，又称C，是由102个氨基酸残基组成，分子质量约14KD的非糖基化蛋白，该蛋白具有较强的疏水性，是 BVDV 的核衣壳组成成分，与病毒基因组 RNA 构成病毒核心。同时，p14 蛋白还具有免疫原性。

gp48 又称 E^{rns}或 E0，由 227 个氨基酸残基组成，有 8 个可能的糖基化位点。在病毒粒子中，E0 以同聚体形式存在，在细胞信号肽酶作用下，其 N 末端从多聚蛋白上裂解下来，可被分泌到宿主细胞外，且 gp48 有其特有的 RNase 活性。氨基酸序列分析结果表明，该蛋白保守性很高，内有一高度保守结构域，且有中和表位，因此，它可用于研究基因工程亚单位疫苗及基因工程诊断抗原。

gp25 又称 E1，由 195 个氨基酸残基组成，含有 2 个糖基化位点。C 末端在细胞信号肽酶的作用下从多聚蛋白上裂解下来。gp25 蛋白氨基酸序列中有 2 段高度疏水区，以 C 端的疏水区锚定在 BVDV 囊膜上，是一种膜锚定肽，不能诱导免疫反应，可能在病毒包装、成熟过程中协助 E0 的定位。

gp53 又称 E2，由 374 个氨基酸残基组成，含有 19 个 Cys 残基和 5 个可能的 N-连接的糖基化位点，这些位点在 BVDV 不同毒株中非常保守。E2 C 端含有一个疏水的膜锚定区，通过这一疏水区锚定在囊膜上。E2 也包含膜内定位信号，促使其在内质网保留。在被感染的细胞或病毒粒子中，E2 可与 E1 以异源二聚体的形式形成 E1-E2 复合物，可能是稳固病毒粒子构型的主要结构蛋白。E2 靠近 N 末端的一半含有多种依赖于构象的抗原结构域，伸出病毒囊膜表面，是决定 BVDV 抗原性的主要部位，也是与 BVDV 抗体结合、介导免疫中和反应及与宿主细胞受体识别、吸附的主要部位。

BVDV 的非结构蛋白主要位于基因组的 3′端，包括 P20（Npro），P7，P54（NS2），P80（NS3），P10（NS4A），P30（NS4B），P58（NS5A），P75（NS5B）。PrP175 是病毒非结构蛋白前体分子，首先裂解为 PrP165，再依次裂解为 p10、p30、p58 和 p75。病毒的非结构蛋白作为病毒生命活动中的调节因子，调节病毒基因组的复制，帮助病毒产生成熟的粒子。

P20（Npro）蛋白是 BVDV ORF 编码的第一个蛋白，由 168 个氨基酸组成，Npro 具有蛋白水解酶活性，是一种自我裂解的蛋白酶，产生自身的 C 末端。Npro 在瘟病毒属中具有较高的保守性，通过对 Npro 基因核苷酸序列比较分析，可以对瘟病毒进行种、群或型的鉴定，根据 5′-UTR 和 Npro 基因序列设计的特异性引物可用于瘟病毒的诊断。

P7 位于 E2 和非结构蛋白 NS2 之间，由 70 个氨基酸残基组成，大多数为疏水性氨基酸，多与 E2 形成二聚体，两者的断裂受宿主信号肽酶调节。在细胞培养时，E2-P7 对瘟病毒的生活周期是非必需的，推测 P7 可能与感染性病毒粒子的释放有关。

P54（NS2）紧接于 gp53 后面，该蛋白具有高度的疏水性，推测是功能相关的选择性膜蛋白，可能在病毒粒子的装配中起一定作用。

P80（NS3）蛋白由 683 个氨基酸残基组成，其编码区是瘟病毒属中最保守的区域。它具有丝氨酸蛋白酶活性、NTPase 活性和 RNA 解旋酶活性。NS3 近 N 端的 1/3 处的丝氨酸蛋白酶负责切割其下游非结构蛋白的水解加工，这种切割反应需要非结构蛋白 NS4A 作为辅助因子才能被激活。NS3 的核酸酶活性、RNA 解旋酶活性可通过水解 NTP 获得能量，使结合在 RNA 模板链上的 DNA 或 RNA 解旋下来。NS3 是导致细胞产生 CPE 的因素，目前认为 NS3 是 CP 型 BVDV 仅有的明显的分子标记。该蛋白也是一种免疫优势蛋白，NS3

的 289~477 位氨基酸区域是免疫优势区域，位于解旋酶区域的 N 端。

P10（NS4A）由 64 个氨基酸残基组成，是 NS3 蛋白酶的辅助因子，共同参与切割其他非结构蛋白。NS4A 蛋白与其他聚蛋白如形成一个对非离子去污剂稳定的复合体，说明它可能参与形成由多聚蛋白组成的复制复合体并指导病毒 RNA 的合成。

P30（NS4B）由 347 个氨基酸残基组成。NS4B 在病毒致细胞病变中起到一定作用，NS4B 突变可以减弱 BVDV 致细胞病变性。在 NADL 感染的细胞中，NS3、NS4B 和 NS5A 有化学交联，说明这 3 种蛋白组成了一个多蛋白复合体，且在病毒复制中，NS4B 必须参与，是顺式作用因子。

P58（NS5A）由 496 个氨基酸残基组成。NS5A 为亲水性蛋白，在感染细胞中相当稳定，其丝氨酸和苏氨酸残基有磷酸化现象。在病毒复制过程中，NS5A 是必需的。

P75（NS5B）由 718 个氨基酸残基组成，具有依赖 RNA 的 RNA 聚合酶活性，是病毒的复制酶。同时，它也具有优先以 ATP 为底物的末端核苷酸转移酶活性，主要功能是起始病毒基因组的复制。P75 能以具有 3′游离羟基的 RNA 为模板，催化合成二聚体大小的发夹样 RNA，还可以 3′端封闭的 RNA 同聚物或 RNA 为模板，催化依赖于 RNA 或 DNA 寡核苷酸引物的合成。

（二）致病机制

病牛及隐性感染牛的呼吸道、眼分泌物、乳汁及粪便等排泄物均含有大量病毒。当动物急性感染 BVDV 时，病毒一般是通过牛的上呼吸道和消化道进入牛的体内，然后在牛的鼻、鼻窦、咽、皱胃、口以及肠黏膜的上皮细胞上迅速的繁殖和聚集，再进入血液中去，引起病毒血症的发生，病毒血症一般结束于中和抗体的形成时期。病毒也可通过心淋巴管和血液进入牛体内的淋巴组织，在淋巴结等部位快速生长繁殖，可导致白细胞数明显减少，单核和多核白细胞功能降低，同时刺激网状内皮系统的形成，引起单核细胞增生现象的发生，促进其他传染因子的复制和扩散。病毒在上皮细胞中增殖，导致细胞变性、坏死及黏膜脱落，从而形成黏膜糜烂。

持续感染是 BVDV 感染动物的一种重要临床类型，也是 BVDV 在自然环境中维持存在的一种形式，主要由于妊娠母畜在怀孕早期通过子宫内感染而引起的，此时胎儿的免疫系统尚未发育成熟，免疫系统将 NCP 型 BVDV 错误地识别为自身，这种胎儿出生后呈持续性感染，体内缺乏 BVDV 抗体，处于免疫耐受状态。

BVDV 感染动物引起免疫抑制，主要通过改变嗜中性粒细胞的功能、降低外周淋巴细胞对各种有丝分裂原的反应、影响免疫球蛋白在淋巴细胞浆内及表面间的分布、降低从血液中清除细菌的能力等方式完成，其最重要的机制为诱导淋巴组织内 B、T 细胞的凋亡。

黏膜病（Mucosal disease，MD）是 BVDV 感染引起的一种最严重的临床类型，发病率低，死亡率高。大量研究证实，CP 和 NCP 型 BVDV 在致死性 MD 的致病机理中均起着重要的作用。发生 MD 的前提条件是怀孕母牛在妊娠早期感染 NCP 型 BVDV，其结果是产生持续感染（PI）犊牛。这种 PI 犊牛对相应的 NCP 型 BVDV 表现免疫耐受，当再次感染抗原性相似或同源的 CP 型 BVDV 时就会发生 MD。但是异源 CP 型 BVDV 能够被机体识别，并产生抗异源病毒的抗体，这正可以解释某些持续性感染的动物体内存在抗 BVDV 抗体的原因。通过对 CP 型和 NCP 型 BVDV 基因组核苷酸序列的分析发现，病毒基因组 RNA 与宿主细胞 RNA 间的重组，病毒 RNA 自身的复制、重排、缺失、替换以及重组替换等是导致 NCP 型 BVDV 向 CP 型转化的因素。P80 的表达和积累是导致细胞产生 CPE 重要原因，可能由于 P80 蛋白缺少 P125 蛋白 N 端具有的疏水区域，不能定位于细胞内质网膜上，而是游离于胞质中，降解细胞中一些重要的蛋白质而损伤细胞，导致 CPE 的产生。同时，CP 型 BVDV 感染细胞后，可引起细胞通透性转运孔不可逆转地开放，线粒体释放细胞色素 c，触发凋亡体形成，凋亡体进一步促使半胱氨酸蛋白酶激活和细胞死亡，进而引致细胞病变。而 NCP 型 BVDV 可以抑制细胞凋亡的产生。

BVDV 是引起牛繁殖障碍的一种重要病原。母牛在受精时以及在胚胎发育的早期到中期感染 BVDV，能引起不孕、胚胎死亡、木乃伊胎、弱胎、畸形胎或死产。据推测，BVDV 导致奶牛繁殖力下降的可能机制有两种：一是卵母细胞的质量下降，二是性腺类固醇生成机制受到破坏，导致血浆中雌二醇、黄体酮等激素紊乱，提示 BVDV 感染造成内分泌机能紊乱和繁殖力低下之间的因果联系。

（三）流行病学

1. 易感动物

BVDV 通常感染牛，各种年龄的牛对本病毒均易感，尤以 6~18 月龄的牛发病率较多。该病毒不仅感染牛、猪、绵羊、山羊、鹿等家畜动物，多种野生反刍动物也是该病毒的易感宿主。

2. 传播途径

BVDV 可通过直接和间接接触传播，经消化道和呼吸道感染，持续感染牛可通过鼻涕、唾液、尿液、眼泪和乳汁不断向外界排毒，也可经胎盘垂直感染。野生反刍动物可经吸血昆虫传播感染 BVDV，直肠检查也能引起 BVDV 传播。

3. 传染源

病畜的分泌物和排泄物中含有病毒，患病动物、持续带毒动物与隐性感染动物是本病的主要传染源。

4. 流行特点

本病常年均可发生，无明显的季节性，通常多发生于冬末和春季，呈急性和慢性两种表现，新生犊牛多表现为急性症状。BVDV 变异性高、传播速度快，该病在世界各地流行形势依然严峻，如亚洲、东欧、美洲等，而 BVD 在中国的流行也呈上升趋势。持续性感染动物是该病传播最为重要的传染源，一般来说，抗体阳性率 60%~85% 的牛场，持续性感染率在 1%~2%。持续性感染牛有些发育不良，生产性能下降，有些犊牛表现早产、死产、先天性缺陷，有些表现对疾病的抵抗力消失而死亡。因为 BVDV 感染引起免疫抑制，损害机体的免疫功能，进而增强其他病原体的致病性，易发生混合感染。

（四）症状与病理变化

牛病毒性腹泻—黏膜病是一种极为复杂，呈多种临床症状的重要传染病。

1. 急性型黏膜病

发病突然，精神沉郁，食欲减退或废绝，高热达 40.5~42℃，2~3d 内口腔各部位均出现散在的糜烂或溃疡，严重腹泻脱水，粪便呈水样、恶臭，含有大量的黏液和纤维素性伪膜，带有气泡和血液。不及时治疗 5~7d 死亡。

2. 慢性型黏膜病

多数由急性型转来，病牛食欲不振，进行性消瘦及发育不良，呈间歇性腹泻，慢性臌胀，蹄部变形，慢性蹄叶炎，口腔和皮肤的慢性溃疡，皮肤多呈皮屑状，以鬐甲颈部和耳后尤为明显。出现持续或间歇性下痢，泌乳奶牛的产奶量会显著下降，贫血、白细胞减少，多数病牛于2~6个月内死亡。

3. 持续性感染

妊娠母畜在怀孕早期子宫内感染 NCP 型 BVDV，造成胎儿免疫耐受进而发展为持续性感染畜，多数持续性感染动物外观健康，但该牛终身携带和传播病毒，BVD 抗原阳性，抗体阴性，持续性感染母牛通过母畜垂直传播，其后裔也常是持续感染牛，便形成母性持续感染家族。

4. 免疫抑制

免疫抑制是 BVDV 感染的一种表现形式，其后果是损害机体的免疫功能，进而增强其他病原体的致病性。

5. 繁殖障碍

病毒通过胎盘侵害胎儿导致孕牛流产或产出犊牛出现先天性缺陷，犊牛小脑发育不全，可见轻度共济失调或完全无协调和站立的能力。BVDV 持续性感染牛有些发育不良，生产性能下降，有些犊牛表现发育不良、嗜眠和哺乳困难，有些表现对疾病的抵抗力消失而死亡。

6. 血小板减少症和出血综合征

血小板减少症和出血综合征是近年来由 NCP 型 BVDV 强毒引起的一种新的 BVD 临床类型，感染犊牛可引起严重血小板减少、出血和死亡。

7. 病理变化

病变主要存在于消化道。如口腔黏膜、齿龈、软腭、舌、硬腭、食道及胃、肠黏膜等。咽部、鼻镜小而浅的不规则糜烂；食道黏膜出血水肿，有不同形状和大小的不规则烂斑，呈线状纵行排列，如虫蚀样；真胃炎性水肿和糜烂；小肠壁增粗变厚，小肠腺出血、坏死，肠黏膜水肿卡他性出血以及坏死。不同程度的淋巴结肿大，腹股沟淋巴结、肠系膜淋巴结水肿、发紫，切口外翻，有混浊液体流出，切面呈红色。肝脏、胆囊肿大，肾包膜易剥离，皮质有出血点，肺充血、肿大，肺门及全身淋巴结肿大或水肿。

（五）诊断

对急性病例可根据发病史、症状及病理变化作出初步诊断。由于大部分感染 BVDV 的牛不表现典型的临床症状和病理变化，而且引起腹泻和消化道黏膜糜烂或溃疡的疾病很多，所以确诊还需进行实验室检查。

1. 实验室诊断

目前对 BVDV 的诊断主要包括检测病毒、病毒特异性抗原和病毒特异性抗体。《欧盟生物制品生产牛血清使用指南》和《中国药典》（2010 版）对牛血清病毒检测中，要求用细胞培养法和免疫荧光抗体法确认病毒的感染性。《SN／T 1129—2007 牛病毒性腹泻／黏膜病检疫规范》规定的检疫方法主要包括病毒的分离和鉴定、微量血清中和试验、抗原捕获酶联免疫吸附试验。

2. 病毒分离鉴定

可通过采取血液、尿、眼或鼻的分泌物，脾脏、骨髓或肠系膜淋巴结进行病毒分离培养与鉴定，这种方法只能检测出 CP 型 BVDV。由于 NCP 型 BVDV 株常能干扰另一株有致细胞病变作用的毒株产生细胞病变，因此还需其他方法证明这类毒株的存在。免疫荧光技术适合检查非细胞病变生物型的细胞培养物，常应用于我国进出口牛羊检疫中，但因其需要荧光显微镜，不适于基层兽医检测。

3. 分子生物学诊断

应用核酸探针杂交和反转录–聚合酶链反应（RT-PCR）等方法对病毒及病毒核酸进行检测。根据 BVDV 5′-UTR 设计引物建立的 RT-PCR 检测方法，可用于病毒的急性感染和持续性感染的检测，初检阳性牛于 4 周后复检，结果仍为阳性，则判定为 BVDV 持续性感染动物。RT-PCR 也可对大罐奶样和混合血液进行群体检测，对阳性混合样本的个体血样和耳组织样本进行逐一检测。

4. 血清学诊断

血清中和试验（SNT）和抗体 ELISA（Ab-ELISA）是目前抗体检测最常用的方法。血清中和试验是常用的实验室检测方法，但由于许多持续性感染动物处于免疫耐受状态，虽然体内不产生抗体，却可终生带毒、排毒，因而仅凭检查抗体难以查出这部分传染源。酶联免疫吸附试验（ELISA）是检测器官或组织培养物中的 BVDV 或监测牛群中 BVDV 抗体水平及潜伏感染情况的一种良好技术。ELISA 与中和试验呈正相关，可用于常规血清抗体监测。双抗体夹心 ELISA 是通过检测病料中的病毒抗原来检测动物是否感染 BVDV，该方法操作简便、费用低，可用于大批量样本的检疫，更重要的是它能从病料中检出持续性感染的动物，所以该方法非常适用于临床的诊断和检疫。主要操作步骤如下：

4.1　样品准备

（1）组织样品：使用最可能新鲜的组织样品，最好为扁桃体、脾脏、小肠及肺脏，用剪刀将 1~2g 样品剪碎（2~5mm），将剪碎的样品置于 10ml 离心管中，加入 5ml 样品稀释液，混匀，室温感作 1~2h，1 500 r/min 离心 10min，上清液作为检测样品备用。

（2）血液：将肝素或 EDTA 抗凝血液样品 10ml，2 000 r/min 离心 15~20min，用 1 000μl 移液器吸取沉淀表层的淡黄色液体，重悬于 500μl 样品稀释液中，每个样品换一个吸头，置室温 1h，期间涡旋振荡数次，2 500 r/min 离心 5min，上清液作为检测样品备用。

（3）鼻拭子：将拭子放入底部有小孔的离心管中，并将微型离心管放入另一个 Eppendorf 管中，2 500 g 离心 5min，弃去底部有小孔的微型管，并在 Eppendorf 管中加入与获得样品等体积的样品稀释液、混匀，置室温 1~2h，期间涡旋振荡数次，2 500 g 离心 5min，上清液作为检测样品备用。

（4）细胞培养物：将细胞培养物 3 000g 离心 5min，弃去上清液，加入 500μl 样品稀释液，轻轻震荡混匀，置室温 1h，作为检测样品备用。

4.2　检测步骤

（1）加抗 BVDV 单克隆检测抗体：用 8 道和 12 道移液器在酶标板每孔中加入 50μl 抗 BVDV 单克隆检测抗体。

（2）对照：加 50μl 阴性对照血清至酶标板的 A1，B1 孔，加 50μl 阳性对照血清至酶标板的 A2，B2 孔。

（3）加样：在酶标板的其他相应孔中各加入 50μl 已稀释好的被检样品。

（4）感作：将酶标板封板后，在振荡器上混合 1min 后，置 2~8℃下过夜感作 14~18h 或 37℃下感作 3h。

（5）洗涤：弃掉各孔液体，每孔加入 250~300μl 已稀释好的洗涤液，轻轻震动后甩掉，连续洗涤 5 次，最后 1 次洗涤后，将酶标板在吸水纸上轻拍，除去孔内剩余的液体。

（6）加酶标结合物：每孔加入 100μl 辣根过氧化物（HRP）标记的牛抗鼠抗体。

（7）感作和洗涤：将酶标板封膜后，置室温下，感作 30min，重复上述洗涤步骤。

（8）加底物：每孔加入 100μl TMB 底物溶液。

（9）感作：将酶标板置 20~25℃下黑暗处感作 10min，从加完第一孔开始计时。

（10）加终止液：每孔加入 100μl 终止液，终止颜色反应。

（11）测定吸光值（OD）：酶标仪以空气作为空白对照，于 15min 内，在 450nm 波长下测量和记录样品和对照的 OD 值。

（12）试验有效性：只有在阳性对照孔所得的平均值减去阴性对照孔所得的平均值大于 0.15，且阴性对照孔所得的平均值小于 0.2 时，测定结果才有效。

4.3 结果计算和判定

（1）按照以下公式计算结果：

$NCX = (OD_{A1} + OD_{B1})/2$ 式中：NCX：阴性对照血清孔 OD 值的平均值；OD_{A1}：A1 孔阴性对照血清的 OD 值；OD_{B1}：B1 孔阴性对照血清的 OD 值。

$PCX = (OD_{A2} + OD_{B2})/2$ 式中：PCX：阳性对照血清孔 OD 值的平均值；OD_{A2}：A2 孔阴性对照血清的 OD 值；OD_{B2}：B2 孔阴性对照血清的 OD 值。

$S/P = (OD_S - NCX)/(PCX - NCX)$ 式中：S/P：被检血清 OD 值与标准阳性血清 OD 值的比值；OD_S：样品孔的 OD 值；PCX：阳性对照血清孔 OD 值的平均值；NCX：阴性对照血清孔 OD 值的平均值。

（2）结果判定：如果 S/P 值小于 0.20，样品判为牛病毒性腹泻、黏膜病阴性；如果 S/P 值介于 0.20 和 0.3 之间，样品判为牛病毒性腹泻、黏膜病可疑；如果 S/P 值大于 0.30，样品判为牛病毒性腹泻、黏膜病阳性。

（六）防控措施

BVD 的防控是一个复杂庞大的系统，应通过对引牛、牛舍环境卫生、疫苗免疫接种、持续感染监测、淘汰持续感染牛等多环节进行有效的综合防治。

（1）加强饲养管理。提高动物饲养管理水平是减少疫病发生的重要措施之一，包括引进新牲畜的严格隔离检疫制度；严格的消毒措施；预防畜群与潜在感染及发病动物接触；母牛和公牛在配种前监测 BVDV 是否阳性。规范奶牛小区管理，科学调配饲料，提高奶牛体质，增强预防意识，减少该病的发生。

（2）严格加强产地检疫，运输检疫和畜禽交易市场的检疫，加强进出口检疫，对进口的牛胚胎、冻精、种畜、肉制品、生物制品、奶制品等都要进行严格的检疫。凡欲引进奶牛时，不从疫病区购牛；应首先对新购牛进行血清中和试验，阴性者，再进入场内。严禁将病牛引入场内。对牛场内的奶牛和引进牛定期进行检疫，及时掌握牛场病毒的流行动态。

（3）持续性感染牛是造成牛群内 BVDV 难以根除的重要原因，利用 RT-PCR 方法，可发现 PI 牛，通过分群饲养、逐步淘汰，对其污染的环境进行彻底消毒可有效地遏制病毒在牛群内的传播。同时应建立针对畜群 BVD 持续性感染的定期监测制度。持续感染率低的牛群，可直接净化 PI 牛。

（4）疫苗免疫在 BVDV 的预防与净化过程中发挥了极为重要的作用。目前，国际上已有的商业化疫苗 150 余种，主要包括灭活疫苗、减毒活疫苗。由于病毒感染造成牛的免疫抑制、免疫力降低导致的多病原混合感染病例时有发生，因此，包含牛传染性鼻气管炎、牛副流感 3 型和牛呼吸道合胞体病毒等多种病毒抗原的多联疫苗是目前商品化疫苗的主要趋势。然而，我国对 BVDV 疫苗的研制相对滞后，仅有 BVDV 灭活单苗及 BVDV 与 IBRV 二联灭活疫苗。

怀孕牛、应激牛和病牛应避免使用弱毒苗。灭活疫苗对怀孕牛安全，但是其免疫期短，比弱毒疫苗制造成本高，而弱毒疫苗免疫期长，却可能对怀孕牛引起流产或难产，而且，在应激牛中使用商品化的 BVD 减毒活疫苗能引起宿主免疫抑制，因此，在应激牛中应避免使用减毒活疫苗。另外，对妊娠母牛不能使用疫苗。灭活苗和减毒苗联合使用也是免疫预防该病的有效途径之一。两种疫苗联合使用，一方面可提高灭活疫苗的免疫效力，另一方面可提高减毒疫苗的安全性。

（5）治疗方法。目前尚无特效治疗方法，一般采用对症治疗，以抗病毒调节胃肠功能和酸碱平衡，清热解毒，强心补液，消炎止血等对症治疗和综合疗法并配以中药进行补气止泻和调理增强机体内免疫系统活性，提高免疫能力控制继发感染。

（6）国外防控 BVD 的经验。国际上用于 BVD 的防控措施主要有两个，一是鉴别、淘汰和扑杀持续性感染动物，其次是疫苗免疫。具体应根据不同国家或地区的经济状况和养牛规模、养殖密度、疫病流行状况等制定不同的防疫对策。在养牛密度低和 BVD 血清抗体阳性率较低的地区多采用净化持续性感染动物的策略根除 BVD。在养牛密度较高的国家主要采用疫苗免疫，同时净化持续性感染牛，并采取有效地生物安全措施等综合防控措施控制该病。

非免疫根除方法在欧洲多个国家（瑞典、丹麦、挪威、芬兰）采用并取得了较好的效果。非免疫根除的一般步骤为：检测畜群的 BVDV 感染状态，采集血清或者牛奶检测 BVDV 抗体判定畜群中的抗体水平；通过 RT-PCR 方法检测牛奶或血清中的抗原，用单份血清或耳组织样品检测，采用抗原捕捉的 ELISA 方法检测抗原，鉴别和剔出隐性感染牛；限制感染牲畜流动等生物安全控制措施；持续监测牛群中 BVDV 感染状态。瑞典于 1993 年开始实施 BVDV 根除计划，该计划的核心是不接种疫苗，检测扑杀隐性感染牛。计划内容包括：区分非感染动物和感染动物；持续监测非感染动物的 BVDV 感染情况，保证非感染动物没有病毒；在非感染动物群体消灭病毒；做好预防措施等步骤。该计划在瑞典 BVDV 的防控方面取得了较好的效果。

在养牛业发达的国家如美国和德国，多采用疫苗免疫结合净化持续性感染动物的策略，逐步实现 BVD 的净化。该方法的主要环节为：采用活疫苗或灭活疫苗进行普遍免疫，控制 BVDV 感染造成的产奶量下降和增重减少等损失；畜群的疫情平稳后，停止接种疫苗，通过 RT-PCR 方法检测畜群牛奶或血清中的抗原，采用抗原捕捉 ELISA 方法或免疫组化方法检测每头牛的抗原情况，鉴别和剔出隐性感染牛。随着疫病免疫的逐步控制，美国的部分州开始检测筛选和扑杀持续性感染动物以达到疫病净化的目的。

（撰写人：侯佩莉；校稿人：何洪彬、王洪梅）

四、流行热

牛流行热（Bovine Ephemeral Fever，BEF）又称三日热或暂时热，是由牛流行热病毒（Bovine Ephemeral Fever Virus，BEFV）引起的牛（奶牛、黄牛、肉牛和水牛）的一种急性、热性传染病，其特征是病牛高热和呼吸困难、流泪、流涎、流鼻汁，消化道和呼吸道呈严重的卡他性炎症，四肢关节疼痛和跛行。本病发病率高，传播迅速，流行面广，有一定的周期性，在我国多个省区频繁发生。该病能明显降低乳牛的产乳量，使种公牛精液质量受损，耕牛使役能力减退或丧失，部分病牛常因瘫痪而淘汰，给养牛业造成重大经济损失，国家将其定为三类动物疫病。对于该病的防控主要以疫苗免疫为主，病牛是主要传染源，病毒主要通过吸血昆虫叮咬传播，一般在天气闷热的多雨季节或昼夜温差较大的天气多发。目前 BEFV 在中国大部分地区都有发生和流行。

（一）病原

1. 分类

BEFV 是引起牛流行热的病原体。BEFV 在病毒的分类上与狂犬病病毒、水泡性口炎病毒同属于弹状病毒科（*Rhabdoviridae*），最先归为暂时热病毒属，1995 年国际病毒分类学会议正式将它列为流行热病毒属。

2. 形态和培养特性

BEFV 在外观上呈子弹状变化至钝头圆锥状等形态，在高浓度病毒传代的细胞培养物内可见 T 型粒子，即截断的窝头样病毒粒子。成熟病毒粒子大小约为 180nm×85nm（长 130~220nm，宽 60~90nm）。病毒粒子有囊膜，囊膜厚约 10~12nm，表面具有纤细的突起。透过病毒脂质囊膜可见有多个弯曲的核糖核酸螺旋结构，粒子中央由电子密度较高的紧密盘缠的核衣壳核心组成。病毒于超薄切片中可以看到以出芽方式从胞膜或胞浆空泡膜上向细胞外或胞浆空泡内释放的病毒粒子。

病毒主要存在于病牛血液及感染组织样本中。BEFV 最早是从牛体中分离并在小鼠乳鼠脑内接种传代，后来在乳仓鼠和乳大鼠脑中也能增殖，在仓鼠肾原代细胞和传代细胞上生长并产生细胞病变。本病毒也可在牛肾、牛睾丸以及胎牛肾细胞上繁殖，并产生细胞病变。非洲绿猴肾传代细胞上也能繁殖。

患牛高热期血液中含有大量的病毒，在白细胞和血小板中含量最高，淋巴结和脾脏中含量很少。但随着体温降至正常，病毒迅速从血液中消失。在自然条件下，该病毒不能使马、绵羊、山羊、骆驼、鹿、猪、犬、家兔、豚鼠、成年小鼠和鸡胚感染。

3. 生化特性及抵抗力

BEFV 对脂溶性消毒剂（氯仿、乙醚等）、胰蛋白酶以及热特别敏感，以乙烯、乙醚或氯仿在 25℃作用 60min、以 0.2% 去氧胆酸盐 37℃作用 60min、以 0.25% 胰蛋白 37℃作用 60min、以 1mol/L 氯化镁室温作用 60min 均可使病毒灭活；BEFV 对酸碱有一定的耐受性，病毒在中性、偏酸、偏碱的条件下，其对细胞的感染性未见明显降低，pH 值为 2.5 以下或 pH 值为 9.0 以上数十分钟内使之灭活；对紫外线非常敏感；枸橼酸盐抗凝的病牛血液于 2~4℃贮存 8d 后仍有感染性。感染鼠脑悬液（10%犊牛血清）于 4℃经 1 个月毒力无明显下降；反复冻融对病毒无明显影响，于-20℃以下低温保存，可长期保持毒力。

4. 血清学分型

目前，BEFV 只有一个血清型。通过宏基因组学比较分析 BEFV 的糖蛋白基因序列，发现从中国、日本、土耳其、以色列和澳大利亚分离的毒株可分为 3 簇，并且表明这些分离毒株的进化关系相当近。但交叉中和试验等血清学试验表明，澳大利亚、日本、南非（阿扎尼亚）和中国分离到的不同毒株之间血清学上没有明显差异。

分子特征。病毒核酸结构是一条单股负链不分节段的 RNA，基因组大小约为 14900 个核苷酸，从 3′-5′端的顺序依次为 3′-N-P-M-G-G_{NS}-α1-α2-α3-β-γ-L-5′，转录合成的 mRNA 在 5′端有帽子结构，其基因起始序列为-AACAGG-，终止序列 CNTG（A）$_{6-7}$。共编码 5 个结构蛋白：核蛋白（N）、聚合酶聚合蛋白（P）、基质蛋白（M）、糖蛋白（G）、RNA 依赖性 RNA 聚合酶蛋白（L）和 6 个非结构蛋白：非结构性 G 蛋白（G_{NS}）、$α_1$、$α_2$、$α_3$、β、γ。BEFV 基因组的转录是梯度式的转录，越靠近基因组的 5′端的基因其转录效率越低。

N 基因含有 1328 个核苷酸，编码 311 个氨基酸，分子量为 49kD，氨基酸序列与水疱性口炎病毒相近。BEFV N 蛋白为磷酸化蛋白，是转录-复制复合物的基本组成蛋白，能与负链 RNA 结合，识别转录终止信号及 Poly（A）信号，调控基因转录，启动基因复制。

P 基因含有 858 个核苷酸，编码 43kDa 的蛋白，是病毒多聚酶成分之一，在感染细胞的细胞质中以可溶性成分存在，能够阻止 N 蛋白的自身凝集，帮助 N 蛋白脱离核衣壳与 RNA 分离，刺激机体产生细胞免疫。

M 基因含有 691 个核苷酸，位于 G 蛋白基因上游，编码 29kDa 蛋白，是病毒核衣壳的重要组成成分，可能具有调控 RNA 转录的作用。

G 蛋白基因全长 1872 个核苷酸，编码含 623 个氨基酸、分子量为 81kDa 的糖蛋白。G 蛋白属于 I 类转膜糖蛋白，位于 BEFV 病毒粒子囊膜表面，表面有特异性中和抗原位点，并具有免疫保护原性，是 BEFV 主要免疫原性蛋白之一。G 蛋白表面有 4 个主要抗原位点：G_1、G_2、G_3 和 G_4。其中，G_1 是线性表位，氨基酸残基位于 487~503 位，该位点只与抗 BEFV 的抗体发生反应。G_2 和 G_3 是构象化表位，G_2 的氨基酸残基位于 168~189 位，G_3 位于 49~63 位、215~231 位和 262~271 位，而 G_2 和 G_3 的抗原位点可与同科的相关病毒具有血清交叉性。G 蛋白也与 BEFV 的出芽和成熟有关。

G_{NS} 蛋白基因紧邻 G 蛋白基因下游，基因全长 1 757 个核苷酸，编码蛋白具有弹状病毒糖蛋白的典型特征，包括一个信号肽区、疏水转膜区和 8 个 N 糖基化位点。但 G_{NS} 蛋白的功能未知。在自然感染的组织中，G_{NS} 可能与增强 BEFV 感染细胞的能力有关。

在 BEFV G_{NS} 基因与聚合酶基因 L 之间是 1 622 个核苷酸片段。该片段含 5 个阅读框，编码 3 个转录子（α、β 和 γ），每个转录子均含有典型的保守序列（AACAGG）和 CATG（A）$_7$ 结束序列。α 区含 3 个 ORFs（α1、α2、α3），α1 编码 10.6kDa 蛋白，具有疏水区和典型的病毒外膜蛋白特征。推测它可能与病毒外膜的形成有关。同时，α_1 是一个病毒孔样（viroporin-like）蛋白，可能抑制细胞生长。α_2 编码 13.7kDa 蛋白，α_3 编码 5.7kDa 蛋白，两基因具有重叠部分。β 编码 12.2kDa 蛋白，γ 编码 13.4kDa 蛋白，但这些蛋白质的功能尚未确定。在弹状病毒中，G-L 这段基因变异很大，有人推测该区基因与 *L* 基因的表达调节有关。

L 蛋白基因能够编码 180kDa 的蛋白，具有 RNA 依赖的 RNA 多聚酶活性，其 mRNA 具有蛋白激酶的活性，对基因的转录和复制具有调控作用。

（二）致病机制

BEFV 主要感染肺脏、淋巴结的网状内皮细胞等。发病期间，病牛白细胞在体温升高时迅速增加，特别是嗜中性白细胞幼稚型—杆状核细胞和血浆纤维蛋白剧增最为明显，呈显著的核左移现象，血浆纤维蛋白含量超出正常值的 1~3 倍，血钙含量下降 20%~35%。发病高热期重症牛血浆碱性磷酸酶下降，同时肌酸激酶水平升高。病牛剖检时在滑膜腔、胸腔与腹腔均可见纤维素性浆膜炎与水肿，配合组织病理学检查发现，血管并无明显伤害，但嗜中性粒细胞数目增加。推测可能是由于嗜中性粒细胞吞噬病毒的作用，诱发血管活性胺释放，造成血管通透性增加，导致纤维素与血浆渗出。

BEFV 刺激网状内皮细胞释放细胞因子（cytokines）与宿主的炎症反应有关，包括 α-干扰素（interferon；IFN-α）、白细胞介素 1（interleukin-1；IL-1）、组织坏死因子（tissue necrotic factor；TNF），造成宿主血浆中钙离子与纤维素原的下降，导致急性炎症反应及发热等症状。另有学者认为，前列腺素（prostaglandins）在 BEFV 的致病机制中也扮演重要角色，为炎症反应的媒介物，其作用机制是引起急性炎症反应。

BEFV 的 G 蛋白与感染细胞表面受体结合之后，毒粒被细胞内吞至细胞质之中。病毒入侵宿主细胞，是在酸性环境中由网格蛋白介导及由动力蛋白-2 依赖的内吞作用所介导的，因此，内核酸化的各种抑制剂对 BEFV 感染有强烈的阻碍作用。BEFV 能诱导易感细胞的细胞核 DNA 断裂和凝聚、凋亡小体的形成和质膜空泡化，导致细胞凋亡，该过程是通过 Fas 的激活和线粒体介导的蛋白酶途径来实现的。另外，抑制磷脂酰肌醇 3 激酶（PI3K）和雷帕霉素靶蛋白（mTOR），可对 BEFV 的复制有促进作用。

（三）流行病学

1. 易感动物

本病主要侵害奶牛、黄牛和水牛。发病率以奶牛最高，以 3~5 岁牛多发，1~2 岁牛及 6~8 岁牛次之，犊牛及 9 岁以上的牛少发，肥胖的牛病情较严重。青壮牛高于老牛、犊牛，产奶量高的母牛发病率高。

2. 传播途径

吸血昆虫（蚊、蠓、蝇）叮咬病牛后，再通过叮咬易感的健康牛而传播，吸血昆虫是重要的传播媒介，季风和动物贸易也可导致本病传播。

3. 传染源

病牛是本病的主要传染源。

4. 流行特点

本病的传染力强，传播迅速，短期内可使很多牛发病，呈流行性或大流行性。本病的发生有明显的季节性和周期性，以夏末秋初，高温炎热、多雨潮湿、蚊虫多生季节高发。流行周期约 3~5 年流行 1 次，1 次大流行之后，常隔 1 次较小的流行。有时疫区与非疫区交错相嵌，呈跳跃式流行。发病率高，但多取良性经过，死亡率一般在 1%。

（四）症状与病理变化

本病的潜伏期为 3~7d，根据临床表现将症状分为呼吸型、乳腺型、胃肠型和瘫痪型 4 种，这 4 种发病类型在临床诊断时不可截然分开，有的病例两型兼有，有的四型并发，混合发生率极高。

1. 症状

（1）呼吸型。最急性，病牛突然发病，病势凶猛，病牛呼吸系统症状明显。体温升至 41℃以上，呈稽留热。病牛呆立、眼结膜潮红，流泪，呼吸急促，腹式呼吸，听诊肺泡呼吸音高亢，支气管呼吸音粗厉，出现干、湿性啰音。流鼻液和口角处有多量泡沫，张口吐舌，本型治疗不及时常导致死亡。急性型病牛精神沉郁，食欲废绝，鼻镜干燥、眼结膜充血、水肿、流泪，有白色或黄色眼眵，口流浆液性线性泡沫，呼吸困难时，张口伸舌，口吐白沫，病畜痛苦呻吟。个别病牛在前胸、肩胛、背部等皮下组织出现明显的气肿，两前肢肘头外展。由于病程短、病情急，治疗无效，多于病后 1~3d 内窒息死亡。

（2）乳腺型。以不同程度的乳腺炎症状为主，包括泌乳障碍和顽固性乳腺炎。刚生产的母牛表现乳腺肿大，无疼痛感，产奶量严重下降。也有个别奶牛初期表现红、肿、热、痛等急性乳腺炎症状，经过 3~5d 治疗无效后，产奶量下降。4 个乳腺先后不同时间发病的奶牛，乳汁第一天正常，第二天前 2 个乳室呈奶酪样、有奶块，后 2 个乳室呈脓性，3~7d 后，乳汁似清水样或水样。顽固性乳腺炎按往常用药习惯，肿胀不消失且不能治愈，治疗后易复发，病程可持续 7d，10d 后病情继续恶化。该病症常因无治疗价值而被淘汰。

（3）胃肠型。病牛精神萎顿，眼结膜潮红、流泪，口、鼻有大量分泌物呈线状排出。呈腹式呼吸，体温 40℃左右。食欲严重减退或废绝，瘤胃中积有捏粉状的内容物，蠕动音短而弱或废绝，反刍停止。有的病牛腹痛不安，时起时卧，磨牙，大便秘结，粪黑色，大便夹有大量黏液、带脓、带血。部分病牛的粪便呈烂泥状，并混有黏液和血液。个别病牛腹泻排出带恶臭味的粥状稀粪，其中混有大量胶冻状物和血液，病牛频频回顾，尾部抖动，表现明显的腹痛症状。严重者倒卧不起四肢僵直，头颈长伸，以头撞击地面，四肢不断划动，痛苦呻吟，可因剧痛休克而死。

（4）瘫痪型。患牛除具其他型的一般症状外。由于病毒侵害后肢运动神经和关节囊，致使后肢无力，肌肉颤抖，四肢关节肿大疼痛、肌肉站立时四肢僵硬、跛行、后肢麻痹，卧地不起，但神志清醒，头颈运动自如。病程长，如治疗及时，护理得当而痊愈，否则由于卧地太长，形成褥疮而被迫淘汰。

2. 病理变化

急性死亡的病例，可视黏膜呈蓝紫色，剖检咽、喉黏膜呈点状、弥漫性充血、出血，气管和支气管黏膜充血、肿胀，气管内充满大量的泡沫状黏液。肺部明显的间质气肿，肺高度膨隆，间质增宽，肺内有气泡，压迫肺呈捻发音；肺水肿病例胸腔积有多量暗紫红色液，两侧肺肿胀，内有胶冻样浸润，肺切面流出大量暗紫红色液体。部分牛可见肺充血、淋巴结充血、肿胀和出血，实质器官肿胀，真胃、小肠和盲肠呈卡他性炎症和渗出性出血。

（五）诊断

目前，该病尚未建立起国际标准化的诊断技术，用于该病及其病原的诊断方法主要有临床诊断、实验室诊断和鉴别诊断等。

第一，根据临床症状和病理变化可做出初步诊断，见上文，确诊需进一步做实验室诊断。

第二，实验室诊断。

第三，鉴别诊断。应与茨城病、牛传染性鼻气管炎、牛副流行性感冒、牛巴氏杆菌病、牛呼吸道合胞体病毒感染、牛传染性胸膜肺炎相区别。

1. 病毒的分离鉴定

采集病牛急性高热期抗凝血液或血液中的白细胞层，脑内接种 1~2 日龄的乳鼠、乳仓鼠，常能分离到病毒。连续传代常可使本病潜伏期不断缩短，分离到鼠脑适应毒株。该病毒也可在 BHK-21、仓鼠肺细胞（Hmlu-1）、Vero、地鼠肾和 BEK（胎牛肾）细胞上增殖并伴有细胞病变（CPE）。用 Vero 细胞培养病毒，不但病毒增殖并产生 CPE，还能形成蚀斑。为了达到早期诊断的目的，也可利用分离的白细胞进行负染，做电镜检查，观察到子弹状病毒粒子进行确诊。

2. 血清学检测

采取发热初期和恢复期血清进行中和试验和补体结合试验，是较早使用的特异性血清学检测方法，也可应用间接免疫荧光试验进行该病的检测，根据 2002 年 8 月 27 日中华人民共和国颁布的农业生产标准微量中和试验为本病的标准血清学诊断方法（中华人民共和国农业行业标准 NY/T 543—2002）。

微量中和试验：采用固定病毒、稀释血清法，先作定性试验，取 56℃灭活 30min 的各试验血清用稀释液（MEM 加双抗）作 1∶2 稀释，每孔加试验血清 25μl，每一稀释度的血清加 2 个试验孔，并设一血清毒性对照孔，各试验血清与等体积含 $100TCID_{50}$ 的 BEFV 悬液混合（对照用标准阳、阴性血清），置 37℃感作 45~60min，每孔加每毫升 2.0~2.5× 10^5 Vero 细胞悬液 0.1ml，置 37℃ 5% CO_2 培养箱 4~5d。在血清毒性对照、病毒毒力回归、标准阳、阴性血清及正常细胞诸对照孔均成立条件下，判定试验结果：以 2 倍稀释血清的 2 个试验孔，均出现 CPE 者为阴性；其中一孔出现 CPE 者可疑，再重复试验 1 次；二孔均不出现 CPE 者为阳性。凡 1∶2 阳性者，用倍比稀释法作定量试验，进一步测定试验血清的 BEFV 抗体滴度。

ELISA 是一种简便、快速、敏感的血清学诊断方法，在兽医学研究领域广泛应用，用体外表达的 G 蛋白作为包被抗原，可建立间接 ELISA 方法。采用针对 BEFV G_1 抗原位点的单克隆抗体，建立的检测 BEFV 特异性抗体的阻断 ELISA 法，是目前诊断及临床检测 BEF 的最好方法之一。随着免疫学技术的发展，实时测定 BEFV 的流式石英晶体微天平（QCM）免疫敏感器已用于 BEF 的诊断，该方法是一种可视化酶联免疫吸附试验，检测结果在几分钟内直接获得，具有较高的灵敏度。

3. 分子生物学诊断

针对病毒糖蛋白 *G* 基因设计特异性引物，对发热前期或初期的抗凝血液样本进行常规 RT-PCR 诊断或实时定量 RT-PCR 诊断，后者具有更高的灵敏性和特异性。检测 BEFV 的反转录环介导等温扩增技术耗时较短，且简便易行。结合核酸复制及信号放大的原理，应用巢式 PCR 和磁珠核酸探针方法建立的生物活性增幅杂合反应（bioactive amplification with probing，BAP）诊断方法，可用于血液、病理切片组织等检测和定量 G 蛋白。Walker 等建立了一种用简并引物扩增的 RT-PCR 方法，可对所有的暂时热病毒属病毒样品做检测和区分。

（六）防控措施

1. 预防措施

（1）加强饲养管理。搞好牛舍及周围环境的卫生，在本病多发季节加强隔离消毒工作，积极消灭蚊蝇蠓等媒介昆虫，可每周两次用 5% 敌百虫液喷洒牛舍和周围排粪沟，以杀灭蚊蝇，切断病毒传播途径。另外，针对该病毒可用过氧乙酸对牛舍地面及食槽等进行消毒，以减少传染。平时观察牛只，对已发病的牛场，要坚持早发现、早隔离、早治疗的原则，合理用药，加强对病牛的护理，同时喂给多汁饲料等适口性好的饲料，提高机体抗病力。

（2）疫苗预防。在疫苗免疫和运用方面，报道的疫苗主要有弱毒苗、灭活苗和重组苗，但它们的保护效率和持续性差异很大。国外将 1999 年分离到的毒株（Tn88128）和商品化的疫苗株（Tn73）重组获得了疫苗，应用效果好。另外，国外将蚀斑纯化的 YHL 毒株制备了 BEFV 弱毒冻干苗和氢氧化铝福尔马林灭活疫苗。使用时先注射弱毒苗，间隔 3~4 周再注射灭活苗，免疫效果良好，免疫期约为 6 个月。国内也开展了鼠脑弱毒疫苗、油佐剂灭活疫苗、结晶紫灭活疫苗、甲醛氢氧化铝灭活苗、β-丙内酯灭活苗和亚单位疫苗的研制工作。目前油佐剂灭活疫苗已应用于临床，在流行地区每年采用牛流行热灭活苗对健康牛进行免疫，12 月龄以上的，颈部皮下接种每头 4ml（$10^{6.0}$TCID$_{50}$/ml），间隔 21d 进行第 2 次接种；12 月龄以下的，建议进行 3 次免疫，即在正常的 2 次免疫后，过 2~3 个月进行加强免疫，剂量均为每头 3ml（$10^{6.0}$TCID$_{50}$/ml），可有效预防 BEF 的发生。

（3）注射高免血清。抗流行热高免血清具有很高的抗体效价。注射 200~250ml 高免血清，对治疗和预防 BEF 有很好的效果。

2. 治疗

该病无特效药物治疗，一般采取对症治疗和加强护理，病初可根据具体情况酌用退热药及补糖、补液等。对重症病例，在加强护理的同时，可采取综合疗法，如解热、抗炎、强心、补液，有呼吸迫促的症状时，可使用平喘类药，使病牛喘气得到暂时缓解，也可进行输氧。停食时间长可适当补充生理盐水及葡萄糖溶液。用抗生素等抗菌药物防止并发症和继发感染。

（撰写人：侯佩莉；校稿人：何洪彬、王洪梅）

五、副流行性感冒

牛副流行性感冒（Bovine parainfluenza）是由牛副流感病毒 3 型（Bovine parainfluenza virus type 3，BPIV3）病毒引起的一种急性接触性呼吸道传染病，也称为牛副流感病毒 3

型病毒感染，简称牛副流感，临床上又称为运输热（Shipping fever）、运输性肺炎（Shipping pneumonia）、牲畜围场热（Stockyard fever）。BPIV3 也是较为重要的牛呼吸道综合征（Bovine respiratory disease complex，BRDC）病原之一，主要侵害呼吸器官，引起机体免疫机能和巨噬细胞功能下降，造成感染动物免疫抑制，进而继发细菌或支原体感染，最终以严重的支气管炎、细支气管炎和肺炎为主要特征。牛副流感主要发生于气候骤变，长途运输牛群以及牛舍拥挤的集约化养牛场，如果与其他呼吸道病毒混合感染，容易继发细菌感染，则发生典型的 BRDC。该病在我国牛群中已经流行，但尚未引起足够的重视，奶业发达国家目前主要以灭活疫苗或减毒疫苗进行免疫防控为主。

（一）病原

1. 分类

牛副流感病毒 3 型病毒为单股负链 RNA 病毒目（Mononegavirles）副黏病毒科（*Paramyxoviridae*）副黏病毒亚科（*Paramyxovirinae*）呼吸道病毒属（Respirovirus）的成员。

2. 形态及培养特性

BPIV3 病毒粒子呈多形性，基本上呈圆形或略呈卵圆形。病毒粒子直径大约为 150～250nm，有时能看到更大的畸形粒子和长达数微米的纤丝状。病毒粒子有一个比较坚硬的核衣壳，卷曲在脂质囊膜内，呈螺旋状对称，螺旋数目为 200～220 个，螺旋直径 14～18nm，螺旋中孔的直径为 5～12nm，螺距为 5～6.5nm，螺旋方向呈左旋。病毒粒子核衣壳外包裹有源自病毒从宿主细胞出芽而形成的囊膜，囊膜上有纤突，或称囊膜突起，直径约为 8～10nm。

本病毒能够适应鸡胚，羊膜腔接种时生长良好，鸡胚液中产生血凝素。接种尿囊腔不能生长，这点与其他副流感病毒有别。在牛、山羊、水牛、骆驼、马和猪的肾细胞培养物以及 Vero、HeLa 和 Hep-2 细胞培养物中生长良好，并形成大的合胞体以及不同大小和形状的嗜酸性胞浆内包涵体，核内也有圆形的单个或多个小包涵体，在每个包涵体的外周都有一层透明带。

3. 生化特性

BPIV3 的分子量大约为 $4.5×10^6$ Da，在蔗糖中的浮力密度约为 $1.197g/cm^3$，沉降系数为 42S。BPIV3 对多种化学消毒剂敏感，室温条件下等体积的病毒和氯仿混合处理 10min 可使病毒完全灭活，用 20% 的乙醚于 4℃ 条件下处理 16h 可使病毒灭活，但是如果有钙和镁等二价离子存在时可以增强病毒对热的抵抗力，如 1mol/L 的 $MgSO_4$ 对副流感病毒具有稳定作用，因而可以使用这种方法去除该病毒中污染的其他病毒。BPIV3 对温度比较敏感，-80℃ 病毒的活性能够保持数年，血清对病毒具有保护作用。该病毒具有血凝素和神经氨酸酶活性，在 50℃ 处理 30min，可使病毒的感染力和神经氨酸酶活性降低 90%～99%。病毒在 55℃ 30min 时完全灭活。在无血清的营养液中，37℃ 处理 24h 可使 99% 以上的病毒被灭活，在 5% 血清中病毒较稳定，在 4℃ 存储 1d 或几天病毒感染力可保持不变。病毒在相对湿度 20% 条件下比 80% 更为稳定。

4. 血清学分型

根据遗传性和抗原性，副流感病毒可以分为 1～4 型。BPIV3 病毒只有 1 个血清型。研究表明 BPIV3 与人的副流感 3 型病毒（HPIV3）有相近的抗原关系。BPIV3 含神经氨酸酶和血凝素，能凝集人"O"型、豚鼠和鸡的红细胞。目前根据病毒全基因组、*M*基因以及*HN*基因分子遗传差异，将不同地区分离的BPIV3毒株分为A、B、C 3种基因型，我国目前的流行株主要为基因A型和C型，基因B型在我国是否存在还有待进一步研究。

5. 分子特征

病毒的基因组为单股负链的RNA病毒，长度约为15 500 bp，为转录和复制的模板，BPIV3的基因组排列次序为3'端-leader-N-P/C/V-M-F-HN-L-trailer-5'端，病毒基因组的5'端没有帽子结构，3'端也没有polyA尾巴。病毒基因组全长至少编码6种结构蛋白，大致为两类，一类为内部蛋白，包括N（核衣壳蛋白）、P（磷蛋白）、L（大分子蛋白）；另一类为外部蛋白，包括M（囊膜蛋白），F（融合蛋白），HN（血凝素和神经氨酸酶）。

大量的N蛋白包裹着病毒基因组，调控着病毒基因组的稳定性和转录活性。N蛋白的氨基端区域参与病毒RNA的衣壳化，包裹整个病毒的基因组RNA而形成螺旋形核衣壳，羧基端暴露在病毒核衣壳之外。P蛋白高度磷酸化，且这种磷酸化为聚合酶活性所必需，P蛋白结合L蛋白形成病毒RNA依赖的RNA聚合酶（RNA-dependent RNA polymerase，RdRp），通过识别N蛋白包裹的基因组RNA 3'端序列并结合形成RNP（Ribonucleoprotein）复合物，继而启动病毒的转录与复制。P蛋白能够通过RNA编辑表达另外2种蛋白，C蛋白和V蛋白，是病毒的非结构蛋白，参与病毒与宿主细胞之间的相互作用。L蛋白是病毒的RdRp的另一个亚基，L蛋白的氨基端结构域和P蛋白共同构成多聚酶复合体，复合体能够在体外独立地完成RNA的复制、mRNA转录以及mRNA 5'端加帽和3'端加尾的修饰。L蛋白还具有蛋白激酶活性，可以使P蛋白磷酸化，保证RNA复制的顺利进行。L蛋白是一种多功能蛋白，参与病毒的复制、转录、转录后加工的加帽、甲基化以及多聚腺苷酸化。

M蛋白是构成囊膜的主要成分，M蛋白在病毒粒子组装、出芽、子代病毒的复制过程中扮演着多重作用，包括协调病毒粒子组装和核衣壳到细胞膜的运输以及F与HN糖蛋白从内质网到高尔基体的运输，控制着病毒糖蛋白在宿主细胞膜上的浓度和新生成的病毒粒子从宿主细胞质膜的出芽形成。此外研究表明，M蛋白与N蛋白的相互作用会抑制病毒基因组的转录。

HN蛋白、F蛋白分别构成了囊膜表面的大、小纤突，在病毒和宿主细胞吸附时起重要作用。这两种蛋白都在氨基端连接有糖基，其中HN蛋白在病毒吸附宿主受体的过程中发挥着重要作用，同时也在病毒粒子离开宿主的释放过程中发挥着重要作用，而且，HN蛋白也参与了F蛋白介导的与宿主细胞融合的过程。病毒的F蛋白介导了病毒内化进入细胞内部的过程，并且F蛋白会导致感染的细胞形成合胞体，F蛋白在表达初期是以F_0的无活性前体形态存在，在侵入机体细胞后被细胞内的蛋白酶水解为F_1和F_2两种蛋白，进而发挥作用。

HN和F蛋白是病毒的表面抗原，N是核衣壳抗原，中和抗体主要针对HN蛋白产生。在病毒中和试验和血凝抑制试验中发现病毒至少存在4个抗原决定簇，研究表明，神经氨酸酶也存在着不同的抗原决定簇。对目前分离获得的流行毒株研究发现，在不同时间、不同地理区域的BPIV3流行毒株存在着一定的抗原变异。

（二）致病机制

（1）BPIV3 与唾液酸（salic acid）受体结合后在上皮细胞进行复制。BPIV3 是一种主要的呼吸道病原，与其他呼吸道病毒一样，BPIV3 主要通过气溶胶、飞沫传播。病毒粒子一旦被牛吸入呼吸道，BPIV3 囊膜上的 HN 糖蛋白则首先与呼吸道黏膜高浓度的病毒受体唾液酸结合。目前已经证实在呼吸道系统中与感染相关的一些细胞包括气管上皮细胞、纤毛支气管细胞、肺泡细胞等均普遍存在唾液酸受体。当病毒粒子的 HN 蛋白与受体结合后，在 HN 蛋白与 F 蛋白的相互作用下，引起 F 蛋白构象发生变化，F 蛋白释放融合肽，在融合肽的作用下细胞膜与病毒发生融合，病毒粒子进入细胞质，从而进行病毒 RNA 的转录与复制，完成新的病毒粒子包装、出芽以及释放。

（2）BPIV3 感染上皮细胞造成纤毛和肺泡细胞功能的损伤。人工通过气溶胶、滴鼻或者气管给犊牛接种病毒，病毒一旦黏附于呼吸道就开始复制，犊牛立即发生病毒血症，随后病毒将到达肺外组织并出现损伤。BPIV3 感染偶尔也会引起肠炎或者脾脏炎，但是BPIV3 自然感染造成的机体内的细胞损伤目前还不清楚。BPIV3 感染呼吸道上皮细胞的超微结构变化已经被详细的描述，和其他不分节段的 RNA 病毒一样，BPIV3 病毒复制发生在细胞质，通常感染后 7d 就可以完全观察到核衣壳和病毒粒子。病毒核衣壳主要聚集在感染的上呼吸道纤毛、有纤毛和无纤毛的细支气管细胞、Ⅰ型和Ⅱ型肺泡壁细胞以及部分肺泡巨噬细胞上。BPIV3 的急性感染导致纤毛和纤毛细胞的毁坏和损伤，造成Ⅱ型肺泡壁细胞的增生，可能致使表面活性剂分泌增加，从而限制了肺泡表面空气交换。

（3）BPIV3 感染引起机体免疫抑制，进而逃避宿主免疫系统的清除。体外实验证实，BPIV3 感染肺泡巨噬细胞引起细胞的多项功能发生变化，包括降低了肺泡巨噬细胞的细胞毒性作用，抑制它的吞噬作用以及杀菌作用，同时通过改变花生四烯酸的代谢，而导致免疫抑制前列腺素的分泌，也可造成嗜中性粒细胞功能的缺陷。这样 BPIV3 感染后造成呼吸道黏膜纤毛和天然免疫细胞缺陷，引起机体免疫抑制，很容易引起其他病原的二次感染。早期研究发现，感染 BPIV3 的牛外周血中淋巴细胞的增殖显著降低，BPIV3 也可以通过抑制肺泡巨噬细胞内超氧化物阴离子的产生而使其没有杀伤细胞的能力，BPIV3 感染造成免疫细胞功能下降的事实充分说明 BPIV3 引起感染动物机体的免疫抑制。也有研究证实，BPIV3 的非结构蛋白 C、V 以及 D，可以抑制 α/β 干扰素信号通路而拮抗宿主细胞的天然免疫反应，引起感染牛的免疫抑制。总之，BPIV3 感染机体后通过引起定植部位黏膜的细胞结构病变效应，造成机体免疫抑制，更容易引起细菌的继发感染，使感染牛普遍性地发生流行性肺炎，以及呼吸道综合征。

（三）流行病学

自从 1959 年 Reisinger 等在美国的牛体内分离到 BPIV3 以来，BPIV3 在世界上许多国家广泛流行，在法国、英国、澳大利亚、加拿大、巴西、日本、丹麦、意大利、芬兰等国家都相继分离出该病毒或有了关于 BPIV3 感染的报道，大多数成年牛群都可以检测到BPIV3 的抗体。我国于 2001 年首次报道在内蒙古自治区发生疑似牛副流感，并于 2009 年从黑龙江省某牛场患有呼吸道疾病的病牛鼻液中分离到 BPIV3 病毒株。此后，山东省、黑龙江省、辽宁省和内蒙古自治区等省区也相继分离到本病毒。据不完全统计，我国黑龙江省、辽宁省、新疆维吾尔自治区、云南省、贵州省、广西壮族自治区、河北省、山东省、河南省、江西省、湖南省和福建省 12 个省区的血清抗体阳性率为 27.8%~96.3%。BPIV3 在我国一些地区普遍流行，它是引起牛呼吸道疾病的最重要病原之一。

1. 易感动物

本病易感家畜主要为牛，奶牛较肉牛易感，但绵羊、山羊、猪、马、骆驼等均可感染，野生物动物主要有水牛（*Bubalus bubalus*）、美洲野牛（*Bison bison*）、犀牛（*Dicerorhinus*）、大角羊（*Ovis canadensis*）、骡鹿（*Odocoileus hemionus*）、恒河猴（*Macaca mulatta*）、黑猩猩（*Pan troglodytes*），以及骆驼亚科的小羊驼（*Vicugna vicugna*）、羊驼（*Vicugna pacos*）、原驼（*Lama guanicoe*）和大羊驼（*Lama glama*）等。本病毒感染的小动物实验模型主要有小鼠、豚鼠等，对大多数实验动物无致死性，小鼠和豚鼠等可经鼻接种感染，但症状不明显。

2. 传染源和传播途径

病牛和带毒牛是本病的主要传染源。本病主要感染部位是呼吸道，可通过接触传播，也可通过空气、咳嗽飞沫经呼吸道感染。

3. 流行特点

牛单纯感染本病毒，只引起轻微的症状，或亚临床症状，但存在长途运输、气候骤变、拥挤等诱因时，病情加重，出现典型的临床症状。本病致病原因一般都很复杂，很少有单纯感染，多数为混合感染，常与牛呼吸道合胞体病毒（BRSV）、牛传染性鼻气管炎病毒（IBRV）、牛病毒性腹泻/黏膜病病毒（BVDV）、牛腺病毒（BAV）、衣原体、支原体、溶血性曼氏杆菌、巴氏杆菌等一种或多种病原混合感染，其结果使病情恶化，预后不良。牛副流感一年四季均发，但以天气骤变的早春、晚秋和寒冷的季节多见。

（四）临床症状

牛副流感可在各个年龄段的牛群中发生，感染引起发病的潜伏期为 2~5d。病牛体温升高到 40~41℃，产奶量下降，精神沉郁，食欲减退，鼻镜干燥，继而流黏脓性鼻液，眼睛大量流泪，有脓性结膜炎。呼吸快速，咳嗽一般是湿性的，出现张口呼吸等呼吸道症状。由于气管黏膜肿胀或渗出物堵塞气管引起气管狭窄，听诊肺前下部有啰音，有时有摩擦音，出现纤维性胸膜炎和支气管肺炎症状。有的发生黏液性腹泻。病牛消瘦，有的肌肉衰弱。有的病牛经 2~3d 死亡。孕畜也可通过子宫感染，引起流产。牛群发病率一般不超过 20%，死亡率很低。有些牛呈现一过性感染，并不表现症状而耐过。

（五）病理变化

病牛尸检病变主要见于呼吸道，上呼吸道黏膜出现卡他性炎。鼻腔和副鼻窦集聚大量黏脓性渗出物。支气管和纵膈淋巴水肿、出血。肺的间叶、心叶和隔叶，以及肺间质因充满纤维素而增宽、水肿，病变部位呈灰色及暗红色，肺切面呈特殊斑状，见有灰色或红色肝变区，气管内充满浆液，肺门和纵隔淋巴结肿大，部分有坏死病变。胸膜表面有纤维素附着，胸腔集聚浆液纤维素性渗出液。心内外膜、胸膜、胃肠道黏膜均有出血斑点。有些病牛可在大骨骼肌两侧对称地发现 5~10cm 大小的灰黄色病灶。

（六）诊断

由于牛的许多呼吸道疾病都可以表现出与牛副流感相似的临床症状，而且常常为混合感染，更甚者造成继发感染，所以临床上不易作出确诊。依据发病史以及特征性的临床症状和病理剖检可进行初步诊断，如需确诊，还应进行实验室的病原学与血清学的鉴别诊断。通常与BRSV、IBRV、BVDV等鉴别。

1. 病原学诊断方法

主要有病毒的分离培养、病毒核酸的分子生物学检测及免疫学检测，后者包括免疫荧光染色、免疫组织化学以及ELISA等。其中，病毒的分离培养、免疫染色与免疫组化多用于科学研究，而分子生物学检测与ELISA方法常用于大批量的临床样本的筛查。

（1）病毒的分离培养。采集病牛的鼻拭子或气管黏膜、肺部病变组织，接种MDBK、Vero等易感细胞。BPIV3细胞病变早期常表现为细胞变大、变圆，局部细胞开始融合，晚期出现大面积融合，呈拉网状，最后细胞融合而坏死、脱落。

（2）分子生物学方法。根据BPIV3保守的 *N* 基因、*M* 基因或 *HN* 基因设计特异性引物，提取鼻拭子、病变组织等样本的RNA，然后进行RT-PCR、实时荧光定量RT-PCR及环介导逆转录等温核酸扩增（RT-LAMP）等的检测。也可与混合感染的其他几种病毒一起进行多重RT-PCR的鉴别诊断。

2. 免疫学检测方法

主要有血凝与血凝抑制试验、病毒中和试验、免疫荧光与免疫组化试验、间接酶联免疫吸附试验（iELISA）等方法。病毒中和主要用于实验室研究，ELISA方法常用于大量临床血清样本的检测。

（1）血凝抑制试验。根据BPIV3的HN蛋白具有凝集红细胞的特性，常用人"O"型、豚鼠和鸡的红细胞进行血球凝集试验（HA），以此来推测被检材料中有无BPIV3的存在。具体方法为：将病毒抗原稀释成4个血凝单位（1/128×4＝1：32），在血凝板上1～12孔各加入50μl生理盐水，在第1孔内加入被检血清50μl，然后倍比稀释至第11孔，最后弃50μl，每孔加入1%鸡红细胞悬液50μl，轻轻振荡均匀后放于室温或37℃中静置30min，最后进行结果判定。

（2）病毒中和试验。可在病的急性期以及恢复后3～6周采取双份血清作病毒中和试验。中和试验的血清样品用56℃灭活30min。一般应用固定病毒-稀释血清法。血清做1：2～1：256连续倍比稀释，病毒剂量为每0.1ml 100～500 TCID$_{50}$。血清和病毒各0.1ml，混合后，室温放置1h，接种MDBK培养物37℃培养，于3～5d观察细胞病变。

（3）间接酶联免疫吸附试验（iELISA）。以BPIV3全病毒或具有免疫原性的病毒蛋白为抗原包被ELISA平板，来检测BPIV3急性感染期和康复期的动物血清、血浆或奶样中的BPIV3抗体。目前本方法已被很多国家运用于大量筛查牛群中的BPIV3抗体，已经有商品化试剂盒。具体操作步骤如下：用纯化、灭活的病毒或病毒蛋白包被微量反应板，通常微量反应板孔中交替包被有对照抗原（－Ag）和BPIV3抗原（＋Ag），然后将检测样本、阴阳性对照血清稀释后分别加入适当的反应孔，盖上封板膜，18～26℃条件下孵育1h。洗涤3次后，每孔加入稀释好的酶标抗体，在18～26℃条件下孵育0.5～1h。再洗涤3次后，每孔加入TMB底物溶液，在18～26℃条件下避光孵育10～20min。最后每孔加入终止液，在酶标仪上测量并记录每个样品在OD$_{450nm}$下的吸光值，计算判定检测样本阴阳性结果。

（七）防控措施

本病应以预防为主，治疗为辅。在气候条件变化、牛舍拥挤、运输等应急条件下极易发生本病。因此，养殖人员应加强饲养管理，增强牛的抵抗力，尽量减少诱发疾病的因素。免疫预防主要接种 BPIV3 灭活疫苗或减毒活疫苗。

1. 严格的生物安全措施

坚持自繁自养，尽量减少引种，避免长途运输，该病在应急条件下极易发生。因此，应搞好环境卫生，履行严格的卫生消毒制度。在日常的饲养管理中，应该从各个方面加强管理，保证饲料营养全价；夏季注意避暑通风，冬季注意保暖，避免各种不利的应激因素，提高牛群对疾病的抵抗能力，降低易感性。BPIV3 是引起牛呼吸道疾病的重要病原体之一，患病牛常容易继发感染一些致病性的细菌，造成致死性的肺炎从而引起患病牛，尤其是犊牛的急性死亡。所以针对 BPIV3，牛群一旦发病，应注意远距离隔离患病牛，并对患病动物污染的区域进行严格的消毒，可对发病牛饲喂时添加抗生素，防止细菌继发感染加重病情。另外还可以应用高免血清、干扰素等辅助治疗。BPIV3 常容易与 IBRV、BRSV、BVDV 等病原体混合感染，形成 BRDC，是引起世界范围内的舍饲牛发病和死亡的主要原因。除此之外患病牛还容易继发感染一些细菌性疾病，如巴氏杆菌、支原体、溶血性曼氏杆菌、化脓隐秘杆菌、睡眠嗜组织菌等，引起患病牛大批量死亡。对于预防继发和混合感染主要还是依赖严格的生物安全措施，净化环境，消灭散播于外界环境中的病原体。

2. 疫苗免疫

目前奶业发达国家主要使用 BPIV3 灭活疫苗与减毒活疫苗预防本病，保护期一般为 6~12 个月。鉴于 BPIV3 以混合感染较为常见，因此常将 BPIV3 与其他可以引起牛呼吸道病的病原体，如 IBRV、BRSV、BVDV 等一起制成减毒活疫苗或灭火疫苗，也可与巴氏杆菌、溶血性曼氏杆菌、睡眠嗜组织菌等细菌灭活后制成联苗，起到一次免疫预防多种疾病的目的，同时做到了省时省力降低了成本。

对于牛副流感的预防免疫接种程序为，犊牛在 6 月龄前进行首免含有 BPIV3 的联苗，根据不同厂家疫苗在 6 个月或 12 个月后再进行加强免疫。有些厂家的疫苗不能用于怀孕牛，但是目前也有可用于妊娠牛的商品化疫苗，其在干奶当日，或者分娩后 2~3 周以及孕检确定妊娠牛均可注射含有 BPIV3 的疫苗，来提高抵抗 BPIV3 感染的能力，并使犊牛获得更高的母源抗体。对于种公牛，也应注射含有 BPIV3 的联苗来预防呼吸道疾病的发生。

（撰写人：侯佩莉；校稿人：何洪彬、王洪梅）

六、轮状病毒腹泻

轮状病毒腹泻是由轮状病毒（rotavirus，RV）引起的一种非细菌性腹泻病，可感染婴幼儿及多种幼龄动物（包括牛、仔猪、羔羊、马、兔、狗、猫、鸡、火鸡、恒河猴和鼠等）。在美国内布拉斯加州（Nebraska）犊牛腹泻粪便中最早发现了该病毒。牛轮状病毒主要感染 1~7 日龄的犊牛，可引起犊牛消化道机能紊乱，临床上以犊牛的精神沉郁、厌食、腹泻、脱水和酸碱平衡紊乱为特征。该病流行范围广，病死率可达 50%。由于轮状病毒引起的肠细胞损伤更有利于产毒素性大肠杆菌的附着和感染，这种混合感染可导致更严重的腹泻和更高的死亡率。由于治疗成本的增加和生长发育率的降低，对畜牧养殖业造成了严重的经济损失。

（一）病原

1. 分类

轮状病毒（rotavirus，RV）属于呼肠孤病毒科（*Reoviridae*）轮状病毒属（Reovirus）的成员。根据 RV 的遗传性和抗原荧光分析差异性，RV 可以被分为 8 个不同的群（A-H），其中 A、B 和 C 群轮状病毒均可感染人和动物，但是最常发生的是 A 群轮状病毒感染，而 D、E、F 和 G 群轮状病毒目前发现只能感染动物。根据内衣壳蛋白 VP6 抗原性的不同，A 群轮状病毒又被分为四个亚群，自然界流行的 A 群轮状病毒主要是 I 亚群。

2. 形态和培养特性

轮状病毒具有呼肠孤病毒科病毒的形态，在透射电镜下，成熟的轮状病毒粒子呈圆形，无囊膜，表面光滑，呈正二十面体对称，直径 65~75nm，由外衣壳蛋白、内衣壳蛋白和核心蛋白组成；轮状病毒的中央为一电子致密的六角形核心，直径在 37~40nm；构成病毒内衣壳的是在其芯髓周围的电子透明层，自内向外呈辐射状排列；其外衣壳是由外周的一层光滑薄膜构成，壳粒清晰可见。未经胰酶处理的病毒培养物，在病毒粒子的表面还可以看到长度大约为 4.5~6.0nm 的表面纤突（spike），且每个纤突的远端顶部都有一个膨大的结节。在细胞培养物和粪便标本中均存在 3 种形式的病毒粒子，即具有双层衣壳的完整病毒粒子（完全型或光滑型，S 型），该病毒粒子具有感染性；单层衣壳的病毒粒子（粗糙型，R 型），该病毒粒子没有外衣壳，无感染性；不成熟的病毒粒子，为只有空衣壳的病毒样颗粒。

轮状病毒需经 10μg/ml 胰酶等蛋白水解酶处理和无血清培养基维持才能适应于细胞生长。原因可能是轮状病毒的复制需要通过胞浆膜直接进入胞浆，这种穿入依赖于 VP4 蛋白，而 VP4 蛋白需要通过胰蛋白酶裂解成 VP5 和 VP8 才能发挥其功能。这种机制与流感病毒和副流感病毒相似，都需要病毒囊膜蛋白的裂解，从而使病毒具有感染力。常用来培养轮状病毒的细胞有恒河猴胚肾细胞（MA104）、非洲绿猴肾传代细胞（CV-1）、原代非洲绿猴肾细胞系（AGMK）、猴胚胎肾上皮细胞（MARC-145）、人肝细胞（HEPG2）、人克隆细胞（Caco-2）等，而目前普遍使用恒河猴胚肾细胞（MA104）。

3. 生化特性

轮状病毒具有较强的抵抗力，对 pH 值、温度、化学物和消毒剂均有耐受性，病毒可耐受去氧胆酸钠（sodium deoxycholate）、次氯酸盐、乙醚（Ether）、三氯甲烷（Trichloromethane）等有机溶剂的处理，但氯仿可破坏牛轮状病毒 Nebraska 株的血凝能力。在 pH 值为 3.5~9.0 范围内感染力极稳定，对胰蛋白酶敏感。EDTA，EGTA 等促溶剂以及 CaC_{12}、硫氯酸钾等可使病毒粒子变为单衣壳，并使其芯髓部分的密度发生改变，从而使病毒聚合酶丧失活性，失去感染力。RV 通过粪-口途径传播，感染机体后定植在肠绒毛上皮细胞进行增殖。RV 对物理和化学因素的抵抗力较强。粪便样本中的病毒在 60℃ 可耐受 30min，在 18~20℃ 的粪便和乳液中能存活 7~9 个月。70% 酒精和 1% 次氯酸盐消毒效果较好。

4. 血清学分型

根据其 2 个主要衣壳蛋白 VP7 和 VP4 的差别，轮状病毒的血清型可以分为 G 型和 P 型。不同的 G 血清型和 P 血清型随着时间、地理位置而发生改变。在气候温和的区域，大多数的 RV 是 G1～G4、G9 型，但是其余的 G 型（G5、G8、G10、G12）在热带地区普遍流行。VP7 和 VP4 蛋白是轮状病毒的外衣壳蛋白，也是免疫优势蛋白，在天然免疫及特异性免疫双重压力下极易变异；同时，不同轮状病毒感染同一宿主时，易发生基因节段重排而产生新的毒株，导致新的 G 型和 P 型轮状病毒不断出现。到目前为止，已经有 25 个 G 型、33 个 P 型被公开，研究发现全世界主要的流行株为 G6 血清型，约占 55.7%。

5. 分子特征

轮状病毒为双股 RNA，由 11 个不连续的 RNA 节段组成，分别编码病毒的 6 种结构蛋白（Viral Protein，VP：VP1 ～ VP4，VP6，VP7）和 6 种非结构蛋白（Non－Structural Protein，NSP：NSP1～NSP6）。VP1、VP2 和 VP3 是病毒的核心蛋白，由第 1、第 2、第 3 RNA 节段编码，决定了病毒的结构和功能；与免疫相关的主要是内衣壳蛋白 VP6、外衣壳结构蛋白 VP4 和 VP7。内衣壳蛋白 VP6 是群和亚群的特异性蛋白，产生不同的抗原性，由第 6 RNA 节段编码；外衣壳蛋白 VP4，是血凝素抗原，由第 4 RNA 节段编码，外衣壳蛋白 VP7，具有中和抗原活性，其编码基因根据毒株的不同略有差异，一般是第 7、第 8 或第 9 RNA 节段编码。轮状病毒的病毒颗粒包含内层、中间层和外层 3 层结构，内层由 VP1、VP2 和 VP3 结构蛋白以及 11 节段 dsRNA 构成，其中 VP1、VP3 和 11 个节段 dsRNA 为内层的核心，VP2 包裹于核心外侧；中间层由 VP6 蛋白组成；外层由 VP7 和 VP4 组成。对 A 群轮状病毒而言，11 个双股 RNA 节段的 PAGE 电泳图谱呈现明显的 4 个区段，第一区段由 4 个较大的节段构成；第二区段由两个中等的节段构成；第三节段由三个较小的节段构成；第四节段由两个最小的节段构成，呈 4∶2∶3∶2 排列。

（二）致病机制

RV 感染的主要宿主部位是成熟的肠道上皮细胞，同时造成肠绒毛的减少、缩短以及上皮细胞的脱落，从而影响肠道的吸收功能，在肠固有层的巨噬细胞和杯状细胞中及肠上皮细胞的内质网空隙和线粒体内可以看到病毒颗粒，另外也可造成 D-木糖吸收障碍，胃蠕动异常和双糖酶缺乏。

轮状病毒的感染性依赖于病毒颗粒的完整性，钙离子为稳定病毒的重要离子，在乙二胺四乙酸（EDTA）等钙离子螯合剂的作用下病毒将失去外衣壳（VP4 和 VP7）而导致感染性丧失。无感染性的双层病毒颗粒 DLPs（Double Layer Particles）在 VP4 和 VP7 存在的条件下可重新装配成为具有感染性的完整病毒颗粒。

VP4 为轮状病毒入侵细胞的一个重要蛋白。VP4 在胰蛋白酶的作用下裂解为 VP5、VP8，这种酶解作用可提高病毒感染性，更有利于细胞入侵。水解后剪切产物仍留在病毒颗粒表面。大部分 RV 与肠绒毛上皮细胞的作用是通过 VP4 与细胞表面 RV 受体（含唾液酸残基）结合。最新的研究发现，唾液酸非依赖型 RV，如人轮状病毒 P4、P6 和 P8 型能识别人类组织血型抗原（HBGAs）。RV 的 VP8 蛋白参与识别 HBGAs，该抗原作为 RV 吸附至宿主细胞的受体在轮状病毒感染与进化中起着重要的作用。α2β1 是病毒感染中最重要的受体之一，RV 通过 VP5 的 DGE-结合基序使病毒顺序性地与 α2β1 发生相互识别并结合，结合位点位于 VP5 的第 308～310 位氨基酸残基。研究发现 Hsc70 参与 RV 感染，RV 的 VP5 与特异性相结合，结合位点位于该蛋白第 642～658 氨基酸残基。在 RV 吸附后阶段，VP7 可以发挥作用协助病毒粒子进入细胞。不同株的 RV 其 VP7 蛋白含有不同的三肽及多肽基序结合区域，比如有 LDV 三肽（237~239 位氨基酸残基）、GRP 三肽（253~255 位氨基酸残基）和 CNP 多肽（161~169 位氨基酸残基），分别与不同的细胞整合素受体 α4β1、αxβ2 和 αvβ3 相结合发挥相应的功能。

胞内的 NSP4 可引起内质网对于 Ca^{2+} 的释放，不断增加的 Ca^{2+} 可引起微绒毛细胞支架网络被裂解，降低二糖酶类以及其他顶端表面的酶类的表达，抑制对于 Na^+ 溶质的转运系统引起吸收不良。由感染的细胞释放的 NSP4 经由旁分泌效应作用未感染的细胞。NSP4 与细胞上特异性的受体相结合，并触及磷脂酶 C（PLC）的级联反应使内质网释放 Ca^{2+}，增加 Ca^{2+} 的浓度。作用于肠细胞的 NSP4 可损坏紧密连接部来导致细胞旁渗透性。作用于隐窝细胞的 NSP4 可通过 Ca^{2+} 浓度的增加来介导活化影响腹泻的分泌成分 Cl^- 的增加。由感染细胞所分泌的 NSP4 以及其他效应分子都可能刺激肠道神经系统（ENS）。

（三）流行病学

1968 年，美国 Mebus 等人首次分离鉴定到该病毒，并证明了其对犊牛的致病性。此后，欧洲、新西兰及日本等国均有关于牛轮状病毒引起犊牛腹泻的报道。在英国，犊牛轮状病毒腹泻的发病率为 60%~80%，死亡率为 0~50%。在美国，轮状病毒为主要病原的肠道病原体，每年引起 25% 的犊牛死亡，导致直接经济损失达 2.5 亿美元。研究表明，A 群轮状病毒为引起新生犊牛腹泻的主要病原。到目前为止，相关犊牛轮状病毒腹泻病原流行病学的调查表明，牛轮状病毒仍然以 G6 和 G10 型为主要流行的 G 型，占 90% 左右。随着我国奶牛养殖集约化规模化程度的提高，犊牛腹泻常年散发甚至爆发，发病率为 16.5%~91.7%，死亡率为 20%~50%，造成了巨大的经济损失，严重影响了我国奶牛养殖业的健康持续发展。在我国，对全国养牛业比较发达的省市进行了牛轮状病毒腹泻的病原流行病学调查，结果发现在宁夏回族自治区、吉林省、内蒙古自治区、福建省等地的牛轮状病毒感染率为 16.5%~89%，甚至可以高达 91.7%。

1. 易感动物、传染源、传播途径

RV 对多种幼龄动物（恒河猴、火鸡、田鼠、猿猴、犊牛、狗、仔猪、鸡、羔羊、马、兔、猫、家鼠以及鸟类）和人类均有致病性，是导致全世界婴幼儿及幼龄动物腹泻的重要因素。

患病的幼儿及幼龄动物是轮状病毒的主要传染源，自然界中多种动物都可感染本病，如犊牛、绵羊、山羊、幼驹、鹿、兔、小鼠等，因此若有一种动物体内存在该病毒，则可造成大规模的传播，给本病的防治带来一定的困难。

该病一般通过消化道传播，偶尔也有呼吸道传播的报道。其传播途径为口-口或粪-口途径，病毒主要存在于肠道内，排出体外的粪便内含有大量的病毒，在粪便中的病毒可长期稳定存活。而且隐性感染的成年牛不断排出病毒，因此牛群一旦发生本病，随后将每年连续发生，难以根除。怀孕动物感染该病后，病毒可通过胎盘屏障，感染子宫内的胎儿。研究表明轮状病毒可交叉感染，人轮状病毒能在实验室感染猴、仔猪、羔羊，并可引起临床症状。犊牛轮状病毒可感染猪、人。

2. 流行特点

各年龄的人和动物都可感染轮状病毒，感染率最高达 90%~100%，常呈隐性经过。一般发病的多是幼龄动物。成年动物可受到新生患病动物的传染。本病传播迅速，多发生在

晚秋、冬季和早春。研究表明，BRV 的发病与寒冷、干燥和降水量少呈正相关。我国的流行高峰南北地区会相差 1~2 个月。但是在热带地区轮状病毒性肠炎的季节性不明显。应激因素，特别是寒冷、潮湿、不良的卫生条件和其他疾病的侵袭等，均可影响疾病的严重程度和病死率。

（四）临床症状

潜伏期很短，人工感染为 43~48h。自然发病的犊牛 1~10 日龄为最多。病初精神沉郁，食欲减少或废绝，体温正常，也有轻微升高者。典型症状是严重腹泻、呈水样，色呈淡黄色，有时混有黏液和血液。犊牛脱水，眼凹陷，四肢无力，卧地。病重者，约经 4~7d 由于严重脱水，酸碱平衡破坏，心脏衰竭而死亡。当伴发大肠杆菌和沙门氏杆菌感染时，其发病更急，病程更短，死亡更快。腹泻发作后食欲废绝，如果腹泻持续，体重可减少 10%~25%。再加上气候寒冷、阴雨，在症状出现后 2~3 周因并发肺炎而死亡。

（五）症状与病理变化

主要变化在小肠，肠壁变薄，肠内容物变稀，呈黄褐色、红色，黏膜脱落。通过切片电子显微镜观查，发现小肠黏膜病变最明显的是在空肠和回肠部，其变化是小肠绒毛萎缩，柱状上皮细胞脱落，被未成熟分化的立方上皮细胞所覆盖。固有层的圆细胞增加，淋巴细胞浸润。胃、肠系膜淋巴结，结肠、肺、肝、脾和胰等器官一般不出现病变。

（六）诊断

轮状病毒感染一般可通过流行病学、临床症状、组织病理变化等对该病进行初步诊断；也可以通过一些实验室手段如病原学诊断和血清学诊断进行确诊。病原学诊断轮状病毒的常规方法有电镜观察、免疫荧光、病毒核酸电泳法、RT-PCR、双抗体夹心 ELISA 等方法；血清学诊断轮状病毒的常规方法有中和试验（VNT），固相竞争 ELISA。

1. 病原学诊断方法

（1）电镜观察。电镜是确定各种病毒形态结构最有效的工具。通常用 1%磷钨酸 pH 值为 4.3 或 2%磷钨酸（PTA）pH 值为 7.0 对样品进行复燃。据报道，每毫升粪汁标本中含有 10^5 个病毒粒子时，仔细观察可看到病毒粒子；每毫升标本内含 10^6 个病毒粒子时，一般都能获得阳性电镜结果；每毫升标本中的病毒粒子超过 10^8 个时，极易做出诊断。

（2）病毒核酸电泳法。通常将病料或感染的培养物冻融处理后，经差速离心、蔗糖密度梯度离心制备病毒样品后，从轮状病毒中提取 RNA 经聚丙烯酰胺凝胶电泳（PAGE），银染后，根据病毒 RNA 基因组 11 个片段的电泳图谱即可做出判断。该方法具有特异性强，操作简单等优点，可直接检测轮状病毒的感染，并能同时鉴定出病毒基因组的电泳型，是进行轮状病毒病原流行病学研究的最常见方法。

（3）免疫荧光技术。采集发病动物的粪便或空肠和回肠的柱状上皮，压片后，预冷的无水乙醇固定，用轮状病毒荧光抗体染色，置荧光显微镜下观察。通常在接种 1h 后即可在看到病毒抗原；在 16~21h 病毒抗原含量最多；接种 180h 后很难找到阳性荧光细胞。

（4）分子生物学方法。根据 BRV 保守基因设计特异性引物，进行 RT-PCR，实时荧光定量 PCR，以及环介导逆转录等温核酸扩增技术（RT-LAMP）、核酸探针技术、免疫层析快速检测试纸条、基因芯片技术等进行 BRV 核酸的检测。也可与混合感染的其他几种病毒一起进行多重 PCR 的鉴别诊断。

（5）双抗体夹心 ELISA。双抗体夹心 ELISA 又称抗原捕获 ELISA，常用于抗原的检测，其原理是将已知抗体加入 ELISA 板形成固相载体；加入受检标本与固相载体结合，形成固相免疫复合物；再加入酶标抗体，使固相免疫复合物上的抗原与酶标抗体结合，彻底洗涤未结合的酶标抗体，此时固相载体上带有的酶量与标本中受检抗原的量相关。因双抗体夹心 ELISA 敏感性高，特异性好等原因，世界卫生组织腹泻控制中心于 1983 年公布的"急性肠道传染病实验手册"中将其列为诊断轮状病毒腹泻的常规检查方法。国内外均已有商品化的人轮状病毒抗原 ELISA 试剂盒。

2. 血清学诊断方法

（1）病毒中和实验（Virus neutralization test，VNT）病毒中和试验是检测血清中轮状病毒抗体的一种方法，是轮状病毒血清型鉴定的主要方法，很多实验室采用该方法评价疫苗的免疫效力和动物免疫水平。其原理是依据血清中特异性抗体与病毒相互作用，使病毒失去吸附细胞的能力，丧失对敏感细胞的感染力，最终根据细胞产生病变的情况来判断结果。VNT 的优点是结果准确，缺点是耗时长，观察病变主观因素较大，受实验材料的影响大，并且对试验条件要求较高，需要在生物安全柜中进行。

（2）间接 ELISA。间接 ELISA 的原理是，将已知抗原吸附于固相载体，孵育后洗去未吸附的抗原；随后加入含有特异性抗体的被检血清，孵育洗涤后；加入酶标抗同种球蛋白，感作后再经洗涤；加入酶底物，底物被分解，出现颜色变化，即显色变得愈深，样品中抗体含量越多。

（七）防控措施

发现病畜后需停止哺乳，对病畜需要对症治疗，如投放收敛止泻剂，使用抗菌药物防止继发的细菌性感染，静脉注射葡萄糖盐水和碳酸氢钠溶液防止脱水和酸中毒。

本病的预防主要依靠加强饲养管理，注意环境卫生，如发现有感染轮状病毒动物，应及时隔离，并对污染的草料等进行消毒处理，认真执行防疫措施，增强怀孕母牛和犊牛的抵抗力。目前常用的疫苗包括减毒疫苗和灭活疫苗。目前国外已有多种防治犊牛轮状病毒性腹泻的灭活疫苗获准使用，有的是单苗，有的是与大肠杆菌、冠状病毒或魏氏梭菌的联苗，均取得了较好的防治效果，有效降低了犊牛腹泻的发病率。通过口服或经肠道免疫 BRV 减毒疫苗，是阻止其对肠道黏膜上皮细胞感染的最有效方法。在 1973 年美国农业部批准生产的新生犊牛轮状病毒口服减毒疫苗，是第一个被批准生产的牛轮状病毒疫苗。口服活疫苗、减毒疫苗、基因工程疫苗（利用高效的载体表达 RV 保护性抗原 VP4 和 VP7 蛋白）正在研制中，有的已取得较好的进展，将来有望投入市场。

为预防牛轮状病毒腹泻，在犊牛初生至 1 周龄时，需及时给予足够高质量初乳或在灌服初乳前 0.5h 到 1h 内口服弱毒轮状病毒疫苗。而妊娠牛（包括头胎牛和经产牛）在干奶当日注射轮状病毒疫苗，在产前 21d 再次加强注射轮状病毒疫苗。在接种疫苗的同时，需要通过诊断筛选出免疫后的带毒牛，将带毒牛进行隔离饲养或直接淘汰，逐步实现牛群净化。

（撰写人：宋玲玲；校稿人：何洪彬、王洪梅）

七、冠状病毒腹泻

牛冠状病毒腹泻又称新生犊牛腹泻，是由牛冠状病毒（Bovine coronavirus，BCoV）引起的新生犊牛腹泻的传染病，本病还可引起牛的呼吸道感染和成年牛冬季血痢。犊牛发病多见于1～90日龄，而腹泻常发生于1～2周龄，与轮状病毒感染相像，二者容易混合发生。该病多发生在冬春季节，主要通过消化道传播，呼吸道感染通常是亚临床症状，一旦发病极易引起群体感染，并且诱发继发感染。该病发病率高（50%～100%），但死亡率较低（1%～2%）。1973年在美国首次被报道，目前已遍布全世界，对养牛造成了严重的经济损失。

（一）病原

1. 分类

牛冠状病毒（Bovine coronavirus，BCoV）是套氏病毒目、冠状病毒科、冠状病毒属2a亚群成员。

形态和培养特性 BCoV是一种有囊膜、不分节段单股正链RNA病毒，具有多形性，一般为圆形或是椭圆形，直径65～210nm。冠状病毒表面有棒状突起，呈球状或花瓣状，规则地排列成皇冠状。

BCoV的病毒囊膜上镶嵌着向外生长的指状纤突，在反复冻融过程中易丢失，导致病毒形态不完整，故难以从病料中分离到该病毒。一旦分离到，BCoV适应某种易感细胞，就能够在其原代或传代细胞中获得良好的增殖，并产生细胞病变（CPE）。BCoV的最适生长温度为33～35℃，37℃时生长速度下降。对pH值敏感，pH值<6.7或>7.7时不稳定。在胰蛋白酶的作用下能提高BCoV增殖滴度。目前用于BCoV体外培养的细胞有人直肠癌细胞（HCT-8）、胎牛肾细胞、猪肾K3细胞系、猪肾K15细胞系、Vero细胞系、人胚肺成纤维细胞系、MDBK细胞系、BEK-1细胞系等。BCoV也能在乳鼠脑中生长。

2. 生化特性

BCoV能凝集鼠和小鼠红细胞，不能凝集豚鼠、鸡、猪及人O型红细胞。通过免疫电镜和免疫荧光抗体技术证实，BCoV与猪凝血性脑脊髓炎病毒有抗原交叉性。

抵抗力 BCoV对乙二醇、乙醚和氯仿等有机溶剂敏感，可被福尔马林等消毒剂、热、紫外线等灭活。57℃10min可将其灭活，37℃数小时感染性消失。

3. 血清学分型

BCoV只有一种血清型，属于冠状病毒β属A群。

4. 分子特征

牛冠状病毒（BCoV）是单股正链不分节段的RNA病毒，基因组大小约为32kb，是目前已知的RNA病毒中最大的。5′有甲基化的帽状结构，其后有65～98个核苷酸的引导序列（leader RNA）和200～400个核苷酸的非翻译区（UTR）。3′有poly（A）尾巴。5′末端和3′末端的UTR对于RNA的转录和复制是非常重要的。病毒RNA可作为mRNA，具有感染性。基因组含有5种结构蛋白，分别为核衣壳蛋白（N，52kDa）、膜蛋白（M，25kDa）、纤突蛋白（S，180kDa）、小衣壳蛋白（E，8kDa）及血凝素酯酶蛋白（HE，65kDa）。由N蛋白、M蛋白的羧基末端及基因组RNA组成BCoV的核心，M蛋白、S蛋白、小衣壳蛋白 E 组成 BCoV 的包膜。其中核衣壳蛋白 N 蛋白是 BCoV 主要结构蛋白基因，在病毒致病性、转录和翻译及增强细胞免疫等方面起到重要作用，同时还具有辅助增强病毒 RNA 复制的能力。另外，N 基因高度保守，其羧基端更加保守，既可作为诊断 BCoV 的候选诊断抗原，又具有很强的免疫原性；S 基因编码的 S 蛋白，主要负责细胞的黏附、血凝、膜融合及诱导中和抗体，S 蛋白氨基酸的改变将严重影响 BCoV 毒力和其对宿主的嗜性。S 蛋白能被切割成 S1 和 S2 两个亚单位，S1 主要与病毒和宿主的识别、结合有关，S2 与病毒感染细胞间的融合有关。S 蛋白除与主要受体结合外，还存在着替代受体，并在病毒装配和出芽中发挥作用。因此，N 蛋白和 S 蛋白被视为临床诊断方法及疫苗研发的主要蛋白。

（二）致病机制

BCoV 病毒粒子通过 HE 或 S 蛋白与细胞膜上的糖蛋白受体结合，吸附在敏感细胞表面，通过细胞的内吞、膜融合反应等过程使病毒颗粒进入细胞内进行复制和增殖。

在感染初期，BCoV 通过气溶胶等形式进入上呼吸道系统，病毒在鼻黏膜大量复制，通过动物的吞咽活动使携带大量病毒粒子的黏膜分泌物达到消化道，引起消化道感染和粪便排毒。其中，呼吸作用的不断进行和黏液的保护作用使这种不稳定的、有黏膜、具有感染性的病毒粒子能够成功进入到消化道，机体感染病毒后引起体液内多种细胞因子如白介素、干扰素等细胞因子迅速大量的产生，形成细胞因子风暴，引起相应的消化道症状。

（三）流行病学

1. 易感动物

BCoV 除了可以感染牛，还可以感染家养动物（马、骆驼）和野生动物（鹿、驼鹿、长颈鹿）。

2. 传播途径

粪口感染和呼吸道感染是 BCoV 的传播途径，但主要以消化道为主。携带病原体的动物从上呼吸道黏膜分泌物和消化道的排泄物中排毒，造成同群其他动物感染发病。BCoV 是一个肺肠型病毒，病毒粒子主要在小肠的肠上皮细胞和上呼吸道的上皮细胞中复制，通过鼻腔、粪便两种途径排出体外。在鼻腔分泌物中脱落的病毒粒子首先到达呼吸道（口咽部），然后通过大量吞咽扩散到消化道，从粪便中排出。

3. 传染源

携带感染 BCoV 的动物的消化道排泄物和上呼吸道黏膜分泌物为主要的传染源。

4. 流行特点

该病在冬春季节最为严重。冬春季节周围的温度低，紫外线少，BCoV 在这样的环境中更加稳定，生存时间长。BCoV 对犊牛的感染日龄一般为 1~90 日龄，腹泻多发生在 1~2 周龄，出生 24h 内没有摄取初乳的犊牛也可能发生腹泻。流行病学调查显示，出生在 BCoV 存在的环境中的犊牛出现腹泻的机率更高。

（四）症状与病理变化

BCoV 引起肠炎的严重程度，随犊牛的日龄、免疫状况、病毒毒株和感染计量的不同而异，日龄越小，腹泻发生越快、越严重。急性感染期犊牛表现倦怠，食欲不振，严重的可出现发热、脱水，少数发生死亡。成年肉牛和奶牛冬季可发生血痢，特征为突然发病，黑血样腹泻，伴随产奶量急剧下降。发病率可达50%～100%，但死亡率较低。牛冠状病毒还可以引起各种年龄的犊牛发生呼吸道感染，但通常呈亚临床症状，最常见于12～16周龄犊牛。

主要病变为严重的小肠、结肠炎，肠黏膜上皮坏死、脱落。组织学检查显示，小肠绒毛缩短，结肠的上皮细胞有正方形变成短柱形。感染严重的细胞可完全脱落，随之杯状细胞数量减少。扫描电镜发现，细胞上的微绒毛的长度和大小差异显著。免疫荧光检查显示，肠黏膜上肠腺的上皮细胞有冠状病毒的感染。

（五）诊断

多种病原体引起的临床症状具有很大程度上的相似性，确诊BCoV的最佳途径最好是在病畜未死亡前无菌采集样本进行诊断。BCoV感染犊牛或是成年牛主要的样本采集位置是上呼吸道（口咽部），用鼻拭子采集鼻腔分泌物或是尸检时收集气管和肺内的标本送往实验室检测。BCoV经口感染后在肠道内定殖，也可以收集直肠获得的新鲜粪便样本，在低温的情况下送往实验室检测。

（1）病毒分离培养。牛冠状病毒的分离是很困难的，对病料的要求严格，病料反复冻融会导致BCoV表面纤突的脱落，愈发难分离。所以一般都是将采集的新鲜粪便经处理后直接接种敏感细胞进行分离培养，分离到BCoV后，可进行病毒中和实验主BCoV致病机制的研究；同时将牛粪便悬液负染进行电镜检查，电镜检测快速，但是对操作者的要求比较高，经验必须丰富，要准确排除假阳性。另外，当粪便中病毒粒子含量少时，电镜检出率会降低。由于冠状病毒的纤突易与其他细胞亚单位结构相混淆，粪便中也常存在一些与病毒形态相似的颗粒，常规电镜检查不易区分，因此，需要用免疫电镜方法作进一步鉴定。

（2）PCR。近年来，伴随着分子生物学技术的发展，出现了用于检测BCoV的RT-PCR、巢式PCR、半巢式PCR、双重PCR甚至三重PCR、实时荧光定量等分子生物学检测方法，其中RT-PCR是实验室检测的常规方法，比较敏感、快速。可直接对病料样品、拭子或病毒培养物进行病毒特异性基因片段扩增，鉴定病毒核酸的存在。检测气溶胶可为群体是否存在BCoV进行监控，判断群体阳性。

（3）血凝和血凝抑制实验（HA/HI）与反向被动血凝试验（RPHA）。HA可直接在粪样中检测BCoV，但是特异性差。初乳中的IgG和粪中的IgA会干扰HA结果，出现假阳性。HI与HA试验并用时，可改善HA实验的特异性。HA/HI实验的缺点是必须饲养小鼠，为试验提供新鲜的红细胞的来源。

RPHA用戊二醛固定绵羊红细胞，再用鞣酸处理，经纯化过的BCoV抗体致敏。此种致敏的红细胞能凝结BCoV，但不凝结轮状病毒和肠道病毒。

（4）病毒中和实验（VN）。BCoV在细胞上增殖并产生细胞病变是中和实验的先决条件。用已知的特异性抗血清对分离病毒进行中和后，在细胞或组织培养物上进行培养，根据是否出现细胞病变判定是否有中和反应从而对病毒做出鉴定。此法和HA/HI法结合既可进行临床诊断又可进行流行病学调查。

（5）酶联免疫吸附实验（ELISA）。ELISA方法是用于检测BCoV的最广泛血清学方法之一，很多国家均使用此方法作为BCoV的检测方法。目前建立的ELISA检测方法多为间接ELISA，根据蛋白的抗原性和免疫原性及其在病毒RNA包装和复制中发挥的重要作用，多选择N蛋白和S蛋白作为病毒感染的靶抗原。

（六）防控措施

目前临床上主要是通过孕牛免疫、犊牛摄取初乳提高被动免疫力或是通过新生犊牛口服疫苗来刺激产生主动免疫。初生犊牛可通过吸吮初乳和常乳获得被动免疫。

目前常用的疫苗是灭活疫苗，日本的研究人员 Takamura 通过田间试验评价了一种福尔马林灭活、油佐剂牛冠状病毒（BCoV）疫苗的安全性和效果。以 3 周间隔给 80 头牛进行两次肌内注射疫苗，每次 2ml。20 头牛不注射疫苗作为对照。接种疫苗对临床表现和产乳未见不良影响。在妊娠期间免疫的母牛产出健康的犊牛。免疫牛产生较高的血凝抑制抗体滴度，并持续 9 个月。初次免疫的平均 HI 抗体滴度为 1：54，3 周后达到 1：120；第二次免疫后 1 个月 HI 抗体滴度达到最高峰，为 1：674，9 个月后仍可达到 1：180，表明该疫苗能有效的保护 BCoV 感染。

对于任何传染性疾病，隔离患病动物、保持卫生、消毒食槽和用具都能很好的控制疾病的传播。BCoV 是一个有囊膜的 RNA 病毒，相比于无囊膜的病毒，它对肥皂、乙醚和氯仿等脂溶剂以及常用的消毒剂，例如福尔马林、苯酚、季铵类化合物等，更加敏感。无论如何，良好的管理是防治的关键。保持新生犊牛生活环境的安静舒适、垫草干燥、肠道病原体较少、及时对周围环境清理和消毒、保持通风良好、隔离临床感染的动物、减少混群等都会有效的减少疾病的发生。重要的是要对群体进行定期监控，判断传染源的消灭情况。

（撰写人：程凯慧；校稿人：程凯慧）

八、呼吸道合胞体病

牛呼吸道合胞体病是牛呼吸道合胞体病毒（BovineRespiratorySyncytial Virus，BRSV）引起的牛急性呼吸道疾病。临床上以发热、流泪、流鼻液、流涎、呼吸急迫、咳嗽、肺炎、间质性肺水肿及肺气肿等为特征。BRSV 影响犊牛的生长发育，导致了家畜生产性能下降和畜产品质量下降，使肉用牛的增重缓慢，乳用牛的泌乳量明显下降，妊娠母牛流产。同时，BRSV 也可通过继发其他病原菌感染或病毒隐性感染在畜群中长期持续存在，使其治疗费用不断增加，给养牛业造成了巨大的经济损失。许多欧盟国家已将其列为仅次于牛病毒性腹泻（BVD）及牛传染性鼻气管炎（IBR）的三大重要牛病之一。该病在世界范围内流行。近年来，由于我国每年从国外 BRSV 高发国引进大量种牛或商品牛，而 BRSV 并没有被列入检疫范围，BRSV 的发病率逐年上升。我国对 BRSV 的研究起步较晚，对该病尚未进行深入的研究，也没有相关的国产商品化诊断试剂和疫苗。因此，BRSV 严重危害我国养牛业的健康发展。

（一）病原

1. 分类

BRSV 为单分子负链 RNA 病毒目（Mononegvirales）、副黏病毒科（*Paramyxoviridae*）、肺病毒亚科（*Pneumovirinae*）、肺病毒属（Pneumovirus）的成员。肺病毒属还包括人呼吸道合胞体病毒（HRSV）、绵羊呼吸道合胞体病毒（ORSV）、火鸡鼻气管炎病毒（TRT）、山羊呼吸道合胞体病毒（CRSV）、鼠肺炎病毒（PVM）。

2. 形态和培养特性

BRSV 粒子具有多态性，通常呈球形，直径 35~150nm，偶尔可见长达数微米的长丝，长度可达到 5μm，直径 60~100nm。病毒有囊膜及纤突，纤突长 8~20nm。核衣壳呈螺旋对称，直径约为 13.5nm，螺距 6.4nm。在超薄切片中，观察到 BRSV 所感染的细胞膜伸出穗状纤突，其长度不一，但直径相对在 100~130nm 范围内。

BRSV 可在牛肾（胚胎及犊牛肾）、睾丸、肺细胞以及鼻甲骨细胞上培养，在滑膜、主动脉、脾和气管获得的多种原代牛细胞上也可复制，牛鼻甲细胞对该病毒最敏感，适于作为分离和培养病毒之用。病毒感染细胞数代后可见到以细胞融合和嗜酸性细胞包涵体的形成为特征的细胞病变。除可在上述细胞中生长外，还可以在 Vero 细胞上生长，而且所形成的合胞体轮廓清晰。

BRSV 可在 1 日龄 DDY 鼠的脑组织中繁殖，感染鼠无临床症状。接种 Balb/C 小鼠，可以检测到病毒复制，但也没有明显的病理变化。接种豚鼠不发病，但可检测出低滴度的特异性中和抗体。通过滴鼻和点眼接种近交系 A/J 和 C57BL6 小鼠，7d 后剖检有间质性肺炎病变，可作为动物模型。

3. 生化特性及抵抗力

BRSV 在蔗糖中的浮密度为每平方厘米 1.18~1.20g，在 $CsCl_2$ 中的浮密度为每毫升 1.23g，病毒 RNA 的沉降系数为 50S。病毒粒子对外界环境的抵抗力非常弱，对乙醚、氯仿、脱氧胆酸盐和 0.25% 胰酶敏感；该病毒对热不稳定，在无蛋白质的溶液中，4℃ 或室温放置 2~4h，其感染力可降至 10% 或几乎无感染力，56℃ 30min 可使病毒灭活。在酸性或碱性溶液中易破坏，最适宜保存的 pH 值溶液为 7.5；病毒对部分细胞无黏附性和红细胞血凝性，在 -80℃ 或更低的温度下可保存半年以上。

4. 血清学分型

目前，BRSV 只有一个血清型。根据 G 蛋白氨基酸序列构建的进化树又可以将 BRSV 株分为 6 个基因亚群，称作基因亚群 I、II、III、IV、V 和 VI，基因亚群更多地代表该病毒在地理和时间上的进化规律。

5. 分子特征

BRSV 为单股负链不分节段的 RNA 病毒，大小为 15~16kb，分子量约为 $5.9×10^6$Da。基因组 RNA 是转录和复制的模板，基因组 RNA 从 3'端开始转录，从 3'端到 5'端存在一个递减的极性转录梯度，编码 11 个蛋白。从 3'开始依次为 NS1、NS2、N、P、M、SH、G、F、M2-1、M2-2 和 L。其中，G、F、SH 蛋白是病毒囊膜的主要成分，与病毒对细胞的吸附和穿入有关。N、P、L 蛋白是核衣壳的主要成分，M 蛋白位于囊膜和核衣壳之间。不含血凝素，也不含神经氨酸酶。NS1 和 NS2 为病毒的非结构蛋白。

N 蛋白（Nucleocapsid protein）由 391 个氨基酸残基组成，分子量为 42.6kDa，是病毒核衣壳的重要组成部分，与 P、L 以及 M2-1、M2-2 共同组成 BRSV 的 RNA 聚合酶复合体。该蛋白是病毒最保守的蛋白，在 BRSV 感染的细胞中，N 蛋白含量最高，可诱导机体产生抗体。

P 蛋白（Phosphoprotein）由 241 个氨基酸残基组成，具有辅助核衣壳蛋白的功能。

M 蛋白（Matrix proteins）由 256 个氨基酸残基组成，分子量为 25kD，BRSV 基因组存

在 3 种基质蛋白。M 蛋白位于病毒囊膜内，为非糖基化的膜蛋白，主要功能是维持衣壳与囊膜的稳定，在病毒粒子的形成过程中起重要作用。M2 基因编码两种蛋白：M2-1 和 M2-2。M2-1 蛋白主要作用是在转录过程中有利于 RNA 转录时能够读过每个基因连接点，这一作用主要通过促进 RNA 转录延伸和减缓 RNA 的转录中止而实现的。M2-2 蛋白能够调控 RNA 的转录和复制。

NS 蛋白（Non-structural proteins）为病毒的非结构蛋白，包括 NSl 和 NS2 蛋白，NS1 蛋白含有 136 个氨基酸，NS2 蛋白由 124 个氨基酸残基组成。NS 蛋白在感染细胞中具有较高的表达量，具有抑制干扰素的功能。

SH 蛋白（Small hydrophobic protein）为小疏水蛋白，BRSV 不同亚型间 SH 蛋白含有的氨基酸残基数不同：A 亚型、B 亚型中分别含有 64 和 65 个氨基酸残基，具有疏水性。被感染的细胞的整个细胞质是 SH 蛋白的存在部位，SH 蛋白可能在病毒介导的细胞融合中起辅助性作用。

F 蛋白（Fusion protein）由 574 个氨基酸残基组成，BRSV 在宿主细胞内先合成没有活性的 F 蛋白前体（F_0）。F_0 被蛋白酶切割后，形成了通过二硫键相连的 F_1 和 F_2。F 蛋白的主要功能是促进细胞膜与病毒融合，使病毒顺利进入细胞。F 蛋白的另一个功能是使被感染的细胞与相邻的细胞融合，形成合胞体，是病毒引起细胞病变和病毒传播的机制之一。F 蛋白能够刺激机体产生中和 F 蛋白的抗体，有助于被感染动物抵抗 BRSV 感染。

G 蛋白（Attachmentprotein）是 Ⅱ 型跨膜糖蛋白，由 257 或 263 个氨基酸残基组成，与其他副黏病毒不同之处在于 BRSV G 蛋白无血凝和神经氨酸酶活性，膜固定形式和分泌形式是合成 G 蛋白的两种形式。G 蛋白能够与宿主细胞的膜受体结合介导病毒进入细胞。同时 G 蛋白也是重要保护性抗原，针对 G 蛋白的特异性抗体能够阻断病毒与细胞结合。

L 蛋白（Large polymerase subunit）为大聚合酶蛋白，由 2 165 个氨基酸残基组成，在 RNA 复制中起到一定作用。

（二）致病机制

BRSV 最初在呼吸道纤毛上皮细胞中复制，在 Ⅱ 型肺细胞也能检测到病毒的复制。病毒进入机体，定殖在呼吸道细胞，进入细胞内合成病毒的遗传物质，包装成完整的病毒粒子。当病牛表现为发热和轻微的呼吸道症状时，鼻咽分泌物中的组胺水平增加，推测 BRSV 的致病性作用与速发型超敏反应有关。于此同时，鼻内接种 BRSV 的犊牛通过白细胞抑制试验和 Ⅳ 变态反应试验，发现细胞介导的迟发型变态反应与 BRSV 感染有关。牛感染 BRSV 可在肺脏分离出病毒，同时检测出抗体与相应 C3 补体，是抗原与抗体形成免疫复合物，激活补体系统而发生致病作用。BRSV 感染表现为极严重的呼吸道症状后，病毒在宿主的呼吸道内复制，释放炎症介质，破坏呼吸道的免疫力和防御机制，易发生细菌继发感染。因此，BRSV 的致病作用，也是病毒在呼吸道上皮细胞内复制的直接结果。

人呼吸道合胞体（HRSV）感染人呼吸道上皮细胞和肺泡巨噬细胞导致 NF-kB 的活化，NF-kB 可以诱导产生炎症趋化因子和细胞因子，比如 RANTES（CCL5）、MIP-1α（CCL3）、MCP-1（CCL2）、eotaxin（CCLll）、IL-8（CXCL8）、TNF-α、IL-6、IL-1 等，它们与呼吸道中的嗜中性粒细胞、巨噬细胞和淋巴细胞一起作用，诱发炎症反应。BRSV 感染牛肺时诱导前炎症趋化因子和细胞因子的产生，并有协同调节作用。据报道，BRSV

感染激活 NF-kB 以及通过旁路途径诱导前炎症趋化因子的原理可能与 HRSV 相似。已有研究表明，在 BRSV 感染的 SPF 犊牛肺中 IL-12、IFN-γ、TNF-α、IL-6、IL-18、IL-8、RANTES、MCP-1、MIP-1α、IFN-α 和 IFN-β mRNA 表达水平增高。RSV 激活 NF-kB 和诱导先天性免疫应答的分子机制非常复杂，可能与 F 蛋白和 TLR-4 的反应有关，也可能与 dsRNA 和 TLR-3 的调节反应有关。虽然 TLR-4 在巨噬细胞和树突状细胞（DC）中的表达水平非常高，但在呼吸道上皮细胞中的表达水平却很低，而在 HRSV 感染中，TLR-4 在人呼吸道上皮细胞中的表达以及对 LPS 的反应能力均有增加。研究发现，HRSV 接种 BALB/c 小鼠后激活 NF-kB 出现两次高峰，RSV 诱导的第一次高峰是 TLR-4 依赖性免疫应答，第二次高峰则是通过 TLR-3 信号旁路介导的。

（三）流行病学

1. 易感动物

BRSV 主要感染幼龄动物，牛、绵羊、山羊及其他动物易感，通常以 2~6 个月龄内的犊牛易感。牛对 BRSV 的易感性因年龄和品种有所差异，如比利时兰-白品种牛比其他品种牛更易感。

2. 传播途径

本病常通过直接接触传播，也可能通过气雾或者呼吸道分泌物传播。牛暴露于 BRSV 气雾中 2d 后病毒开始从体内排出，直到第 11d。国外很多相关报道证明，BRSV 能垂直传播，同时已在屠宰场和奶牛场从牛的胚胎血清中检出 BRSV 抗体。

3. 传染源

病牛和隐性排毒牛是本病的主要传染源，其他反刍动物也可能成为传染源。

4. 流行特点

BRSV 是造成牛呼吸道疾病综合症（BRDC）的主要致病因子。本病主要在初冬季节暴发，但春季也有不同程度的流行。BRSV 感染与流行在不同区域有所不同，其分布主要跟牛群移动或者牛只的运输有关。BRSV 感染频率通常跟牛群的密度以及牛的年龄有关，病毒感染 15~18 个月龄牛发病率高达 80%~100%，死亡率在一些病毒爆发地区也可达到 20% 以上。早期断奶、长途运输和恶劣养殖环境等应激因子促进本病的发生，继发细菌可使死亡率大大提高。BRSV 呈世界性分布，自 1969 年，首次于瑞士分离该病毒后，其作为一个重要的和常见的牛呼吸道疾病的病原已在瑞士、英格兰、比利时、加拿大、美国、日本等多个国家被分离获得。我国于 2008 年在山东省采集的牛鼻腔棉拭子中检测到了 BRSV，首次证实了该病原在我国的存在，但目前有关 BRSV 的研究报道相对较少。我国不同的地区和不同饲养密度牛群的阳性率在 10.3%~100%，表明 BRSV 在我国的感染和流行也是非常广泛的。

（四）症状与病理变化

1. 病症

本病的潜伏期为一周左右。自然感染犊牛容易引起采食量下降、精神萎靡、喜卧、呼吸速率加快。直肠温度升高到 39~42℃。可能表现为无症状，或者只局限在上呼吸道，也可能上、下呼吸道均感染。上呼吸道轻度感染有时咳嗽，咳出带有黏稠性脓液、流水样鼻涕、眼睑有干酪样分泌物。中度感染时表现为轻微的精神沉郁、厌食，泌乳奶牛产奶量下降，体温升高、呼吸急迫，呼吸频率加快，一般每分钟达到 40 次以上，腹式呼吸等，肺部听诊异常呼吸音。在较严重的感染中，病畜呼吸急促（呼吸频率≥60 次/min）、疾病严重时，由于气管黏膜肿胀或渗出物堵塞气管引起气管狭窄，呼吸困难、呼吸频率每分钟大于 100 次以上，表现为多喘、流泪、鸣叫、呼噜音、张口呼吸、头颈伸长、头部下垂、口舌流涎等。常可检测到肺气肿或肺水肿，并伴有湿啰音和喘鸣声，在一些病例中还可能出现皮下肺气肿。一般病重的牛卧地不起，四肢无力。泌乳奶牛多发乳房炎，乳房肿胀，产奶量降低，怀孕母牛可导致流产。人工感染的犊牛大部分呈中度呼吸道感染，少数犊牛发生轻度感染。一般病牛经过相应的治疗，在发病后 1 个月左右可康复。轻度感染者有时可耐过此病，预后良好；严重者，继发其他呼吸道疾病感染，病程持续较长，甚至几个月以上不见康复，不断从体内排出病毒，引发持续感染。

2. 病理变化

病理剖检可以观察到变性鼻炎和卡他性细支气管炎的病灶，组织间隙性肺炎，间质性肺炎、肺脏坚实，肺结合部位肿胀不全，也可能有严重的肺气肿和肺水肿，肺泡壁肿胀变厚并伴有肺背部区的肺泡壁破裂，肺腹侧部异常黏连，在肾、心包囊、皮下产生气肿。也可发现气肿性大泡、小叶黏连以及支气管和小支气管有黏液脓性液体渗出，气管、支气管和纵隔淋巴结肿大、水肿，肺细胞增生肥大，肺泡上皮增生，导致肺泡隔叶的增大，炎性细胞浸润。肺细胞的坏死脱落，在肺泡内可能出现透明状膜。如果同时伴有细菌感染，肺实质更为坚实，有纤维性蛋白渗出，同时能观察到化脓性支气管肺炎。

显微病变以增生性、渗出性毛细支气管炎为特征，同时伴随肺泡萎陷，细支气管周围有单核细胞浸润。可以观察到上皮细胞坏死和凋亡，以及被邻近的巨噬细胞所吞噬。电镜观察发现肺部组织中II型肺细胞数量增多，支气管上皮细胞坏死，细支气管上皮细胞发生严重损伤。在细支气管上皮和肺实质可发现巨细胞或合胞体。在支气管、细支气管、上皮细胞聚集着病毒的核蛋白和组装完整的病毒粒子。支气管内腔、细支气管管腔和肺泡含有多种细胞的碎片阻塞，并可能由于细支气管的修复再生而加重，这些细胞碎片大部分由包括中性粒细胞、脱落上皮细胞、巨噬细胞以及嗜酸性粒细胞组成。固有层能够观察到嗜酸性粒细胞和淋巴细胞。肺细胞增生肥大，肺泡上皮增生，导致肺泡隔叶的增大，细胞浸润。

（五）诊断

对牛呼吸道合胞体病的诊断可根据流行病学、临床症状及病理变化上的特征进行初步诊断，但确诊需要进行实验室诊断。

1. 实验室诊断

目前对 BRSV 的诊断方法主要有病毒抗原性检测、血清学方法及分子生物学检测等。

2. 病原学检测

病毒分离是疾病诊断最常用的方法，从肺、鼻拭子以及支气管肺泡灌洗液中检测抗原或将采取的鼻分泌物或肺脏组织处理液接种于 Vero 细胞、MDBK 细胞或牛鼻甲骨细胞分离病毒，病变初期可见细胞融合，晚期聚集、圆缩，形成合胞体，细胞液可见轮廓明显嗜酸性包涵体。然而，BRSV 受多种因素的影响，使其灵敏度非常低，不易分离获得。免疫荧光试验和免疫组化（IHC）可用于对肺组织 BRSV 抗原的检测。PCR 是近年来快速发展和应用的病原学检测方法，已经成为实验室诊断最常用的方法。

分子生物学检测以 BRSV 的 N 基因、G 基因和 F 基因为检测目的片段建立的 RT-PCR、套式 PCR、多重 PCR 或多重实时荧光定量 RT-PCR 检测 BRSV 的方法，具有灵敏度高，快速以及重复性好的特点，可以用于 BRSV 的诊断和流行病学调查，另外，微滴 RT-PCR 已应用于 BRSV 的检测，该技术可在 10min 内完成 PCR 过程，大大提高了诊断效率。

血清学诊断常见的血清学诊断方法，如血清中和试验（SNT）、多种酶联免疫吸附试验（ELISA）、间接免疫荧光（IFA）及补体结合试验（CFT）等。中和试验是病毒学研究中十分重要的一项技术手段，但是由于中和试验需要一定的实验条件，实验周期较长，敏感性一般，不适用于需要检测大量样品的血清流行病学检测。

酶联免疫吸附试验（ELISA）作为一项血清学诊断技术，已在动物疫病诊断工作中得到了广泛应用。通过间接 ELISA 检测大罐奶样、牛血清中 BRSV 的抗体，用于群体监测，适合检查大批标本和微量标本，在临床和基层兽医院得到广泛使用。另外，还可用标准抗血清作血凝抑制试验、血细胞吸附抑制试验、血清中和试验、免疫荧光试验等加以鉴定。然而，我国对该病的研究尚处于起步阶段，还没有商品化的诊断试剂，因此探索建立一种具有自主知识产权的、本土化的诊断试剂盒对我国 BRSV 的流行病学调查具有重要意义。

参照《SN/T 2609—2010 国境口岸流感、副流感、呼吸道合胞病毒的酶联免疫吸附试验检测方法》中呼吸道合胞体的酶联免疫吸附试验方法，ELISA 检测呼吸道合包体病毒抗体（IgG/IgM），步骤如下：

样品准备：无菌采集牛静脉血 2~3ml，自然凝固 1~2h。1 500~2 000g 离心 5min，收集血清于 2ml 塑料管中。

在包被有呼吸道合胞体病毒抗原的反应孔中加入 100μl 标准品和已经稀释并处理的待检血清样品，同时加入阴性对照、阳性对照，封板后 37℃ 孵育 60min。

弃去反应孔中的液体，用 300μl 洗涤液洗涤 3 次，在吸水纸上拍干。

在反应孔中加入 100μl 酶标抗牛 IgG/IgM 抗体，封板后 37℃ 孵育 30min。

弃去反应孔中的液体，用 300μl 洗涤液洗涤 3 次，在吸水纸上拍干。

向每反应孔中加入 100μl 底物液，37℃ 下避光孵育 20min。

向每反应孔中加入 100μl 终止液，液体颜色由蓝色变为黄色。

加终止液后 60min 内在 450nm 处测定 OD 值。

3. 结果报告

（1）绘制标准曲线。以标准品的 OD 值为 Y 轴，标准品的浓度为 X 轴，在半对数坐标纸上绘制标准曲线，每次试验均应重新绘制标准曲线。

（2）结果计算。样品的浓度可以直接从标准曲线上获得，如果样品稀释，应乘以稀释倍数。

（六）防控措施

1. 综合防控

加强牛的饲养管理。BRSV 感染是一种危害相当严重的呼吸道传染病，平时需加强饲养管理，及时清理牛舍地面，保持牛舍通风良好、清洁、干燥。定期对用具、工作服、地面等消毒。牛群密度适当，避免过度拥挤。不同年龄及不同来源的牛应分开饲养。适当补充精料与维生素及矿物元素，保证日粮的全价营养。定期对牛群做 BRSV 的检测，发现病牛及隐性感染牛要及时淘汰或隔离。

加强牛群引进的管理。不从疫区或发病区引进牛。牛群引进前应做好 BRSV 的检疫检测，做好预防接种，防止引进病牛。牛群引进后应按规定进行隔离观察，确保无病后方可与健康牛混群。

对症治疗。目前，对该病的防治尚未有特效治疗的药物，只能通过加强机体免疫力，采取对症治疗等方法，如用抗菌素防止细菌继发感染，用皮质类固醇药物控制过敏反应，用抗病毒药防治混合感染等。

2. 疫苗免疫

合理的使用疫苗可以有效地控制 BRSV 感染。由于 BRSV 可引起 2~6 月龄犊牛的呼吸道疾病，在这个阶段，母源抗体对 BRSV 的中和是成功免疫的主要障碍。3~4 月龄以下的犊牛有能抵抗牛呼吸道合胞体病毒的母源抗体，但是这些抗体不能提供足够的保护力，且会干扰接种 BRSV 疫苗的效果。因此，必须选用一种疫苗在犊牛出生后的合理时间内，以刺激有效的免疫应答保护。为了避免母源抗体的干扰，可以采用鼻内接种疫苗，鼻腔接种减毒的活疫苗比肌内接种更有效。

目前使用的 BRSV 疫苗包括弱毒疫苗和灭活疫苗，由于 BRDC 多病原混合感染的特性，包含多种病毒或细菌抗原的多价和多联疫苗是目前 BRDC 疫苗研制的主要趋势，疫苗成分不仅包含 BVDV1 和 BVDV2，还包含牛传染性鼻气管炎、牛副流感 3 型和牛呼吸道合胞体病毒等组分，这种疫苗可以最大程度预防 BRDC 的发生。目前欧盟内部使用的疫苗主要包括 3 种：一是减毒活疫苗 RispovalRS（RB-94 致弱株），是目前最常用的 BRSV 疫苗，于 1978 年在比利时和荷兰批准生产、1983 年在法国批准生产；二是减毒活疫苗 Bayovac BRSV（Lehmkuhl375 致弱株），分别于 1994 年、1996 年和 1997 年在荷兰、法国和比利时批准生产；三是灭活疫苗 Vacores（220/69 株），分别于 1996 年和 1999 年在法国和比利时批准生产。其中，减毒活疫苗可以提供最理想的免疫保护。减毒疫苗免疫 6 月龄以下的犊牛，需要在犊牛 6 月龄时加强免疫 1 次。灭活苗可用于带有母源抗体犊牛的免疫，免疫剂量需要提高。两种疫苗虽然具有一定的免疫效果，但均存在一定的缺点。

新型疫苗包括 N 蛋白的亚单位疫苗、缺失 NS1 和 NS2 的基因缺失苗及病毒活载体疫苗等，可以诱导动物机体产生体液免疫和细胞免疫，保护效果好，应用前景广。另一研究 BRSV 疫苗的热点是开发新的灭活疫苗或亚单位疫苗佐剂，使免疫的效果更佳。另外，F 蛋白是 BRSV 的主要保护性抗原，纯化的 F 蛋白常被用于研制新型的疫苗。

目前我国对 BRSV 只进行了初步研究，缺乏诊断试剂盒及疫苗，需要加快相关生物制品的研制及引进国外产品，以提高 BRSV 的防控能力。

（撰写人：侯佩莉；校稿人：何洪彬、王洪梅）

九、蓝舌病

蓝舌病（Bluetongue，BT）是由呼肠孤病毒科环状病毒属蓝舌病病毒（Bluetongue virus，BTV）引起，由库蠓等昆虫传播的反刍动物非接触性传染病。BTV 能感染大多数家养的和野生的反刍动物，因动物的易感性不同表现出不同的临床症状。该病的一个特征性病理变化为患病动物舌头发绀。不同流行地区易感动物的死亡率差别很大，一般都可达到30%，甚至更高。该病是阻碍反刍动物国际贸易和生产的重大疫病。目前控制本病的关键是免疫预防，商品化的疫苗包括灭活疫苗和减毒活疫苗。由于 BT 有 26 个血清型，不同血清型间缺乏有效的交叉免疫保护，因此在流行多种血清型 BTV 的地区，必须制备针对多种血清型的有效疫苗。

（一）病原

1. 分类

蓝舌病病毒（Bluetongue virus，BTV）属于呼肠孤病毒科（*Reoviridae*）环状病毒属（Orbivirus）蓝舌病病毒亚群（*Bluetongue virus subgroup*）。

2. 形态及培养特性

BTV 病毒粒子的密度为 $1.337g/cm^3$，成熟病毒无囊膜，呈二十面体对称，由多层衣壳蛋白组成，核衣壳直径 50~60nm，衣壳外面还有一个细绒毛状外层，使病毒粒子的总直径提高至 70~80nm。病毒衣壳由 32 个大型壳粒组成，壳粒直径 8~11nm，呈中空的短圆柱状。

BTV 在 6 日龄鸡胚的卵黄囊内易于生长，通常鸡胚在接种后 36~72h 即达到最高滴度，因毒株而异，含毒量可在 $10^{5.37} ~ 10^{8.0}$ EID_{50}。病毒经鸡胚传代，毒力迅速减弱，但其免疫原性不变。BTV 初次分离株在细胞培养上不敏感，能适应羊胚肾细胞或肺细胞、牛肾细胞、仓鼠肾原代细胞和传代细胞（BHK-21）、Vero 细胞、鸡胚原代细胞及 L 细胞等。BTV 不能在猪、犬和猫等动物的肾细胞培养物内增殖。

3. 生化特性

BTV 的分子量大约为 $1.3×10^7Da$（Dalton）。BTV 有血凝素，可凝集绵羊及人的 O 型红细胞，血凝抑制试验具有型特异性。血凝活性与位于病毒粒子最外层的 VP2 有关，并且其血凝特性不受 pH 值、温度、缓冲系统和红细胞种类的影响。BTV 是高效的干扰素诱生剂。对乙醚、氯仿和 0.1% 去氧胆酸钠有耐受力，对胰酶非常敏感；可被过氧乙酸、3% 氢氧化钠、3% 福尔马林和 70% 酒精灭活。在干燥的感染血清或血液、腐败血液和含有抗凝剂的血液中可长期保持感染性。在 pH 值为 5.6~8.0 稳定，在 pH 值为 3.0 以下时可被迅速灭活。BTV 不耐热，60℃ 加热 30min 以上灭活，75~95℃ 迅速灭活。

4. 血清学分型

利用常规的免疫学方法可将环状病毒属分为 14 个血清群，蓝舌病病毒血清群和鹿流行性出血热病毒群（Epizootic hemorrhagic disease virus，EHDV）的亲缘关系最近，存在较强的交叉反应性。国际目前公认 BTV 至少存在 24 个血清型，最近又分离获得 BTV-25 和 BTV-26 两个血清型病毒。VP7 是群特异性抗原，可通过补体结合试验、琼脂扩散试验和荧光抗体试验检测。VP2 是型特异性抗原，可用于进一步的检测分型。各个国家和地区血清型的分布各不相同，南非和西部非洲主要流行 1~15、18、19、22、24 型；中东主要流行 1、3、4、10、12、16 型；美国主要流行 2、10、11、13、17、24 型；澳大利亚主要流行 1、20、21、23 型；南美（巴西）主要流行 4 型；我国的优势血清型为 1、2、4、16 型。BTV 在遗传上反映了其核酸较大的异质性，不但已知的 24 个血清型 BTV 存在明显的遗传变异，而且也表现出病毒基因和地域鲜明的进化谱系，即使为同一血清型，也可以是不同的来源分化出的 BTV 变种。出现的新 BTV 变种被认为是由 RNA 片段的重组造成的，而个别的基因片段发生的独立的遗传漂变则来自于感染宿主的免疫压力。

5. 分子特征

BTV 基因组为分节段的线性 dsRNA，由 10 个片段组成，总基因组约有 19，200bp 组成，基因组 G+C 含量为 43%，A+U 含量为 57%。末端序列保守是呼肠孤病毒基因组片段共同的特点，为转录起始和 RNA 包装提供重要的识别信号。24 个 BTV 参考毒株的 L2 片段的 5′末端具有保守的 6 个核苷酸（5′-GUUAAA-），3′末端同样具有 6 个保守的核普酸（-ACUUAC-3′），但 BTV24 的 3′末端 G 代替了 A（-GCUUAC-3′）。BTV 基因组包裹于病毒的三层二十面体蛋白衣壳内（直径约 90nm），10 个 dsRNA 片段共编码 7 个结构蛋白（VP1~VP7）和 4 个非结构蛋白（NS1、NS2、NS3/NS3a 和 NS4），其中最小的 S10 片段含有两个开放阅读框（ORF），编码 NS3 和 NS3a，最近研究发现编码 VP6 的 S9 片段上还含有另一个小的 ORF 编码 NS4，其他片段各含有一个 ORF 编码一种 BTV 蛋白。BTV 的内层衣壳由 12 个 VP3 蛋白（100kDa）组成，由 L3 编码，围绕着 3 个次要蛋白 VP1、VP4、VP6 和 10 个基因组片段构成病毒的亚核心；中间层衣壳由主要结构蛋白（38kDa）组成，由 S7 编码，该蛋白与亚核心组分以及病毒内部其他成分共同装配成病毒的核心；60 个 VP2（111kDa）和 120 个 VP5（59kDa）蛋白组成病毒的外层衣壳，分别由 L2 和 M5 编码。而 4 种非结构蛋白主要出现在被感染的细胞中。

（二）致病机制

蓝舌病病毒首先在蚊虫叮咬处淋巴结内巨噬细胞中复制，然后经感染的淋巴单核细胞进入循环系统引起低浓度的病毒血症，最初可以从外周血单核细胞分离到病毒，随后这些细胞带着病毒进入到第 2 个复制区域，主要是脾。病毒从第 2 个复制区域大量释放，引起高浓度的病毒血症，主要出现在感染后 6~7d，持续长达 1~2 个月。第 2 阶段的病毒血症主要与红细胞和血小板有关，并可产生中和抗体，因病毒嵌合在红细胞膜内使抗体不能发挥中和作用而出现带毒免疫现象。

病毒还可在血管内皮组织细胞中复制，导致血管扩张，血管壁变薄，通透性发生改变；内皮细胞肿胀、变性或坏死，造成出血。并激活凝血系统引起血栓形成，同时发生纤维蛋白溶解，最后产生弥散性血管内凝血。血管损伤和弥散性血管内凝血很可能与动物出血症状有关。血管损伤和血栓的形成导致舌、心、肾、皱胃、骨骼肌、唾液腺等水肿，充血，出血，坏死和溃疡。

（三）流行病学

该病自 1876 年首次发现于南非以来，一直在美洲、澳洲、非洲、亚洲的 $35°S~40°N$ 的纬度区域内流行，造成全球范围内巨大的经济损失。1998 年之前，蓝舌病偶尔袭击南欧（西班牙、葡萄牙、希腊、塞浦路斯），但在 1998 年，来源于 6 个血清型（BTV-1、2、4、8、9、16）的至少 8 株蓝舌病病毒袭击欧洲，其中包括了许多北欧国家。随着全球气候变暖，蓝舌病在欧洲许多国家相继暴发，且分布范围不断扩大。至此，该病分布于全球大多数热带地区，并散发于亚热带、温带地区，成为名副其实的世界性危害的虫媒传染病。我国于 1979 年 5 月由张念祖教授等在云南省师宗首次发现类似绵羊蓝舌病的疫病流行，随后湖北省（1983 年）、安徽省（1985 年）、四川省（1988 年）、甘肃省（1990 年）、山西省（1991 年）等也相继报道本病，同时，广东省、广西壮族自治区、内蒙古自治区、河北省、江苏省、天津市、新疆维吾尔自治区、甘肃省、辽宁省、吉林省等 29 个省（区、市）已检出羊 BTV 抗体，许多省区的牛群中亦发现 BTV 抗体阳性动物。

1. 易感动物、传染源、传播途径

BTV 不仅能够感染绵羊、山羊和牛，而且可以感染其他家养动物（如水牛、骆驼等）及野生反刍动物（如白面大羚羊、白尾鹿、驼鹿、叉角羚、羚羊等）。大多数动物感染后为隐性，但是一定比例的绵羊、熊和野生反刍动物会引发死亡。虽然牛很少表现出临床症状，但它作为隐性带毒者，成为蓝舌病的传染源，在本病的流行病学上占有很重要的地位。

病畜和带毒动物是本病的主要传染源。BT 是非接触性传染病。病毒在哺乳动物间不会通过粪口途径或气溶胶传播。主要通过媒介昆虫库蠓叮咬传播，也可通过绵羊虱、羊蜱蝇等昆虫叮咬进行机械性传播。库蠓在吸吮感染蓝舌病病毒动物的血液后 7～10d 为病毒携带传染期，此时动物被带毒库蠓叮咬 1 次就足以引起感染。BTV 可经胎盘感染胎儿，引起流产、死胎或胎儿畸形，胎儿感染后病毒血症可持续到产后 2 个月。另外感染后公牛精液带毒，可通过交配和人工授精传染给母牛和犊牛。

2. 流行特点

蓝舌病多呈地方性流行，其发生、流行与库蠓等昆虫的分布、习性和生活史关系密切，具有明显的季节性，以晚夏与早秋发病率最高。本病的发生频率是：热带>亚热带>温带。气候的变化（如温度、降雨量、湿度、风力等）及全球气候变暖可使库蠓的分布变广。带毒库蠓可随风传播 100km 或更远。感染动物潜伏期一般为 5～12d，多在感染后 6～8d 发病明显，表现明显临床症状，病程一般 6～14d。BT 的严重性依据病毒毒株、动物品种和局部生态学条件的差异而不同。绵羊死亡率高，牛、山羊和其他反刍动物症状较轻，一般呈良性。

（四）临床症状

蓝舌病可引发病兽的发热和血管通透性改变。临床症状从轻微到严重，呈现种属和群体的多样性。临床症状主要是出血性病理变化，可观察到高热，面部水肿、出血，口腔炎症、充血、水肿，最重者舌充血发绀，黏膜糜烂，鼻腔炎症，皮肤无毛区充血、出血，蹄叉炎症肿胀所致的跛行，孕畜可发生流产或先天畸形。因此，澳大利亚将症状描述为 3F 症（即 Fever、Face 及 Foot 症状）。本病病程为 6～14d，发病率为 30%～40%，病死率为 20%～30%，多因并发肺炎和胃肠炎引起死亡。

羊和一些野生反刍动物表现出多种临床症状，从亚临床感染、轻微感染到急性或致死性感染不等。绵羊感染后 3～5d 可检测到病毒血症。临床症状包括发热、呼吸急促和嗜睡。总的病理变化特点是广泛的水肿和出血，尤其是在肺、淋巴结、心脏、骨骼肌，鼻腔消化道黏膜表面坏死。牛对 BT 易感通常不表现明显的临床症状，但是表现出 IgE 介导的超敏反应。但是牛是重要的传播媒介，是 BT 的主要储藏宿主。急性感染病愈的牛在黏膜表面形成慢性皮炎、水泡和糜烂性病变。和绵羊不同，感染牛经历长期的病毒血症，怀孕期间感染会导致畸形胎、流产。疾病的严重程度与宿主的年龄和健康状态有关，由于共同感染引起的免疫缺陷或暴露于强烈的日光浴下可使疾病恶化加剧。

（五）病理变化

总的病理变化特点是广泛的水肿、出血，特别是在淋巴结、心脏、骨骼肌，鼻腔和消

化道黏膜表面坏死。反刍动物的主要病变器官肺特别容易出现脉管系统的通透性障碍。病理剖检可见口腔及上消化道充血、出血、糜烂和溃疡，淋巴结水肿和出血，皮下组织出血，肺水肿，胸腔或心包积液，面部及下颌水肿，骨骼肌和心肌坏死，尤其是左心室的乳头肌。病理组织切片观察发现颊黏膜表层上皮溃疡、糜烂，黏膜下层出血、炎症反应；肺水肿，支气管扩张，气泡内聚集富含蛋白液体；急性心肌坏死、出血、钙化、单核细胞浸润炎症；急性骨骼肌坏死、出血；肺动脉内皮细胞肥大，血管周围水肿。

（六）诊断

目前，国际尚无有效的蓝舌病防治措施，所以及时隔离和处理已感动物是减少经济损失的关键。除绵羊具有明显临床症状外，牛和其他反刍动物通常呈亚临床感染，这对 BT 诊断带来了很大的困难。而且 BTV 具有多重抗原性，包括型特异性、群特异性和群间特异性。因此，BT 暴发时 BTV 及其血清型的快速可靠的鉴定对于早期疫苗的选择和防控本病是非常重要的。

1. 病原学诊断方法

主要有病毒的分离培养、病毒核酸的分子生物学检测、抗原捕获 ELISA、定型微量中和试验等。

（1）病毒的分离培养。用于病毒分离的理想材料为病畜的全血或组织（如脾脏等），尤其使用淋巴细胞最好。采用 3 种方法：

①接种易感动物绵羊：此法具有高度敏感性，但需要较高的隔离条件和较高的试验成本，难以推广。

②接种鸡胚：包括 12 日龄鸡胚静脉接种或 6 日龄鸡胚卵黄囊接种两种方式，静脉接种的敏感性同易感动物接种，比卵黄囊接种高 100 倍，是病毒分离的首选方法。通常敏感性鸡胚在接种后 36~72h 可达到最高滴度。病毒经鸡胚传代后毒力迅速减弱，而免疫原性不变。此方法的缺点在于试验周期较长。

③接种敏感细胞（BHK-21、Vero、C6/36 等）：此法简单，但病毒初次分离株接种细胞不敏感，不能单独使用。鸡胚接种与细胞培养相结合是分离 BTV 最敏感的方法。我国现行 BTV 分离鉴定方法的基本程序为：病料的采集——接种材料的准备——鸡胚静脉接种——适应 C6/36 细胞——BHK-21 细胞盲传 2~3 代——鉴定、定型。

（2）分子生物学方法。BTV 血清型较多，其核酸检测主要包括通用型检测和分型检测。根据 BTV 保守的基因设计特异性引物，进行 RT-PCR、实时荧光定量 PCR 以及基因芯片检测技术进行 BTV 核酸的检测。也可与混合感染的其他几种病毒一起进行多重 PCR 的鉴别诊断。

2. 血清学诊断方法

（1）琼脂免疫扩散试验（AGID）。1962 年，Kfontz 等最先应用 AGID 检测 BTV 群特异性抗体，我国目前尚用此法进行蓝舌病的诊断。最通用的 AGID 试验是采用从 BTV 的 Vero 或 BHK-21 细胞培养物中纯化得到的可溶性抗原，与待检血清在 0.9% 琼脂糖凝胶中进行免疫沉淀反应，同时从免疫动物体内获得阳性血清，设置为血清对照。室温 24h 后，有沉淀线出现者即判为 BTV 抗体阳性。AGID 试验操作简便、不需要复杂实验设备，是最早得到广泛推广应用的抗体检测方法之一，也是 OIE 推荐使用的方法。在进行绵羊蓝舌病血清流行病学调查需要进行大批量血清样品检测时，该方法尤为适用。但缺点是与鹿流行性出血热病毒（EHDV）等相关病毒存在交叉反应。

（2）病毒中和试验（SNT）。该方法用于 BTV 型特异性抗体的检测，能够区分 26 个血清型 BTV 所产生的抗体。该方法在具体操作步骤上虽有不同，但在原理是一样的，即被检血清与固定量的不同血清型 BTV 进行中和反应，再利用反应后病毒对哺乳动物细胞的感染程度，来判定血清对病毒的中和效果。SNT 方法被认为具有高敏感性和特异性的抗体检测方法，应用该方法检测时不会出现与其他环状病毒属的病毒感染的动物血清发生交叉反应。但由于 SNT 方法耗时长，成本过高，而且对用于检测的血清质量有很高，通常不用于常规检测使用。

（3）竞争酶联免疫吸附试验（C-ELISA）。1987 年 Afshar 等报道了以单克隆抗体（McAb）为基础的竞争 ELISA（C-ELISA）法，基本原理是以 BTV McAb 和被检血清同时竞争包被于板上的 BTV 抗原。C-ELISA 法在检测 BTV 群特异性抗原时，与其他血清学检测方法相比，呈现了高度特异性。C-ELISA 方法中使用的单克隆抗体主要为抗-NS1 蛋白和抗-VP7 蛋白的单抗，被用来检测包括反刍动物在内的任何感染动物体内的 BTV 抗体。C-ELISA 已被 OIE 确定为 BTV 血清学诊断的首选方法。该检测方法已商品化，得到广泛的应用，目前美国和澳大利亚已有商品化的 C-ELISA 检测试剂。但其缺点在于不易获得高亲和力单克隆抗体检测试剂，并且其检测灵敏度只能达到 ng 级，已逐渐不能满足检测要求。

（七）防控措施

随着全球气候变暖，蓝舌病爆发频率升高，流行范围加大，危害加剧。目前，国际上尚无有效的蓝舌病防治方法。

1. 防控

OIE 将蓝舌病列为法定报告传染病。发生本病 24h 内必须上报，并限制动物移动，控制昆虫媒介，捕杀感染动物，免疫易感动物等。由于该病属于非接触性传染病，减少传媒的数量或缩短易感动物暴露于传媒的时间可降低对蓝舌病病毒的感染率。变更栖息地、使用成虫及幼虫杀虫剂、传媒驱虫剂（N，N-二乙基间甲苯甲酰胺，DEET）可控制本病的发生。

疫苗可提高机体免疫力，减少蓝舌病病毒的易感宿主数量。目前只有弱毒疫苗已被商业化，并且可以在几个国家使用。BT 疫苗的应用仅限于非洲、欧洲及北美地区，国内目前没有商品化 BT 疫苗的生产与销售。BT 疫苗的种类包括有灭活疫苗（inactivated~cines）、弱毒疫苗（modified live virus vaccines）及重组疫苗，但 3 种疫苗均有血清型特异性，而且目前只有灭活疫苗和弱毒疫苗被用于疫病的防控，其中弱毒苗已被商业化。加强海关和运输检疫，严禁引进易感兽或冻精。

2. 治疗

目前尚无有效治疗方法，主要是对症治疗。口腔用清水、食醋或 0.1%高锰酸钾液冲洗；再用 1%~3%硫酸铜、1%~2%明矾或碘甘油涂糜烂面；或用冰硼酸外用治疗。蹄部患病时可先用 3%来苏尔洗涤，再用木焦油凡士林（1：1）、碘甘油或土霉素软膏涂拭，以绷带包扎。预防继发感染可用磺胺药或抗生素。

（撰写人：侯佩莉；校稿人：何洪彬、王洪梅）

十、白血病

牛白血病又称地方流行性牛白血病、牛淋巴瘤病、牛恶性淋巴瘤、牛淋巴肉瘤，是由牛白血病病毒引起的一种慢性肿瘤性疾病。以淋巴样细胞恶性增生、进行性恶病质和发病后的高死亡率为特征。OIE 将其列为 B 类疫病。目前本病分布广泛，几乎遍及全世界各养牛国家，特别是在德国、丹麦、瑞典、美国、古巴和加拿大等欧美国家流行严重。我国于 1974 年首次于上海市发现本病，继而在江苏省、陕西省、新疆维吾尔自治区、北京市、黑龙江省、辽宁省等省市均有发生，近年来呈现蔓延、扩大的趋势，给养牛业的发展构成威胁。

（一）病原

1. 分类

病原为牛白血病毒（Bovine leukemia virus，BLV），属于 C 型致瘤病毒群反转录病毒科丁型反转录病毒属成员。主要发生于牛、瘤牛、绵羊，水牛也能发生感染。

2. 形态和培养特性

病毒粒子呈球形，有时也有呈棒状结构的病毒粒子，直径 80～120nm，芯髓直径约 60～90nm；外包双层囊膜，膜上有 11nm 长的纤突。病毒含有单股 60～70s 的 RNA，能产生反转录酶。本病毒为外源性反转录病毒，存在于感染动物的淋巴细胞 DNA 中。具有凝集绵羊和鼠红细胞的作用。

BLV 能在牛源或羊源的原代细胞及犬、蝙蝠细胞培养物上增殖，病毒以出芽增殖的方式在细胞表面出芽并释放，但不形成蚀斑。将感染本病毒的细胞与牛、羊、人、猴等细胞共同培养，可使后者形成合胞体。合胞体的形成可被特异性抗 BLV 血清所抑制。因而，合胞体的形成可表示病毒的反应量，以此为指标可测定 BLV 及其感染效价。

合胞体的形成有两种形式，分别为细胞的外部融合和内部融合。合胞体的外部融合方式主要发生于大量接种 BLV 的细胞，BLV 粒子附着在细胞膜上而改变膜特性，使细胞膜的黏性增加，在病毒感染的前期发生细胞融合，一般在培养细胞接种 1h 后即可见合胞体的形成；而合胞体的内部融合方式主要发生于接种少量 BLV 时，BLV 子代病毒致使细胞膜的变化，并合成新蛋白参与合胞体的形成，在感染后期即接种 30h 后，可见合胞体的形成。

3. 抵抗力

BLV 对外界环境的抵抗力较低，56℃ 30min 大部分被灭活，60℃ 以上迅速失去感染力，用巴氏灭菌法可杀灭牛奶中的病毒。本病毒对温度较敏感，紫外线照射、反复冻融以及低浓度的甲醛等对病毒均有较强的灭活作用。

4. 分子特征

病毒具有多种蛋白，其中结构蛋白主要为位于芯髓的能抵抗乙醚的 P 蛋白和在囊膜中对乙醚有感受性的糖基化蛋白（称为 gp）。囊膜上的糖基化蛋白主要有 gp_{35}、gp_{45}、gp_{51}、gp_{55}、gp_{60} 和 gp_{69} 等。另外，芯髓内还含有非糖基化蛋白 p_{10}、p_{12}、p_{15}、p_{19}、p_{24} 和 p_{80}，其中以 gp_{51} 和 p_{24} 的抗原性最好，其中抗 gp_{51} 抗体不但具有沉淀、补体结合反应等抗体活性，而且还有中和病毒感染性的能力；而 p_{24} 抗体虽然也有沉淀抗体的活性，但却不能中和病毒。

（二）致病机制

1. 病毒引起肿瘤的发生

BLV 能将其基因组信息整合到宿主细胞的染色体 DNA 分子中，导致宿主终生感染并携带致瘤基因。

BLV 在细胞质中反转录酶作用下，合成一条与 RNA 病毒杂交的 DNA 分子链，然后在 DNA 聚合酶作用下，复制成双股 DNA，然后入核，整合到宿主细胞染色体 DNA 上，使其带有致瘤基因，此种病毒 DNA 也称为 DNA 前病毒。DNA 前病毒在 RNA 聚合酶的作用下，完成 RNA 病毒核酸的复制。病毒 RNA 再经翻译形成外壳蛋白和反转录酶，组装后生成致瘤病毒，再以出芽的方式从宿主细胞向外播散。DNA 前病毒进入细胞核后可整合到宿主基因组中，随着细胞分裂而传递下去。一旦遇到某种诱因而活跃起来，再产生子代的致瘤 DNA 分子，最后引起瘤变。通过对前病毒 DNA 的系列分析表明，在 3′端存在转化激活基因，其编码的蛋白可转化激活前病毒的转录功能，同时也可转化激活宿主细胞基因，从而将前病毒整合到肿瘤基因附近，进而可激活细胞基因，导致细胞的肿瘤转化。

BLV 主要感染宿主的 B 淋巴细胞，其中 Bla 细胞是 BLV 感染的主要细胞。感染初期，DNA 前病毒可合成真正的病毒粒子，并脱离宿主细胞感染其它细胞。宿主产生抗病毒抗体后，抗体可中和游离的病毒粒子，而藏匿于淋巴细胞内的病毒仍具有活性。因而，BLV 可通过血液进行水平传播。

2. 肿瘤发生的诱因

（1）年龄因素。本病犊牛发病率较低，4~8 岁的牛是发病的高峰期。

（2）性别因素。一般雌性动物较雄性动物发病率高，奶牛的高发病率是否与其雌性激素分泌较多有关，还需进一步研究。

（3）遗传因素。从血统谱系上追查母牛及其后代的白血病传染关系，可以发现本病呈明显的垂直传播。其遗传性是由于病毒基因在个体发育早期就已成为细胞遗传的组成部分，以"垂直传播"的方式传递给子细胞。在正常状态下，这种致瘤基因处于被抑制状态，但在化学致瘤物、物理致瘤因素等作用下可以被激活，而导致细胞恶变，在这过程中致瘤 RNA 病毒也随之被释放出来。患牛淋巴细胞的染色体畸变十分显著，染色体有非整倍体、大量丢失、二倍体或亚二倍体比例显著增高，第 29 对染色体或第 X 对染色体发生变形、缺乏。因而，遗传因素是本病发生的重要因素。

（三）流行病学

1. 易感动物

BLV 的自然宿主主要为牛、瘤牛、水牛，绵羊也能发生感染。人工接种牛、绵羊、山羊、黑猩猩、猪、兔、蝙蝠和野鹿均能感染。

2. 传播途径

主要为垂直传播和水平传播。垂直传播包括子宫内传播和胚胎移植传播。水平传播主要包括血源性传播、分泌物传播、接触性传播、寄生昆虫的传播等。血源性传播为饲养人员和兽医重复使用相同的注射器、针头、去角器、打耳号机、去势工具、采血针头、静脉穿刺针头、输血设备和鼻环等引起的传播；分泌物性传播为鼻腔分泌物、唾液、支气管-肺泡洗出物、尿液、粪便、子宫冲洗液和精液等分泌物引起的传播；锥虫、巴贝斯虫、虻、蜱、蚊子等寄生昆虫传播；食用感染母牛的奶直至断奶的犊牛可感染本病。

3. 传染源

病牛和带毒牛是本病的传染源。

4. 流行特点

2 岁以下牛发病率低；因潜伏期长，故多发生于 3 岁以上成年牛，4~8 岁牛发病率最高，5%~10% 表现为急性病程，无前驱症状即死亡。

（四）症状与病理变化

本病有亚临床型和临床型 2 种。亚临床型无瘤的形成，主要表现为血相变化，白细胞和淋巴细胞增多，出现异常淋巴细胞，可持续多年或终身。亚临床型可进一步发展为临床型，病牛生长缓慢，体重减轻，体表或全部淋巴结、脏器、组织形成肿瘤。体表淋巴结肿大而且坚硬，如腮、肩前淋巴结肿大可使病牛头侧偏，眶后淋巴肿大挤压眼球使眼球突出，形成肿瘤压迫咽喉头可导致呼吸和吞咽困难，压迫神经造成共济失调，麻痹等。出现肿瘤症状的牛一般在数周至数月间死亡。根据肿瘤所在部位常可分为以下类型。

1. 消化型

皱胃有弥漫性或局灶性肿瘤，肿瘤溃疡或淋巴肉瘤浸润都可导致出血，并引起潜血和明显的黑粪症。瘤胃、网胃、瓣胃的淋巴肉瘤可引起不同程度的前胃机能障碍，可引起迷走神经性消化不良，引起食欲不振和体重减轻。纵隔淋巴结肿瘤则可引起慢性瘤胃膨气。少数情况下，小肠或大肠可以见到局灶性或弥漫性淋巴肉瘤肿块或浸润。

2. 心脏型

右心房是牛心脏淋巴肉瘤最常见的部位，但肿瘤可侵害心脏和心包的任何部位，肿瘤可能为局灶性、多灶性和弥漫性。肿瘤引起的心脏异常包括心律不齐、心脏杂音、包积液心音低沉、静脉扩张和充血性心脏衰竭。

3. 神经型

脊髓胸腰部、腰部和荐部的肿瘤可导致牛的后肢轻瘫或瘫痪；颈部、胸部前段的肿瘤可致使四肢轻瘫。脊髓硬膜外区的淋巴肉瘤肿块可引起进行性轻瘫，最后发展为完全瘫痪。脑部肿瘤较少见。淋巴肉瘤压迫脊髓的患牛，通常在 2~7d 内从轻瘫发展为瘫痪。

4. 眼型

发病牛常见一侧或两侧眼球突出发展到病理性眼球突出和暴露性损伤的症状。眶后淋巴结肿大，眼球急性突出，眼睑完全不能保护突出的眼球，角膜出现暴露性损伤、变干燥和深度的球结膜水肿，若患牛生存时间长，常导致双侧眼球受损。

5. 生殖型

典型的子宫淋巴肉瘤是在子宫壁内形成多个坚实结节或肿块，病灶呈结节状或隆起的脐状，中心凹陷。卵巢和输卵管有时也可见肿瘤，大的局灶性肿瘤或弥漫型肿瘤可侵及整个子宫或后段生殖道。乳腺或乳房淋巴结出现肿瘤性增大，弥散性浸润或局灶性肿块可发生在一个或多个乳腺。

6. 呼吸型

鼻腔、上呼吸道浸润，淋巴结增大，上呼吸道肿瘤可引起吸气时喘鸣；下呼吸道肿瘤可引起呼吸困难，胸腔积液，肺受侵害，纵隔肿瘤或充血性心脏衰竭。另外，咽后淋巴结肿大有时也会引起呼吸困难。

7. 泌尿型

肾肿瘤表现为肾性急腹痛、肾性氮血症和血尿等症状。肾周淋巴结增大，导致肾灌流减少、肾梗死，当两肾血管都损伤时，还可引起肾前性氮质血症。一侧或两侧性输尿管的弥散性淋巴肉瘤可引起肾盂积水、血尿、急腹痛或肾后性氮质血症。膀胱或尿道的淋巴肉瘤可引起肾盂积水、输尿管积水、血尿、里急后重、尿滴落或急腹痛。侵害荐段的脊髓硬膜外的压迫性淋巴肉瘤也可引起膀胱机能失调。泌尿系统肿瘤在直肠或阴道检查时常可触摸到。

8. 皮肤型

皮肤肿瘤坚实，呈结节状或斑状，直径为 5~20cm，躯干和乳房皮肤是常发部位。

病理组织学变化主要为全身的广泛性淋巴肉瘤。腮淋巴结、肩前淋巴结、乳房上淋巴结和腰下淋巴结常肿大，被膜紧张，呈均匀灰色，柔软，切面突出，形成大小不等的结节性或弥散性肉芽肿病灶；心脏、皱胃和脊髓常发生浸润。心肌浸润多发生于右心房、右心室和心膈，色灰而增厚。脊髓被膜外壳发生肿瘤结节。使脊髓变形、萎缩、坏死；皱胃壁因肿瘤浸润而增厚变硬；肾、肝、肌肉、神经和其他器官亦可受损，但脑肿瘤少见。真胃、心脏和子宫最常发生病变。组织学检查可见肿瘤细胞浸润和增生。由于骨髓的坏死而出现不同程度的贫血。血液学检查可见白细胞总数增加，淋巴细胞尤其是未成熟的淋巴细胞的比率增高，淋巴细胞可增加 75% 以上，未成熟的淋巴细胞可增加到 25% 以上。血液学变化在病程早期最明显，随后血相逐渐转归正常。

（五）诊断

根据典型临床症状和病理变化可做出初步诊断，临床诊断基于触诊发现腮、肩前、股前的增大淋巴结。在疑有本病的牛只，直肠检查具有重要意义。尤其在病的初期，触诊骨盆腔和腹腔的器官可以发现组织增生的变化，常在表现淋巴结增大之前。具有特别诊断意义的是腹股沟和髂淋巴结的增大。确诊需辅以实验室诊断。

在国际贸易中，指定诊断方法为琼脂凝胶免疫扩散试验和酶联免疫吸附试验。替代诊断方法为PCR。

（1）病原学检查。病毒可用外周血淋巴细胞培养分离，然后用电镜或牛白血病病毒抗原测定法鉴定。在外周血中可用聚合酶链反应检查病毒DNA，在肿瘤中可用PCR和原位杂交检测。

①病料采集：采集新鲜血液进行血液学检查、病毒培养和分离血清用于血清学试验；采集淋巴结、肝、脾、肾、胸腺等材料用于组织学检查。

②染色镜检：感染牛的淋巴细胞接种胎羊肾细胞或蝙蝠肺细胞于37℃进行培养，细胞培养物制片，负染后进行电镜检查，在细胞质的空泡内和细胞膜上发现有很多游离的或正在出芽的病毒颗粒，多为球形，少数棒状，大小不一，具有囊膜，囊膜上有纤突。

③分离培养：将感染牛的血液淋巴细胞与胎羊肾细胞或蝙蝠肺细胞共同培养，可形成持续性感染，并释放出大量的病毒粒子。

（2）类症鉴别。牛白血病在临床上应注意与牛白血病病毒感染无关的暂时性淋巴细胞增生的疾病如结核病、布氏杆菌病等区别。通过比较病的特征、进行病原学检查以及血清学试验可区分。

（六）防控措施

本病尚无特效疗法。根据本病的发生呈慢性持续性感染的特点，防制本病应采取以严格检疫、淘汰阳性牛为主，包括定期消毒、驱除吸血昆虫、杜绝因手术、注射可能引起的交互传染等在内的综合性措施。无病地区应严格防止引入病牛和带毒牛；新引进牛需进行检疫，淘汰阳性牛，但不得出售，阴性牛也必须隔离3~6个月以上方能混群。疫场每年应进行3~4次临床、血液和血清学检查，不断剔除阳性牛；对感染不严重的牛群，可借此净化牛群，如感染牛只较多或牛群长期处于感染状态，应采取全群扑杀的果断措施。

对检出的阳性牛，如因其他原因暂时不能扑杀时，应隔离饲养，控制利用；阳性母牛可用来培养健康后代，犊牛出生后即行检疫，阴性者单独饲养，喂以健康牛乳或消毒乳，阳性牛的后代均不可作为种用。

加强引种检疫，进口牛时应进行原产地检疫工作，了解进口牛产地的流行病学和原牛场牛群的病史。避免从流行严重的地区和农场选牛，并在吸血昆虫不活动的季节进口牛。

加强饲养管理，禁止病牛与健康牛接触，对临床症状明显的病牛应予以捕杀。严重感染的牛群，可采取全群捕杀的措施。注意饲养密度，开展防虫灭虫工作，医疗器械严格消毒，避免牛只发生外伤，防止人为传播本病。

（撰写人：王洪梅；校稿人：何洪彬、王洪梅）

十一、茨城病（类蓝舌病）

茨城病（Ibaraki disease，IBAD）是由呼肠孤病毒科环状病毒属流行性出血热病毒群的茨城病病毒（Ibaraki virus，IBAV）引起的牛的一种急性、热性、病毒性的传染病，其特征是突发高热、咽喉麻痹、关节疼痛性肿胀。茨城病病毒是通过库蠓（Culicoides）叮咬传播的，因此该病的季节发生及地理分布与气候条件以及节肢动物的繁殖生长规律密切相关。本病除在日本最先发生流行外，在东南亚、澳洲和美洲地区多次暴发，近年来我国各地不同程度的暴发了牛茨城病，死亡率高，危害严重，给养牛业造成了一定的经济损失。日本采用鸡胚化弱毒冻干疫苗来预防该病的发生。目前我国尚未有可应用的疫苗，需通过加强饲养管理、卫生消毒和生物安全措施预防该病的发生。

（一）病原

1. 分类

茨城病病毒（Ibaraki virus）为呼吸肠孤病毒科（Reoviridae）环状病毒属（Orbirims）流行性出血热病毒群（Epizootic hemorrhagic disease virus serogroup）的成员。

2. 形态及培养特性

茨城病病毒颗粒呈20面体对称球形，直径50~55nm。病毒粒子不具有囊膜，但在感染的细胞中偶见一个或多个病毒粒子包裹在一个伪囊膜中。与蓝舌病病毒（BTV）和鹿流行性出血热病毒（EHDV）类似，茨城病病毒粒子的结构很复杂，具有双层同心衣壳。VP2和VP5两种蛋白构成病毒的外衣壳，在病毒进入宿主细胞时脱去。VP2位于病毒粒子的最外层，形成三角蛋白复合体突出于病毒粒子形成"帆"状刺突。VP5蛋白也以三聚体形式存在，呈球形。VP7和VP3蛋白构成的内衣壳，包裹着10条双链RNA（dsRNA）

构成的病毒基因组和 3 种少量蛋白（VP1，VP4 和 VP6）形成病毒的核心。

病毒经卵黄囊接种鸡胚（在 33.5℃孵化）易生长繁殖并致死鸡胚；脑内接种乳鼠，可增殖并发生致死性脑炎，可用于分离病毒。病毒可在 BHK-21、BHK-KY、EFK-78 和 Hmlu-1 等传代细胞以及牛肾原代细胞上繁殖，并能产生细胞病变反应（CPE）。

3. 生化特性

病毒对氯仿、乙醚有抵抗力，对 pH 值为 5.15 以下的酸性环境敏感。56℃作用 30min 或 60℃作用 5min，病毒的感染力明显下降，但并不完全失活。病毒在常温或 4℃条件下很稳定，但-20℃冰冻时迅速丧失感染力。茨城病病毒具有红细胞凝集性，能迅速吸附在置于 37℃、22℃和 4℃高渗稀释液（0.6M NaCI，pH 值为 7.5）中的牛红细胞上。

4. 分子特征

IBAV 的基因组为双链、分节段 RNA，以高度有序的形式存在于核心中。10 个独立的 RNA 节段分别命名为 L1-3、M4-6、S7-10，除 S10 节段外，每个节段编码一种蛋白。基因组的 10 个 RNA 节段具有相同的、高度保守的末端序列。双链中编码链的 5′末端序列为 GUUAAA，模板链的 5′末端序列为 CAUUCA。环状病毒基因组编码 7 种结构蛋白和 3 种非结构蛋白，分别命名为 VP1-VP7 和 NS1-NS3。三种少量蛋白（VP1、VP4 和 VP6）参与核心颗粒的形成，结构蛋白 VP3 和 VP7 构成内衣壳，结构蛋白 VP2 和 VP5 构成外衣壳，非结构蛋白（NS1、NS2、NS3 和 NS3A）在病毒粒子的组装和运输过程中起重要作用。

（二）流行病学

1961 年，Omori 首次从日本茨城县的病牛分离到了该病毒，并命名为茨城病毒。茨城病从被发现到现在，在东南亚、澳洲和美洲地区多次暴发，给养牛业造成了一定的经济损失。1959—1960 年，茨城病在日本大流行时，有 39 000 多头牛发病、4 000 多头牛死亡，发病率 1.96%、死亡率 0.2%、致死率 10.3%。1997—1998 年日本再次暴发茨城病，242 头牛表现为典型发病症状，同时导致数百头怀孕母牛流产和死胎。2003—2007 年中国台湾共分离获得 4 株茨城病病毒，并对其进行演化图谱分析。2003 年，刘焕章利用茨城病的琼脂免疫扩散实验（AGID）检测广东省、深圳市、湖南省、上海市、浙江省、北京市、黑龙江省、新疆维吾尔自治区、甘肃省 9 个地区的 14 个牛场的血清，其中 10 个牛场有抗体阳性牛存在，其中 6 个牛场的阳性率在 30%以上，个别牛场的阳性率高达 80.8%。我国的《中华人民共和国进境动物一、二类传染病、寄生虫病名录》中将其列为二类传染病。

1. 易感动物、传染源、传播途径

本病易感家畜主要为牛，1 岁以下牛一般不发病。在日本肉牛比奶牛发病多、病情也较重。如取急性发病期病牛血液静脉接种易感牛，可发生与自然病例相似的疾病。绵羊、鹿也可感染。本病多为隐性感染，发病率为 20%～30%，其中有 20%～30%出现咽喉麻痹症状。病牛和带毒牛是本病的主要传染源。茨城病病毒是通过库蠓（Culicoides）叮咬传播的，库蠓吸食病畜的血后，病毒在其唾液腺和血腔细胞内繁殖。7～10d 后，病毒就能在唾液腺中排泌，通过叮咬易感动物就可以传播病毒。

2. 流行特点

茨城病通过库蠓叮咬传播，因此本病的季节发生及地理分布与气候条件以及节肢动物的繁殖生长规律密切相关。热带地区气候适宜库蠓的生存，是本病的高发地区。2003 年的

流行病学调查结果显示，存在茨城病病毒抗体阳性牛的牛场大部分分布于气候温润的南方，该结果与茨城病的流行病学特征相符。说明茨城病在我国南方地区已广泛存在，只是可能被其他症状相似的疾病所掩盖。

（三）临床症状

人工接种的潜伏期为 3~5d，突然发高热，体温升高，达 40℃ 以上，持续 2~3d，少数可达 7~10d。发病率一般为 20%~30%，其中 20%~30% 病牛呈咽喉麻痹，吞咽困难。发热时伴有精神沉郁，食欲减退，反刍停止，流泪，由于脱水导致泡沫样口涎，鼻涕最初呈水样继而呈脓样，眼结膜充血，水肿，流泪并有脓样眼屎，白细胞数减少。病情多轻微，2~3d 完全恢复健康。部分牛在口腔、鼻黏膜、鼻镜和唇上发生糜烂或溃疡，易出血。病牛腿部常有疼痛性的关节肿胀。发病初期鼻镜、鼻黏膜、牙床及舌部充血，随病情发展出现淤血，最后部分组织发生坏死并形成溃疡。另外，在蹄冠、乳房和外阴也可能形成溃疡，四肢疼痛、关节肿胀、跛行或易跌倒，部分牛只出现肌肉震颤等神经症状。

在初期症状大致恢复或正在恢复时，或者在没有初期症状表现的情况下，部分牛只突然出现本病的特征性症状——咽喉麻痹，表现为舌头伸出口腔，逐渐形成不能收复的露舌现象，出现吞咽障碍，饮水从口鼻逆流，会导致误咽性肺炎或脱水死亡，某些毒株还可引起怀孕母牛的流产。

（四）病理变化

病死牛皮下组织较干燥，腹水消失；在颚凹等局部呈胶状水肿，咽喉、舌出血，横纹肌坏死；食道从浆膜至肌层均见有出血、水肿，食道壁弛缓，横纹肌横纹消失，呈玻璃样病变，并可见修复性成纤维细胞、淋巴细胞、组织细胞增生；第一至第三胃内容物干涸，粪便呈块状；第四胃茹膜充血、出血，水肿、腐烂、溃疡的发生率很高；另外还可见有心脏内外膜出血、心肌坏死、肾脏出血，肝脏也可发生出血性坏死。病理学诊断中最难与本病鉴别的是蓝舌病，需要同时采用荧光抗体法检测。

（五）诊断

在临床症状方面本病易与口蹄疫、牛流行热和蓝舌病等牛病发生误诊。牛茨城病口腔和鼻镜的病变与口蹄疫病毒、牛疱疹病毒Ⅰ型和牛病毒性腹泻病毒感染症状相似，流泪、关节疼痛和肌肉震颤的症状与牛流行热相似，但与口蹄疫、牛疱疹病毒Ⅰ型感染和牛病毒性腹泻的流行病学特征不同（茨城病的发生存在明显的季节性和地区性）。牛流行热以突然高热、呼吸窘迫、流行比较剧烈等特点区别于牛茨城病。另外，牛流行热的致死率较低，一般不超过 10%，而茨城病的致死率一般可达 10%。对于症状、流行特点和病理学特征都非常相似的蓝舌病，可根据病原和血清学特征进行进一步确诊。

1. 病原学诊断方法

主要有病毒的分离培养及分子生物学检测方法，常用于临床样本的检测。

（1）病毒的分离培养。发现牛只有呼吸道症状及流鼻涕的现象可以采集鼻涕及加抗凝剂的血液供病毒分离。剖检时，应采集气管、食道、肺脏、脾脏、脑组织制成乳剂以供病毒分离。

分离病原时最好采用发病初期的血液，因为这一时期尚未出现中和抗体。肝脏、脾脏淋巴结制成的乳剂也可用于病原分离。当出现吞咽障碍的特征性症状后，血液中已出现特异性中和抗体。用这一时期血液进行病毒分离时，接种细胞后的第 2 天要更换培养液，以除去中和抗体。可以用 BHK 或 Hmhz-1 等细胞系进行病毒的分离，在 24 孔培养板中接种 Hmlu-1 或 BHK21 细胞，长成单层。用 PBS 清洗细胞后接种 0.2ml 疑似病畜的脏器乳剂上清液，37℃吸附 30min。将悬液吸出，加入含 2%胎牛血清的完全培养液 1ml，37℃培养，并逐日观察是否有细胞病变发生直至第七日。初代分离若没有病变产生，必须再传代 2~3 次。也可通过哺乳小鼠和哺乳土拨鼠脑内接种分离病毒。有细胞病变者则可进行显微镜检测或进行血清中和试验作为诊断依据。

（2）分子生物学方法。S. Ohashi 等（2004）设计了针对牛虫媒病毒的 PCR 检测方法，可以在同一个反应中检测包括茨城病病毒在内的数种牛虫媒病毒。

2. 血清学诊断方法

牛只一旦受到茨城病病毒感染，体内会产生针对病毒的特异性抗体，检测牛血清中是否有特异性抗体就可以检测其是否受到感染。可以用已知病毒与急性期及恢复期双份血清进行中和试验和血凝抑制试验进行鉴定，也可用补体结合试验、琼脂免疫扩散试验、酶联免疫吸附试验等进行血清学诊断。

（1）中和试验。检测中和抗体之前先将待检血清灭活（在 56℃水浴 30min）。取血清 0.05ml 和无血清 DMEM 0.05ml 混合在 96 孔培养板上做连续倍比稀释，然后加入 0.05ml（含 200TCID$_{50}$）的病毒液，振荡混合均匀，37℃感作 1h。感作后加入 0.1ml 含 3×10^5 个细胞的细胞悬液，振荡混合均匀，37℃培养观察。观察 7d 记录细胞病变情况，计算中和抗体滴度，中和滴度≥2 的血清判定为阳性血清。

（2）血凝抑制试验（HI）。牛茨城病病毒对牛的红细胞有凝集性，可凭借此特性进行血凝抑制试验，以证实有无茨城病的抗体，检测牛只是否受病毒感染。试验用病毒抗原经细胞培养增殖后浓缩而成。试验前，先测定病毒凝集价。牛血清在进行 HI 试验前须先经白陶土乳剂处理，去除非特异性反应物。处理过的血清用 PBS 进行连续倍比稀释，及加入含 4HA 单位的病毒液 0.025ml，振荡均匀后放在 37℃感作 60min，然后加入 0.5%牛红细胞悬液 0.025ml，振荡混匀后 4℃静置过夜。以抑制病毒凝集红细胞的最高稀释倍数为血清的 HI 滴度。HI 滴度≥10 判定为茨城病阳性。

（3）琼脂免疫扩散试验。参见中华人民共和国出入境检验检疫行业标准《SN/T 1357—2004 茨城病免疫琼脂扩散试验方法》。

（4）酶联免疫吸附试验（ELISA）以重组茨城病病毒为抗原建立 ELISA 诊断方法，检测血清中的 IBAV 抗体。

（六）防控措施

1. 预防

日本 1961 年研制的茨城病鸡胚弱化苗是将茨城病病毒强毒株在鸡胚细胞上连续传代 60 次致弱而成。在疾病的流行期来临之前进行皮下注射可以有效防止本病的发生。目前我国尚未有可应用的疫苗，应通过加强饲养管理、卫生消毒和生物安全措施预防该病的发生。保证厩舍通风、干燥、凉爽、卫生、定期消毒，防止蚊蝇叮咬是预防本病传播的有效措施。

2. 治疗

对于发生吞咽障碍者，严重缺水和误咽性肺炎造成死亡是淘汰的主要原因。因此，补充水分和防止误咽是治疗的重点。为了避免自由饮水可能造成的误咽，可使用胃导管来补充水分。在不能使用胃导管时，可将套管针刺入瘤胃内，直接向瘤胃内注入水分。为防止低头时注入的水返流，必须抬高头颈部保持数分钟，使注入的水在瘤胃内充分浸透，向网胃以下移动为止。也可经此注入生理盐水或林格氏液（可加入葡萄糖、维生素、强心剂等）。

患畜高热时可肌内注射药物降温（如复方氨基比林久等），重症病牛应注射大剂量抗生素（青霉素、链霉素）防止继发感染。四肢关节肿胀疼痛时可静脉注射镇痛药物（如水杨酸钠）。静脉注射时，为了减轻心脏的负担，需要缓慢注入。由于注射时间长，对多数患畜大规模注射有困难，这时应试用直接腹腔内注射。可根据病情在注射液中添加葡萄糖、维生素、强心剂等。发生误咽性肺炎的患畜一般预后不良，可以扑杀。另外，本病常侵害心肌，病牛需要保持安静。

（撰写人：宋玲玲；校稿人：何洪彬、王洪梅）

十二、肠道病毒病

牛肠道病毒（Bovine enterovirus，BEV）于 1959 年被 Moll 和 Davis 首次报道后，现已在全世界主要养牛国家和地区普遍发生与流行，在国外牛场感染率为 17.6%~80%。感染 BEV 的牛通常只是表现为轻度下痢和轻微呼吸道症状，食欲下降，但常因侵染其他器官而引起各种临床综合征，严重的还有便血，产奶量大幅下降，约 2 周后康复，康复后大多数奶牛的产奶量不能恢复到病前的水平，给养牛业造成了严重的经济损失。

（一）病原

1. 分类

BEV 属于小 RNA 病毒科、肠道病毒属成员。

2. 形态和培养特性

BEV 为球形、无囊膜、不分节段的单股正链 RNA 病毒，病毒粒子大小 25~30nm。BEV 由裸露的衣壳构成，衣壳呈二十面体对称，核心围绕一条单股正链 RNA（ssRNA）。BEV 比较容易分离，能在 MDBK 细胞上很好的生长。

抵抗力 BEV 的氯化铯浮力密度为 $1.34~1.35g/cm^3$，BEV 在不同的 pH 值、温度、盐度等条件下能稳定存在，在土壤、生物学样本、水环境中能长期存在并保持其感染性。BEV 有明显的耐酸性，如对 pH 值为 3.0 有一定的耐受力，对乙醚、氯仿等有机溶剂具有极大抵抗力，还能抵抗蛋白水解酶的作用。但是对碱（pH 值为 10.0 以上），高温（50℃以上）及紫外线等条件敏感，这些条件下作用 1h 可以灭活，但不能破坏病毒的抗原性。用 50% 甘油保存冷藏可长期保持活力，−70℃可以保存数年之久，真空冷冻干燥后病毒可长期保存。

血清学分型牛肠道病毒的分类亦经历了一系列的演变。1974 年，Dunne 等人提出将牛肠道病毒分为 8 个血清型（BEV−1~8），但只有 7 个血清型被提交至 ATCC；1985 年，Knowles 和 Barnett 又将分类修改为 2 个血清型（BEV−1~2），但后来的研究验证两种血清型之间存在明显的交叉反应性，表明牛肠道病毒以血清学方法分类是非常困难的。2006 年，Zell 和 Stelzner 通过对所有已公布序列进行 5′UTR、病毒衣壳蛋白 VP1~VP4 与非结构蛋白 3D 的分析及比对，发现牛肠道病毒可分为两个群，即 BEV-A 与 BEV-B。根据 2011 年第九次病毒委员会分类报告，牛肠道病毒目前分为 BEV-E（即原来的 BEV-A）与 BEV-F（即原来的 BEV-B）两种。其中 BEV-E 又包括四种基因型 BEV-E1~E4，BEV-F 又分为 BEV-F1~F6。

3. 分子特征

BEV 基因组大小为 7.4kb，是典型的小核糖核酸基因组，可直接作为 mRNA 编码并翻译出一个由 2200 个氨基酸组成的多聚蛋白。完整的多聚蛋白合成的同时，其会被自身蛋白酶切割而进一步水解成 3 个前体蛋白 P1、P2、P3，前体蛋白再经自身蛋白酶的切割及一系列降解，最终产生 4 种结构蛋白和 7 种非结构蛋白，P1 编码 4 个结构蛋白，包括 VP1（1D）、VP2（1B）、VP3（1C）、VP4（1A）；P2 和 P3 编码 7 个非结构蛋白，包括 2A、2B、2C、3A、3B（VPg）、3C 和 3D。4 种结构蛋白中，除 VP4 包埋在病毒粒子外壳的内侧与病毒核心紧密连接以外，其他 3 种结构蛋白均暴露在病毒颗粒的表面，因而抗原决定簇基本上位于 VP1~VP3 上。而 7 种非结构蛋白虽不能构成病毒的主要结构，但在基因复制、转录、翻译等过程中提供重要的酶类等物质，以保障病毒的正常复制增殖。

BEV 基因组仅有一个开放阅读框（ORF），非翻译区域位于开放阅读框的两侧，5′非翻译区包含转录和翻译的特殊信号，可通过与细胞蛋白因子的相互结合从而调控病毒基因组的合成及蛋白翻译。3′UTR 末端含有一个（polyA）尾巴，其与病毒的感染性、基因组复制及 mRNA 的合成效率相关，缺失或不完整均会造成病毒的感染性消失。

（二）致病机制

在 20 世纪 50 年代，BEV 被首次分离到，发病机理尚不清楚，BEV 结构蛋白 VP1 与宿主细胞受体结合后，病毒空间构型改变，VP4 即被释出，衣壳松动，病毒基因组脱壳穿入细胞。病毒 RNA 为感染性核酸，进入细胞后，直接起 mRNA 作用，转译出一个约 2 200 个氨基酸的多聚蛋白（polyprotein），多聚蛋白经酶切后形成病毒结构蛋白 VP1~VP4 和功能蛋白。病毒基因组的复制全部在细胞质中进行。以病毒 RNA 为模板转录成互补的负链 RNA，再以负链 RNA 为模板转录出多个子代病毒 RNA，部分子代病毒 RNA 作为模板翻译出大量子代病毒蛋白。各种衣壳蛋白经裂解成熟后组装成壳粒五聚体，12 个五聚体形成空衣壳，RNA 进入空衣壳后完成病毒体装配。最后，细胞裂解而释放病毒，完成病毒在细胞内的复制和增殖。

BEV 感染牛只几乎没有或只有轻微的临床症状，可以引起牛无症状的感染并且伴随有排泄物。牛肠道病毒被检测到主要定位在消化道，意味着 BEV 的潜在致病性。

从致病机理上讲，牛肠道病毒感染时，大多数肠道病毒直接对靶细胞造成溶解性感染，原发部位损伤及病毒继续向其他器官扩散所引起的组织损伤，均是病毒复制细胞坏死造成的。病毒复制的终止，取决于中和抗体的产生。致病性的另一方面，是机体对受损组织的免疫应答。

（三）流行病学

易感动物除了感染牛只外，BEV 还可以引起其他动物如驼鹿、绵羊等发病。

传播途径肠道病毒在粪便中散布，主要是经粪口传播。也有实验证明牛只可能通过鼻内接种、气溶胶、或者紧密接触感染 BEV。

传染源被 BEV 污染的食物和水是主要的污染源。在自然界中，和其他病毒相比，肠道病毒 BEV 有许多有利的传播条件，它能在土壤、生物学样本、水环境中长时间保持其感染性。除此之外，降雨也极大的促进了这些病毒在环境中的传播，地表水被认为是肠道病毒的蓄积地。

流行特点跟踪调查显示，爆发 BEV 的原因可能是当动物处于恶劣环境下，其抵抗力下降，导致机体发病；发病后体内抗体升高，维持一段时间后抗体开始下降，从而导致再次发病。BEV 呈地方流行性感染，可以从发生腹泻、呼吸、系统疾病以及流产等广泛种类的临床症状牛体分离到，可以作为牛场粪便污染的指示剂。牛肠道病毒感染符合肠道病毒属病毒感染的普遍规律：第一，一种综合征可由不同肠道病毒所引起，同一种（型）肠道病毒可以导致不同综合征；第二，感染肠道病毒后多数为亚临床表现（有超过 90% 的感染牛无症状），不易被发现；第三，普遍分布于世界各地，感染广泛存在，并且常引起暴发；第四，在环境中非常稳定，能在环境中存活很长时间。

（四）症状与病理变化

BEV 能引起一系列轻重不同的疾病，感染 BEV 的牛表现为轻度下痢和轻微呼吸道症状，食欲下降，严重的还有便血，产奶量大幅下降。

肠道病毒致死的动物经过尸检，发现多重的病灶黏膜大量出血，螺旋结肠和盲肠观察溃疡。

牛肠道病毒预防接种，没有表现出急性传染病临床症状，牛肠道病毒被定位在回肠末端，回盲和盲肠结肠的接合点；同时在肠上皮细胞，鼓膜中层、内皮，黏膜下层神经元，肌丛间和黏膜下层的淋巴细胞中观察到肠道病毒。牛肠道病毒还被定位在患有脑炎牛的小脑白质和患有冠状动脉炎的心脏中。

（五）诊断

病毒的诊断方法一般有病毒分离鉴定、血清学检测（如补体结合实验、中和实验、ELISA等）和分子生物学检测（如基因克隆测序、常规 RT-PCR、实时荧光定量 RT-PCR 等）。

（1）病毒分离。病毒分离和鉴定结果较为可靠，但耗时很长，依赖一定的实验技术条件，并且对临床样本要求较高，如果没有采到合适的临床样本，无法进行病毒分离。病毒分离成功的关键在于选取敏感性强的细胞和病毒滴度高的样本。如样本阳性，则可见细胞皱缩、变圆，甚至脱落等明显病变。样本在首次接种时往往难以观察到明显的病变，需盲传 1～2 代才可以观察到病变。

（2）RT-PCR。常规 RT-PCR 方法具有快速、准确、敏感、结果直观、操作简便易行、灵敏度高，高效性、系统性和经济简便性等特点，可以作为牛肠道病毒感染快速诊断的重要手段。缺点是需要在实验室完成。核苷酸序列分析表明，牛肠道病毒存在相当大的差异，并且存在种属特异性的牛肠道病毒变种，这提示我们对牛肠道病毒的序列检测是分析动物污染源的重要途径。本实验室参照 GenBank 中牛肠道病毒的全基因组序列设计了一对特异性引物，建立了牛肠道病毒常规 RT-PCR 检测方法。

随着基因技术的发展，RT-PCR 与荧光检测方法相结合形成的实时荧光定量 PCR 技术广泛地用于各种疾病病原的检测中，其具有特异性和灵敏度高、可定量、有效解决 PCR 污染问题及自动化程度高等优点。

（3）酶联免疫吸附实验（ELISA）。酶联免疫吸附试验（Enzyme-Link Immunosorben-tAssay，ELISA）是一种抗原、抗体免疫反应和酶的高效催化作用结合起来的试验方法，可敏感地检测微量的病毒抗原或抗体。可分为液相阻断 ELISA，固相竞争 ELISA，夹心 ELISA，捕获抗体 ELISA 等。这些方法特异性强、敏感度高、操作简便、试验快速、可靠性好、并且在单次试验中可以处理大量样品。但检测中需要用到牛肠道病毒、BEV 特异性抗体、血清或 ELISA 检测试剂盒，目前牛肠道病毒研究的比较少，没有商品化特异性抗体、血清或 ELISA 检测试剂盒出售，使用不太方便。

（4）基因芯片技术。基因芯片（genechip）又称 DNA 芯片、生物芯片，最早于 20 世纪 80 年代中期提出。基因芯片的测序原理是杂交测序方法，即通过与一组已知序列的核酸探针杂交进行核酸序列测定的方法，在一块基片表面固定了序列已知的靶核苷酸的探针。当溶液中带有荧光标记的核酸序列时，与基因芯片上对应位置的核酸探针产生互补匹配时，通过确定荧光强度最强的探针位置，获得一组序列完全互补的探针序列。据此可重组出靶核酸的序列。

（六）防控措施

目前尚无针对牛肠道疾病的诊断试剂和疫苗，临床上还没有有效的诊断及预防和治疗的手段。对于任何传染性疾病，隔离患病动物、保持卫生、消毒食槽和用具都能很好的控制疾病的传播。常用的是采取低密度饲养动物的措施，大大降低牛肠道病毒在环境中暴发的危险系数。肠道病毒能够在水、土壤中长时间的存活，因此要定期对牛场的整体环境进行消毒。另外，建议在牛场中能够较为全面、科学地对肠道病毒感染进行监测及防控，进一步开展分子流行病学监测。

（撰写人：程凯慧；校稿人：程凯慧）

十三、腺病毒感染

1959 年 Klein 等首次在美国分离到牛腺病毒（bovine adenovirus，BAdV），到目前，世界范围内已经分离到 10 个血清型的 BAdV。BAdV 主要引起牛呼吸道和消化道感染，其中牛腺病毒 7 型（bovine adenovirus serotype 7，BAdV-7）的致病性最强，常引起犊牛剧烈的下痢或肺炎。牛腺病毒 3 型（Bovine adenovirus type 3，BAdV-3）是引起牛呼吸道疾病综合征（BRDC）的最重要的病原体之一，对犊牛具有致病性，可导致感染牛出现发热和食欲不振等呼吸道症状及肺脏实变，常伴随混合感染和继发感染，并能够导致新生仓鼠肿瘤。感染牛的发病程度取决于饲养管理条件、应激、运输及是否有其他病原的混合感染等。近年来我国牛呼吸道和消化道的传染病发病率呈上升趋势，而对牛腺病毒的研究尚处起步阶段，目前国内还没有商品化疫苗与检测试剂盒。

（一）病原

1. 分类

传统的腺病毒分类方法将腺病毒科（Adenoviridae）分为哺乳动物腺病毒属（Mastadenovirus）和禽腺病毒属（Aviadenovirus），BAdV 属于哺乳动物腺病毒属。

2. 形态及培养特性

无囊膜，核衣壳呈二十面体立体对称，直径为70~80nm。病毒粒子在感染细胞核内常排列成结晶状。线状的双股DNA与核心蛋白形成直径60~65nm的芯髓，被包裹于衣壳内。衣壳由252个直径8~10nm的壳粒组成，壳粒排列在三角形的面上，其中240个为六邻体，分别构成二十面体的20个面和棱的大部分。另12个为五邻体基底（顶点壳粒）。每个五邻体基底上结合着1根（哺乳动物腺病毒）长9~77.5nm的纤突，纤突顶端是一个直径4nm的球状物，这是病毒感染细胞时与细胞受体结合的部位，血凝素（HA）即在球部。

BAdV能在原代犊牛睾丸细胞、原代犊牛肾细胞、原代犊牛鼻甲细胞上生长。BAdV-1~BAdV-3在原代犊牛肾细胞上培养较易，出现细胞病变（cytopathic effect，CPE）早且明显。病毒感染后，细胞变圆，且聚集成不规则的葡萄串状，细胞核内出现聚集有蛋白质和病毒粒子结晶的包涵体。BAdV-4~BAdV-10通常用原代犊牛睾丸细胞培养。BAdV-7和BAdV-10也可用原代犊牛鼻甲细胞培养，但是在MDBK细胞上没有见到细胞病变。BAdV-7对犊牛睾丸细胞敏感，对MDBK细胞不敏感。

3. 生化特性

由于BAdV无脂质囊膜，对乙醚、氯仿等脂溶性溶剂和去氧胆酸钠有抵抗力，但对丙酮较敏感。BAdV对酸抵抗力较强，能通过胃肠道而继续保持活性，适宜pH值为6~9，可耐受pH值为3~5，pH值在2以下和10以上均不稳定，当pH值降低到2时，病毒失活，70℃ 1min灭活，56℃作用30min活力明显下降。病毒在低温下保存非常稳定，37℃ 3d和4℃ 7d不会影响病毒的感染活力。BAdV-4~6经10次冻融并不降低其传染活性。BAdV3对热较敏感，50℃ 15min可被灭活。

4. 血清学分型

目前，经国际病毒分类学委员会确认有10个血清型，BAdV-1~BAdV-10，根据与其他哺乳动物腺病毒是否存在相同的补体结合抗原而分为两个亚群，BAdV亚群Ⅰ和BAdV亚群Ⅱ。BAdV亚群Ⅰ与其他哺乳动物有相同补体结合抗原，包括BAdV-1、BAdV-2、BAdV-3、BAdV-9、BAdV-10 5个血清型；BAdV-4、BAdV-5、BAdV-6、BAdV-7、BAdV-8血清型则归属于BAdV亚群Ⅱ。

5. 分子特征

牛腺病毒的基因组长度在33kb左右，在基因组每条链的5′末端存在着一种由其自身编码的以共价键结合的末端蛋白（TP）。TP大小约为55kd，其前体（pTP）大小为80kd。末端蛋白和腺病毒的感染性有关，腺病毒DNA若带有末端蛋白其感染性可提高100倍。基因组可分为编码区和非编码区。编码区又可分为早期转录区和晚期转录区，早期转录区有E1、E2、E3、E4四个区，编码病毒的调节蛋白，使用不同的启动子；晚期转录区有L1、L2、L3、L4、L5五个区，编码病毒的结构蛋白，大部分使用同一个启动子即主要晚期启动子（MLP）。非编码区含有病毒进行复制和包装等功能所必需的顺式作用元件。E1区位于基因组左末端，是病毒复制的必需区；E2区的表达产物可引发病毒DNA复制并诱导病毒晚期基因的转录和翻译；E3区基因编码产物与调整宿主免疫反应有关，而与病毒复制无关，破坏宿主的免疫防御机制；E4区位于基因组近3′末端，参与细胞和病毒基因表达的各级调控，与病毒 DNA 复制、病毒粒子组装、E2 基因表达等有关。因此腺病毒载体的构建过程中主要是去除 E3 区，进而插入外源基因。

（二）流行病学

自从 1965 年 Derbyshire 等在英国健康牛结膜首次分离出 BAdV-3 以来，美国、加拿大、芬兰、比利时、澳大利亚、土耳其和日本等国均有牛腺病毒感染的报道。1959—1970 年间，世界范围内已经分离到 BAdV 的前 8 个血清型。美国的 Lehmkuhl HD 等证实，虽然在美国只分离到 BAdV-1、4、7、10 几个血清型，但是通过血清学调查，除了 BAdV-9 外，其他 9 个血清型 BAdV 的中和抗体在美国的牛群中都普遍存在。2008 年，Yesilbag 等对土耳其部分牛场的未免疫的牛群进行了血清学调查研究表明 BAdV-3 特异性中和抗体阳性率达到 92.3%；2011 年 Pardon 等的血清学调查研究表明，在比利时的表现出呼吸道症状的疾病的牛群中，BAdV-3 的血清阳性率为 46.7%。2009 年国内首次报道从黑龙江省一头患有呼吸道疾病病牛的鼻腔拭子分离到一株 BAdV3，在我国的辽宁省和山东省亦分离到该病毒。2014 年严昊对黑龙江省部分牛场的 102 份鼻拭子样品检测，BAdV 阳性率为 20.6%。BAdV 是牛呼吸道和消化道疾病的主要病原之一，在全世界范围流行，给养牛业造成巨大经济损失。

1. 易感动物、传染源、传播途径

本病易感家畜主要为牛。据有关国家对某些牛群的血清学调查，发现感染牛腺病毒的牛是很普遍的，且多数呈隐性经过。病牛和带毒牛是本病的主要传染源。发病和带毒牛体内排出的眼鼻分泌物、唾液以及粪便均带有大量的病毒，而本病毒对外界的抵抗力强，因此更容易长期传染。本病可通过接触传播，包括动物的直接接触传染和间接接触传染，其次空气也可能传播病毒。另外本病毒也可能经胎盘垂直传播。病毒侵入门户主要是呼吸道。

2. 流行特点

本病不分季节、性别均可发生，但犊牛最为易感，而且发病率达 70%~80%，死亡率高。成年牛感染无临床症状。据有关国家对某些牛群的血清学调查，发现感染牛腺病毒的牛是很普遍的，且多数呈隐性经过，取感染牛群中外表健康的犊牛睾丸细胞作组织培养，常常发现潜伏有牛腺病毒，经盲传代可产生致细胞病变作用。在自然条件下，牛腺病毒可使未喂初乳的犊牛发生肺炎、肠炎。人工感染 2~16 周龄的犊牛，也可引起肺炎、肠炎，并在感染后 10~21d 可从眼结膜囊、鼻液和粪便中回收到病毒。排毒时间可持续到感染后的 21d 以后。发病和隐性感染的牛均可排毒，并能使与其接触的易感牛感染。寒冷的天气及其他致病因子，如病毒性腹泻，可促进本病的发生。

（三）临床症状

感染 BAdV 的牛主要表现为呼吸道和消化道症状。1~4 周龄犊牛易感本病，表现为结膜炎、肺炎、肠炎、腹泻和多发性关节炎。自然和人工感染发病的犊牛，其症状与病变相似。BAdV-1 对 6~12 周龄犊牛引起轻微的呼吸道疾病，以食欲缺乏，发热鼻漏，咳嗽和呼吸增强等为特征。BAdV-2 可以引起初生犊牛发生轻微呼吸道感染，患病犊牛从眼、鼻流出黏脓性分泌物，当出现呼吸困难后第二天易死亡。在欧洲，BAdV-3 被认为牛呼吸道疾病最主要的病原体，易引起新生犊牛严重的呼吸道感染，发热、气喘以及眼鼻有排出

物，此外证明本病毒能致新生仓鼠肿瘤。BAdV-4 致牛肠炎和肺肠炎，还能引起呼吸道疾病，发生气喘、咳嗽和流鼻液等。BAdV-5 可引起犊牛的肠炎和肺肠炎，人工感染犊牛引起轻微的肺炎，不引起肠炎。近年来在美国报道此种病毒与多发性关节炎或"弱犊综合征"有关。BAdV-6 可引起未吃初乳犊牛发热、厌食、咳嗽及从眼鼻流出分泌物，感染后可出现病毒血症，美国的研究表明 BAdV-6 也能引起鹿严重的消化道疾病，并且从该鹿分离的 BAdV-6 能复制出临床症状。在加拿大，BAdV-6 也曾引起大批麋鹿死亡。BAdV-7 的致病性最强，感染牛可出现 40℃ 以上的稽留热、肺炎以及剧烈下痢。BAdV-10 引起牛的肺炎，病牛表现为咳嗽和呼吸加速。

（四）病理变化

最突出的病变是病牛肺部有不同程度的实变、萎缩和气肿，且这些变化可持续到感染后 3 个月。感染 BAdV 的病牛以呼吸器官的病理变化为主。肺硬实、气肿，咽喉、支气管、肠系膜淋巴结有时肿大；组织学检查，见支气管上皮增生变为软糊状，其坏死物质使支气管堵塞；在肺的小血管周围，见白细胞聚集；在肺组织、气管和支气管黏膜细胞中见核内包涵体。美国的 Lehmkuhl HD 从临床病例分离 BAdV-10 的病牛表现为：肺脏出现实变区，病变区域呈浅红色并且塌陷，结肠内壁有大面积的病灶区域，且结肠腔内有丝状纤维蛋白。显微镜下观察，可见化脓性的细支气管炎和支气管炎。嗜酸性染色的包涵体部分或全部填充细胞核，肺、肾、小肠毛细血管上皮细胞，细支气管上皮细胞都有包涵体存在。自然条件下由 BAdV-7 引起犊牛肠炎的病理变化主要是全身血液循环紊乱，急性卡他性出血性胃肠炎，淋巴系统退行性变化，肝肿大。组织学检查见小血管的内皮细胞、动脉外膜细胞、淋巴结、肾、肝、脾、心、胃肠组织的细胞内出现核内包涵体。有些病例则引起真胃坏死和瘤胃损伤。

（五）诊断

由于 BAdV 症状与其他疾病症状相似，且常常诱发混合感染和继发感染，因此仅凭临床症状对 BAdV 感染进行诊断是很困难的。除了 BAdV，BVDV（牛病毒性腹泻病毒）、BRSV（牛呼吸道合胞体病毒）、IBRV（牛传染性鼻气管炎病毒）和 BPIV3（牛副流感病毒 3 型）也会引起肺肠炎，因此必须依靠实验室方法进行检测。BAdV 可以用不同的方法检测，如病毒分离、原位杂交、酶联免疫吸附试验（ELISA）、直接免疫荧光法、中和试验、限制性内切酶图谱和 PCR 技术等。病毒感染的快速检测对疫病控制和防治非常重要。

1. 病原学诊断方法

主要有病毒的分离培养、病毒核酸的分子生物学检测、原位杂交、病毒抗原的免疫学检测包括免疫荧光染色等。

（1）病毒的分离培养。病毒分离时，最好同时使用原代犊牛肾细胞和原代犊牛睾丸细胞，因为一些血清型只能在其中一种细胞上增殖。接种物如果是肺、肝、肾、小肠等组织样品，要先用添加 2% 新生牛血清的 DMEM 细胞培养液（含青霉素 10 000 IU/ml、链霉素 10 000 μg/ml）研磨，低速离心后取上清液用 0.22μm 的滤膜过滤除菌，接种单层细胞。接种物如果是鼻液、粪便等排泄物，直接溶入适量的添加 2% 新生牛血清的 DMEM 细胞培养液（含青霉素 10 000IU/ml、链霉素 10 000 μg/ml）中，低速离心，上清液用 0.22μm 的滤膜过滤除菌，接种单层细胞。接种后，每天观察 CPE，待 CPE 达到 80% 左右时收获病毒，进行后续实验。此外，除了利用组织培养从呼吸道黏液、眼分泌物、粪便中分离BAdV3 外，还可以直接用粪便制样进行电镜观察

（2）分子生物学方法。根据 BAdV 保守的基因设计特异性引物，进行 PCR、巢式PCR、实时荧光定量 PCR 等进行 BAdV 核酸的检测。也可与混合感染的其他几种病毒一起进行多重 PCR 的鉴别诊断。西班牙巴塞罗那大学的 Carlos Maluquer de Motes 等于 2004 年建立了一种可检测动物粪便和污水中的人腺病毒、猪腺病毒、牛腺病毒污染的巢式 PCR方法，表明牛腺病毒在环境中广泛存在。

（3）原位杂交。用牛腺病毒感染的细胞为模型，将标记的腺病毒基因组作为探针，与用低温包埋剂包埋样品的切片及抽提后的细胞进行杂交，对腺病毒基因组在其宿主细胞内以及与核骨架的关系进行定位研究。Smyth 等（1996）研制出一种检测牛腺病毒 DNA 位点杂交的方法，并鉴定出 BAdV10。

2. 血清学诊断方法

（1）病毒中和试验。可在病的急性期以及恢复后 3~6 周收集双份血清作病毒中和试验。中和试验的血清样品用 56℃灭活 30min。一般应用固定病毒-稀释血清法。血清做 1：2~1：256 连续倍比稀释，病毒剂量为 1 000~5 000 TCID 50/ml。血清和病毒各 0.1ml，混合后，室温放置 1h，接种细胞培养物 37℃培养，于 3~5d 观察细胞病变。

（2）酶联免疫吸附试验（ELISA）。以全病毒、具有免疫原性的蛋白为抗原或制备单克隆抗体建立 ELISA 诊断方法，检测血清中的 BAdV 抗体。奥地利维也纳兽医大学的Rossmanith W 等用 SDS-PAGE 纯化的 BAdV 的六邻体蛋白包被微量 ELISA 板来检测 BAdV各型的特异性抗血清，结果显示 BAdV-1 六邻体多肽可与 BAdV-1、BAdV-3 的阳性血清发生特异性反应，不与 BAdV-4 的阳性血清发生反应。BAdV-4 六邻体多肽可与 BAdV-4、BAdV-6、BAdV-7 的阳性血清反应，但不与 BAdV-1 阳性血清反应。所以 RossmanithW 等认为可以用 BAdV-1 和 BAdV-4 分别作为亚群 I 和亚群 II 的代表，用其六邻体多肽为抗原可以用于牛群中的 BAdV 抗体的检测。

（六）防控措施

根据本病的流行特点，一旦发生该病应及时采取有效措施，即立即隔离病牛，做好环境消毒，使用药物防止并发症和继发感染。在生产过程中，应做好平时的饲养管理，改善饲养条件，减少各种应激，提高动物的抗病力以减少本病的发生。

预防本病可用灭活疫苗或弱毒疫苗。据报道，前苏联研制出对怀孕母牛和犊牛具有良好免疫效果的弱毒和灭活疫苗并应用于生产中。早在 20 世纪 60 年代英国的 Tribe GW 等就曾对 BAdV-3 的灭活苗进行了研究，灭活苗皮下注射非洲猪和未吃初乳的犊牛均产生较高水平的抗体。用 BAdV-3 和牛副流感病毒 3 型（PIV-3）做联合疫苗免疫所产生的抗体水平与单独免疫产生的抗体水平基本一致。Ian A. York 等通过阴离子交换层析纯化 BAdV-3的六邻体亚单位，并与胆固醇、磷酸卵磷脂、糖普等混合做成免疫刺激复合物免疫家兔和牛均产生很高的病毒中和抗体滴度。表明纯化的 BAdV-3 六邻体可以制备成多价亚单位疫苗，保护牛抵抗多种呼吸道疾病。国内腺病毒基因工程疫苗的研究主要集中在人腺病毒和禽腺病毒的研究上。由于 BAdV 能致仓鼠癌，因此许多国家禁止使用疫苗。

（撰写人：宋玲玲；校稿人：何洪彬、王洪梅）

十四、水疱性口炎

水疱性口炎是由水疱性口炎病毒感染引起的急性热性人畜共患疾病，该病使猪和奶牛的生产能力下降而造成严重的经济损失，并对国际贸易产生严重影响，具有重要的经济和社会公共卫生意义，被世界动物卫生组织列为必须通报的疾病之一。水疱性口炎病毒能够引起猪、牛、马、骡、鹿等多种动物发病，绵羊和山羊不发生自然感染。水疱性口炎临床症状以发病动物的口腔黏膜、乳头和蹄冠部的皮肤出现水疱及糜烂为特征，一般会出现发热、厌食和精神沉郁等症状，病情持续数天，一般不引起动物死亡。人只是偶尔感染，感染后出现类似流感的症状，但不会引发水疱。

（一）病原

1. 分类

病原为水疱性口炎病毒（vesicular stornatitis virus，VSV），属于弹状病毒科（Rhabdovindae）水疱性病毒属（Vesiculomrus）成员。病毒分为新泽西型（VSV-New Jersey，VSV-NJ）和印第安纳型（VSV-indiana，VSV-IN），而 VSV-IN 又可分为 3 个亚型，即印第安纳 I 型、印第安纳 II 型和印第安纳 III 型。

2. 形态和培养特性

病毒粒子呈一端扁平、一端钝圆的子弹形或圆柱状，大小约为（150～180）×（50～70）nm；电镜下观察有囊膜，囊膜外有 9～10nm 的纤突，囊膜内为核衣壳和核糖核蛋白体，核衣壳为密集卷曲的螺旋对称结构，其外径约49nm，内径约29nm。除了典型的子弹形粒子外，还可见到短缩的 T 粒子。T 粒子含有病毒粒子的全部结构蛋白，RNA 含量只有正常含量的1/3，无转录酶活性。弹状病毒的 RNA 为单股负链 RNA，核衣壳具有感染性。

在临床、亚临床病牛鼻拭子、粪便、扁桃体组织中均能分离到病毒，但在粪便排泄物中检出感染性病毒的时间长于在牛鼻拭子、扁桃体的检出病毒时间，表明病毒可能在消化道存留。

VSV 可在多数脊椎动物包括鸟类、爬行动物、鱼类等细胞内生长。VSV 在感染脊椎动物细胞后，很快引起明显的细胞病变，18～24h 可致使细胞快速圆缩、脱落。VSV 可在猪和豚鼠的肾细胞、鸡胚成纤维细胞、牛舌、羔羊睾丸细胞中繁殖并产生细胞病变，在肾单层细胞培养物上可形成蚀斑；VSV 也可感染昆虫细胞，为持续性感染，无细胞病变；传代细胞系 Vero、BHK-21、IBRS-2 细胞可用于 VSV 的病毒分离。VSV 在每个复制周期中，会有 10^{-5}～10^{-3} 的替代率，导致了很多变异株的产生。VSV 在细胞中若以高复制数传代时，易产生缺陷性干扰（Defective Interfering，DI）颗粒，可对亲本病毒的复制产生干扰。DI颗粒可快速成为主要的颗粒，竞争复制的病毒只有通过变异才能抵制 DI 颗粒的干扰。因此，可以认为 DI 颗粒至少在细胞培养中，推动了病毒粒子的进化演变。为了防止 DI 颗粒，传代时应以低"感染复数"传代（MOI=0.01），还应尽可能减少传代次数。

人工接种马、牛、绵羊、猪、兔、豚鼠的舌面可发生水疱；成年小鼠脑内接种可导致大脑炎症状，并于 3～5d 内死亡；各种途径感染乳鼠均可导致致死性感染；鸡、鸭、鹅趾蹼接种也可感染。

VSV 感染的细胞培养物可产生血凝素，在 0~4℃、pH 值为 6.2 的条件下凝集鹅红细胞，病毒不会从红细胞表面自行脱落。洗脱被凝集的鹅红细胞上的病毒粒子，红细胞还可以再次凝集，从而证明 VSV 没有受体破坏酶。

3. 抵抗力

病毒对理化因素的抵抗力不强。2%氢氧化钠、1%福尔马林可在数分钟内杀死病毒。0.05%结晶紫可以使其失去感染力，1%石炭酸需要 6h 以上能将其灭活，氯仿、乙醚、酚类化合物等有机溶剂都能使其灭活。病毒能在 58℃外部环境下存活 30min，能在土壤中 4~6℃条件下存活数天，病毒经冷冻保存数年仍具有传染性。

4. 血清学分型

用中和试验和补体结合试验可将 VSV 分为 2 个血清型：VSV-NJ 和VSV-IN。Nichol 等根据 VSV-NJ 毒株 T1 核酸酶指纹图研究显示，其野毒株可分为 14 个基因型。通过对多个 VSV-NJ 毒株糖蛋白核酸序列和氨基酸组成进行分析比较发现，不同毒株间核酸变异可达 19.8%，而氨基酸变异为 8.5%。分析不同毒株间的进化关系，可将 VSV-NJ 分为 3 个基本亚型。在美国和墨西哥地区流行的毒株大多属于 1 亚型；来自于萨尔瓦多和洪都拉斯等国家的毒株属于 2 亚型；来自尼加拉瓜和巴拿马的毒株属于 3 亚型。VSV-IN 可分为 3 个亚型，即印第安纳Ⅰ型、印第安纳Ⅱ型和印第安纳Ⅲ型。

分子特征 VSV 粒子蛋白质占 74%，类脂占 20%，糖类占 3%，RNA 占 3%。VSV 基因组为不分节段的单股负链 RNA（ssRNA），长约 11kb，没有明显的帽子结构和 PloyA 尾。从 3′端到 5′端依次排列着 N、NS、M、G、L 5 个不重叠的基因，分别编码核（N）蛋白、磷酸（P）蛋白、基质（M）蛋白、糖（G）蛋白及 RNA 聚合酶（L）蛋白 5 种主要蛋白。在 3′端有不翻译的先导序列，长度为 47 个核苷酸（有些毒株 48 个核苷酸），先导序列和编码基因之间有 AAA 序列（VSV-NJ 为 AAAA），它可能与抑制宿主的 RNA 合成有关；各基因之间为保守的间隔序列，间隔序列通常由转录起始序列、连接序列和转录终止序列组成。

N 基因为 1 333nt，编码病毒的 N 蛋白，核蛋白分子由 422aa 组成，分子量为 47kD。N 蛋白的主要功能是与病毒的基因组 RNA 结合，形成核衣壳，保护病毒 RNA 免受各种核酸酶的消化。VSV 两种血清型的 N 蛋白同源性为 68.7%，具有较好的抗原性，刺激机体产生非中和抗体；在病毒感染过程中，N 蛋白以单体、多聚体和与 P 蛋白结合的形式存在，可诱生补体结合抗体；N 蛋白可维持基因组 RNA 呈伸展形式，与 RNA 复制调节有关。N 蛋白与 RNA 形成 N 蛋白-RNA 复合物，形成的复合物与 L 蛋白及 P 蛋白联合作用，共同构成了核糖核蛋白体（ribonueleoprotein、RNP），具有转录活性和感染性。

NS（P）基因为 822nt，编码 P 蛋白，VSV-IN 与 VSV-NJ 的 P 蛋白分子分别由 222aa 和 274aa 组成，两者同源性仅为 41%，每个病毒粒子含有 466 个拷贝。P 蛋白是构成病毒核衣壳的主要蛋白，呈高度不均一的磷酸化，其磷酸化水平与病毒转录活性相关，磷酸化水平较高时，会提高转录酶的活性。

M 基因为 838nt，编码 M 蛋白，由 229aa 组成，分子量为 26kD，每个病毒粒子含有 1826 个拷贝。M 蛋白作为一种连接蛋白，使核衣壳与嵌有糖蛋白的脂膜接触，具有致细胞病变、诱生补体结合抗体和稳定囊膜上 G 蛋白空间结构的功能；M 蛋白碱性较强，可通过与核衣壳结合而抑制转录，同时它是涉及出芽过程唯一多肽，对 VSV 的出芽过程是必不可少的。因此，M 蛋白的合成对 VSV 的成熟是必需的。

G 基因为 1 672nt，编码病毒的 G 蛋白，由 511aa 组成，分子量为 57kD，每个病毒粒子含有 1 205 个拷贝。G 蛋白是病毒的主要结构蛋白，参与病毒的黏附和出芽；G 蛋白插在囊膜中形成病毒表面的突起，是病毒的主要表面抗原，决定着病毒的毒力，并具有型、亚型的抗原决定簇，可诱导机体产生中和抗体。另外，G 蛋白在病毒识别、结合宿主细胞中起到关键作用，与病毒吸附到宿主细胞受体有关，当选择性的去除 G 蛋白时，会降低 VSV 的感染性，而且抗 G 蛋白的抗体能有效的中和病毒。

L 基因为 6 380nt，编码病毒的 RNA 聚合酶，由 2 109aa 组成，分子量为 241kD，每个病毒粒子中含有 50 个拷贝。L 蛋白与转录的起始、延伸、甲基化、戴帽、PloyA 尾形成等有关，决定着病毒 RNA 的转录活性。

VSV 基因组的转录是梯度式的转录，越靠近基因组的 3′端的基因其转录效率越高。在基因之间间隔 2 个或 3 个核苷酸的间隔序列有广泛的同源性并具有 3 - AUAC（U）7NAUUGUCNN-UAG-5 的共同结构，这些基因间的保守序列是影响多聚酶的活性或酶的切割活性的关键信号。

VSV 囊膜主要含脂质和蛋白，脂质来自宿主细胞，但囊膜的脂质分子组成与宿主细胞有一定的差异。研究发现，VSV 囊膜的胆固醇含量较高，若胆固醇含量下降，会导致 VSV 的感染性和融合能力的降低。VSV 囊膜含有较多的神经鞘磷脂和氨基磷脂等磷脂和少量的磷脂酰胆碱，因而，VSV 的囊膜比宿主细胞具有更大的黏度。

（二）致病机制

1. 病毒感染机制

VSV 的 G 蛋白参与病毒与宿主细胞受体的结合及病毒囊膜与细胞膜的融合。VSV 的受体可能为细胞膜表面的磷脂酰丝氨酸，磷脂酰丝氨酸广泛存在于所有类型细胞的细胞膜上，因此，VSV 几乎能够感染所有类型的细胞。病毒与细胞受体结合后，囊膜与细胞膜融合进入细胞或直接被细胞吞入，形成吞饮泡，促使病毒囊膜与溶酶体膜融合，释放出病毒的核衣壳。在细胞质内，N 蛋白、P 蛋白和 L 蛋白共同作用，以病毒的基因组为模板转录出 5 个子代 RNA，然后以此为模板翻译出病毒的 5 种蛋白。同时，RNP 复制病毒的全长基因组，这些基因组与新合成的蛋白组装成病毒，通过出芽的方式从细胞中释放出来。释放出的成熟病毒颗粒，常聚集细胞间隙，并以同样的方式再感染相邻细胞。

研究表明，M 蛋白在病毒的组装、出芽、宿主细胞的凋亡和破坏宿主细胞的免疫防御等方面发挥核心作用。首先，M 蛋白可能通过调节 RNA 聚合酶控制病毒基因的转录，在病毒感染的后期，M 蛋白的积累会使部分核衣壳停止转录而"失活"，从而能更好地组装成病毒粒子。VSV 囊膜与细胞膜的融合机制与反转录病毒、黄病毒等的机制相同，在这种机制中，M 蛋白扮演了极为重要的角色。M 蛋白的 N 端含有 PPPY 基序，能够与泛酸化的连接酶 Nedd4 结合，Nedd4 在有囊膜病毒的出芽过程中起着极为重要的作用；M 蛋白含有 PSAP 基序，能够与细胞内的 TSG101 结合，帮助病毒的出芽；在病毒的早期感染过程，M 蛋白通过阻止宿主细胞的基因转录及 mRNA 的转运出核两种方式，阻止了抗病毒基因的表达，帮助病毒逃逸宿主的先天免疫。M 蛋白通过与核孔蛋白 Nup98 的结合，阻止宿主

mRNA 的转运出核。Nup98 是干扰素效应蛋白，用干扰素处理细胞，可以使 Nup98 的表达增加，而且使 M 蛋白抑制 mRNA 运输的能力降低。M 蛋白还能够通过抑制由 IL-6 诱导的 STAT 信号转导途径，从而降低病毒引起的炎症反应。M 蛋白能抑制宿主细胞基因的表达和 mRNA 的转录，阻止其新陈代谢能力，破坏细胞的骨架，在 VSV 诱导细胞凋亡中发挥重要的作用。综上所述，VSV 的 M 蛋白具有广泛的作用，被认为是病毒的"枢纽"蛋白。

2. 发病及排毒机制

VSV 具有嗜上皮性，通过破损的皮肤、黏膜侵入机体，首先在侵入部位繁殖并形成水疱，随后病毒侵入血管、淋巴管引起病毒的全身感染，病毒在经口腔、鼻等处的黏膜及蹄部、乳房等部位皮肤时定居繁殖形成水疱病变。而通过其他途径侵入机体的病毒，首先损害的组织是扁桃体，其次，皮肤、淋巴结和咽后淋巴结也可发生早期感染。VSV 对舌、鼻盘、唇、蹄的上皮细胞，对心肌、扁桃体、淋巴组织和脑子具有很强的亲和力。

病毒通过破损的皮肤和黏膜感染动物。病毒在上皮表层产生原发病变。病毒复制，引起细胞溶解，局部渗出液蓄积形成小水疱，进而融合成大水痘。病变还可进一步扩散至整个生发层。感染后 48h 后病毒进入血液，形成病毒血症，罹患动物体温升高至 40℃ 以上。随后体温突然下降，动物大量流涎，感染处上皮溃烂脱落、出现新鲜出血创面，病变常见于鼻和乳头。病毒也可经血液循环到达肝、肾、中枢神经系统，导致非特异性炎症。中枢神经系统感染可出现脑炎、肢体麻痹和脊髓灰质海绵样病变。

病毒在侵入动物体数日，即在潜伏期内开始排毒，在出现临床症状前，在发病动物的分泌物及排泄物中可检出大量病毒。出现病变部位的水疱及组织中也含有高滴度的病毒，水疱液中的病毒量可高达 $10^4 \sim 10^5 \text{pfu/ml}$。在病毒感染 1 周左右，免疫系统会产生相应的抗体，体内的病毒将陆续被清除。康复动物血清中有高效价中和抗体和补体结合抗体，可防止再次感染。

（三）流行病学

1. 易感动物

本病能侵害多种动物，牛、猪和马较易感，野生动物中猴、野羊、鹿、野猪、浣熊及刺猬等亦可感染，绵羊、山羊、犬和兔等易感性差。

2. 传播途径

病毒从病畜的水疱液和唾液排出，通过损伤的皮肤、黏膜而感染；也可通过污染的饲料和饮水经消化道感染；还可通过双翅目的昆虫为媒介由叮咬而感染。养殖场内鼠、猫等也起到了间接传播病毒的作用。

3. 传染源

本病主要的传染源是病牛和带毒牛，全身的组织器官以及其分泌、排泄物均含有病毒；被污染的饲料、用具及冲刷牛舍的污水等。

4. 流行特点

自然流行中，不同年龄、性别、品种的牛均可感染，成年牛更易感。本病一年四季均可发生，冬春季节多发。在潮湿天气，特别牛只密度大、调运频繁、卫生条件差的地区和单位，易造成本病流行。而在分散饲养的状态下，引起流行的情况较少。本病的发病率高，但死亡率低。

（四）症状与病理变化

本病的潜伏期为 3~8d，人工感染则为 1~3d。

病牛病初体温达 41~42℃，精神沉郁，食欲减退，反刍减少，耳根发热，鼻镜干燥，大量饮水。在口腔、乳头和蹄部冠状带出现水疱，小水疱逐渐融合形成大水疱，内有透明黄色液体，经 1~2d 后，水疱破溃形成溃疡，周围皮肤大量脱落，遗留浅而边缘不整齐的鲜红色烂斑。还伴有流涎、厌食、体重减轻，严重者可有大量流涎、采食困难、蹄壳脱落等。病程为 1~2 周，病死率低。牛感染 VSV 的典型临床症状是短期发烧，口腔黏膜、乳头上皮、趾间及蹄冠上出现丘疹和水疱，大量流涎是感染 VSV 最重要的症状。本病最常见的并发症是局部继发感染细菌和真菌，发生乳房炎等。

一般认为 VSV 是通过上皮和黏膜侵入机体的。病毒一旦侵入上皮层，即在皮内产生原发病变，同时在较深层的皮肤中，尤其是棘细胞层，病毒的复制更活跃。从病毒的复制到引起细胞溶解的过程会有渗出液蓄集，小水泡汇成大水泡。当病毒扩散到整个生发层后，常破坏柱状细胞层和基底膜，但并不明显地破坏这些细胞的再生能力。在真皮和皮下组织中出现出血、水肿和白细胞浸润，但病毒在这些区域通常并不造成原发性损伤。如果出现继发感染，其损伤可能扩散到深层组织造成化脓和坏死。在无并发症的情况下，上皮细胞迅速再生，通常于 1~2 周康复而不留疤痕。

（五）诊断

1. 诊断方法

根据临床症状和病理变化可以做出初步诊断，确诊需进行病原学诊断。牛水疱性口炎的临床诊断应注意与口蹄疫等鉴别。OIE 采用组织细胞、鸡胚、实验动物等方法分离病毒，进一步用间接夹心酶联免疫吸附试验和补体结合试验对分离的病毒进行鉴定；在国际贸易中，OIE 指定用液相阻断 ELISA、病毒中和试验和补体结合试验检测水泡性口炎血清样品。

（1）样品采集。采集发病动物口鼻部位的水疱皮和水泡液，水疱皮加入含 50% 甘油的 PBS 缓冲液中，水疱液置于含 2% 犊牛血清和 5% 葡萄糖的灭菌生理盐水中，冷藏送检。保存液的体积不能超过水疱皮或水疱液体积的 2 倍。也可用探杯采集食道/咽（OP）黏液，置于无血清的细胞培养液中，冷藏送检。

（2）样品处理。将水疱皮剪碎、研磨，悬浮于 5 倍体积的 PBS 缓冲液中（含青霉素 1 000 IU/ml、链霉素 1 000 mg/ml），4℃ 浸渍 16~20h，以 3 000 rpm/min 离心 15min，取上清，0.2μm 微孔滤膜过滤。水疱液、OP 液加青霉素至 1 000 IU/ml、链霉素至 1 000 mg/ml，离心，取上清液，0.2μm 微孔滤膜过滤。

（3）细胞接种。取无菌过滤后的样本液 1ml，接种长满单层的 Vero、BHK-21、IBRS-2 细胞，37℃、5%CO_2培养箱中培养。每天观察细胞病变效应，连续观察 3d。若细胞出现圆缩、聚集、固缩、脱落等病变，进行病原鉴定。盲传 3 代后无病变，表明未能分离到病毒。

（4）鸡胚接种。将 7~10d 鸡胚置于蛋架上，气室朝上，以碘酒、酒精棉球消毒气室，去除气室蛋壳，绒毛膜接种无菌处理的样本液 0.2ml，蛋壳封口，37℃ 孵育。若鸡胚 2d 内死亡，鸡胚周身呈明显充血、出血，尿囊膜能引起痘斑样病变，收获尿囊膜进行病原鉴定。盲传 3 代无病变者表明未分离到病毒。

（5）乳鼠接种。取无菌过滤后的样本液颈部皮下接种 2~7d 乳鼠，每只接种 0.2ml，每天观察乳鼠病变，连续观察 5d；如果乳鼠出现死亡、生长不良等病变，则按病原鉴定。盲传 3 代无病变者表明未分离到病毒。

盲传 3 代未分离到病毒，可进一步采集 7~14d 后的该动物血清，进行抗体检测。若检测结果仍为阴性，则判定无 VSV 感染；若检测结果为阳性，则判为 VSV 感染。

2. 病原鉴定-液相阻断 ELISA

用 pH 值为 9.6 碳酸盐/碳酸氢盐缓冲液将兔抗 VSV 的 NJ 型阳性血清、IND 型阳性血清包被 ELISA 板，每孔 50μl，于 4℃过夜。

弃包被液，每孔用 PBS 洗 1 次，加 50μl 1%的卵白蛋白，室温封板 1h。

弃封闭液，每孔用 PBSTB 洗 5 次。

取被检样本悬液或病毒分离液 50μl，加到相应的孔中，每份样本均作双孔，振荡，37℃孵育 30min。

弃去反应液，每孔用 PBSTB 洗 5 次。

将与包被 ELISA 板的兔抗 VSV 标准阳性血清相应的豚鼠抗 VSV 的标准 NJ 型和 IND 型阳性血清用 PBSTB 稀释，分别加 50μl 到相应的孔中，振荡，37℃孵育 30min。

弃去反应液，每孔用 PBSTB 洗 5 次。

将过氧化物酶标记的兔抗豚鼠 IgG 用 PBSTB 稀释，每孔加 50μl 振荡，37℃孵育 30min。

弃去反应液，每孔用 PBSTB 洗 5 次。

每孔加活化的 TMB 底物 50μl，室温下反应 15min，随后加入 50μl 1mol/L 硫酸终止反应，用酶标仪测定吸光值。

设标准阳性抗原对照。

读取样品与抗 VSV-NJ 和抗 VSV-IND 的阳性血清和正常兔血清反应的吸光值，计算双孔平均值。

对照抗原与其相应血清反应的吸光值较其与另一型血清反应的吸光值和正常兔血清反应的吸光值大 20%，试验成立。若某个血清型反应的吸光值较其与另一型血清反应的吸光值和正常兔血清反应的吸光值相比较，其样品吸光值大于后两者 20%，则被检样品为感染相应血清型的 VSV。

若某个血清型反应的吸光值较其与另一型血清反应的吸光值和正常兔血清反应的吸光值相比较，其样品吸光值大于后两者，但不超过 20%，应重复试验，如仍未超过 20%，则为阴性。

（六）防控措施

轻度口炎的病牛可选用 0.1%高锰酸钾、0.1%雷夫奴尔水溶液、3%硼酸水、10%浓盐水、2%明矾水等反复冲洗口腔，洗毕后涂碘甘油，每天 1~2 次，直至痊愈为止。

如果病牛体温升高，继发细菌感染时，可用青霉素、链霉素，肌内注射，每天 2 次，连用 2~3d；或注射磺胺类药物。

无该病的国家或地区应通过严格的检疫措施防止病原的传入。发生本病时应严格封锁疫区，扑杀患病动物和同群动物，并对环境和用具进行彻底消毒处理。为预防本病，在疫区及周边受威胁地区可用疫苗进行免疫接种。可采取如下措施防制本病。

（1）疫病监测与准确的诊断。在牛屠宰场设立专门的监测机构，利用快速简便的方法准确地诊断本病。发现病牛立即控制处理，提醒发现本病的地区提早做好防护准备。

（2）控制传染源。本病主要的传染源是病牛和带毒牛，其组织器官及分泌物、排泄物均可能含有病毒。另外，屠宰场对病牛肉以及与其接触过的洗刷用水等的非到位处理也是不容忽视的疫源。对发病牛应及时隔离处理，在指定地点急宰，其全身组织器官须经无害化处理，建议其内脏、其他副产品工业用或销毁，污染的胴体、肢蹄、皮张高温处理后出场，有病变的割除病变组织后高温处理出场。

（3）切断传播途径。被病牛污染的饲料、垫料及时消毒或销毁，对牛舍、饲养用具进行定期消毒，避免不同的牛舍共用同一排水系统，对病牛的分泌物和排泄物进行无害化处理，对运输工具、交易地点及时清洗消毒，消毒选用敏感消毒剂，如复合醛、二氧化氯、过氧乙酸、漂白粉液等。长期不懈地做好灭蚊灭鼠工作，防止疫病的传播。特别是在疫病流行区，应予以高度的重视。

（4）保护易感牛群。严禁从疫区购牛，而且对新购牛应先隔离观察半个月，确定无病后方可混群；加强饲养管理，根据牛只不同年龄营养需要调配日粮，保证饲料的全价。清洁牛舍，保持牛舍的干燥、通风，降低饲养密度，减少应激，提高牛群抵抗力。

（5）加强管理。主要是消灭蚊等吸血昆虫；加强饲养管理，注意保持环境卫生，定期消毒牛舍、用具等，增强机体抵抗力；发生本病时，应隔离病牛和可疑病牛，封锁疫区，并对污染的场地严格消毒。

（撰写人：王洪梅；校稿人：何洪彬、王洪梅）

十五、恶性卡他热

牛恶性卡他热（bovine malignant catarrhal fever），又称牛恶性头卡他或坏疽性鼻卡他，是一种由牛恶性卡他热病毒引起牛的一种致死性、淋巴增生性、急性热性传染病，以高热以及角膜混浊、眼结膜发炎、呼吸道、消化道黏膜的黏脓性、坏死性炎症为主要特征，并有脑炎症状。此病在各地都可以发生。在自然条件下只有牛具有易感性，绵羊是本病的自然宿主及传播媒介，本病病死率很高，可达 60%～95%，给养牛业带来一定的经济损失。近年来，牛恶性卡他热在世界许多国家和地区散发或呈地方性流行，已被 OIE 列为 B 类传染病，我国也将其列为二类动物疫病。

（一）病原
1. 分类
牛恶性卡他热的病原主要是两种 γ-疱疹病毒，一种为狷羚疱疹病毒 I 型（alcelaphineherpesvirus-1，AIHV-1），其自然宿主为角马；另一种为在绵羊中流行的绵羊疱疹病毒 2 型（OvHV-2），这两种病原均为疱疹病毒科（*Herpesviridae*）疱疹病毒丙亚科（*Gammaherpesvirinae*）成员，其核酸类型为 DNA。

2. 形态和培养特性
病毒粒子具有一般疱疹病毒的形态和结构，主要由核芯、衣壳和囊膜组成。应用牛甲状腺单层细胞培养病毒，负染测量，核衣壳直径约 100nm，并常呈结晶状排列；带囊膜的完整病毒粒子直径为 140~220nm。本病毒可在犊牛肾细胞、牛羊甲状腺细胞、牛肾上腺细胞、犊牛睾丸细胞、角马肾及家兔肾细胞中生长，并产生细胞病理变化，还可适应于鸡胚卵黄囊。该病毒存在于病牛的血液、脑、脾和胸腺等组织中，在血液中的病毒紧紧附着于白细胞上，不易脱落，也不易通过细菌滤器。

3. 生化特性及抵抗力

该病毒对外界环境的抵抗力不强，不耐干燥、冰冻、腐败和紫外线。保存十分困难。血液中病毒，在室温条件下 24h 则失去传染力，在 4℃ 条件下可保存 2 周，但将其保存于 20%~40% 的牛血清和 10% 甘油的混合液中，在 -70℃ 条件下贮存可维持活力 15 个月。较好的保存方法是将枸橼酸盐脱纤的含毒血液保存于 5℃ 条件下，病毒可存活数天。也有报道称，将卵黄囊中的病毒于 -10℃ 条件下储存 8 个月后仍可复制该病。

4. 血清学分型

目前，牛恶性卡他热病毒的血清型尚不清楚。其病原是一组存在亚型差别的病毒，该病毒可能存在抗原性不同的亚型。根据血清学检查和病毒核酸限制性内切酶谱，可与其他牛疱疹病毒相区别。

5. 分子特征

牛恶性卡他热病原：AlHV-1 和 OvHV-2 的 DNA 的分子量均相当大，呈双股线状。病毒与其他疱疹病毒相似，病毒的鸟嘌呤和胞嘧啶（G+C）含量较高，成熟病毒约含 33 种多肽，分子量为 15~275kDa。病毒基因组有大约 130kbp 的独特片段，AlHV-1 独特片段两端是 1.1kbp 的末端重复序列，而 OvHV-2 基因片段两端是 4.2kbp 的末端重复序列。AlHV-1 基因组具有 71 个开放性阅读框，而 OvHV-2 基因组具有 73 个开放性阅读框。

OvHV-2 不同地区分离株具有高度的相似性，除了 ORF73 外，对应的开放性阅读框之间氨基酸的相似性为 94%~100%。绝大部分 ORF73 基因由 3 个串联重复的片段组成，ORF73 在不同绵羊分离株之间的相似性为 94%~98%，这种不同主要是由于某个重复区域的基因的插入或缺失造成的，该基因可作为 OvHV-2 流行病学研究的重要工具。ORF73 C末端 130 个氨基酸残基片段在所有病毒分离株之间高度保守，是抗原蛋白。

（二）致病机制

牛恶性卡他热病毒种类多，该病的发病机制研究并不深入。OvHV-2 和 AlHV-1 在引起恶性卡他热（MCF）时表现出不同的病理变化。AlHV-1 引起的病变以外周淋巴结最为常见。恶性卡他热病毒感染机体后在淋巴组织、血管和黏膜系统增殖，引起淋巴细胞生发中心萎缩，小血管栓塞，导致上皮细胞坏死。OVHV-2 引起的病变中以内脏淋巴组织最明显，如肠系膜淋巴结。该病毒主要通过呼吸道引发感染，继而在肺部大量增殖，在感染过程中细胞免疫和黏膜免疫也被激活，白介素 IL-15、IL-6 和 IL-8 等天然免疫也被激活。另外，OvHV-2 比 AlHV-1 能引起更大范围内的细胞坏死。

AlHV-1 感染宿主细胞主要通过病毒编码的 A8 蛋白与细胞特异性受体相互识别实现的，同时，OvHV-2 感染也是通过自身编码的 O8 与宿主细胞蛋白相互作用而进入细胞。受感染的淋巴细胞出现聚集病变，表明 MCF 具有自身免疫性病理反应，在感染细胞调控的诱导下，引起未感染细胞的细胞毒作用。OvHV-2 或 AlHV-1 感染动物的多种组织培养物，可见大的颗粒状淋巴细胞（LGLs），这些细胞具有毒性，具有细胞毒性 T 细胞和 NK 细胞的表型，以 MHC 非限制性方式任意杀死多种靶向组织细胞。这些大的颗粒状淋巴细胞不像未感染的 T 细胞，不表现 ConA 刺激的细胞增殖扩增行为。在 OvHV-2 感染的 LGLs 病例中，表达肿瘤坏死因子 α（TNF-α）、γ-干扰素、IL-4 和 IL-10。这些具有活性的细胞毒性表型，可导致 T 细胞信号分子 Lck 和 Fyn 激酶的激活，随同激活下游 p42 和 p44 丝裂原活化蛋白激酶。

（三）流行病学

1. 易感动物

黄牛、水牛、奶牛易感，多发生于 2~5 岁，老龄牛及 1 岁以下的牛发病较少。绵羊、非洲角马也感染，但呈隐性经过，是本病的自然宿主及传播媒介。此外，山羊、狷羚、非洲紫褐羚、曲角羚、大羚羊、梅花鹿、红鹿、中国水鹿、长颈羚等对该病也较易感，但幼龄动物较老龄动物多发。

2. 传播途径

本病主要通过绵羊、山羊、角马以及吸血昆虫而传播。病牛都有与绵羊接触史，如同群放牧或同栏喂养，特别是在绵羊产羔期最易传播本病。病牛的血液、分泌物和排泄物中含有该病毒，但该病毒在牛与牛之间不传播。

3. 传染源

隐性感染的狷羚、角马、绵羊、山羊是本病的主要传染源。

4. 流行特点

本病一年四季均可发生，但以冬季和早春季节发病较多，可能与牛在冬春体质差、抵抗力弱、冬季牛羊同舍饲养有关。与分娩角马、绵羊胎盘或胎儿接触的牛群最易发生该病，多呈散发，有时呈地方性流行。多数地区的发病率较低，而病死率较高，可高达 60%~90%。本病在流行病学上的一个明显特点是不能由病牛直接传递给健康牛。在非洲，该病主要以角马为传播媒介（病毒存在于角马的鼻腔分泌液中），引起牛及野生反刍兽患病。我国流行的牛恶性卡他热通过与绵羊密切接触而患病，属绵羊型。

（四）症状与病理变化

自然感染的潜伏期长短变化很大，为 4~20 周或更长一些，最多见的是 10~60d。人工感染犊牛通常潜伏期为 10~30d。由于临床表现不同，牛恶性卡他热可分为几种病型，一般为最急性型、头眼型、肠型和皮肤型等，头眼型最常见，这些型可能互相重叠，并且常出现中间型。

1. 最急性型

病牛突然发病，体温升高，可达 41~42℃，持续不退，战栗，肌肉震颤，呼吸困难，精神沉郁，被毛松乱。眼结膜潮红，鼻镜干燥，食欲和反刍减少或停止，饮欲增加，前胃弛缓，泌乳停止，呼吸和心跳加快，发病后 1~2d 死亡。

2. 头眼型

该型病例最为常见，其症状为本病的典型症状。突然发病，食欲减退或废绝，反刍停止，体温升至 40~42℃，稽留不下，发病后的第 2 天，头下垂无力，时时卧地，肌肉颤抖。眼、鼻、口黏膜发炎，双眼羞明、流泪，眼睑肿胀，眼结膜高度充血，常有脓性和纤维素性分泌物，角膜混浊，严重者形成溃疡，甚至穿孔致使虹膜脱出。鼻黏膜高度潮红、水肿、出血、溃疡，初期鼻流蛋清样液体，后变成脓样黏稠分泌物，常混有血液和坏死组织，呼气有恶臭。后期鼻腔炎症严重影响呼吸，病牛发出喘气声和鼾声，鼻镜干燥，常见糜烂或大片坏死干痂，引起额窦炎、鼻窦炎和角窦炎，致使角部发热角根松动。口腔黏膜潮红、干燥、发热。唇内侧齿龈、颊部、舌根和硬腭等处的黏膜发生糜烂或溃疡，致使患牛吞咽困难。病程一般为 5~14d，有时可长达 1~4 周或数月，终因衰竭致死，预后多不良，极少数牛可恢复健康。

3. 肠型

该病型很少见，患牛高热稽留，两天后，出现严重肠炎反应，高热稽留，一般 40℃ 以上，先便秘后腹泻，初期拉水样粪便，随着病期延长，出现严重腹泻，里急后重，排出恶臭粪便，且粪便中混有血液和坏死组织，纤维素性坏死性肠炎的特征，后期出现大便失禁。肠型牛后期常伴有呼吸道症状，听诊肺部有湿啰音。口腔、眼及其他处黏膜充血，可见糜烂或溃疡。病程一般为 4~9d，死亡率极高。

4. 皮肤型

患牛体温升高，颈、背、腹下、乳头、会阴和蹄叉等处的皮肤发生丘疹、水泡或龟裂等变化，并覆有棕色痂皮。随着痂皮脱落时，被毛也随之脱落。关节显著肿胀，淋巴结肿大。一般出现皮肤型病例多为预后不良，而且病程急，死亡快，牛通常于 14d 内死亡。

5. 混合型

此型多见。病牛同时有头眼症状、胃肠炎症状及皮肤丘疹等，患牛因脑和脑膜发炎，大部分病牛出现神经症状，时沉郁、昏迷，或表现磨牙、兴奋不安、吼叫、冲撞、头颈伸直、起立困难、全身麻痹。一般经 5~14d 死亡。病死率达 60%。

6. 病理变化

该病的病理变化因临床病型不同而异。所有病牛的全身淋巴结肿大及出血，其体积可增大 2~10 倍，以头部、颈部和腹部淋巴结的病理变化最明显。

头眼型病例以类白喉性坏死为主。鼻窦、喉头、气管和支气管黏膜充血肿胀，有小点状出血，也常覆有假膜且溃疡。肺充血及水肿，也可见有支气管肺炎。剖开眼球，房水混浊，含有纤维絮片。

消化道型以消化道黏膜变化为主。口腔、咽、食道黏膜溃疡糜烂，真胃黏膜和肠黏膜充血水肿，最急性死亡，肠黏膜有规则的斑马样充血条纹及溃疡。在较长的病程中，泌尿生殖器官黏膜也呈炎症变化，肾皮质由于淋巴细胞和单核细胞浸润而形成的白色病灶，是本病特征性病变。脾正常或中等肿胀，切面暗红，结构模糊。肝、肾严重变性和肿大，胆囊可能充血、出血，心肌变性，心包和心外膜有小点状出血，脑膜充血和出血，脑切面实质中有小出血点，脑室液增多，有浆液性浸润，脑神经细胞内有包涵体，呈非化脓性脑炎变化。

组织学检查，在脑、肝、肾、心、肾上腺和小血管周围有淋巴细胞浸润；身体各部的血管有坏死性血管炎变化。

（五）诊断

本病应注意与牛瘟、牛病毒性腹泻—黏膜病、口蹄疫、蓝舌病和传染性角膜炎等相鉴别。根据恶性卡他热眼口鼻黏膜炎症等综合症状，以及与绵羊的接触史、高病死率等流行特点、临床特征及病理变化，可作出初步诊断，最后确诊还应通过实验室诊断。

1. 病原学检查

包括病毒分离鉴定、动物实验等。病料接种牛甲状腺细胞、牛睾丸或牛胚肾原代细胞，培养 3~10d 可出现细胞病变，用中和试验或免疫荧光试验进行鉴定分离的病毒，也可以将病料接种于家兔的腹腔或静脉，接种后可产生神经症状，并于 28d 内死亡。因为有些恶性卡他热病毒不易分离，PCR 检测已成为诊断的首选方法。近年来，应用 DNA 探针和聚合酶链式反应确诊该病。

2. 血清学检查

血清学诊断主要有血清中和试验、补体结合试验、间接免疫荧光抗体试验、琼脂扩散试验、间接酶联免疫吸附试验、免疫过氧化物酶试验、病毒中和试验等。隐性带毒牛（无症状）可以通过血清抗体分析或全血 PCR 分析进行鉴定，联合使用这两种诊断方法是检测出 MCF 感染最理想最敏感的方法。世界动物卫生组织（OIE, 2004）规定的恶性卡他热病毒实验室诊断方法为间接免疫荧光和 PCR 检测病毒 DNA。

狷羚疱疹病毒 I 型（AIHV-I 型）：竞争抑制酶联免疫吸附试验（CI-ELISA）。

用包被缓冲液将半纯化的 MCF 病毒抗原（AIHV-I WC11 株或 Minnesota 株）作适当稀释，包被酶标板，每孔加入 50μl（含 0.2 微克病毒抗原）4℃孵育 18~20h。

倒掉孔内液体，在吸水纸上拍干加上洗涤液（PBS-T）300μl 洗涤 3 次，并充分除去孔内剩余液体。

加入封闭液，每孔 100μl，室温（21~25℃）静置 2h。倒掉孔内液体，晾干后，4℃保存备用。

待检样本（血清或血浆）用 PBS-T 洗涤液 1:5 稀释后，加入酶标板，每孔 50μl，每个样本加 2 孔，封板后室温孵育 1h。同时设置 4 个阴性对照孔，2 个阳性对照孔和 1 个空白对照孔，阴性和阳性血清同法稀释，空白对照以 PBS-T 洗涤代替。

倒掉孔内液体，洗板后，在各孔中加入 50μl 工作浓度的辣根过氧化物酶标记的单克隆抗体（MAb-15A）溶液，封板后室温孵育 1h。

倒掉孔内液体，洗板后，在各孔中加入 100μlTMB 底物溶液，室温孵育 1h。

在各孔中加入 100μl 终止液终止反应。

使用酶标仪，于 450nm 波长下测定 OD 值，记录实验数据。

结果判定公式：$PI = 1 - (OD_{sample} / OD_{negative}) \times 100\%$

3. 样品采集和送检

无菌采集动物抗凝全血（使用 EDTA 作抗凝剂）对病死动物，立即采集淋巴结、肾上腺、脾、肺等组织，置于冰盒中冷藏保存，尽快送实验室进行处理。抗凝全血的处理：取抗凝血加入 2~3 倍体积红细胞裂解液，混匀静置 4~5min，待红细胞完全破碎，1 500 g 离心 5min，弃上清液去除红细胞，得到白细胞沉淀（弱仍有红细胞，则重复上述步骤），加入 PBS 缓冲液，制成白细胞悬液，-20℃保存备用。

4. 动物组织的处理

取病料组织 5g，剪碎后置于无菌平皿内，加入 10ml 无血清培养基（每毫升含青霉素 2 000 IU、链霉素 2 000 μg），用研磨，制备成组织悬液。300g 离心 10min，取上清液 -20℃保存备用。

5. 间接荧光抗体实验

抗原片的制备：10%胎牛血清 DMEM 细胞生长液在细胞瓶中培养牛鼻甲细胞。待细胞长成单层后，弃去瓶中的细胞培养液，加入 2%胎牛血清 DMEM 细胞维持液，接种 AIHV-1 病毒（WC11 株），放入 37℃二氧化碳培养箱培养 2~4d。在培养带毒的细胞的同时，培养部分正常细胞。

每天观察细胞病变，待细胞病变即将出现又未出现时，弃去培养基，用 PBS 洗 1 次。在细胞瓶中加入 5ml 胰蛋白酶-EDTA 细胞消化液消化细胞，待细胞完全变圆，倒掉消化液。

用 PBS 将脱落的细胞用移液管移到 15ml 离心管中，800g 离心 5min，弃上清液。加入 PBS 洗涤细胞 1 次后，用 PBS 将细胞重悬。

用 PBS 调整细胞浓度，调至细胞悬液滴加至多孔载玻片上为单层，不重叠为最佳。

用 200μl 加样器滴加病变细胞于多孔载玻片上，同时设置正常细胞对照孔，风干。丙酮固定 10min，干燥，-70℃保存备用。

抗体检测：用 10%牛血清（PBS 稀释）封闭抗原片，即用 10%牛血清滴加所有细胞孔，包括正常细胞孔和感染细胞孔，滴加好的玻片马上放入湿盒内（盒内垫有湿纱巾）37℃孵育 30min。

取出玻片，用 PBS 洗 3 次，每次浸泡 2min。

将玻片晾干，滴加 1:20 稀释的待检血清，每个样本滴加 2 个孔，即 1 孔正常细胞，1 孔感染细胞，同时设阳性血清对照和阴性血清对照，滴加时应避免相互交叉串孔，置 37℃湿盒内孵育 30min。

取出玻片，用 PBS 洗 3 次，每次浸泡 5min。期间轻轻振摇数次。取出玻片晾干，滴加稀释好的兔抗牛 FTIC 荧光结合物，置于 37℃湿盒内孵育 30min。取出玻片，用 PBS 漂洗 3 次，每次浸泡 5min。期间轻轻振摇数次。用 1/10⁴伊文思兰复染 30s，PBS 洗涤 2min。玻片用蒸馏水漂洗 2 次，再用 PBS/甘油封片，在荧光显微镜下观察结果。

结果判定：正常细胞孔细胞无荧光反应，滴加阳性血清的感染细胞孔细胞有荧光反应，滴加阴性血清的感染细胞孔细胞无荧光反应，即可判定结果。待检血清的感染细胞孔细胞无荧光反应判为阴性，感染细胞的细胞核、细胞浆有荧光反应者判为阳性。

绵羊疱疹病毒 2 型（OvHV-2 型）荧光定量 PCR 检测。

6. 操作方法

样品的采集和送检。

（1）样品的处理。抗凝全血的处理：取 EDTA 抗凝全血 300μl，加入 1ml 红细胞溶解液，室温孵育 10min，13 000 g 高速离心 20s，弃上清液，再加入 0.5ml 红细胞溶解液，重复上述步骤。加入 500μlPBS，混匀洗涤细胞，13 000 g 再次离心 20s，沉淀细胞。弃上清液，加 50μlPBS 重悬细胞。

（2）动物组织的处理。取病料组织 5g，剪碎后置于研钵体内，加入适量液氮进行研磨，称取研磨好的病料组织 10~20mg，转入新的 1.5ml 离心管备用。

（3）DNA 提取。在上述细胞悬液中加入 600μl 核裂解液，吹打混匀细胞，直到无可见细胞颗粒。对于组织样本，加入 600μl 核裂解液后，65℃水浴 15~30min。

加 3μlRNase 到核裂解液中，反复颠倒 5 次，置 37℃水浴 20min，取出，冷却至室温。

加 200μl 蛋白沉淀剂，高速涡旋 20s，冰浴 5min。

13 000 g 离心 4min，可见白色蛋白沉淀。小心将含有 DNA 的上清液移至另一个干净的 1.5ml 离心管中，管中预先加入 600μl 室温异丙醇。

缓慢轻柔反复颠倒离心管直到出现可见线形 DNA，室温 13 000 g 离心 1min，小心弃去上清液。

加入 600μl 室温 70% 乙醇，轻轻颠倒离心管数次以洗涤 DNA，室温 13 000 g 离心 1min，小心弃去上清液。

将离心管倒置在干净吸水纸强的滤纸片上空气干燥 15min

加入 50μL DNA 溶解液，放置 4℃ 过夜或 65℃ 1h，使 DNA 充分水合。

将 DNA 溶液放置 -20℃ 冷冻保存。

引物、探针序列：

上游引物：5′-TGGTAGGAGCAGGCTACCGT-3′。

下游引物：5′-ATCATGCTGACCCCTTGCAG-3′。

探针：5′-FAM-TCCACGCCGTCCGCACTGTAAGA-TAMRA-3′。

PCR 反应体系：扩增反应总体积为 25μl：包括 12.5μl TaqMan Universal Master Mix，240nmol/L 上游引物，600nmol/L 下游引物，80nmol/L 探针，50μg DNA。

PCR 反应参数：50℃ 2min，1 个循环；95℃ 10min，1 个循环；95℃ 15s，60℃，1min，40 个循环。

7. 结果判定

阈值设定原则以阈值线刚好超过正常阴性对照品扩增曲线的最高点，不同仪器可根据仪器噪音情况进行调整。

检测样品的 Ct 值 ≥40 时，则判定 OvHV-2 病毒阴性。检测样品的 Ct 值 ≤35 时，则判定 OvHV-2 病毒阴性。检测样品的 35<Ct 值<40 时，应重新进行测试，如果重新测试的 Ct 值 >40 时，则判定 OvHV-2 病毒阴性，如果重新测试的 Ct 值<40，则判定 OvHV-2 病毒阳性。

（六）防控措施

1. 预防

目前还没有适用于任何物种的商品化疫苗。把牛与羊或其他自然储存宿主分开饲养是预防牛恶性卡他热的最好方法。另外，在发生本病的地方，应该禁止牛和羊同群放牧、同舍饲养而造成相互感染，避免从疫区引进牛、羊。根据病因及发病特点，应注意创造理想的卫生条件，以增加牛只的抵抗力，保持牛舍清洁干燥和良好的通风，改善饲养管理，定期对牛场舍进行消毒。一旦发现病牛应立即隔离，并对圈舍及时进行清理消毒。本病治疗过程中要特别注意体温变化，若体温出现骤升或骤降多预后不良。

病牛发病时应立即隔离及清除同群的绵羊，这对防止本病的再次发生和蔓延是很重要的。本病目前尚无特效治疗药物和治疗方法，在临床实践中尽量做到早确诊，早治疗，采用中西结治疗方法效果好，治愈率高。

（1）中药治疗。以清热解毒，泻火清肝，活血化淤为治疗原则，根据症状和病情可灌服加味龙胆泻肝汤和普济消毒饮，静脉滴注清热解毒注射液、鱼腥草注射液和双黄连注射液都有较好的效果。

（2）西药治疗。以抗菌消炎、强心补液、防止自体中毒等为对症选药原则，早期选用病毒唑、黄芪多糖，为防止继发感染可选用头孢曲松钠、氟苯尼考、头孢噻呋钠等抗生素静注和肌注。

2. 处理

一旦发现病牛应按《中华人民共和国动物防疫法》及有关规定，采取严格控制、扑灭措施，防止病原扩散。病畜应隔离扑杀，并做无害化处理，污染的场地应用卤素类消毒药进行彻底消毒。

（撰写人：侯佩莉；校稿人：何洪彬、王洪梅）

十六、伪狂犬病

伪狂犬病（Pseudorabies，PR）又名阿氏病（Aujesky's disease AD）是由猪疱疹病毒I型引起的以发热、奇痒（猪除外）及脑脊髓炎等为主要症状的急性致死性传染病。本病最早于1813年发生在美国的牛群中，初期曾与狂犬病、急性中毒相混淆。牛对本病特别敏感，感染后病死率高、病程短，临床症状主要表现为体表皮肤奇痒，患病动物局部皮肤因舔舐摩擦导致发红擦伤，后期体温升高、出现神经症状，表现为狂躁、咽喉麻痹、呼吸困难等。在自然条件下猪、牛、绵羊、犬、猫、兔、鼠及多种野生动物都能发生感染，广泛分布在世界各地，对畜牧业的影响很大。该病毒一旦感染动物将终生带毒，呈隐性感染状态。目前，世界上欧洲、东南亚、美国、南美洲及非洲等40多个国家有本病的报道，据不完全统计，我国已有20多个省、市和自治区流行过本病。诊断通常需结合病史、临床症状、病理变化、血清学、病毒检测做出诊断，根据典型的临床症状和病变可以做出初步判断。

（一）病原

1. 分类

伪狂犬病毒（Pseudorabiesvirus，PRV）属于疱疹病毒科，甲型疱疹病毒亚科。

2. 形态和培养特性

完整的病毒粒子呈椭圆或者圆形，有囊膜的成熟病毒粒子直径为180nm，无囊膜粒子直径110~150nm，核衣壳直径为105~110nm，囊膜表面有呈放射状排列的纤突，长8~10nm。本病毒能在多种动物细胞中生长繁殖，如在猪肾细胞、兔肾细胞、牛睾丸细胞、鸡胚成纤维细胞等原代细胞及PK-15、Vero、BHK-21等传代细胞中都能很好的增殖，并产生明显的细胞病变和核内嗜酸性包涵体。本病毒通过绒毛尿囊膜接种鸡胚可以在其膜面形成隆起的痘斑样病变或溃疡，并可造成鸡胚死亡，通过尿囊腔和卵黄囊接种也可引起鸡胚死亡。

抵抗力病毒对外界的抵抗力比较强，在pH值为4~9保持稳定。对乙醚、氯仿等脂溶剂，福尔马林和紫外线照射敏感。5%石碳酸2min灭活，0.5%~1%氢氧化钠使其灭活。对热的抵抗力较强，55~60℃经30~50min才能灭活，80℃3min灭活。

血清学分型PRV只有一个血清型，但毒株间存在差异。

3. 分子特征

基因组为线性双股DNA，大小约为150kb，G+C含量高达74%，PRV基因组有独特长段区、独特短段区及位于独特短段区两侧的末端重复序列和内部重复序列构成。伪狂犬病毒的基因组编码70~100种蛋白质。编码的基因可分为3类，第一类与病毒复制有关的蛋白质，第二类是结构蛋白，第三类为一组自选的基因，不是所有的疱疹病毒都有，并且并非病毒复制所必需。有11种糖蛋白，其中编码gC、gE、gG、gI、gM和gN的基因为病毒复制非必需的，gB、gC、gD、gE和gI基因与病毒的毒力有关。糖蛋白gB、gC、gD在免疫诱导方面最为重要。在病毒进入细胞的过程中，糖基化蛋白gB、gC、gD及gH和gL负责病毒附着于宿主细胞的表面和随后病毒的囊膜与细胞膜的融合。作为病毒粒子和被感染细胞的表面组成部分，糖基化蛋白是宿主免疫防御的主要靶标。其中最有效的中和抗体是抗病毒的gC或gD蛋白的抗体。由gC或gD蛋白组成的亚单位疫苗能引起一定程度的保护性免疫。

近年来，对PRV基因组学和分子生物学的深入研究使得清除病毒致神经毒因子成为可能。PRV的gE基因是猪神经毒素的重要蛋白。Quint等人使用基因工程的方法通过缺失强毒野毒株NIA-3的gE基因的编码序列不仅获得了弱化"标记"疫苗株，而且可以从血清学角度区分疫苗株感染的动物和野毒感染的动物。

（二）致病机制

经鼻与口腔感染是猪自然感染本病的传播途径。病毒进入机体复制的主要部位是上呼吸道。病毒侵入体内18h后，便在扁桃体、咽黏膜增殖，24h后可从嗅球分离到病毒，再经三叉神经和吞咽神经的神经鞘淋巴到达脊髓和脑。病毒亦可由鼻咽黏膜经呼吸道侵入肺泡。血液中病毒呈间歇性出现，滴度低，难以测出，但病毒可经血液到达全身各部位。

病畜在病毒血症之后，常发生中枢神经系统炎症，呈现各种不同程度的神经综合征，主要表现为皮肤的感觉过敏（特别是牛、羊），发生不可耐受的发痒。脑脊髓发炎后，可引起神经（特别是舌、咽神经）麻痹。如病程较长，则可能继发呼吸、消化器官的病变。

（三）流行病学

易感动物牛感染本病与接触猪、鼠有关，所以猪是主要的病毒贮主。已证实有猪、牛、羊、犬、猫、鼠、狐狸和狼等35种家畜及野生动物均可感染，其中以家兔最为敏感。

传播途径本病的传播途径主要为消化道和呼吸道，常见的传播方式有以下几个方面：一是直接接触传播，易感动物与病牛、带毒牛通过鼻对鼻的接触，将鼻分泌物中的病毒传播，还可通过配种接触等方式传播病毒；二是空气传播，病毒自鼻分泌物和唾液中排出，在空气中形成气溶胶，随气流迅速传播散开；三是垂直感染，病毒可经胎盘、阴道黏膜、精液和乳汁传播；四是间接传播，饲料、水、垫料、墙壁、栅栏、地板的污染同样可以使牛与病毒接触，牛因食入被病毒污染的饲料、水或病鼠的内脏等经消化道感染。

传染源发病及带毒动物为本病重要传染源。

流行特点伪狂犬可感染各种年龄段的牛，犊牛更易感染。一年四季都可发生，冬、春两季多发。本病属自然疫源性疾病，牛感染本病致死率很高，几乎达100%。

（四）症状与病理变化

潜伏期为3~6d。牛感染伪狂犬病毒多呈急性病程，体温升高40℃以上，其特征表现为某部皮肤有强烈痒觉，常见病牛用舌舔或口咬发痒部位，引起皮肤脱毛、充血甚至擦伤。奇痒可发生于身体的任何部位，多见于鼻部、乳房、后肢。奇痒使牛狂躁不安，有时啃咬并发出凄惨叫声。病牛病变部位肿胀，渗出带血的液体，后期病牛体质衰弱，呼吸、心跳加速，发声痉挛，卧地不起，最终昏迷。死前咽喉部发生麻痹，流出带泡沫的唾液及浆液性鼻液。病程一般24~48h，抗生素、镇静剂均无效。

一般无特征性的病理变化，如有神经症状，脑膜明显充血，出血和水肿，脑脊髓液增多。扁桃体、肝、和脾均有散在白色坏死点，肺水肿、有小叶性间质性肺炎、胃黏膜有卡他性炎症、胃底黏膜出血。流产胎儿的脑和臀部皮肤出血点，肾和心肌出血，肝和脾有灰白色坏死灶。

组织变化见中枢神经系统呈弥漫性非化脓性脑膜炎，有明显血管套和胶质细胞坏死。在鼻咽黏膜，脾和淋巴结的淋巴细胞内有核包涵体。

(五) 诊断

感染伪狂犬病毒主要表现为病畜精神沉郁，蜷缩不喜动，对周围事物表现淡漠，常变换体位，初凝视和舔擦皮肤，不久痒觉增加，甚至剧痒难忍而狂躁不安，常撕咬发病局部而形成严重损伤。根据病畜临床症状，病理变化以及流行病学资料分析，可初步诊断为本病。确诊本病必须进行实验室检查。

伪狂犬病检疫规范（标准号 SN/T 1698—2010）规定了伪狂犬病的病毒分离及鉴定、聚合酶链式反应、兔体接种试验、血清中和试验、酶联免疫吸附试验、乳胶凝集试验及免疫荧光试验的检疫技术规范。该标准适用于进出境猪、羊、牛、犬、猫及其他易感动物伪狂犬病的检疫和诊断。

(1) 病原分离。采取病患部水肿液、侵入部的神经干、脊髓以及脑组织，做成10倍稀释的生理盐水乳剂，经冻融，加双抗处理。皮下注射接种家兔以分离病毒，接种家兔常20~36h出现典型奇痒症状后死亡。亦可脑内或者鼻内接种小鼠，但小鼠不如兔敏感。病料直接接种细胞，可产生典型的病变，若初次分离没有可见的细胞病变，可盲传一代再次进行观察。分离出的病毒再用已知血清做病毒中和实验，以确诊本病。

(2) 鸡胚接种。经绒毛尿囊膜接种9日龄鸡胚，4d后可见绒毛尿囊膜表面有隆起的绿豆大小的白色痘斑，并迅速侵袭整个神经系统，收集尿囊液。分离出的病毒再用已知血清做病毒中和实验，以确诊本病。

(3) 细胞培养。PRV 的细胞谱很广，BHK-21、Vero、Hela、PK15、原代鸡胚成纤维细胞和原代犊牛睾丸细胞等常用于病毒分离。

(4) 电镜观察。采集病毒分离物悬液负染后进行电镜检查，透射电镜观察，可观察到成熟的病毒颗粒呈球形或圆形，核衣壳呈规则六边形的二十面体。

(5) 病毒中和实验（NT）。此方法可检测血清内的特异抗体，有较高的灵敏度，是一种常用的诊断方法。将标准病毒株与连续倍比稀释的等量血清混匀后，37℃中和1h，接种在96孔微孔板上培养的单层猪肾传代细胞 PK15 或鸡胚成纤维细胞，置37℃ 5%CO_2培养，观察细胞病变效应（CPE），以能完全中和实验病毒的血清最高稀释度的倒数为该血清的中和效价，中和效价大于或等于1:2判为阳性。血清中和实验的特异性好。但由于技术条件要求高、时间长、难以在临床应用。ELISA 可快速检测大量样品，特异性强、敏感性高，逐渐取代病毒中和实验，其中 TK 基因缺失的 ELISA 的检测试剂盒能够区分抗体是野毒感染还是疫苗免疫。另外，乳胶凝集试验也被用于该病的诊断，而且简单快速，但是特异性稍差。

（6）PCR。近年来，伴随着分子生物学技术的发展，出现了用于检测 PRV 的常规 PCR、实时荧光定量 PCR 等分子生物学检测方法，PCR 被认为是比较敏感、快速的检测方法，在实验室检测中经常用到。常规 PCR 直接对病料样品、拭子或病毒培养物进行病毒特异性基因片段扩增，再进行序列测定比对，从而鉴定病毒。

（六）防控措施

伪狂犬病是猪、牛、羊、犬、鼠、马等多种动物均可感染发生的一种病毒性传染病，主要损害中枢神经系统。伪狂犬病毒的自然保毒宿主为猪和褐鼠，也是引起其他家畜发病的疫源动物。鼠因吃食病死鼠、猪而感染，猪因吃食死鼠或其他病死动物的组织而发病。奶牛经带毒的猪、鼠污染了的饲料、饲草和饮水经消化道或鼠啃咬后经皮肤感染。奶牛感染后主要呈现散发，发病率不高，但如防治措施不当，也可造成较高的发病率和死亡率，导致严重的经济损失，由于此病在临床上以猪发病最为多见，奶牛发病少有报道，因此在奶牛饲养中往往忽视对该病的预防。但随着奶牛饲养量的不断增加，奶牛与猪、鼠直接或间接接触日益频繁，奶牛感染发病的机会也日益增加，应引起广大养殖户和兽医工作者的高度重视。

对于伪狂犬病的防控首先要制定严格的卫生消毒和生物安全制度，注意不从 PRV 发生的奶牛场引进奶牛；杜绝奶牛和猪的直接接触，奶牛和猪不要混养，猪采食后的饲草、饲料不要喂奶牛；做好疫苗接种工作。目前伪狂犬疫苗有基因缺失苗和灭活疫苗，我国预防牛的伪狂犬疫苗主要是氢氧化铝甲醛灭活疫苗，每次皮下注射 8～10ml/头，免疫期一年，同时加强饲养管理，提高奶牛的抗病力。

美国与欧洲等许多国家伪狂犬的根除计划已经取得了显著成效，这种根除计划是建立在合适的基因缺失苗及相应的鉴别诊断方法基础上的，一定地区对该病的根除计划成功与否取决于从感染群中剔除阳性感染者的力度。根据国情的不同，通常可选择全群扑杀–重新建群法，即扑杀感染群中的所有牛，重新引入无 PRV 感染的牛；检测与剔除法，即通过抗体检测剔除牛群中所有野毒感染的牛，这种措施应经一定的时间间隔重复实施，直到牛群中再无 PRV 野毒存在。同时要注意的是 PRV 对人有一定的危害，在欧洲就有人感染 PRV 的报道，患者感觉皮肤奇痒，通常不引起死亡。一般经皮肤创伤感染，因此，在处理带毒动物时要注意自我保护。

（撰写人：侯佩莉；校稿人：何洪彬、王洪梅）

十七、赤羽病

赤羽病是由赤羽病病毒引起的牛、绵羊和山羊的一种多型性传染病，以流产、早产、死胎、胎儿畸形及新生胎儿的关节弯曲和积水性无脑症为特征。于 1961 年首次于日本赤羽村分离到病毒，广泛分布于澳大利亚、东南亚、亚洲东部、中东和非洲的热带和温带地区，主要由蚊虫、库蠓、螨类等节肢动物传播，为世界动物卫生组织（OIE）法定通报性疾病。我国在江苏省、浙江省、福建省、湖北省等地区均有流行，被列为二类动物传染病，为重点检疫对象。

（一）病原

1. 分类

赤羽病病毒（Akabane Disease Virus，AKAV）属布尼病毒科布尼病毒属辛波病毒群。病毒有红细胞凝集性和溶血性。通过提高盐浓度和适当的 pH 值（pH 值为 5.9），病毒可凝集雏鸡、鸭、鹅、鸽的红细胞，但鸽的红细胞凝集后可发生溶血现象。溶血性活性受温度影响明显，37℃时最高，0℃时几乎不发生。红细胞种类也影响溶血活性，牛、羊、兔、豚鼠、鼠和 1 日龄鸡的红细胞均不产生凝集和溶血。

2. 形态和培养特性

AKAV 为单股 RNA 病毒，病毒呈球形，直径为 80~120nm，有囊膜和蛋白纤突。

AKAV 可感染牛、羊、猪、仓鼠肾细胞、Hmlu-1、Vero、PK-15、BHK-21、RH-13、MDBK 等传代细胞。其中，以 Hmlu-1、Vero 和 BHK-21 细胞易感，细胞接种后可产生明显的细胞病变，并形成噬斑。

乳鼠和鸡胚对本病毒敏感，接种乳鼠引起神经症状，接种鸡胚后能引起鸡胚死亡或先天性畸形。乳鼠脑接种病毒后常导致发生神经病变，经乳鼠传代的病毒可致乳鼠死亡。鸡胚感染病毒后可导致积水性无脑症，6 日龄鸡胚卵黄囊接种 AKAV 2~11d 后，发生脑新纹状体与视叶坏死性炎，脑积水、脑空洞，肌纤维发育异常，而在后期发生躯干、翼、肢肌束内血管周围无肌纤维；15 日龄鸡胚静脉接种 AKAV 3~6d 后，脑新纹状体和视叶发生灶性炎症病变，神经元变性，胶质细胞增生。因此，鸡胚可作为研究 AKAV 致病机制的试验模型之一。

3. 抵抗力

AKAVpH 值为 6~10 时稳定，不耐热，56℃时迅速灭活；对乙醚、氯仿及 0.1%脱氧胆酸钠等敏感，对紫外线敏感。

4. 分子特征

AKAV 为单股负链 RNA 病毒，其基因组由 L（6 868nt）、M（4 309nt）、S（858nt）3个基因节段组成，分别编码 RNA 依赖的 RNA 聚合酶 L（L 节段）、囊膜糖蛋白 G1、G2、NSm（M 节段）和核衣壳蛋白 N、NSs（S 节段），其中 NSm 和 NSs 为非结构蛋白。AKAV基因组 3′和 5′末端存在保守互补并可形成锅柄状结构的序列，病毒的 RNA 合成需要 3′和 5′端序列的联合作用。

L 节段含有一个开放阅读框，编码含有 2 251 个氨基酸的 L 蛋白，其 5′端的非编码区（non-coding region，NCR）存在互补序列长 30nt，3′-NCR 长 82nt，L 蛋白通过一个微复制子装置发挥 RNA 依赖的 RNA 聚合酶活性，催化病毒进行转录和复制。

M 节段有一个大的开放阅读框（ORF），编码 1 401aa M 蛋白前体，其中 1~17aa 为信号肽，18~309aa 为 G2 蛋白，310~465aa 为 NSm 蛋白，466~1 401 为 G1 蛋白。G 蛋白成熟后被切割为三个蛋白，切割位点分别在 309~310aa 位和 465~466aa 位，囊膜糖蛋白 G1和 G2 可诱导产生中和抗体。3′-NCR 和 5′-NCR 分别长 81nt 和 22nt，存在 22bp 的保守互补锅柄状结构序列，分别为 3′（UCAUCACU UGAUGGUGUUGUUUU）和 5′（AGUAGU-

GUUCUACCACAACAAAA）。

S节段有两个高度重叠的ORF，NSs的ORF在N基因内部，分别编码N蛋白和NSs蛋白，分子量分别为19~26kD和10~12kD，N蛋白为核衣壳蛋白，较为保守，具有群特异性的抗原表位，可作为补体结合反应的抗原，刺激机体产生抗体，通过测定核蛋白抗体可诊断该病；NSs蛋白与病毒的毒力有关，可阻遏感染细胞产生IFN，延迟细胞的程序性死亡。3′-NCR和5′-NCR分别长123nt和33nt，存在24bp的保守互补锅柄状结构序列，分别为3′（UCAUCAC ACGAGGUGAUUAAUUGAU）和5′（AGUAGUGAACUCCACUA□UU-AAUU A），其中除5′端17~18位有一个缺口（方框处）和另外3个残基（下划线）不能配对外，其余20个残基完全互补。

（二）致病机制

经静脉接种AKAV发现，在接种24h后病毒在绵羊胎膜内进行复制；在接种5d后，胎儿体内可出现病毒抗原。病毒对胎儿的脑和骨骼肌组织表现很强的亲嗜性，这些部位的病毒数量增多并且病毒活性增强。

AKAV感染妊娠母畜后随血流增殖，并持续存在于胎盘子叶和滋养层细胞，导致胎儿坏死性脑脊髓炎和多发性肌炎。如果胎儿幸免存活下来，细胞的这些损伤就表现为关节弯曲、积水性无脑畸形、脑穿孔、脑过小、脑水肿和脑脊髓炎。由于胚胎期细胞比较脆弱，早期胎儿不具免疫力，因此胚胎感染越早，对其损伤越严重。如果是在器官的细胞分化形成期感染，可完全阻断器官的发育成熟。在胚胎晚期感染AKAV，将引起脑和脊髓的非化脓性炎症、早产、死产或流产，感染的犊畜难以存活下来。

小鼠皮下接种病毒后，病毒可经血液循环进入组织，然后在组织中复制，发生约一周的病毒血症，在此期间吸血昆虫能通过血液传播病毒。重度病毒血症时，病毒可跨越血脑屏障并侵犯中枢神经系统。病毒接种乳鼠后可在所有中枢神经复制，从而导致被感染细胞的凋亡和致死性脑炎。幼龄动物对病毒感染尤为敏感，成年动物可耐过或无明显症状。

（三）流行病学

1. 易感动物

除牛和羊对AKAV易感外，马、猪、骆驼也可感染。Al-Busaidy等对非洲41种野生动物进行血清调查，发现野牛、大旋角羚、羊高角羚、河马、长颈鹿、非洲野猪、象等野生动物也有AKAV的抗体，其中某些野生动物的阳性率达10%，这些动物可能是AKAV的自然储存宿主。

2. 传播途径

本病主要通过吸血昆虫传播，主要传染媒介是蚊、库蠓和螨类。已证实刺扰伊蚊、三带喙库蚊、尖喙库蠓、短跗库蠓、云斑库蠓、杂斑库蠓、侏儒库蠓、不吉按蚊、均可传播本病，已通过实验证实库蠓是AKAV的主要传播媒介。此外，AKAV还可通过母体垂直传播。

3. 传染源

病牛和带毒牛是本病的传染源。

4. 流行特点

赤羽病的发生具有明显的季节性和地区性，其季节性可能与传播媒介的季节性有关，库蠓数量一般在8月末、9月、10月初达到高峰，感染动物发生异常生产的时期从8月份到次年的3月份，其中8—9月多为早产和流产，10月至次年1月多为体形异常，次年2—3月多为大脑缺损。本病发病地区一般间隔数年会重复流行，但发病的程度也许有所不同。一般在首次流行中患病的牛羊，在再次流行时其一般不再发病。随着气候的变暖，吸血昆虫密度的增加及栖息地扩大，可能会促进本病的流行。

（四）症状与病理变化

1. 症状

怀孕母畜感染后主要表现为流产、死产（包括胎儿干尸化）、早产或弱产，但在妊娠期间一般看不出有异常；病毒直接侵害胎儿，引起先天性关节弯曲或积水性无脑症。由于胎儿畸形，可能出现分娩时胎位、胎势不正而引起难产，进而可能造成产道损伤和胎衣不下、子宫炎等。犊牛出生后不运动时与正常牛犊相似，但运动时，两前肢腕关节不能伸展，行走十分困难。有的病犊牛出生后角膜混浊，或有溃疡，或失明；下腭门齿发育不全；有的舌咽部麻痹，吞咽困难；有的头骨变形，或为脑过小、大脑缺损。

2. 病理变化

在AKAV接种怀孕绵羊2~3周（妊娠46~53d），胎儿出现关节弯曲、脊柱弯曲、颈骨弯曲等病变，大脑缺损、脑内积水、脑形成囊泡状空腔，肌肉变性、萎缩、无光泽并呈白色或黄色。AKAV引起的病变过程可分为5个阶段：第1阶段，犊牛出生后运动失调，组织学病变为轻度到中度的非化脓性脑脊髓炎；第2阶段，犊牛运动失调和轻度关节弯曲，组织学病变除背索外，脊核所有区域都有轻度到中度的急性退化；第3阶段，犊牛关节炎，组织学病变可见脊核的感染区内外侧及腹侧索的髓神经细胞有显著变性和消失，并有中度到重度的骨骼肌系统萎缩，出现短小的肌纤维走向不连续，变细，纤维间质增宽变疏，间质脂肪组织增生并见出血、水肿；第4阶段，犊牛积水性无脑，大多数情况下大脑半球被积液的空洞完全代替，有时伴有关节弯曲；第5阶段，犊牛脑过小、积水性无脑，有时关节弯曲，脑干前部及中部缺损和小脑穿孔。上述不同的阶段症状有交叉表现。流产胎儿胎衣上有许多白色混浊斑点，直径2~3mm，胎儿头部和臀部出血。畸形胎儿的四肢、腹部或颈部皮下脂肪、肌膜及肌间呈白色，无弹性，有水肿和胶样变性，肌束萎缩短小。病变肌肉组织为多发性肌炎变化；中枢神经系统为非化脓性脊髓炎变化。

（五）诊断

赤羽病的诊断可根据流行病学、临床症状及病理变化上的特征进行初步诊断，但确诊需要进行实验室诊断。

1. 病毒分离

病毒分离最敏感的方法可能是脑内接种乳鼠。通常取流产的胎儿和死胎脑、脑室液、脊髓、骨骼肌、胎盘及肺、肝、脾等组织，先将组织剪成小块，充分研磨后加入5倍量的PBS液制成乳剂，置于无菌离心管内，反复冻融3次，使细胞病毒充分释放。以5 000rpm离心10min后取上清液，可接种乳鼠或鸡胚进行病毒分离。1~2日龄乳鼠脑内接种0.02ml/只，连续观察10d，观察是否出现神经症状，出现神经症状时收获病毒，同时进行第2次传代分离病毒。也可将上清液接种于7~9日龄鸡胚卵黄囊，若发生病毒感染则可引起鸡胚发生大脑缺损、积水性无脑、发育不全和关节弯曲等异常，并可从鸡胚中分离到病毒。

2. 血凝抑制试验

AKAV 能凝集雏鸡、鸽、鹅和鸭的红细胞，该凝集反应可被抗 AKAV 的动物血清所抑制。经甲醛处理过的鹅红细胞能提高其凝集性，并不依赖盐浓度，更利于 AKAV 的相关免疫学研究。抗凝剂肝素会抑制 AKAV 的血凝活性，肝素作用于 AKAV 病毒粒子，而不是红细胞，因而，应避免肝素的使用。

3. 微量血清中和试验

康复动物及未吃初乳的新生仔畜的血清中存在 AKAV 的中和抗体。将已知 AKAV 与可疑动物血清混合后接种于 1~2 日龄小鼠或 7~9 日龄鸡胚的卵黄囊内，该试验也可在易感培养细胞上进行。该方法成功的关键是抗原和标准阳性血清的质量，目前为我国赤羽病流行病学调查主要的检测方法。

（六）防控措施

赤羽病为二类传染病，目前对该病尚无有效的治疗方法，当检出阳性动物时，应进行扑杀并无害化处理，同群动物也要进行隔离检疫。疑似发生赤羽病时应及时隔离，并对可疑动物进行检查，以便尽早确诊。预防赤羽病应控制传染源，加强进出口对该病的检疫，防止该病传入；切断传播途径，改善环境卫生，定期消毒杀菌，彻底消灭吸血昆虫，切断病原传播的中间途径；预防该病最可靠的办法是在传播媒介昆虫开始活动以前定期进行疫苗接种。目前，所用疫苗有活疫苗和灭活疫苗两种。灭活疫苗每次每头注射 3ml，2 次即有效，每次间隔 4 周，具有良好的保护作用。犊牛和妊娠羊在如上接种以后，用强毒进行攻击，不发生病毒血症和胎儿感染。

随着全球性气候变暖、蚊虫生存密度和栖息地的变化，会增加该病传播机会，因此应加快对 AKAV 传播及发病机制的深入研究，建立新的具有高度特异性和敏感性且适宜大规模检测的方法，为防控赤羽病在我国畜间的爆发和流行提供科学措施。

（撰写人：王洪梅；校稿人：何洪彬、王洪梅）

十八、牛乳头状瘤

牛乳头状瘤是由牛乳头状瘤病毒（Bovine papillomavirus，BPV）引起的牛的肿瘤性传染病，也称为"疣"，为奶牛常见的良性肿瘤疾病。以皮肤、黏膜形成乳头状瘤为特征，严重的恶性肿瘤病变可导致患畜死亡，在世界范围内牛群中广泛存在，日本、巴西、加拿大、澳大利亚、土耳其、英国、美国、印度和中国均有报道。不同品种甚至不同个体的牛对牛乳头状瘤病毒的敏感性不同，在集约化饲养场，犊牛特别是肉牛大群饲养发病率较高，呈地方性流行。该病损害皮革质量和降低动物体质，给养牛业造成一定的经济损失。

（一）病原

1. 分类

牛乳头状瘤病毒（BPV）属于乳多空病毒科，乳头状瘤病毒属成员。

2. 形态和培养特性

病毒粒子无囊膜、核衣壳呈二十面立体对称，直径为 55~60nm。72 个壳粒以 T＝7 排列，其中60个为六邻体，12个为五邻体。从病灶中可以分离出空心和实心两种颗粒，前者沉降系数为168~172S，CsCl浮密度为1.29g/ml，后者沉降系数为296~300S，CsCl浮密度为1.34g/ml。

乳头状瘤病毒具有高度的宿主、组织特异性，可感染鳞状上皮或黏膜的基底层细胞，只能在其自然宿主体内引起肿瘤。该病毒缺乏有效的组织培养系统，难以体外培养。

3. 生化特性

病毒具有能凝集小鼠的红细胞的能力，在鸡胚绒毛尿囊极易生长。该病毒对酸、热稳定，对乙醚有抵抗力。

4. 血清学分型

2004年，病毒分类国际委员会（International Committee on the Taxonomy of Viruses，IC-TV）根据两类病毒基因大小、物理结构以及功能的不同，将多瘤病毒属划分为多瘤病毒属和乳头瘤病毒属。ICTV严格使用属和种的定义，但不对种以下水平进行命名。"类型"这一命名方式是由乳头状瘤病毒学家创造的，并已被广泛接受和应用于流行病学研究。PV的型别、亚型及变异体分类主要依据$L1$基因的同源性。同源性差别大于10%为新型别，在2%~10%为亚型，小于2%为变异体。迄今为止，ICTV尚没有承认乳头状瘤病毒的类型，也不承认以数字区分乳头状瘤病毒的种组。此外，较低级别的分类，如血清型、毒株、变异株等均没有得到ICTV的认可。然而，在乳头状瘤病毒的学术界，公认的以$L1$基因上10%变异的存在作为乳头状瘤病毒分型的标准。

5. 分子特征

BPV已被报道有13个基因型，还有许多假定基因型。主要分为以下4个属：δ属（BPV-1，BPV-2和BPV-13），ε属（BPV-5和BPV-8）和ξ属（BPV-3，BPV-4，BPV-6，BPV-9，BPV-10，BPV-11和BPV-12），以及还未被定义的BPV-7。其中BPV-1和BPV-2可跨种属诱发马属动物产生纤维乳头状瘤，其他的基因型都具有严格的种属特异性。

BPV系闭合环状双链DNA病毒，基因组全长为7.3~8.0kb。BPV基因组由3个区域组成：负责病毒复制、转录和编码相关蛋白的早期基因区（E区），编码衣壳蛋白的晚期基因区（L区），含有病毒复制转录必要元件的上游调控区即长控区（LCR区）。E区和L区的3′端均有多聚腺苷酸AATAAA或者ATAAA序列，并以此作为该区的界限。

牛乳头瘤病毒的E区含有8个开放读框（ORF），分别为E6、E7、E8、E1、E2、E3、E4、E5，其中E6、E7、E1基因有部分重叠，E8完全在E1中，E3、E4全部包含在E2中，E5与E2部分重叠。E2ORF编码的蛋白产物可以与NCR的增强子结合，提高或降低早期基因的表达水平。另外，E2ORF与E1ORF协同可以维持乳头瘤病毒DNA的游离状态，而不整合到宿主细胞染色体上去。E6和E7ORF编码的蛋白质可能是致癌蛋白，可以引起宿主向恶性转化成为肿瘤细胞。关于E6、E7蛋白引起细胞转化的机制，目前尚不清楚，但有两种解释。在E6、E7蛋白的氨基酸序列中发现有Cys-x-x-Cys重复序列，目前认为该结构是细胞内核酸结合蛋白所具备的特异性结构，因而认为E6、E7蛋白是DNA结合蛋白，可以调节基因的活性，进一步影响宿主细胞的增殖和分化，使该过程失去控制而形成肿瘤；研究发现，p53和p106两种蛋白质，缺失或失活往往引起细胞的恶性化。乳头瘤病毒的 E7 和 E6 蛋白分别可以与 p53 和 p106 蛋白质结合而使其失活，这也可能是 E6 和 E7 蛋白质导致细胞恶性化的一种机制。

L 区有两个 ORF，L1 和 L2，编码乳头瘤病毒的外壳蛋白。其中，L1 蛋白是主要外壳蛋白，*L1* 是最为保守的基因，常被用来鉴定新类型的 PV，*L1* 还能自我组装成病毒样颗粒。L2 蛋白是次要外壳蛋白，除了与 L1 蛋白共同构成包含病毒 DNA 的病毒颗粒外，L2 蛋白还与许多种细胞蛋白相互作用，从而介导了病毒转染宿主细胞的过程。L2 基因的一小部分序列在各种乳头状瘤病毒类型均是保守的，因此有学者认为针对这一保守结构域的试验性疫苗可能对广泛的乳头状瘤病毒类型提供预防作用。

非编码区（NCR），又称上游调控区（URR）或长控制区（LCR），调节病毒 DNA 复制和病毒基因的表达，是 BPV 变异最多的区域。位于晚期基因 *L1* 终止密码子与早期基因 E6 ORF 第一个起始密码子之间。NCR 在不同的乳头瘤病毒中长度不一样，牛乳头瘤病毒长约 1.0kb，含有调节 BPV DNA 复制和转录相关的所有信号。NCR 的启动子序列，可以启动早期基因的转录和表达，BPVNCR 区增强子的序列为 TTGGCGGNNG 和 ATCGGTG-CACCGAT 回文结构。

（二）致病机制

BPV 的生命周期与被感染的上皮细胞的分化紧密相关。病毒衣壳蛋白在有效感染时产生，病毒颗粒的组装只在颗粒层和角质层进行，当鳞状上皮细胞死亡裂解时，病毒即被释放。

（1）BPV 诱导基因突变。BPV 致染色体断裂，诱导 DNA 产生严重的损伤，阻碍 DNA 修复系统，使基因随机突变增加，导致基因组更不稳定，从而影响与基因组不稳定性相关的细胞周期检验点，导致过度扩增，即表现为癌变。

（2）环境协同因素。BPV 与宿主处于相互平衡状态。病毒复制产生具有感染性的子代病毒，其需要抵抗宿主的免疫应答，而宿主则通过增强免疫应答来清除病毒及病毒感染的细胞。在免疫低下时，动物可能无法战胜病毒，导致病灶持续蔓延。这些持续反复的病灶具有高危患癌的风险。欧洲蕨是公认的 BPV 相关癌症的主要环境协同因素，是能在自然条件下引起动物癌症唯一植物。欧洲蕨叶子中存在高浓度的槲皮黄酮，能导致单链 DNA 断裂和染色体重排。

（3）BPV 感染细胞。研究发现，在同一个样本切片上，与非发炎部位相比，BPV DNA 更多地出现在发炎的表皮或真皮层，皮肤创口很可能是 BPV 进入真皮成纤维细胞的一条重要途径，为受 BPV 感染细胞的增殖提供有利的环境。

此外，病毒附着于细胞表面广泛表达的保守受体，淋巴细胞表达硫酸乙酰肝素，BPV 衣壳与宿主起初的相互作用在很大程度上是由 L1 蛋白与硫酸乙酰肝素之间的相互作用引起的，因此更易受 BPV 感染。值得注意的是病毒会以潜伏状态存在于牛体内而不出现任何临床症状。皮肤破损后可能产生了炎症细胞因子，重新激活了潜在的病毒，随之病毒基因表达导致乳头瘤。

（三）流行病学

1. 易感动物

牛、马等家畜是易感动物。乳头状瘤流行广泛，世界各国都有发生。发病与年龄、品种、性别无关。通常情况下，幼龄牛比年老牛发病多；肉牛比奶牛发病多。牛疣还能感染人、狗、家兔，并出现症状。散发，但在集约化饲养场，犊牛特别是肉牛大群饲养地发病率较高，呈地方性流行。

2. 传播途径

乳头状瘤病毒主要通过尖锐异物、围栏、笼头、颈枷、毛刷和建筑物等所致的破损皮肤、黏膜感染上皮细胞，引起良性表皮瘤。这些肿瘤一般可自行消退，有时也可持续存在。繁殖、营养、内分泌失调、阳光及免疫系统抑制等因素均在该病的发病机制中起重要作用。尤其是当与环境性致病因素（欧洲蕨类植物）协同作用，通常会引起恶性病变，持续发展为消化道癌和膀胱癌，并且，尿生殖道的乳头状瘤常伴发有地方性血尿症。位于消化道的乳头状瘤主要通过口腔侵入。生殖道的纤维乳头状瘤多见于公牛阴茎，通过交配传播给母牛，引发阴道乳头状瘤，并能继续传播给其他公牛。此外，病毒还多在病牛、健牛间直接接触时经破损的皮肤侵入。

3. 传染源

病牛为该病毒的主要传染源。

4. 流行特点

BPV 感染遍及世界，尤以澳大利亚、日本、巴西、英国、美国、印度和德国严重，近年来我国亦有发现。BPV 自然感染仅见于 3~24 月龄的犊牛，实验感染宿主范围较广，迄今已成功感染马、牧羊犬、仓鼠、CIH/B3 系小鼠和一种短耳野兔。一般经皮肤感染。自然发病潜伏期多为 1~6 个月，真皮内接种则为 3~5 周。不同的年龄、性别、品种均有感染，其中青年牛的发病率较高，常引起群体发病，尤其是饲养密集的牛群。本病发病率在 8%~67.15%，机器挤奶的牛场发病率明显低于手工挤奶的牛场。

（四）症状与病理变化

临床症状是牛乳头状瘤确诊的一个重要依据。观察显示患病牛乳头状瘤在头部、颈部、胸腹壁均有发生，严重病例在面部、颈部、腹壁均出现多个乳头状瘤，瘤体颜色灰白色或灰褐色，表面粗糙、无毛、干燥、角化呈结节状及花椰菜状，数目多少不等，瘤体 0.5~7cm 直径大小不等。有的瘤体外观扁平、灰色，基底部较宽，与皮肤相连。全身反应轻微，只有在温暖季节，瘤体常被苍蝇、蚊虫叮咬、刺激，出血或生长蝇蛆，影响牛休息和食欲。

肿瘤样物经组织切片，经 HE 染色显示，表皮与真皮同时增生，棘细胞层肥厚；纤维瘤由致密成纤维细胞和丰富的胶原纤维构成；肿瘤细胞呈梭形或星形，核呈卵圆形，有多个核仁；表皮细胞出现水肿变性、过度角质化和部分颗粒细胞空泡化的现象。应用鼠抗 BPV MAb 对牛乳头状瘤组织切片进行免疫组织化学检查，可见细胞胞浆棕染，而阴性对照组未被棕染。

（五）诊断

根据临床表现、流行病学、病理学观察等对牛乳头状瘤病不难做初步的诊断；应用电镜、免疫荧光、血凝试验或 ELISA 等检查，结合临诊资料可得到确诊。由于 BPV 分型较多，对组织的特异性也有差异，因此，应用分子生物学技术对 BPV 进行型别鉴定是十分必要的。

（1）外观诊断。对患有乳头状瘤样赘生物的病牛通过临床症状的观察也可确诊本病。

（2）电镜观察（EM）。病毒粒子无囊膜、核衣壳呈二十面体立体对称、直径为55~60nm。

（3）PCR。提取的DNA样品设计通用引物进行PCR扩增。将PCR扩增获得的产物进行测序，得到的序列应用NCBI中的Blast检索系统进行序列同源性分析，确定是基因型。

目前，基本获得了所有BPV的基因组序列。在BPV的基因组中，E1、E2、L1、L2的ORF在所有的成员中是相对保守的，而 *L1* 的ORF是基因组中最保守的基因，被广泛用于新的基因分型。

目前应用兼并引物PCR扩增L1 ORF并进行序列分析使对乳头瘤病毒的流行病学有了一定的进展。多种针对BPV *L1* 基因相对保守区设计的兼并引物及通用引物被用来检测任何其他动物BPV的感染。

（4）接种鸡胚。将肿瘤匀浆接种11日龄鸡胚绒毛尿囊膜，观察其对鸡胚生长特性的影响。接种鸡胚少见特征性病变，只有个别会出现痘斑样变化，感染BPV少见鸡胚死亡。

（5）病毒的分离培养。将乳头瘤病毒悬液接种敏感细胞NIH-3T3，观察细胞形态的变化及检测细胞中BPV增殖情况。

（六）防控措施

目前，对牛乳头状瘤的防治方法有应用疫苗预防、中药治疗、外科手术摘除、切除、烧烙治疗和瘤体液氮冷冻法来进行对牛乳头状瘤的预防及治疗的报道。

对乳头状瘤研究的主要目的之一就是研制预防和治疗乳头状瘤的疫苗。目前，已经研制出了针对BPV-2和BPV-4的疫苗，它们可以保护机体免受病毒感染，同时产生病毒中和抗体。福尔马林灭活处理的疣组织悬液、病毒样颗粒也能诱导病毒中和抗体的产生。然而，这些疫苗具有一定的局限性，只能使机体免受同种基因型的病毒感染，进而达到预防牛乳头状瘤的作用。

牛乳头状瘤的预防在饲养过程中要注意观察，早发现早治疗，同时要加强环境消毒，减少传播途径。对病畜采取隔离饲养和治疗，严防病牛混群；将病牛与健康牛分开饲养；全场定期用2%碱水对牛栏、食具等消毒；严格执行挤奶卫生规程，减少乳头皮肤创伤的发生；对乳头感染母牛应隔离，如无条件可采用最后挤奶。

（撰写人：程凯慧；校稿人：程凯慧）

十九、牛瘟

牛瘟又被称之为烂肠瘟、胆胀瘟，是由牛瘟病毒引起牛的一种急性、热性、高度接触性传染病，临床上表现为口腔溃疡、胃肠坏死、全身各处的黏膜发炎、腹泻、脱水等症状，有很高的感染率和致死率。该病的发生会极大的影响畜牧业的发展以及畜产品的出口，曾给亚非等许多国家的畜牧业造成了严重经济的损失。OIE将其列为A类疫病，也是我国法定一类动物传染病和进境动物一类传染病。

（一）病原

1. 分类

牛瘟病毒（Rinderpest Virus，RPV）是引起牛瘟的病原体。RPV与犬瘟热病毒

（CDV）、人麻疹病毒（MV）、小反刍兽疫病毒（PPRV）等同属于副黏病毒科麻疹病毒属，相互之间有交叉免疫性。

2. 形态和培养特性

病毒形态为多形性，完整的病毒粒子近圆形，也有丝状的，直径一般为 150~300nm。病毒颗粒的外部是由脂蛋白构成的囊膜，其上饰以放射状的短突起或钉状物，主要是融合蛋白 F 和血凝蛋白 H；内部是由单股 RNA 组成的螺旋状结构，螺旋直径约 18nm，螺距 5~6nm。

在实验动物中，本病毒的一些毒株能适应于家兔；实验室保存的毒种和野外毒株都可在牛、绵羊、山羊、兔、仓鼠、小鼠、大鼠、猴和人类的肾细胞的原代和传代培养物中获得良好繁殖，并且产生细胞病变，但马、犬和豚鼠的易感性较低；通过静脉、绒毛尿囊或卵黄囊接种，病毒也可在鸡胚中生长。

3. 生化特性及抵抗力

病毒对环境的抵抗力不强，对日光、温度、腐败和消毒剂抵抗力很弱。一般来说，阳光紫外线照射就可将其失去活性，故在体外不能长期存留。普通的消毒药如石炭酸、石放乳等均易将病毒杀死，常用消毒剂可在短时间内杀灭病毒，特别是碱性的消毒药物，如浓度在 1%的氢氧化钠溶剂 15min 就可将其灭活。不同毒株对 pH 值的稳定性有差别，大多数在 pH 值为 4.0 以下时灭活。病毒在 pH 值为 4.0~10.0 条件下稳定，在 4℃、pH 值为 7.2~7.9 条件下病毒最稳定，其半衰期为 3.7d。病毒对温度敏感，37℃牛瘟病毒感染力的半衰期为 1~3h，56℃60min 或 60℃30min 能被灭活，病毒在 70℃以上的温度下可被迅速灭活，但病毒对低温抵抗力强，冰冻组织或组织悬液中至少能保存 1 年。

4. 血清学分型

牛瘟病毒只有一个血清型，从地理分布及分子生物学角度将其分为 3 个不同的基因谱系，即亚洲型、非洲 1 型和非洲 2 型，各毒株间毒力差别较大，但它们的抗原结构都是一致的。

5. 分子特征

RPV 为单股负链 RNA 病毒，病毒基因组全长 16 000 个核苷酸，病毒的外壳主要是融合蛋白 F 和血凝蛋白 H。RPV 从 3′至 5′分别为 N-P-M-F-H-L 6 个基因，编码的蛋白依次为核衣壳蛋白 N、多聚酶蛋白 P、基质蛋白 M、融合蛋白 F、血凝蛋白 H 和大蛋白 L。P 基因除编码 P 蛋白外还编码另外两种非结构蛋白 C 和 V。

N 基因，编码 N 蛋白，该蛋白是由 525 个氨基酸组成，分子质量为 58.05kDa。主要作用是保护病毒 RNA 免受核糖核酸酶 I（RNase I）的降解，并与 RNA 结合参与病毒 RNA 的转录和翻译过程。该蛋白在病毒复制过程中最先表达，与病毒基因组 RNA 3′端起始序列结合，形成核蛋白多聚体。N 蛋白与 P 蛋白结合，共同参与病毒 RNA 的转录与复制。此外 N 蛋白还是抗原性最稳定的免疫原性蛋白，针对 N 蛋白的抗体在病毒感染的动物血清中含量最高，但该抗体不具有中和病毒的作用。

P 基因，具有两个开放阅读框，除编码 P 蛋白外，它的第二个开放阅读框编码的非结构蛋白 V 和 C。其中，C 蛋白由一个可变的起始位点，即第二个开放阅读框编码，V 蛋白则在 P 基因共转录时插入一个额外碱基 G 后编码，由 P 蛋白 N 端亲水部分和一小段高度保守的半胱氨酸富集的锌指结构域组成。非结构蛋白并不总出现在牛瘟病毒中，只有当牛瘟病毒侵染到细胞内后，在聚合酶的作用下，启动第二个开放阅读框编码。这些非结构蛋白极其保守，可能与 RNA 的转录或复制有关。

M 基因，编码 M 蛋白，位于病毒囊膜的下面，与糖蛋白和核衣壳蛋白的末端相连接，在病毒的成熟过程中发挥重要作用。

L 基因，RPV *L* 基因与其同属各病毒间有广泛的同源性，该基因是由 5′UTR，2184 个碱基组成的 ORF 和 72 个碱基组成的 3′UTR 组成。L 基因编码的 L 蛋白是牛瘟病毒的重要蛋白，其 GDNQ 包含区是聚合酶的活性位点，也是嘌呤核苷酸的吸附位点。它与 N 蛋白、P 蛋白以及病毒基因组相互作用组成核衣壳。

H 基因，编码 H 蛋白，它是一种糖蛋白，有调节病毒吸附并侵入寄主细胞的作用，可刺激机体产生中和抗体，参与体液保护性免疫，有血清型的特异性，因此采用单克隆抗体介导的竞争吸附实验可以检测牛瘟病毒。

F 基因，编码 F 蛋白，是一种糖基化蛋白，也是中和抗体的靶蛋白。F 蛋白最先合成的是 F_0 前体，后被细胞蛋白酶裂解成 F_1 和 F_2 2 个亚基，由二硫键连接形成二聚体。F0 的裂解过程对于保持病毒蛋白的生物活性是必要的，阻止该裂解过程将导致弱毒力病毒的产生，利用该特性可以获得弱毒株。*F* 基因具有 1 个 ORF，3 个 AUG，围绕着 AUG 的侧翼序列是真核生物核糖体的结合点。5′UTR 中至少包含一个上游起始密码子 AUG，而且它的序列中富含丰富的 GC。该区在麻疹病毒属中几乎没有同源性，其编码序列具有型的特异性，在牛瘟的不同毒株之间是相对保守的，常用来设计聚合酶链式反应（PCR）特异性引物，检测牛瘟病毒，并可与小反刍兽疫作鉴别诊断。F 蛋白在增加病毒感染性、使病毒与寄主细胞融合以及在寄主细胞间的传播上起重要的作用，控制该蛋白质的水平是控制病毒抗原性的重要方式。

（二）致病机制

病毒主要通过鼻、喉黏膜侵入动物机体，病毒具有亲淋巴细胞核上皮细胞的特性，从感染到体温开始升高的潜伏期病毒主要通过上呼吸道黏膜到达扁桃体和上呼吸道淋巴结并迅速繁殖，然后在极短的时间内经由淋巴和血液到达全身，在许多组织产生很高的滴度，特别是淋巴组织、消化道黏膜、脾、肺、骨髓和肠管。血液及淋巴侵入全身的淋巴器官及上皮细胞，其中侵害最为严重的是肠系膜淋巴结和肠相关淋巴组织，使其中的 T、B 淋巴细胞被破坏，导致机体的免疫抑制。同时病毒在上呼吸道、泌尿生殖道和消化道的上皮细胞中增殖，导致大量的细胞凋亡及形成合胞体，致使黏膜出现腐蚀性炎症。

（三）流行病学

1. 易感动物

易感动物主要为牛及其他偶蹄类动物，包括黄牛、水牛、牦牛、绵羊、山羊等。最容易感染的动物是牦牛，水牛次之，黄牛易感性更低，绵羊和山羊很少感染，但感染后能表现出轻微临床症状，骆驼感染后症状不明显，也不会传染给其他动物，亚洲猪易感并且能将该病毒再传染给牛。啮齿动物、单蹄兽、食肉兽和鸟类不能感染，人类也没有易感性。此外，牛瘟还见于许多野生反刍动物，主要呈隐性经过。

2. 传播途径

牛瘟自然感染主要是通过消化道，也可能通过鼻腔或结膜感染，可以直接传播和间接传播。直接传播通常是由易感染动物接触了感染动物的分泌物或排泄物进行传染的。另外，间接传播，包括了被污染的饲料、水源、工作人员的着装等传播该病，病畜可以通过交通运输工具及隐性感染牛传播该病，尤其是在病毒症状较轻的地区，会排出大量的病毒，更容易将牛瘟疾病传播开来。但由于牛瘟病毒在环境中具有较低的抵抗力，使得牛瘟病毒无法借助无生命的载体远距离传播，因此，借助空气传播的概率较小。

3. 传染源

病牛和潜伏期病牛是主要传染来源。病牛及处于潜伏期中的症状不明显的牛均能从口、鼻分泌物和消化道排泄物中排出大量毒，尤以鼻液中含毒量最高，经直接接触或经消化道感染，呼吸道、眼结膜、子宫内均可感染发病。

4. 流行特点

本病的流行无明显的季节性，以冬春为主。该病在老疫区呈地方性流行，在新疫区通常呈暴发式流行，特点为传播迅猛，发病率及死亡率高。据联合国粮农组织（FAO）2003年2月18日称，巴基斯坦宣布消灭牛瘟，使全亚洲千年来第一次进入无牛瘟状态。联合国粮农组织（FAO）和世界动物卫生组织（OIE）分别于2010年10月和2011年5月宣布全球消灭牛瘟。OIE全体成员通过决议，呼吁各国除指定的牛瘟病毒保藏机构外，尽快销毁牛瘟病毒，并禁止开展牛瘟全长基因感染性克隆合成。

（四）症状与病理变化

1. 急性型

新发地区、青年牛及新生牛常呈最急性发作，无任何前驱症状死亡。

2. 典型症状

潜伏期1~14d（OIE"法典"定为21d）。病初体温升高呈稽留热，精神不振，食欲和反刍减少，甚至废绝，粪便干黑，尿少色深。经2~3d后，出现特有的结膜炎、鼻腔和口腔黏膜炎性坏死变化。眼结膜潮红，眼帘肿胀，有浆性、黏性或黏液脓性分泌物。发炎的结膜表面附有薄的假膜，角膜有时混浊。鼻黏膜潮红，有出血斑和出血点，从鼻孔流出黏液或黏液脓性分泌物，最后呈污灰色或棕红色，有时混有血液。鼻镜干燥和龟裂，有棕黄色痂皮，痂皮剥离后呈现红色易出血的溃疡面。

口腔黏膜的变化为本病的特征病状。开始唾液增多，流出杂有气泡或混有血液的唾液，检查口角，齿根，颊内和硬腭等处黏膜，可见潮红，表面有粟粒大小的灰色或灰白色小点，黏膜表面如撒一层麸皮。其后融合形成灰色或灰黄色的假膜，易脱落而遗留红色边缘不整齐的烂斑和溃疡面。

随体温下降，病牛变为严重腹泻，排出混有血液、黏液和脱落黏膜或假膜的腥臭稀便。后期大便失禁，肛门哆开，可看到暗红色的直肠黏膜。病牛严重失水，迅速消瘦，呼吸困难，不久死亡。病程一般10d左右，重者也有2~3d死亡的。

3. 非典型及隐性型

长期流行地区多呈非典型性，病牛仅呈短暂的轻微发热、腹泻和口腔变化，死亡率低。或呈无症状隐性经过。

4. 病理变化

牛瘟的病理过程主要包括病毒潜伏期、患病前期、黏液分泌期以及疾病恢复期4个阶段。其中，以患病前期和黏液分泌期病症状最为明显，首先是从口腔内炎症症状开始出现，口腔的唇内面、齿龈、颊、舌的腹面等处出现糜烂。咽和扁桃体黏膜，常有纤维素性或纤维素性坏死性炎症、溃疡。食管上1/8处出现病变。呼吸道黏膜肿胀、充血，散发点状或线状出血。鼻腔和喉部黏膜常见小点状出血，伴发糜烂与溃疡，其表面覆有纤维素性假膜。气管（尤其是上1/3处）黏膜上有线状出血。病程稍长者，支气管内积有胶样纤维素性块状物，常见肺泡和间质气肿，并发不同程度的充血与出血，有时还见支气管肺炎病灶。

瓣胃黏膜可见糜烂。皱胃空虚，仅含有少量混有黏液或血液的黏稠液体。幽门部黏膜肿胀，黏膜上皮散布微小的坏死灶，黏膜呈淡红色到暗褐色不规则的出血性条纹，黏膜下层水肿，皱襞增厚，横切面黏膜下呈胶胨样。病程后期，黏膜上皮出现较大的坏死、脱落区，形成烂斑与溃疡。

十二指肠的起始部和回肠的后段黏膜皱襞的顶部有出血条纹，偶见糜烂。空肠黏膜有暗红色出血斑点，表面被覆纤维素性假膜。黏膜下集合淋巴小结肿胀，被覆纤维素性假膜。盲结肠连接处，肠壁明显充血、出血、水肿而增厚，黏膜糜烂。盲肠孤立淋巴小结肿胀，形似小结节，其中可挤出脓样或干酪样物，之后表面覆有淡黄色干酪样痂，脱落后形成溃疡。

结肠和直肠黏膜皱襞充血、出血、水肿和糜烂，有时黏膜面散播糠麸样物，肠腔内含有暗红色血液和部分血凝块。此种变化以直肠更为明显而常见。

肠系膜淋巴结显著肿胀，暗红色，呈出血性淋巴结炎，肝脏淤血，实质变性。胆囊显著肿大，积有黄绿色胆汁，胆囊黏膜散布斑点状出血，偶见烂斑。

脾脏有时稍肿胀，被膜散发小点状出血。肾淤血和实质变性，肾盂周围水肿，有时肾盂部黏膜上皮脱落。膀胱黏膜散布小斑点状出血，偶尔见黏膜上皮脱落。心肌弛缓、脆弱，有时见淡黄色条纹。心外膜和心内膜常有点状出血，血液呈暗红色，凝固不良。

脑膜和脑实质充血，散发小点状出血，骨髓和管状骨内表面也有出血变化。母畜生殖器的黏膜常有炎症变化，流产胎儿主要呈现全身败血症变化。

（五）诊断

根据典型临床症状和病理变化可做出初步诊断，确诊需进一步做实验室诊断。牛瘟的最终确诊要靠实验室诊断，我国牛瘟的参考实验室分别设在中国兽药监察所和云南热带亚热带动物病毒病重点实验室。

（1）病原学检测。用于抗原检测的主要方法有琼脂凝胶免疫扩散试验、直接或间接免疫过氧化物酶试验、对流免疫电泳；用于病毒分离和鉴定方法有病毒分离、病毒中和试验、RT-PCR扩增等。此外，荧光抗体试验作为检测牛瘟的辅助方法，仍有广泛的应用前景。琼脂扩散试验（AGID）能在田间条件下诊断牛瘟，由于它操作简便，能在感染组织中限定性地检测出牛瘟抗原。对流免疫电泳（CIEP）试验在检测淋巴结和组织时的灵敏度是免疫扩散试验的4~16倍。RT-PCR可鉴别诊断RPV与小反刍兽疫瘟病毒，具有灵敏、快速、特异的特点。

（2）血清学检测。血清抗体的检测方法很多，如琼脂免疫凝胶扩散，酶联免疫吸附试验（ELISA）、中和试验等，ELISA 是一种高敏感性和高特异性血清学检测技术，特别是以牛瘟单克隆抗体为基础的竞争法 ELISA（C-ELISA）可以鉴别牛瘟和小反刍兽疫病毒感染，已被 FAO 和 OIE 列为牛瘟的法定血清学检测方法，替代诊断方法为病毒中和试验。

（3）竞争法 ELISA（C-ELISA）操作步骤如下：

包被抗原：用牛瘟病毒致弱的 Kabete "0" 株毒感染 MDBK 细胞，浓缩或超速离心后作为抗原，用包被液稀释抗原，包被 96 孔酶标板，每孔 100μl，置 4℃冰箱过夜。

洗板：取出酶标板弃去液体，每孔加洗液 200μl，洗板，共 3 次。最后 1 次倒置拍干。

封闭：每孔加洗涤液中含 1%牛血清白蛋白（BSA）的封闭液 100μl，37℃反应 2h，洗板 3 次。

加样：样品和弱阳性对照、阳性对照、阴性对照用稀释液作 1:5 稀释，混匀，加入 ELISA 反应板，每孔 50μl，37℃反应 1h。

加牛瘟病毒单克隆抗体：每孔加 50μl 牛瘟病毒单克隆抗体工作液，震荡混匀。37℃作用 30min，洗板 3 次。

加酶结合物：各孔加 100μl 羊抗鼠 IgG-HRP，轻轻混匀。酶标板置 37℃作用 30min，洗板 3 次。

加底物液：每孔加 100μl 底物液，37℃作用 10~15min。

终止反应，取出反应液，每孔快速加入 100μl 终止液，在 30min 内测其 OD 值。

测吸光值：用酶标仪在 450nm 波长下，测定其吸光值。

结果计算：

抑制百分比（PI）计算见式：PI% = 100 -（被检血清平均 OD 值/阴性血清平均 OD 值）×100

结果判定：弱阳性、强阳性对照 PI 大于等于 50%的条件下，进行判定。被检血清抑制百分比 PI 大于等于 50%，判为牛瘟抗体阳性，PI 小于 50%，判为被检血清牛瘟抗体阴性。

（六）防控措施

我国已消灭牛瘟，要注意生物安全，特别是引种安全，需要加强口岸检疫，严格防止牛瘟从国外传入。要从无牛瘟的国家引进牛只，严禁牛瘟疫区的动物及动物产品入境。一旦发生疫情，严格按照国家的法律法规执行。要捕杀所有的病畜及与之接触过的反刍类家畜，设立隔离带。疫点周围设立检疫消毒站，污染的畜舍、用具和环境用 10%~20%的石灰乳彻底消毒。每天 1 次，连续两周。疫区及受威胁区健康动物要用疫苗免疫。免疫预防常用的疫苗有组织培养弱毒疫苗（TCRV）、牛瘟山羊化弱毒疫苗、牛瘟兔化绵羊化弱毒疫苗、牛瘟兔化弱毒疫苗等（表 1-1），接种弱毒疫苗的免疫持续期 1~2 年，效果较好。防止疫情扩大和蔓延。彻底切断传播途径，消灭传染源。直到最后一头病牛痊愈后 21d 解除封锁。再进行一次大消毒即可。

表 1-1 世界上常用的牛瘟疫苗

疫苗	作用及说明
细胞培养疫苗	RBOK 强毒株的"Muguga 修饰"株，在细胞培养液中繁殖，现在被广泛应用。因为它可以在各种细胞中培养，所以，对于所有品种和种类的动物都是安全的。这株疫苗毒不感染牛，而且一般很稳定，免疫简单有效，临床免疫期至少 11 年，甚至可能终生免疫
牛瘟兔化病毒疫苗	充分弱化病毒，可以避免易感动物产生严重反应，但对瘤牛类动物来说太弱了，用此苗免疫后有 2 年的保护期，少有使用
牛瘟山羊化病毒疫苗	用于瘤牛可以产生终生免疫，在一些自然免疫地区是可行的，它还有一定的毒力，会对欧洲牛产生不良反应（该庙现在由于质量控制和无法排除外源病毒抗原，被认为是不良产品

处理措施：一旦发生可疑病畜应立即向当地主管部门上报疫情，按《中华人民共和国动物防疫法》规定，采取紧急隔离病畜，严密封锁疫区，禁止牛只出入，禁止所有与饲料产品的交易。扑杀病畜及同群畜，深埋或焚烧等无害化处理动物尸体。对栏舍、环境彻底消毒，并销毁污染器物，彻底消灭病源。受威胁区紧急接种疫苗，建立免疫带。

（撰写人：侯佩莉；校稿人：何洪彬、王洪梅）

二十、伪牛痘

伪牛痘（Pseudocow pox）又叫副牛痘，是由痘病毒科、副痘病毒属的伪牛痘病毒引起的一种人畜共患传染病，其特征是乳房和乳头皮肤上出现丘疹、水疱、结痂，该病传染性强、传播速度快，影响奶牛产奶量。本病尚无特效治疗方法，主要是对病牛隔离饲养，单独挤奶。做好奶厅的挤奶卫生，严格挤奶规程，患牛病区以消炎、防腐、促进愈合为主。

（一）病原

1. 分类

伪牛痘病毒属于痘病毒科、副痘病毒属的双链 DNA 病毒。

2. 形态和培养特性

伪牛痘病毒形态是两端呈圆形的纺锤形，大小为 190nm×296nm。颗粒中央有电子密度较高且比较均匀的核心，没有痘病毒核心典型的"哑铃状"结构，颗粒外面似有电子密度较低的双层膜包裹。

伪牛痘病毒一般来源于蹄形动物和家畜，细胞培养宿主范围窄。可在牛羊睾丸原代细胞、牛肾细胞分离培养，并引起细胞病变；但不能在鸡胚、家兔、小鼠内生长，接种牛痘疫苗的犊牛对伪牛痘病毒无抵抗力。

3. 抵抗力

对乙醚敏感，氯仿在 10min 内可病毒灭活。

4. 分子特征

线性双链 DNA，基因组大小 130~150kb，富含 CG，编码约 200 种蛋白，其基因组大小无论是在种属间还是在不同毒株间都存在差异。比较基因组学研究表明，在基因组的中间部分其基因组成、排列方式及核苷酸序列都高度保守，并在病毒复制和组装等基本生物学过程中发挥着重要作用；而位于基因组两端的基因簇，无论是反向重复序列或是其他靠近末端区域的基因，在序列长度和限制酶酶切图谱上都不尽相同，它们决定着痘病毒的特殊的生物学属性，诸如宿主范围、毒力因子和调节宿主免疫应答能力等。

（二）致病机制

与其他双链DNA病毒比较，痘病毒能编码自身DNA复制和转录相关的成分，并在细胞浆中复制，形成所谓的病毒工厂。一旦病毒进入细胞后，裸露病毒粒子的DNA开始复制，病毒基因以一种协调的方式表达，接着组装成子代病毒粒子，并从细胞中释放出来。痘病毒的组装是一个复杂的病毒形态形成过程，它包括4种感染性病毒粒子形式：①细胞内的成熟病毒，只有当细胞裂解时才被释放出来；②细胞内囊膜化病毒，是病毒的一种中间形式，以出芽方式产生；③细胞相关的囊膜化病毒，主要负责病毒在细胞间的传播；④细胞外病毒，是病毒在宿主内个体间散播的关键形式。

痘病毒为了成功地感染宿主，其不得不限制宿主免疫系统的识别和损害，大量产生可以通过宿主群体传播的感染性病毒粒子。为逃避宿主的免疫监视，该病毒采用了包括阻断宿主免疫重要成分、诱导诱饵受体/配体的表达以及干扰病毒抗原的加工和递呈等许多不同的策略，以逃避宿主的免疫，直接或间接地增加了病毒感染宿主的范围及其致病力，这种机制在其他病毒上是很少见的，有其独特性。

（三）流行病学

1. 易感动物

该病主要见于人和牛，牛是该病的自然宿主，新生牛最易感。泌乳母牛的发病率可达80%，干奶牛、青年牛和公牛一般不发生本病。

2. 传播途径

挤奶时消毒不严，通过挤奶员的手、挤奶机、洗乳房的水与毛巾等传染。

3. 传染源

患病的牛只、公用水箱、运动场、工具广泛接触造成相互传染。

4. 流行特点

牛群发病率每年夏季最低，进入秋季后开始升高，12月到第二年1月达到最高，随着春季到来又逐渐降低，康复牛对本病缺乏免疫力，病愈一段时间后仍可复发，甚至几个月也不停，感染较为严重的牧场每年均会复发。

（四）症状与病理变化

病牛在发病前，未见精神、食欲和体温等明显变化。患病期间，病牛无全身症状，体温略有升高，食欲无变化，乳头因不断遭受挤奶的机械性刺激，使水疱破裂或痂皮反复剥脱，进而发展为糜烂或溃疡，乳头肿胀、疼痛严重，患牛抗拒挤奶，局部疼痛的刺激和挤奶困难均可导致产奶量降低。

该病潜伏期大约5d，开始为丘疹，随后变为樱红色水疱，2~3d内结痂，结痂为马蹄形或圆形。并于2~3周内愈合，痊愈后无疤痕遗留。每个乳头通常有2~10个痘疮，丘疹病变直径为1.0~2.5cm，经1~2d后发展为小水疱，水疱液数量不多，有清液或淡黄色液体，随着挤奶时被挤破或成出血或糜烂，有的化脓感染，乳头肿胀，感觉过敏，最后结痂，丘疹有时不发展成水疱，直接痂皮。特征性的马蹄形或圆形痂为临床诊断依据。

饲养员感染后，在手上发生深红色半球形丘疹结节，甚至颈部、脚趾上也能发生，痛痒难忍，影响睡眠和劳动。

早期丘疹病理组织学显示，丘疹表皮棘细胞层显著增厚，棘细胞间距离加大，棘细胞空泡变性、形体肿大，胞核悬浮于中央或位于细胞一侧。浅层棘细胞变性更为严重，胞浆透明，胞核固缩或消失，呈典型的气球样变，胞浆内有大小不一的嗜伊红性包涵体。丘疹中央棘细胞层一处或多处坏死，有大量多形核白细胞和淋巴样细胞浸润。

（五）诊断

根据临床症状、流行病学调查可初步诊断，确切诊断仍需借助实验室检验。取组织或水疱液做病毒分离，或对水疱液进行电镜观察。另外，引起乳房、乳头发生疱疹的疫病较多，故还应进行类症鉴别。

（1）病原微生物分离。由于患牛丘疹结节呈肉芽样增生，无法采得疱液，而用铂耳取感染本病的饲养员手上的结节疱液，划线接种于血琼脂平板上，置37℃培养24h，未见细菌菌株生长。将疱液用无菌肉汤作10倍稀释，加青、链霉素各1 000μmg/ml，室温作用4h，然后接种12日龄鸡胚绒毛尿囊膜上，每个鸡胚接种0.05ml，共接种5个鸡胚，在37℃孵育48~96h，分别破开鸡胚检查，在绒毛尿囊膜上也未见痘状病斑。

（2）电镜观察（EM）。对水疱液进行电镜观察，识别病毒颗粒是诊断本病快速而可靠的方法。电镜能在丘疹棘细胞中原纤维束之间观察到散在分布的病毒颗粒，其形态呈圆形或椭圆形。

（3）光镜检查。采取患病乳头上的早期丘疹，用10%福尔马林溶液固定，石蜡包埋切片，HE染色后置于普通光镜下观察。显示丘疹表皮棘细胞层显著增厚，棘细胞间距离加大、棘细胞空泡变性、形体肿大，胞核悬浮于中央或位于细胞一侧。浅层棘细胞变性更为严重，胞浆透明，胞核固缩或消失，呈典型的气球样变，胞浆内有大小不一的嗜伊红性包涵体。丘疹中央棘细胞层一处或多处坏死，有大量多形核白细胞和淋巴样细胞浸润。

（4）与其他病的区别诊断。与口蹄疫的区别：口蹄疫由口蹄疫病毒引起。水疱主要在乳头，偶见于乳房表面。水疱液清亮，破裂后，留下颜色发白的上皮，其下为粗糙而出血的溃疡面。除此，舌、齿龈、颊、鼻镜、趾间、蹄冠等处也见有水疱发生，全身症状明显，体温升高、流涎、不吃、跛行；伪牛痘先是乳头、乳房上丘疹，继而发生水疱、结痂，无全身症状，故可区别。

与牛痘的区别：牛痘由牛痘病毒引起。乳头、乳房上出现红斑丘疹，逐渐增大变成水疱，水疱初期透明，后期变混浊，中心凹陷呈脐状，最后变成脓疱，结痂呈暗褐色。患牛也见发烧、食欲减退、泌乳减少等全身症状。伪牛痘乳头、乳房上的水疱不形成脓疱，无全身症状。

与乳房脓疱病的区别：乳房脓疱病由葡萄球菌引起。患牛乳房、乳头上呈结节状化脓性皮炎、囊内初为无色液体，后呈黄色、含少量脓稠黄白色脓汁、脓肿破溃，留覆盖痂皮的溃烂面。无丘疹、有脓疱，可与伪牛痘区别。

与牛疱疹性乳头炎的区别：牛疱疹性乳头炎由牛疱疹病毒，牛疱疹病毒2型的感染所致，也叫伪疹状性皮肤病。乳头发炎肿胀并出现水疱，水疱破溃形成痂皮。此外，面部、颈部、背部和会阴皮肤出现中心红色、扁平而硬的隆起物，后由红变紫、脱毛，可与伪牛痘区别。

（六）防控措施

本病的发生及传播与牧场环境和挤奶操作是否规范存在很大的相关性，因此牧场在搞好自身环境的同时，也应加强挤奶管理。只有这样才能有效地控制该病的发生和传播，减少牧场因该病所造成的损失。

（1）加强饲养管理，合理搭配饲草料，补充青饲料。

（2）圈舍定期消毒，无论是手工挤奶还是用机器挤奶，在挤奶之前都要先用温水将乳房擦洗干净，注意先擦乳头再擦乳区。在挤奶前进行乳头药浴，挤奶后用0.01%新洁尔灭浸泡乳头，对预防本病的发生会起到良好的效果。利用机器挤奶时还要注意每次挤奶前后要对挤奶设备进行清洗和消毒，机械挤奶时如挤过患伪牛痘病毒的奶牛时，乳杯需用消毒液清洗后方可挤下一头奶牛，以防止传染。

（3）寒冷季节使用"护乳膏"保护乳房乳头。

（4）饲养人员严格遵守防疫消毒制度，挤奶前用8%来苏尔浸泡手臂3~5min，挤奶后手部酒精消毒。

（5）治疗可用各种软膏（如氧化锌、磺胺类、硼酸或抗生素软膏）涂抹患部，促使愈合和防止继发感染。

（6）病牛隔离治疗，防冻，保持运动场干燥卫生、圈舍清洁。

二十一、布鲁氏菌病

布鲁氏菌病（Brucellosis，简称布病），是由布鲁氏菌属细菌引起人和多种动物发病的一种人畜共患传染病。动物中以牛、羊、猪、鹿、犬等最常发生，临床上以生殖系统受到严重侵害，雌性动物表现为流产和不育，雄性动物则出现睾丸炎为特征。人也可感染，表现为长期发热、多汗、关节痛、神经痛及肝脾肿大等症状。我国将其列为二类动物疫病和优先防治的主要疫病，OIE将其列为多种动物共患传染病。布鲁氏菌主要贮存在宿主的胎盘、乳腺和附睾等生殖道组织和器官中，趋向性地在网状内皮系统的巨噬细胞内复制。布病导致严重的公共卫生和食品安全问题，影响家畜及其产品的对外贸易。

该病广泛分布于世界各地，据统计全世界有120多个国家和地区有布病疫情存在。人主要通过未经消毒的牛奶制品和接触感染动物发病，布病在人与人之间的传播是很少发生的，人群的布病状况反映了动物间布病的流行现状。由于布病的流行，致使肉、奶等产品存在严重的安全隐患，极大地影响牛、羊等动物产品的对外贸易，并威胁着人类的健康。考虑到我国动物患病率高、养殖基数大等现状，现阶段我国采取疫苗接种和检疫-扑杀相结合防控策略。近年来布病新患人数上升加快，动物疫区扩散广，已经严重的危害人民健康和影响畜牧业发展，需要采取强有力措施，减少动物布病疫情给我国人民健康、社会稳定和畜牧业发展带来的重大损失和影响。

（一）病原

1. 分类

布鲁氏菌（Brucella）是变形菌门（Proteobacteria）α-变形细菌亚门（α-

Proteobacteria）甲型变形菌纲（Rhizobiales）根瘤菌目（Bradyrhizobiaceae）布鲁氏菌科（Brucellaceae）布氏杆菌属（Brucella）成员。根据宿主的偏好性不同布鲁氏菌分为以下各种，其中包括经典的 6 种布鲁氏菌：牛布鲁氏菌也称流产布鲁氏菌（Brucella abortus）（8 个生物型）、羊布鲁氏菌也称马耳他布鲁氏菌（Brucella melitensis）（3 个生物型）、猪布鲁氏菌（Brucella sui）（5 个生物型）、绵羊附睾布鲁氏菌（Brucella ovis）、犬布鲁氏菌（Brucella cams）、沙林鼠布鲁氏菌（Brucella neotomae）；目前又新鉴定了 4 种布鲁氏菌，它们是从海洋哺乳动物分离到的鲸鱼、海豚和鼠海豚种布鲁菌（Brucella ceti）、从海豹和海象分离到的鳍型布鲁氏菌（Brucella pinnipedialis），从红狐狸和土壤中分离到的田鼠型布鲁菌（Brucella microti），以及 2008 年和 2009 年先后又报道了一类新的布鲁菌种 Brucella inopinata sp. nov。

我国目前已分离到 15 个生物型，即羊布鲁氏菌 3 个型，牛布鲁氏菌 8 个型，猪布鲁氏菌的 1 型和 3 型，绵羊附睾种布鲁氏菌和犬布鲁氏菌各一个型。临床上以牛、羊、猪三种布鲁氏菌的意义最大，其对人的致病性也强，如表 1-2 所示。

表 1-2　不同布鲁氏菌种及生物型对人的致病性

种	生物型	克隆形态	参考宿主	对人的致病性
B. abortus	1~6, 9	smooth	牛、麋鹿、骆驼	高
B. melitensis	1~3	smooth	绵羊、山羊、牛、骆驼	高
B. suis	1, 3	smooth	猪	高
	2	smooth	欧洲野兔	低
	4	smooth	北美驯鹿、驯鹿	高
	5	smooth	啮齿动物	无
B. canis		rough	犬	中等
B. ovis		rough	公羊	无
B. neotomae		smooth	啮齿动物	中等

2. 分布

本病流行于世界各地，目前世界上已经有 17 个国家和地区宣布根除了布病，而大部分发展中国家的流行依然存在。近年来，我国布病流行呈上升趋势，在内蒙古自治区、东北、西北等牧区阳性率较高。

3. 形态和培养特性

布鲁氏菌属于革兰氏阴性小球杆菌，大小为（0.6~1.5）μm×（0.5~0.7）μm。初次分离时多呈球形和卵圆形，传代培养后逐渐呈短小杆状。菌体散在分布，无芽孢及鞭毛，在条件不利时有形成荚膜的能力。该菌难以着色，姬姆萨染色呈紫色，各个种与生物型菌株之间，形态及染色特性等方面无明显差别。

本菌为需氧菌，对营养要求较高，生长最佳温度为 37℃，pH 值为 6.6~7.4。用牛、羊新鲜胎盘加 10%兔血清制作的培养基，有利于该菌的生长；在不良环境下，如培养基中加入抗生素时本菌的菌落易发生 S-R 变异。当胞壁的肽聚糖受损时，细菌可失去胞壁或形成胞壁不完整的 L 型布鲁氏菌，并可在机体内长期存在，只有当环境条件改善后再恢复原有的特性。

4. 抵抗力

布鲁氏菌在自然环境中生活力较强，在患病动物的分泌物、排泄物及病死动物的脏器中能生存 4 个月左右。该菌在布片上室温干燥下存活 5d，在干燥土壤内 37d 死亡，在冷暗处、胎儿体内可活 6 个月。其抵抗力和其他不能产生芽胞的细菌相似。例如，巴氏灭菌法 10~15min 杀死，加热 60℃ 或日光下暴晒 10~20min 可被杀死。布鲁氏菌对常用化学消毒剂敏感，1% 来苏尔或 2% 福尔马林或 5% 生石灰乳 15min 可将其杀死。

5. 血清学分型

本菌有 A、M 和 G 3 种抗原成分，一般牛布鲁氏菌以 A 抗原为主，A 与 M 之比为 20：1；羊布鲁氏菌 M 和 A 之比为 20：1；猪布鲁氏菌 A：M 之比为 2：1；G 为共同抗原。制备单价 A、M 抗原可用来鉴定菌种。

6. 分子特征

布鲁氏菌的基因组成是由 2 条染色体组成的，不含有质粒。布鲁氏菌种间 DNA 的 G+C 含量波动较少，成为布鲁氏菌属与其他菌属相区别的特点之一。各生物型布鲁氏菌的 G+C 含量为 55%~59%，DNA 高度同源，同源性均在 90% 以上，基因组大小和组成异常相似，羊布鲁氏菌、牛布鲁氏菌、绵羊附睾布鲁氏菌、沙林鼠布鲁氏菌和猪布鲁氏菌生物 1 型基因组均有 2 条独立且完整的环状 DNA 染色体组成，大小为 2.1Mb 和 1.2Mb，在 2.1Mb 的大染色体上含有 1 个复制起始区，1.2Mb 的小染色体上含有 1 个质粒复制功能区。通常编码 3 200~3 500 个开放阅读框。而猪布鲁氏菌生物 2 型和 4 型有两个 1.85Mb 和 1.35Mb 的染色体，猪布鲁氏菌生物 3 型仅仅拥有一个 3.2Mb 的染色体。

在牛布鲁氏菌的 1、2 以及 4 型的小染色体中有一大的倒置。在牛布鲁氏菌、羊布鲁氏菌和猪布鲁氏菌中有一个大而特殊的遗传岛，这个岛位于其小染色体中，编码同系物的转化功能和噬菌体相关基因。鉴于布鲁氏菌族基因组序列的高度相似性，关于他们在宿主偏好性，毒力和感染周期等差别可能是由于其保守 DNA 中精细的差异和差异表达的保守基因，而不是由于独特的染色体 DNA 片段。

羊布鲁氏菌基因组大小为 3 294 935bp，比大肠杆菌基因组少 1.5kb；无质粒，G+C 含量为 57%；据推测含有 3 198 个可读框，其中 2 487 个（78%）可读框拥有编码功能。基因分布在两条环形染色体上，第一条染色体有 2 117 114bp 组成，含有 2 060 个可读框；第二条染色体有 1 177 787bp 组成，含有 1 138 个可读框。两条染色体的复制方式相似；蛋白质合成、细胞壁生物合成与新陈代谢相关的基因分布在两条染色体上。

（二）致病机制

布鲁氏菌侵入牛体后到达侵入门户附近的淋巴结，被吞噬细胞吞噬。细菌在胞内生长繁殖，形成原发性病灶，但不表现临诊症状。随着细菌的大量繁殖导致吞噬细胞破裂后再次进入血液散播全身，引起菌血症，继而出现体温升高、出汗等临诊症状。同时细菌又被吞噬细胞吞噬，随后再发生菌血症。侵入血液中的布鲁氏菌散布至各组织器官，该菌在胎盘、胎儿和胎衣组织中特别适宜生存繁殖，其次是乳腺组织、淋巴结、骨骼、关节、腱鞘和滑液囊，以及睾丸、附睾、精囊等，形成多发性病灶。大量释放的细菌超过了吞噬细胞的吞噬能力，可表现出明显的败血症或毒血症。同时细菌可能随粪、尿排出。但是到达各组织器官的布鲁氏菌也可能不引起任何病理变化，常在48h内死亡。目前认为内毒素在致病机理及临床症状方面起着重要作用。机体免疫功能正常，通过细胞免疫及体液免疫可清除病菌而获痊愈。如果免疫功能不健全，或感染的菌量大、毒力强，则部分细菌逃脱免疫，又可被吞噬细胞吞噬带入各组织器官形成新的感染灶，有人称为多发性病灶阶段。经一定时间后，感染灶内的细菌生长繁殖再次入血，导致疾病复发。组织病理损伤广泛，临床表现多样化，如此反复便成为慢性感染。

布鲁氏菌进入绒毛膜上皮细胞内增殖，产生胎盘炎，并在绒毛膜与子宫黏膜之间扩散，产生子宫内膜炎。在绒毛膜上皮细胞内增殖时，使绒毛膜发生坏死，同时产生一层纤维素性脓性分泌物，逐渐使胎儿胎盘与母体胎盘松离，引起胎儿营养障碍和胎儿病理变化，使孕畜发生流产。本菌还可进入胎衣中，并随羊水进入胎儿引起病理变化。由此流产胎儿的消化道及肺组织可分离出布鲁氏菌，其他组织通常无菌。

布鲁氏菌也可由一个妊娠期至下一个妊娠期生存于单核吞噬细胞系统及乳房。临诊上在被感染的乳房不易发现布鲁氏菌，而可以通过乳汁接种豚鼠分离。只有少数动物可以清除病原体，而大多数则通常终生带菌，病程缓慢的母牛由于病理变化胎盘中增生的结缔组织使胎儿胎盘与母体胎盘固着黏连，致使胎衣滞留，从而可引起子宫炎，甚至全身败血性传染。愈后的子宫在妊娠时，乳腺组织或淋巴结中的布鲁氏菌可再经血管浸入子宫，引起再流产。但由于染病后获得不同程度的免疫力，再流产已属少见。流产时间主要决定于感染程度、感染时间与母牛抵抗力，母牛抵抗力低而早期大量感染时，流产则发生于妊娠早期。反之，常见晚期流产甚至正常分娩，伴有胎衣滞留。布鲁氏菌驻留于其他组织器官，可能引起程度不同的损害，如关节炎、睾丸炎等。

布鲁氏菌可以寄生在细胞内，能在宿主的巨噬细胞及上皮细胞内生存发育。有毒菌株菌体外有蛋白外衣，保护它在细胞内生存并产生全身感染，可使细菌逃避宿主免疫系统而长期存在。赤藓醇（erythriol）是布鲁氏菌的有力生长刺激物，易感染动物如牛、绵羊、山羊及猪胎盘内赤藓醇水平比对布鲁氏菌稍有抵抗力的人、家兔、大鼠及豚鼠高。雄性动物的生殖器也含有赤藓醇，这就对睾丸内传染局限化有了解释。布鲁氏菌利用赤藓醇优先于利用葡萄糖，说明雄性及妊娠母畜生殖系统中赤藓醇的存在，使细菌得到大量繁殖。在流产后的子宫内，布鲁氏菌存在时间不长，数日后消失，这可以解释为赤藓醇只在妊娠子宫中才大量存在。

血清抗体最先是IgM水平升高，随后是IgG水平升高，IgA在其后呈低水平上升，持续1年左右下降。此后每当病情反复时，IgG又迅速回升。布鲁氏菌抗原皮内接种患病动物可呈典型的超敏反应，说明细胞免疫在抗布鲁氏菌感染上起着重要作用。检测慢性型患病动物发现其免疫复合物增加，并出现自身抗体，表明慢性期体液免疫也参与了病理损伤。近期的研究表明，Ⅰ型、Ⅱ型、Ⅲ型、Ⅳ型变态反应在布鲁氏菌病的发病机理中可能都起一定作用。疾病的早期巨噬细胞，T细胞及体液免疫功能正常，他们可联合作用将细菌清除而痊愈。如果不能将细菌彻底消灭，则细菌、代谢产物及内毒素在局部或血流循环中反复刺激机体，致使T淋巴细胞致敏，当致敏淋巴细胞再次受抗原作用时，释放各种淋巴因子，如淋巴结通透因子、趋化因子、巨噬细胞活性因子等，其中只以单核细胞浸润为特征的变态反应性可形成肉芽肿、纤维组织增生等慢性病变。

（三）流行病学

1. 易感动物

各种布鲁氏菌对相应动物具有最强的致病性，而对其他种类动物的致病性较弱或缺乏致病性，但目前已知有60多种驯养动物与野生动物都是布鲁氏菌的宿主，驯养动物主要有：牛、羊、猪、马、狗、猫等；野生动物主要有水牛、野牛、牦牛、羚羊、鹿、骆驼、野猪、狐、狼、野兔、猴以及一些啮齿动物等，但是主要还是牛、羊、猪。其中牛布鲁氏菌对牛、水牛、牦牛以及马和人的致病力较强，羊布鲁氏菌对绵羊、山羊、牛、鹿和人的致病性较强，猪布鲁氏菌对猪、野兔、人等的致病力较强。

动物机体的生理状态与布鲁氏菌致病性之间具有密切关系，幼龄动物由于生殖系统尚未发育健全，故虽可带菌却不发病；老龄动物的易感性也较低，成年动物特别是青年动物处于妊娠期时对该菌的易感性最高。在一般情况下，初产动物最为易感，流产率也最高，随着产仔胎次的增加易感性逐渐降低。

2. 传播途径

布鲁氏菌可通过呼吸道和消化道黏膜入侵人和动物体内，动物之间也可以通过结膜接触和交配传播。患病动物通过尿液、乳汁、胎盘和流产胎儿传播布鲁氏菌。人类通过直接接触患病动物及其分泌物、因皮肤伤口、气溶胶吸入、食入未经高温消毒的奶制品而感染布鲁氏菌。含菌鲜奶是布鲁氏菌传播的主要载体，羊奶酪等奶制品也能引起布病的发生。奶酪中的布鲁氏菌，一般能够存活20d，有的长达3个月。所以，奶制品要经过巴氏消毒才能销售，要严格控制食品安全。肉类产品也是传染源之一，不正规的牛羊屠宰方式以及不正确的牛羊肉烹调方法，会增加人们感染布鲁氏菌的风险。

布鲁氏菌导致雌性动物流产，使母体的胎盘、组织和胎儿生存的液体环境受到严重污染，这是布鲁氏菌传播的一个主要途径。

布鲁氏菌能够通过呼吸道传播，具有高度传染性，对于农民、兽医、屠宰场工人和实验室布鲁氏菌研究人员来说，布病有一定的职业风险。由于处理不当，导致气溶胶传播，或实验室预防措施不足，对实验室操作人员来说，感染的风险很高。布鲁氏菌是常见的实验室感染的病原体之一，占实验室感染病原体的2%左右。人类布病可发生于任何年龄段，但在大多数情况下，20~40岁的年轻男子发病率更高些。人类布鲁氏菌病主要是通过动物宿主传播，人与人直接传播布鲁氏菌病是极为罕见的，少数病例是通过母乳喂养或性传播。

3. 传染源

该病的传染源主要是发病及带菌的牛、羊、猪，其次是犬。感染动物首先在同种动物间传播，造成带菌或发病，随后波及人类。患病动物的分泌物、排泄物、流产胎儿、乳汁等含有大量病菌，如实验性羊种布鲁氏菌病流产后乳含菌量高达 3×10^4 个/ml以上，带菌时间可达1.5~2年。各种布鲁氏菌在各种动物间有转移现象，如羊种布鲁氏菌可能转移到牛、猪，反之亦可。牛、羊、猪等动物及其产品与人类接触密切，从而增加了人类感染的机会。

4. 流行特点

1949年以前，我国人畜间布病流行情况没有准确的数据。在1950—1970年我国人畜中布病流行处于高发期，部分省份疫情严重，1980—1990年疫情基本得到控制，2000年以来，我国疫情又迅速反弹，目前布病防控形势异常严峻。

　　根据我国兽医公报报告的数据，2004—2015年期间，我国家畜布病发病数最多年份的是2011年，发病125 030例（图1-1）；年发病次数最多的是2012年，发病28 958次；发病省份最多的年份是2015年，23个省区发病（图1-2）。统计发现，发病家畜主要以牛和绵羊为主，2012年和2013年只有绵羊发病的病例报告，2006年以后无山羊病例报告（表1-1）。2010—2015年期间，每年的4~10月为家畜布病高发时期（图1-3），这与牛羊的繁殖期相吻合。近三年来，我国家畜布病发病数排在前列的省份为内蒙古自治区、新疆维吾尔自治区、陕西省、山西省、湖北省、山东省、黑龙江省、贵州省、浙江省等。内蒙古自治区2011年发病数为117 623例，占到全国动物发病总数的94.08%，是我国最为严重的地区。

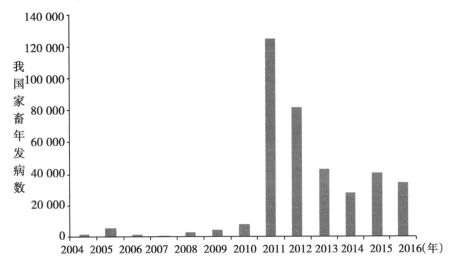

图1-1　2004—2015年我国家畜布鲁氏菌病年发病数变化情况

数据来源：兽医公报历年统计表

　　根据国家卫计委公布的数据，我国1975年前后人的布病处于高发期，20世纪80年代到90年代初处于平稳期。从2000—2015年，我国人间布病发病数处于显著增长期（图1-3）。在37种法定报告传染病中，布病发病人数由2002年的第17位升至2013年的第6位。2014年全国报告布病发病人数为57 222例，年发病率为4.18/10万，发病人数和年发病率均处于历史最高。目前，几乎全国31个省份均有人感染布病的报道，其中内蒙古自治区为高发省份之一，年新发病病例占到全国总数的40%。

　　目前，我国分离到的布鲁氏菌生物型包括牛种布鲁氏菌（生物型1~7和9）、羊种布鲁氏菌（生物型1、2和3）、猪种布鲁氏菌（生物型1和3）、绵羊副睾种布鲁氏菌和犬种布鲁氏菌。对我国布病病例调查显示，由羊种布鲁氏菌引起的布病占73.79%，其次是牛种布鲁氏菌占13.64%，猪种布鲁氏菌占5.78%，其他的布鲁氏菌种所占的比例较少。

　　本病一年四季均可发生，但以产仔季节为多，发病率牧区明显高于农区（图1-3）。流行区在发病高峰季节（春末夏初）可呈点状暴发。老疫区较少广泛流行或大批流产，但新疫区该病会突然发生急性病例，并使病原菌的毒力增强，造成牛群或羊群中暴发流行。人患病与职业有密切关系，畜牧兽医人员、屠宰人员、皮毛加工等明显高于一般人群。牧

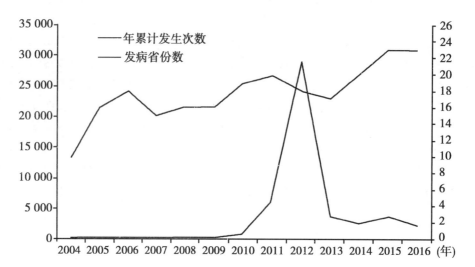

图 1-2　2004—2015 年全国家畜年累计发病次数与发病省份个数变化情况

数据来源：兽医公报历年统计表

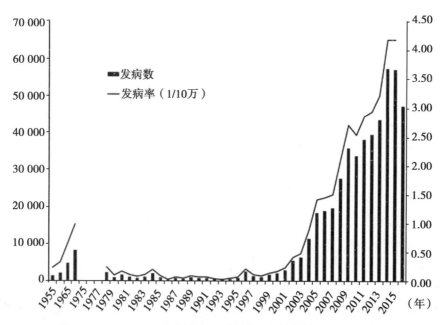

图 1-3　1955—2015 年全国布鲁氏菌病全年新发病人数变化情况

数据来源：国家卫计委历年统计表

区存在自然疫源地，但其流行强度受布鲁氏菌种、型及气候、牧场管理等情况的影响（图1-2 和图 1-3）。

（四）临床症状

（1）牛。潜伏期长短不一，通常依赖于病原菌毒力、感染剂量及感染时母牛的妊娠阶段而定，一般为 14~180d。患牛多为隐性感染。怀孕母牛的流产多发生于怀孕后 6~8 个月，母牛若再次流产，一般比第一次流产时间要迟。流产前数日除表现分娩预兆，如阴唇、乳房肿大，荐部与胁部下陷，乳汁呈初乳性质等外，还有生殖道的发炎临诊症状，即阴道黏膜发生粟粒大红色结节，由阴道流出灰白色或灰色黏性分泌液。流产时，胎水多清朗，但有时浑浊含有脓样絮片。常见胎衣滞留，特别是妊娠晚期流产者。流产后常继续排出污灰色或棕红色分泌液，有时有恶臭，1~2周后消失。早期流产的胎儿，通常在产前死亡；发育比较完全的胎儿，产出时可能存活但衰弱，不久很可能死亡。公牛有时可见阴茎潮红肿胀，更常见的是睾丸炎及附睾炎，急性病例则睾丸肿胀疼痛，还可能有中度发热与食欲不振，此后疼痛逐渐减退。约3周后，通常睾丸和附睾肿大，触之坚硬。临诊上还常见关节炎，甚至可以见于未曾流产的牛只，关节肿胀疼痛，有时持续躺卧，最常见于膝关节和腕关节患病。腱鞘炎比较少见，滑液囊炎特别是膝滑液囊炎则较常见，有时有乳房炎的轻微临诊症状。

如流产胎衣不滞留，则病牛迅速康复，又能受孕，但可能再度流产；如胎衣未能及时排出，则可能发生慢性子宫炎，引起长期不育。

在新感染的牛群中，大多数母牛都将流产1次。如在牛群中不断加入新牛，则疫情可能长期持续，如果牛群不更新，流产过1~2次的母牛可以正产，疫情似是静止，再加上饲养管理得到改善，病牛也可能有半数自愈。但这种牛群绝非健康牛群，一旦新易感牛只增多，还可引起大批流产。

（2）绵羊和山羊。临床表现主要是流产，但通常感染羊呈隐性经过，只在大批流产时可见到症状。自然条件下，流产多发生在妊娠后期，约在怀孕的第3或第4个月。有的山羊流产2~3次，有的则不发生，但有报道山羊群中流产占40%~90%。流产2~3d后，体温升高、精神不振、食欲减退、有的长卧不起，由阴道排出黏液或带血样分泌物。流产的胎儿多死亡，成活者极度衰弱而发育不良。产后母羊的阴道持续排出黏液或脓液，出现慢性子宫炎的表现，致使病羊不孕。有的病羊发生慢性关节炎及黏液囊炎，病羊跛行，常因采食不足、饥饿而死。经过1次流产后，病羊能够自愈，但自愈过程较缓慢。公羊除发生关节炎外，有时发生睾丸炎、附睾炎，睾丸肿大，触诊局部发热，有痛感。

（3）猪。临床上，猪感染大部分为隐性经过，少数呈现典型症状，表现为流产、不孕、睾丸炎、后肢麻痹及跛行、短暂发热或无热、很少发生死亡。母猪多在妊娠第3个月发生流产，流产前表现精神不振、食欲不佳，乳房、阴唇肿胀。由于猪各个胎儿的胎衣互不相连，胎衣和胎儿受侵害的程度及时期并不相同，因此，流产胎儿可能只有一部分死亡，而且死亡时间也不同。怀孕后期流产时，初生仔猪可能有完全健康者，也有虚弱者和不同时期死亡者，阴道常流出黏性红色分泌物，经8~10d虽可自愈，但排菌时间却较长，需经30d以上才能停止。公猪发生睾丸炎时，呈一侧性或两侧性睾丸肿胀、硬固，有热痛感，病程较长；后期睾丸萎缩，失去配种能力；也可发生关节炎而出现跛行，尤其是后肢多发。

（4）犬。妊娠母犬常在妊娠40~45d发生流产，也可在妊娠早期发生，流产后长期自阴道排出分泌物，流产胎儿大多为死胎，也有活胎但往往在数小时或数天内死亡、感染胎儿有肺炎和肝炎变化，全身淋巴结肿大。公犬常发生附睾炎、睾丸炎、睾丸萎缩、前列腺炎和阴囊皮炎等。但大多数病犬缺乏明显的临床症状，尤其是青年犬和未妊娠犬。

（5）鹿。牛种布鲁氏菌、羊种布鲁氏菌、猪种布鲁氏菌均可引起鹿的布鲁氏菌病。感染后多呈慢性经过，初期无明显症状，随后可见食欲减退，身体衰弱，皮下淋巴结肿大。有的病鹿呈波状发热。母鹿流产多发生在妊娠第6~8个月，分娩前后可见子宫内流出褐色或乳白色的脓性分泌物，带恶臭味。流产胎儿多为死胎。母鹿产后常发生乳腺炎、胎衣不下、不孕等。公鹿感染后出现睾丸炎和附睾炎，呈一侧性或两侧性肿大。

（6）人布鲁氏菌病。人群感染可致全身性反应，初期以发热、多汗、全身乏力、游走性关节痛等为主要特征，如得不到及时治疗，可转为慢性型感染，致肝、脾及睾丸肿大，关节和脊柱变形，最终丧失劳动能力和生育能力，此时治愈的可能性很小，并可反复发作。

（五）病理变化

（1）牛。病理变化主要是子宫内部的变化。子宫绒毛膜间隙中存在灰色或黄色、无气味的胶冻样渗出物，绒毛膜有坏死灶，表面覆有黄色坏死物。胎膜水肿肥厚，表面有纤维蛋白和脓液。胎儿多呈败血症变化，浆膜和黏膜有出血斑点，皮下结缔组织发生浆液出血性炎症，脾和淋巴结肿大，肺有支气管肺炎。公牛可发生化脓性、坏死性睾丸炎和附睾炎，睾丸显著肿大，被膜与外层的浆膜相黏连，切面具有坏死灶和化脓灶。慢性病例除实质萎缩外，还可见到淋巴细胞浸润，阴茎红肿，黏膜上出现小而硬的结节。

（2）绵羊和山羊。剖检变化与牛大致相同。

（3）猪。病理变化也与牛相似。如胎儿在流产前早就死亡，可见其干尸化。胎衣绒毛膜充血，有时水肿或杂有出血点，还可能覆盖一层灰黄色渗出物。睾丸和附睾在实质中有豌豆大或更大的坏死或化脓灶，其中可能已有钙盐沉积。有时精囊发炎或关节炎、化脓性腱鞘炎或滑液囊炎。

（4）鹿。病理解剖可见鹿流产时胎衣变化明显，多呈黄色胶样浸润，有些部位覆盖灰色或黄绿色纤维蛋白及脓性絮片，有时还见有脂肪状浸出物。胎儿胃内有淡黄色或黄绿色絮状物，胃肠和膀胱黏膜有点状出血或线状出血，淋巴结、脾脏和肝脏有程度不同肿胀，并有散在的炎性坏死灶，胎儿和新生鹿仔有肺炎病灶。公鹿的精囊有出血点和坏死灶，睾丸和附睾有炎性坏死和化脓灶。

（六）诊断

布鲁氏菌病的诊断主要是依据流行病学、临床症状和实验室检查。发现可疑患病动物时，应首先观察有无布鲁氏菌病的特征，如流产、胎盘滞留、关节炎或睾丸炎，了解传染源与患病动物接触史，然后通过实验室的细菌学、分子生物学和血清学检测进行确诊。由于布病自身特点和疫苗的使用，使布病的诊断中容易出现交叉反应和假阳性。现阶段，布病的实验室诊断手段主要有如下方法，如表1-3所示。

1. 病原学诊断

（1）显微镜检查（染色法）。采集流产胎衣、绒毛膜水肿液、肝、脾、淋巴结、胎儿胃内容物等组织，制成抹片，用柯兹罗夫斯基染色法染色，镜检，布鲁氏菌为红色球杆状小杆菌，而其他菌为蓝色。

（2）分离培养。新鲜病料可用胰蛋白胨琼脂面或血液琼脂斜面、肝汤琼脂斜面、3%甘油0.5%葡萄糖肝汤琼脂斜面等培养基培养；若为陈旧病料或污染病料，可用选择性培养基培养。培养时，1份在普通条件下，另1份放在含有$5\% \sim 10\%$ CO_2的环境中，37℃培养$7 \sim 10d$。然后进行菌落特征检查和单价特异性抗血清凝集试验。为使防治措施有更好的针对性，还需做种型鉴定。

如病料被污染或含菌极少时，可将病料用生理盐水稀释$5 \sim 10$倍，健康豚鼠腹腔内注射 0.1~0.3ml/只。如果病料腐败时，可接种于豚鼠的股内侧皮下。接种后 4~8 周，将豚鼠扑杀，从肝、脾分离培养布鲁氏菌。

（3）鉴定与分型。鉴定布鲁氏菌可结合以下测试：革兰氏染色、菌落形态、生长特性、尿酶活性、氧化酶活性以及抗布鲁氏菌光滑型或粗糙型因子血清的凝集测试等。除以上指标外，其他分型依据还有噬菌体裂解试验、初代生长时是否需要 CO_2、H_2S 试验、在含有复红、硫堇染料的培养基的生长表现以及吖啶黄测试等，这些操作仅限于在生物 3 级实验室进行，具体鉴定与分型结果参考 OIE 陆地动物实验手册 2016 年版。PCR 方法也可用于鉴定与分型。

（4）核酸诊断方法。

①PCR 技术：聚合酶链式反应（PCR）常用于检测培养菌株和临床样本的布鲁氏菌 DNA，检测的临床样本主要包括血清、全血、尿液、奶样（奶酪）、精液、体液、各种组织以及新生儿或流产胎儿、人的布鲁氏菌病还可以检测脑脊液、关节液、胸腔积液和浓汁等。目前常用的 PCR 种类可以归纳为常规 PCR、巢式 PCR、多重 PCR 以及实时定量 PCR 等。从检测类型上还可以分为布鲁氏菌通用型、单一种属、不同种属以及不同生物型的鉴别、多种病原鉴别、疫苗株与野毒株鉴别等不同的 PCR 方法。

常规 PCR：常规 PCR 较早用于布鲁氏菌属的检测，通用型 PCR 常选用的靶基因有 bcsp31（B4/B5）、16SrRNA（F4/R2）、16S-32S、IS711、per、外膜蛋白 omp2b、omp2a、omp31 和 omp25 等。还有单一种属的 PCR，如根据 alkB 和 IS711 基因设计的牛种布鲁氏菌检测方法，以及根据犬种布鲁氏菌 BCAN_ B0548-0549 基因区域特异性检测犬种布鲁氏菌。

多重 PCR：针对布鲁氏菌多个靶基因设计引物在同一 PCR 管中进行检测，因为针对的是多个基因，同时在多个位点发生变异的可能性很小，能大大降低假阴性出现的概率。也可以将临床症状与布鲁氏菌病相似的其他病原或者存在交叉感染病原一同进行 PCR 检测，如布鲁氏菌经常与鹦鹉热衣原体、贝纳氏柯克斯氏体、牛分枝杆菌等进行双重或多重 PCR 检测。

实时定量 PCR：有探针法和染料法，与常规 PCR 方法相比，具有灵敏度高、特异性强、检测速度快等优点，结果无须电泳直接通过扩增曲线实时监测结果。

多重鉴别 PCR：AMOS-PCR（Bortus Melitensis Ovis Suis），可以鉴别牛种 1 型、2 型和 4 型，羊种 1 型、2 型和 3 型，绵羊副睾种和猪种 1 型布鲁氏菌。Bruce-ladder 多重 PCR 方法，可以鉴定和区分已知的所有布鲁氏菌菌株，也包括疫苗株 S19、RB51 和 Rev. 1。

其他基于 PCR 的鉴别技术：根据布鲁氏菌 omp25，omp2a 和 opm2b 基因的 PCR 限制性片段长度多态性（PCR-RFLP）方法也可应用于布鲁氏菌种的鉴定。依据单核苷酸多态性分析（SNP）也可以进行布鲁氏菌种的鉴定。多位点可变数目串联重复序列分型（ML-VA）技术目前也已经大量应用于布鲁氏菌株的种属以及生物型的鉴定。

疫苗株与野毒株的鉴别诊断：国外常用疫苗株 S19、RB51 和 Rev.1 已经有相关的 PCR 鉴别诊断方法。我国目前使用的疫苗株 A19、S2 和 M5-90 株也有相关 PCR 技术的鉴别诊断报道。

②核酸探针技术：核酸探针是指带有标记物的已知序列的核酸片段，它能和与其互补的核酸序列杂交，形成双链，可用于待测核酸样品中特定基因序列的检测。1996 年，

Matar 等用 PCR 从 bcsp31 基因序列上扩增出 223bp 的目的片段，然后用 25bp 地高辛标记的探针对该序列进行杂交，结果显示出良好的特异性。

③环介导等温扩增技术（LAMP）：环介导等温扩增技术（Loop-mediated isothermal amplification，LAMP）是通过 4 条特殊的引物对靶基因序列上 6 个不同区域进行退火杂交，利用具有链置换活性的 Bst DNA 聚合酶提供反应的动力，在恒温条件下（60~65℃）孵育几十分钟即可快速完成核酸的指数级扩增，结果通过肉眼直接判断。该方法作为一种新颖的病原检测技术，以其特异性强、灵敏度高、操作简便、设备要求低等其他技术所无法替代的优势为布鲁氏菌的快速检测提供了新的思路。

2. 血清学方法

既可做出迅速诊断，又可帮助分析患病动物机体的病情动态。布鲁氏菌病诊断常用的血清学方法包括缓冲布鲁氏菌抗原凝集试验、补体结合试验、间接 ELISA 和布鲁氏菌皮肤变态反应等。由于布鲁氏菌进入机体后可不断刺激机体，先后产生凝集性抗体、调理素、补体结合抗体和沉淀抗体等，因此，检查血清抗体对分析和诊断病情具有重要意义。凝集试验（包括试管凝集试验、虎红平板凝集试验、全乳环状试验）和补体结合试验两者可以结合应用、以互相补充。动物感染布鲁氏菌 5~7d，血液中即可出现凝集素并在流产后 7~15d 达高峰期，经一定时期逐渐下降。

（1）虎红平板凝集试验（Rose bengal test，RBT）。OIE 规定其为"贸易适用"方法，我国将其列为国家标准。将一种新的酸性缓冲玻片抗原取代旧玻片抗原，以虎红染料染色菌体，主要特点是抑制引起非特异性反应的 IgM 和 IgG 的活化。该方法简便，成本低廉，适用于布鲁氏菌病大面积检疫和流行病学调查，已被多个国家引进作为标准筛选方法。但该方法易出现假阴性及假阳性，不能区别鉴定人工免疫和自然感染。具体步骤为：试验准备见 GB/T 18646，将玻璃板上各格标记受检血清号，然后加相应血清 0.03ml，在受检血清旁滴加抗原 0.03ml，用牙签类小棒搅动血清和抗原使之混合。每次试验应设阴、阳性血清对照。判定：在阴、阳性血清对照成立的条件下，方可对被检血清进行判定。受检血清在 4min 内判定结果，反应强度的判定标准："−"无凝集，呈均匀粉红色。"+"稍能查到凝集，稍有卷边形成，凝集物间液体呈红色。"++"形成明显卷边，凝集块间液体稍清亮。"+++"凝集反应较强。"++++"凝集块呈菌丛状，凝集块间液体清亮明显。

（2）缓冲布鲁氏菌平板凝集试验（Buffered plate agglutination test，BPAT）。OIE 规定其为"贸易适用"方法。此法检测速度快、操作简便、敏感性高，常作为家畜间检疫和人群中流行病学快速筛选的一种简易方法。但该方法存在非特异性凝集，常出现假阴性反应，但可以通过稀释血清或间隔至少 3 个月以后复查检出。

（3）试管凝集试验（慢凝集试验）（Serum agglutination test or Slow agglutination test，SAT）。1998 年，我国将其列入国家标准并沿用至今，具体操作见 GB/T 18646。SAT 是一种特异、较敏感、稳定的检测方法，可以检测人畜血清中的抗布鲁氏菌 IgG、IgM、IgA3 类免疫球蛋白，但主要检测的是 IgM 和 IgG2 型抗体，且 SAT 检测 IgM 的敏感性显著高于 IgG2，因此可作为布鲁氏菌病的早期诊断，同时又可用于人畜布鲁氏菌病疫苗免疫后血清抗体的检测。SAT 试验操作简便，判定容易，因此有较高的诊断价值，但不能区分人工免疫和自然感染（表 1-3）。

表 1-3　牛、羊、猪种布鲁氏菌感染的诊断方法

方法	目　的					
	感染的动物群	感染的个体动物 a	根除政策的贡献 b	临床病例的确诊 c	疑似病例的确诊 d	感染–监测的动物群流行
病原学鉴定						
染色法	–	–	–	+	–	–
分离培养	–	–	–	+++	++/+++d	–
PCRe	–	–	–	+/++	+/++d	–
免疫学检测 f						
RBT/BPAT	+++	++	+++	+	+	+++
FPA	++	++	+	++	+	++
CFT	++	++	+++	++	+	+++
I-ELISA	+++	++	+++	++	+	+++
C-ELISA	++	+	+	+	+	++
BST	++	–	+	+++	+++	++
SAT	++	+	+	–	–	+
NH 和胞质蛋白测试 g	–	–	+	++	++	–
大罐奶测试 h 奶样 I-ELISA 或全乳环状试验	+++	–	+++	+	–	+++

数据来源：OIE Terrstrial Manual 2016

备注：+++：推荐检测方法；++：适合的检测方法；+：在某些情况下可以使用，但成本高，可信度好或者其他因素限制本方法的应用；–：不适用于本目的。

PCR：聚合酶链式反应；BBAT：缓冲液布鲁氏菌抗原试验（如 RBT［虎红平板凝集试验］和 BPAT［缓冲布鲁氏菌平板凝集试验］）；CFT：补体结合试验；I-or C-ELISA：间接或者竞争酶联免疫吸附试验；FPA：荧光偏振测试；BST：布鲁氏菌素皮肤试验；SAT：试管凝集试验；NH：天然半抗原（native hapten）。

ᵃ适用于国家或地区无布鲁氏菌感染的动物群。

ᵇ为了加快感染动物群的根除计划，推荐使用平行的检测方法可以增加诊断的敏感性，例如：至少应用两种检测方法，如 BBAT 或 FPA 和 CFT 或 I-ELISA。如果平行使用血清学方法和 BST 可以进一步增加敏感性。

ᶜ在流行率低或者几乎无阳性病例的地区，血清学检测的阳性结果的评判价值可能非常低，在这种情况下，为了确诊临床病例，病原学鉴定通常认为是必要的。在感染的动物群中，任何血清学的阳性结果都被认为是可以确诊临床病例的。

ᵈ在感染动物群中，任何血清学的阳性反应都应该被认为是感染的。在流行率低或者几乎无阳性病例的地区，单独的血清学阳性反应应该用细菌的分离培养（PCR 方法）或者布鲁氏菌素皮肤试验来确诊。在无布病的国家或地区，那些应用血清学筛查时确诊的阳性可疑动物也应该用细菌的分离培养（PCR 方法）或者布鲁氏菌素皮肤试验来进一步确诊。

ᵉ可能出现假阳性结果。

ᶠ应用血清学方法检测猪布病的敏感性和特异性比反刍动物更低。因此，在猪群中实施大规模的血清学筛查是几乎不可能的（由于缺乏特异性）。另外，在非流行地区，临床或者血清学可疑动物都必须通过细菌的分离培养（PCR 方法）或者布鲁氏菌素皮肤试验来进一步确诊。

ᵍ在免疫 S19 或者 Rev. 1 疫苗地区，本方法可以帮助鉴别动物的免疫抗体和自然感染抗体。

ʰ仅适用于奶牛。

SAT 可检测的布鲁氏菌特异性抗体主要为 IgM 类，当检测阳性样品时，检测抗原与被检抗体形成肉眼可见的凝集片（抗原抗体复合物）附着在试管的底部，同时上部液体变得清亮。虽然 SAT 不再是 OIE 检测牛布病的推荐方法，但 SAT 依然广泛应用于人类布病感染检测（图 1-4）。

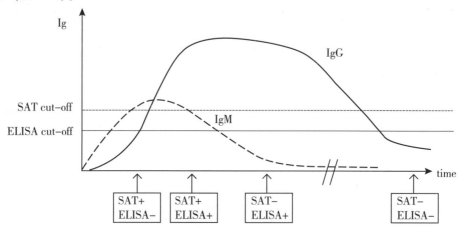

图 1-4 在布鲁氏菌感染后的不同时间应用 SAT 和 ELISA 方法诊断的结果

图片来源：Godfroid et al.，2010

3. 补体结合反应（Complement fixation text，CFT）

OIE 规定其为"贸易适用"方法，我国将其列为国家标准，见 GB/T 18646。CFT 检测的是能够激活补体反应的免疫球蛋白，对牛来说为 IgM、IgG。据文献描述该方法敏感性不高但特异性很高。虽然 CFT 也是 OIE 规定的"贸易适用"方法，但由于该方法难于标准化，正逐渐被 ELISA 所取代。

4. 全乳环状试验（Milk ring test，MRT）

OIE 规定 MRT 只能用于奶牛检测。我国将其列为国家标准，见 GB/T 18646。MRT 以染色的布鲁氏菌全菌作为诊断抗原，可用其检测混合奶样，当存在布鲁氏菌抗体时，红色的抗原抗体复合物转移到乳脂层，形成有色乳脂环（红色为紫红色）。MRT 被认为缺乏敏感性，但由于检测成本低廉，这种缺陷可通过反复检测来加以弥补。

5. 酶联免疫吸附试验（Enzyme-linked immunosorbent assays，ELISA）

OIE 认定 ELISA 为"贸易适用"方法。大部分 iELISA 使用纯化的光滑型 LPS 作为诊断抗原，但 iELISA 中抗牛免疫球蛋白结合物的使用却多种多样。大多数 iELISA 检测的是 IgG 类免疫球蛋白，iELISA 敏感性极高，但同时非特异性反应（假阳性）也较多，这些假阳性结果大多是由小肠结肠耶尔森 O9（YO9）的类属抗原成分所致，iELISA 可能引入的假阳性可由 cELISA 所排除。光滑型布鲁氏菌 LPS 与 YO9 LPS 在 O 多糖侧链上存在不同的抗原表位，因而有可能开发出更加特异的 cELISA。

6. 荧光偏振测试（Fluorescence polarization assay，FPA）

是 OIE 规定的"贸易适用"方法。FPA 是一种利用物质分子在溶液中旋转速度与分子量大小呈反比的特点，定量检测抗原或抗体的一种分析方法。FPA 非常易于自动化，可以快速准确地对布鲁氏菌病进行诊断，虽然敏感性稍低于 iELISA、特异性稍低于 cELISA，但具有方便、成本低且检测速度快的优点，可大量节省检测时间，减少设备、材料和试剂的消耗，是具有发展前景的布鲁氏菌检测方法之一。FPA 已用于北美和欧洲的布病根除运动。

具体步骤：取 20μl 血清样品加入黑色 96 孔微量反应板内，加 180μl 反应缓冲液，室温孵育 3min，置荧光偏振仪上读板，加结合物 10μl，室温孵育 2min，置荧光偏振仪上读板，两次读取值的差值与阴性对照的差值进行比较，判定阴阳性结果。

7. 胶体金免疫层析法（Gold immunochromatography assay，GICA）

GICA 具有方便快捷、特异敏感、稳定性强、不需要特殊设备和试剂、结果判断直观等优点，目前在基层、现场诊断方面得到一定的应用。

（七）防控措施

1. 防控

应该着重体现"预防为主"的原则。采取监测、检疫、消毒、扑杀和无害化处理等综合防治措施。

在未感染畜群中，控制本病传入的最好办法是自繁自养，必须引进种畜或补充畜群时，要严格执行检疫。将牲畜隔离饲养两个月，同时进行布鲁氏菌病的检查，全群两次免疫生物学检查阴性者，才可以与原有牲畜接触。清净的畜群，还应定期检疫（至少 1 年 1 次），一经发现，即应淘汰。

畜群中如果发现流产，除隔离流产畜和消毒环境及流产胎儿、胎衣外，应尽快做出诊断。确诊为布鲁氏菌病或在畜群检疫中发现本病，均应采取措施，将其消灭。消灭布鲁氏菌的措施是检疫、隔离、控制传染源、切断传播途径、培养健康畜群及主动免疫接种。关于消灭布鲁氏菌病的办法，世界各地曾有过不少成功经验，我国也有很多成果，都可因地制宜地参考实施。

通过免疫学检查方法在畜群中反复进行检查淘汰（屠宰），可以清净畜群。也可将查出的阳性畜群隔离饲养，继续利用，阴性者作为假定健康畜继续观察检疫，经 1 年以上无阳性者出现（初期 1 个月检查 1 次，2~3 次后，可 6 个月检查 1 次），且已正常分娩，即可认为是无病牛群。

培养健康畜群从幼畜着手，成功机会较多。由犊牛培育健康牛群，已有很多成功经验。这种工作还可以与培养无结核病牛群结合进行。即病牛所产犊牛立即隔离，用母牛初乳人工饲喂 5~10d，以后喂以健康牛乳或巴氏灭菌乳。在第 5 个月及第 9 个月各进行 1 次免疫生物学检查，全部阴性时即可认为健康牛群。

培养健康羔羊群则在羔羊断乳后隔离饲养，1 个月内做两次免疫生物学试验，如有阳性畜淘汰外再继续检疫 1 个月，至全群阴性，则可认为健康羔群。

仔猪在断乳后即隔离饲养，2 月龄至 4 月龄各检疫 1 次，如全为阴性即可视为健康仔猪。

2. 免疫

疫苗接种是控制本病的有效措施。已经证实，布鲁氏菌病的免疫机理是细胞免疫。在保护宿主抵抗流产布鲁氏菌的细胞免疫作用是，特异的 T 细胞与流产布鲁氏菌抗原反应，产生淋巴因子，此淋巴因子提高巨噬细胞活性战胜其细胞内细菌。因而在没有严格隔离条件的畜群，可以接种疫苗以预防本病的传入；也可以用疫苗接种作为控制本病的方法之一。目前，国际上在牛上主要使用 S19 和 RB51 疫苗，羊主要使用 Rev.1 疫苗。我国主要使用 A19 和 S2 疫苗。

（1）牛种布鲁氏菌 A19 疫苗。目前，我国使用的牛种 A19 株疫苗株应该是 1956 年前国际上被广泛使用的 S19。S19 疫苗可以为牛提供较好的保护力，但其保护效果与接种年龄、剂量、免疫途径、牛场动物群体免疫情况等有关。另外，该菌株是光滑型，其 LPS 含有 O-侧链，能持续刺激机体产生抗体，对牛有一定的保护力，但这也使得常规血清学检测方法无法区分免疫动物和自然感染动物。

（2）猪种布鲁氏菌 S2 疫苗。猪种 S2 疫苗株是我国兽医药品监察所于 1952 年从猪的流产胎儿中分离到的，研究结果证实了 S2 疫苗具有良好的免疫保护效果和优越的安全性。

（3）牛。我国主要使用牛种 A19 疫苗免疫。一般对 3~8 月龄牛接种 1 次标准剂量，必要时，可在 18~20 月龄（即第 1 次配种前）再接种 1 次减低剂量，以后可根据牛群布氏菌病流行情况决定是否再进行接种。皮下注射每头 6×10^{10} CFU 活菌的标准剂量，亦可以用 1×10^9 CFU 活菌的减低剂量。牛也可免疫 S2 疫苗，可通过口服每头 5×10^{10} CFU 活菌。

（4）山羊和绵羊。过去我国曾使用羊的 M5-90 株免疫山羊和绵羊，现在由于毒力较强，暂不使用。可使用猪的 S2 疫苗进行免疫。山羊和绵羊不论年龄大小，每头口服 10^{10} CFU 活菌，间隔 1 个月，再口服 1 次。皮下或肌内注射时山羊每头 2.5×10^9 CFU 活菌，绵羊每头 5×10^9 CFU 活菌。

（5）猪。猪每头口服 S2 疫苗 2×10^{10} CFU 活菌，皮下或肌内注射时接种 2 次，每次每头 2×10^{10} CFU 活菌，间隔 1 个月在注射 1 次。

（撰写人：赵贵民；校稿人：何洪彬、王洪梅）

二十二、结核病

牛结核病（Bovine tuberculosis，BTB）主要是由牛分枝杆菌（*Mycobacterium bovis*，M. Bovis）及结核分枝杆菌（*Mycobacterium tuberculosis*）引起的一种慢性消耗性人兽共患传染病，其特征主要是渐进性消瘦，在患病组织和器官形成结核结节、干酪样病灶及钙化病变，被世界动物卫生组织（OIE）列为 B 类动物疫病，我国将其列为二类优先防治的动物疫病，是严重威胁人类健康和畜牧业发展的一种重要传染病。

结核病曾广泛流行于世界各国，以奶业发达国家最为严重。由于各国政府都十分重视结核病的防治，一些西方国家如丹麦、荷兰、比利时、美国和澳大利亚等已经有效地控制或消灭了此病，但在有些国家和地区仍呈地区性流行。据报道，全球每年约有 5 000 万头牛患牛结核病，经济损失达 30 多亿美元，严重危害养牛业的发展。2013 年，全世界结核病例 860 万头，死亡 130 万头。我国是世界上 22 个结核病高发国家之一，2014 年，全国发病 889 381 例，居世界第二位，仅次于印度。卡介苗（BCG）是人结核病预防的唯一疫苗，但存在一定缺陷。动物结核病方面，目前国内外均采取"检疫-扑杀"措施防控结核病，不免疫不治疗。动物结核病除导致动物生产的损失外，还是人结核病的重要来源。因此，结核病一直是威胁人类健康的全球性卫生问题，尤其是对于某些发展中国家和地区，结核病成为死亡的首要原因。

（一）病原

1. 分类

本病病原是分枝杆菌科（*Mycobacteriaceae*）分枝杆菌属（Mycobacterium）成员。结核病病原是由具有致病性的结核分枝杆菌复合群（*Mycobacterium tuberculosis complex*，MTC）中的细菌引起，包括牛分枝杆菌（*Mycobacterium bovis*）、结核分枝杆菌（*Mycobacterium tuberculosis*）等。

2. 形态和培养特性

本菌为革兰氏阳性菌，无鞭毛，不形成芽孢和荚膜，也不具有运动性。本菌的形态，因种别不同而稍有差异。牛分枝杆菌比结核分枝杆菌短而粗，菌体着色不均匀，常呈颗粒状。禽分枝杆菌短而小，为多形性。结核分枝杆菌是直或微弯的细长杆菌，长 1.5~5μm，宽 0.2~0.5μm，呈单独或平行相聚排列，多为棍棒状，在陈旧培养基上或干酪性淋巴结内的菌体，偶尔可见分枝现象。

分枝杆菌胞壁中因含有分枝杆菌酸和蜡质而具有抗酸性，因此一般染色法较难着色，可用姜-尼氏（Ziehl-Neelsen）抗酸染色法鉴别，结核杆菌染成红色，其他非抗酸菌和细胞杂质等呈蓝色。

3. 生化特性

分枝杆菌为严格需氧菌，营养要求高。牛分枝杆菌生长最适 pH 值为 5.9~6.9，结核分枝杆菌为 7.4~8.0，禽分枝杆菌为 7.2。最适生长温度为 37~38℃，低于 30℃ 或高于 42℃ 均不生长，但禽分枝杆菌 42℃ 可生长。初代分离时可用劳文斯坦-杰森氏培养基，半个月左右可长出粗糙型菌落，有的菌初代分离需要 2 个多月。改良罗氏培养基上菌落较大，一般需 14~20d 才能生长，最快需一周左右。外观呈圆形隆起，表面光滑、湿润，菌落易融合成片。在培养基中加入适量的甘油（牛分枝杆菌例外）、全蛋、蛋黄或蛋白及动物血清或分枝杆菌素等均有利于此菌快速生长。

4. 抵抗力

由于结核分枝杆菌细胞壁中含丰富的蜡脂类，因此对外界环境的抵抗力较强。特别是对干燥、腐败及一般消毒药耐受性强，在干燥的痰中能存活 10 个月，在病变组织和尘埃中能生存 2~7 个月或更久，在水中可存活 5 个月，在粪便、土壤中可存活 6~7 个月，在冷藏奶油中可存活 10 个月，在奶中可存活 90d。但对热的抵抗力差，60℃ 30min 即可死亡，在直射阳光下经数小时死亡。常用消毒剂经 4h 可将其杀死。5%来苏尔 48h，5%甲醛溶液 12h 方可杀死本菌，而在体积分数为 70%的乙醇溶液、质量分数为 10%漂白粉溶液中很快死亡。碘化物消毒效果最佳，但对无机酸、有机酸、碱类和季铵盐类等具有抵抗力。

本菌对磺胺类药物、青霉素及其他广谱抗生素均不敏感，但对链霉素、异烟肼、对氨基水杨酸和环丝氨酸等敏感。

5. 分子特征

牛分枝杆菌大不列颠强毒株（AF2122/97）是 1997 年由一头肺部和支气管纵隔淋巴结发生干酪样病变的病牛身上分离到的。基因组全长为 4 345 492bp，其中 GC 含量为 65.63%，含有 3951 个基因编码的蛋白质，包括一个原噬菌体和 42 个插入序列（IS）序列。在核苷酸水平上，牛分枝杆菌与结核分枝杆菌基因组相比，其同源性大于 99.95%，表现出共线性，没有广泛的置换、复制或倒置现象。奇怪的是，在牛分枝杆菌中，有一个被称作 TbD1 的基因位点，在现有的大多数分枝杆菌中没有该基因的存在。牛分枝杆菌 TbD1 区呈现一个单核苷酸的多态性。

1998 年，英国 Sanger 中心和法国 Pasteur 研究所合作完成了对结核分枝杆菌 H37Rv 菌株全基因组测序工作。结核分枝杆菌基因组大小为 4.4Mb，预测含 4 411 个开放阅读框（ORF）。其中 3 924 个 ORF 被认为编码蛋白质，50 个基因编码稳定的 RNA。结核分枝杆菌基因组 G/C 含量高达 65.6%。基因组编码蛋白质的 10% 为 PE（脯氨酸和谷氨酸重复）和 PPE（脯氨酸、脯氨酸和谷氨酸重复）蛋白质家族。Sampson 等研究证实，在结核分枝杆菌中，60% 的 IS6110 插入发生在编码区域内。由于对基因的干扰而有可能对菌株表型产生影响，IS6110 可能具有驱动基因组进化的能力。间隔子是断裂基因中所具有的非编码序列。结核分枝杆菌的顺向重复（DR）位点，是由一系列 36bp 的顺向重复序列被非重复的独特的间隔子（长度为 34~41bp）分隔组成。在间隔子寡核苷酸分型中，DR 是体外 DNA 扩增的靶点，可用间隔子的变化（即多态性）来获得不同的杂交样式。主要的多态性串联重复（Major polymorphic tandem repeat，MPTR）是结核分枝杆菌染色体中的一种主要类型的重复 DNA，是由 10bp 的短串联重复序列被 5bp 的间隔子所分隔组成。这些重复序列可能代表免疫显性抗原决定部位，后者在对分枝杆菌的免疫应答中起作用，也可能涉及其调控功能。

（二）致病机制

1. 变态反应

分枝杆菌是细胞内寄生的细菌。机体抗结核病的免疫基础主要是细胞免疫，细胞免疫反应主要依靠致敏的淋巴细胞和激活的单核细胞互相协作来完成。体液免疫抗菌因素只是其次的。分枝杆菌免疫的另一个特点是传染性免疫和传染性变态反应同时存在。传染性免疫，即只有当分枝杆菌的抗原在体内存在时，抗原不断刺激机体才能获得结核特异性免疫力，这种免疫也叫做带菌免疫。若细菌和抗原消失后，免疫力也随之消失。传染性变态反应，是指机体初次感染分枝杆菌后，机体被致敏，当再次接触菌体抗原时，机体反应性大大提高，炎症反应也较强烈，这种变态反应是在结核传染过程中出现的，故称为传染性变态反应。由于机体对分枝杆菌的免疫反应和变态反应一般都是同时产生，伴随存在，故应用结核菌素试验来检查机体对分枝杆菌有无变态反应，从而了解机体对结核菌有无免疫力，或有无感染与带菌。

2. 发病机理

分枝杆菌侵入机体后，与吞噬细胞遭遇，易被吞噬细胞将分枝杆菌带入局部的淋巴管和组织，并在侵入的组织或淋巴结处发生原发性病灶，细菌被滞留并在该处形成结核结节。如果机体抵抗力强，此局部的原发性病灶局限化，长期甚至终生不扩散。如果机体抵抗力弱，疾病进一步发展，细菌经淋巴管向其他一些淋巴结扩散，形成继发性病灶。如果疾病继续发展，细菌进入血流，散布全身，引起其他组织器官的结核病灶或全身性结核。

结核杆菌的致病力与其他细菌不同，它不产生内毒素和外毒素，多数学者认为脂质效应分子和脂质代谢在致病中起着关键作用，近年来已经证实分枝杆菌所以能致病，是与菌体内所含的触酶及过氧化物酶的活力有关，活力高，致病力强，反之，致病力弱。

（三）流行病学

1. 易感动物

本病可侵害人和多种动物，约有 50 多种哺乳动物，20 多种禽类可患本病。易感性因动物种类和个体不同而异；家畜中牛最易感，特别是奶牛，其次是黄牛、牦牛、水牛，猪和家禽易感性也较强，羊极少患病。毛皮动物中水貂、银黑狐、北极狐、海狸鼠和毛丝鼠均可感染。野生动物中猴、鹿易感性较强，一些野禽也易感，狮、豹等也有发生的报道。

牛结核病主要由牛分枝杆菌引起，也可以由结核分枝杆菌引起，但牛分枝杆菌的自然宿主相当广泛，包括牛、人类和各种哺乳动物，极少感染马科动物和绵羊。禽分枝杆菌主要感染家禽，但也可感染牛、猪和人。目前仍然缺乏牛群中引起牛结核病的分枝杆菌病原分型数据。

2. 传播途径

本病主要经呼吸道、消化道感染，交配也有感染的可能。病菌随咳嗽、喷嚏排出体外，漂浮在空气飞沫中，健康人畜吸入后即可感染。幼龄动物饮入患病动物乳汁也是结核病传播的一种方式。

3. 传染源

患病动物和人是该病的传染源，尤其是开放型患者是主要传染源，其痰液、粪尿、乳汁和生殖道分泌物中都可带菌，污染饲料、食物、饮水、空气和环境而散播传染。传播能力的大小取决于病原菌毒力大小以及排菌量。

4. 流行特点

发病无明显季节性，多为散发。凡是能引起抵抗力下降的因素都能促发本病。饲养管理不当与本病的传播有密切关系，畜舍通风不良、拥挤、潮湿、阳光不足、缺乏运动，最易患病。

（四）症状与病理变化

1. 临床症状

各种动物的结核病的临床症状，由于动物种类不同而有差别，疾病的症状通常与病原菌的毒力、感染途径、阶段以及动物的状态有关。潜伏期长短不一，短者十几天，长者数月甚至数年。结核起病缓渐，病程经过较长，常伴随有低热、乏力、食欲不振和咳嗽等症状。根据结核结节在动物的不同组织部位，分为肺结核、乳房结核和肠结核等。

牛结核病主要由牛分枝杆菌引起。结核分枝杆菌和禽分枝杆菌对牛毒力较弱，多引起局限性病灶且缺乏肉眼变化，即所谓的"无病灶反应牛"，通常这种牛很少成为传染源。

（1）肺结核。牛常发生肺结核，病初食欲、反刍无变化，但易疲劳，常发短而干的咳嗽，尤其当起立运动，吸入冷空气或尘埃的空气时易发咳，随后咳嗽加重、频繁，且表现痛苦，呼吸次数增多或发生气喘。病畜日渐消瘦、贫血，有的牛体表淋巴结肿大，常见于肩前、股前、腹股沟、颌下、咽及颈淋巴结等。当纵膈淋巴结受侵害肿大压迫食道，则有慢性臌气症状。病势恶化可发生全身性结核，即粟粒性结核。胸膜腹膜发生结核病灶即所谓的"珍珠病"，胸部听诊可听到摩擦音。多数病牛乳房常被感染侵害，见乳房上淋巴结肿大无热无痛，泌乳量减少，乳汁初无明显变化，严重时呈水样稀薄。

（2）肠道结核。多见于犊牛，表现消化不良，食欲不振，顽固性下痢，迅速消瘦。

（3）生殖器官结核。可见性机能紊乱；发情频繁，性欲亢进，慕雄狂或不孕。孕畜流产，公畜副睾丸肿大，阴茎前部可发生结节、糜烂等。

（4）中枢神经系统主要是脑与脑膜发生结核病变，常引起神经症状，如癫痫样发作、运动障碍等。

2. 病理变化

结核病伴随各种动物机体的反应性而不同，可分为增生性和渗出性结核两种，有时在机体内有两种病灶同时混合存在。抵抗力强时，机体对分支杆菌的反应常以细胞增生为主，形成增生性结核结节，即由类上皮细胞和巨噬细胞集结在分支杆菌周围构成特异性的肉芽肿，外周是一层密集的淋巴细胞和成纤维细胞，从而形成非特异性的肉芽组织。抵抗力低时，机体的反应则以渗出性炎症为主，即在组织中有纤维蛋白和淋巴细胞的弥漫性沉积，随后发生干酪性坏死、化脓或钙化。这种变化主要见于肺和淋巴结。

牛结核肉眼病变最常见于肺、肺门淋巴结、纵隔淋巴结，其次为肠系膜淋巴结，其表面或切面常有很多突起的白色或黄色结节，切开后有干酪样的坏死，有的见有钙化，刀切时有砂砾感。有的坏死组织溶解和软化，排出后形成空洞。胸腔或腹腔浆膜可发生密集的结核结节，这些结节质地坚硬，粟粒大至豌豆大，呈灰白色的半透明或不透明状，即所谓"珍珠病"。胃肠黏膜可能有大小不等的结核结节或溃疡。乳房结核多发生于进行性病例，是由血行蔓延到乳房而发生，切开乳房可见大小不等的病灶，内含干酪样物质，还可见到急性渗出性乳房炎的病理变化。子宫病理变化多为弥漫干酪化，多出现在黏膜下组织或肌层组织内也有的发生结节、溃疡或瘢痕化。子宫腔含有油样脓液，卵巢肿大，输卵管变硬。

（五）诊断

当发现动物呈现不明原因的逐渐消瘦、咳嗽、肺部异常、慢性乳腺炎、顽固性下痢、体表淋巴结慢性肿胀等症状时，可怀疑为本病。结核菌素变态反应试验是牛结核病诊断的标准方法。但由于动物个体不同、分支杆菌菌型不同等原因，结核菌素变态反应试验尚不能检出全部结核病动物，可能会出现非特异性反应，因此必须结合流行病学、临床症状、病理变化和微生物学等检查方法进行综合判断，才能作出可靠、准确的诊断。

1. 病原学鉴定

（1）涂片染色法。采集病料（痰液、病灶、乳汁等）或临床组织样本后，可采用直接抹片或浓缩抹片、涂片，进行姜-尼氏抗酸染色，光学显微镜检查。也可以进行荧光抗酸性染色。如果组织内可见抗酸杆菌，并具有典型的结核结节，即可作出初步判断。该方法阳性率低，但其具有假阳性率低、价格低廉、操作简便等优点，在牛场中仍有一定的实用价值。

（2）细菌的分离培养。取患病动物的痰、尿、脑脊液、腹水、乳及其他分泌物等，接种于 2 份 Lowenstein-Jensen 培养基、2 份 Petragnane 培养基及 2 份 Stonebrinic 培养基中，培养管加塞后，37℃下培养最少 8~10 周，每周检查细菌生长情况；通常牛分枝杆菌呈白色、湿润、微粗糙及易碎的菌落；禽结核分枝杆菌呈湿润、弥漫状、光滑及星光状菌落；可取典型菌落进行染色和鉴定。为了排除分枝杆菌以外的微生物，组织样品制成匀浆后，加入 5% NaOH 与之混合，室温作用 5~10min，用无菌生理盐水反复离心洗涤沉淀两次后，沉淀物用于分离培养。

（3）核酸检测方法。以结核分枝杆菌复合群中的 16S－23SrRNA 基因、插入序列 IS6110 和 IS1081 基因以及特异性蛋白基因如 MPB70、38kDa 抗原 b 等为特异性目的基因设计引物进行核酸检测。根据牛分枝杆菌的 pncA 基因序列设计引物，可以建立特异性检测牛分枝杆菌的分子生物学方法。

①PCR 技术：根据结核分枝杆菌复合群 MPB70 蛋白基因序列设计引物，上游引物序列为：5′－GAACAATCCGGAGTTGACAA－3′；下游引物序列为：5′－AGCACGCTGTCAAT-CATGTA－3′，其理论扩增长度为 372bp。PCR 反应体系 25μl；反应条件：94℃预变性 3min，94℃变性 30s，56℃退火 30s，72℃延伸 30s，共 35 个循环（可根据模板量多少适当调整循环数），最后 72℃延伸 10min。也可用巢氏 PCR、实时荧光定量 PCR 以及多重 PCR 技术进行动物结核病病料的筛查。

②DNA 探针技术：DNA 探针是以经过标记的已知 DNA 片段作为探针与待测样品 DNA 或其片段进行核酸分子杂交，可用于待测核酸样品中特定基因序列的检测。结核分枝杆菌符合群基因诊断中应用的探针有全染色体核酸探针、cDNA 探针、克隆核酸探针和寡聚核苷酸探针等。

此外，DNA 指纹技术、限制性内切酶图谱分析技术（Restriction endonuclease analysis，REA）、限制性片段长度多态性分析技术（Restriction fragment length polymorphism，RFLP）以及分枝杆菌散在重复单元-可变数目串联重复序列（Mycobacterial interspersed repetitiveunits－variable number tandem repeat，MIRU－VNTR）等也可应用于分枝杆菌的检测。

2. 皮肤变态反应（结核菌素试验）

结核菌素皮肤试验（Tuberculin skin test，TST）是目前 OIE 推荐、世界上应用最广泛的牛结核病检测的标准方法，也是国际贸易的指定方法。我国目前常用的结核菌素为纯化蛋白质衍生物（Purified protein deriative，PPD），故又称为 PPD 皮内试验，包括单皮试法和比较皮试法。单皮试法仅用单一的提纯牛结核菌素（PPD－B）进行皮内注射；比较皮试法是在单皮试法基础上，同时注射禽结核菌素（PPD－A）以排除环境分枝杆菌尤其是禽分枝杆菌的感染。依照 OIE 推荐的标准，皮试法中 PPD－B 和 PPD－A 的注射剂量不得少于 2000IU。若进行比较皮试法，则注射两种结核菌素时注射部位应相隔 12～15cm。对青年动物如果没足够的空间在同侧进行 PPD－B 和 PPD－A 的注射，则选择在颈部两侧分别进行注射。72h 之后通过观察注射部位的反应及测量皮皱厚对结果进行判定。

对单皮试法（仅注射 PPD－B），具体的结果判定标准参考 GB/T18645 动物结核病的诊断技术。单皮试法判定为可疑的动物，应在 42d 后进行复检，单皮试法判为阳性的动物应利用比较皮试或血液学方法进行复检。

对于比较皮试法而言，（PPD－B 皮皱厚－PPD－A 皮皱厚）≥4mm 时判为阳性，2mm<（PPD－B 皮皱厚－PPD－A 皮皱厚）<4mm 时判为可疑，（PPD－B 皮皱厚－PPD－A 皮皱厚）≤2 时判为阴性。比较皮试法与传统单皮试法一样，都是对由牛分枝杆菌引起的细胞免疫反应进行检测，相对单皮试法而言，比较皮试法既秉承了高敏感性（可达到 80% 左右）的特征，更在此基础上将特异性提高到了 99.67%，美国、新西兰和澳大利亚都将该方法应用于牛结核病的控制和根除计划中，并取得了显著的成效。

3. 血液学检测方法

（1）IFN-γ 释放试验。是目前 OIE 推荐的国际贸易指定的牛结核病检测方法。奶牛尾静脉无菌采血 5ml/头，将采集的血液置于肝素钠抗凝管中，轻轻颠倒混匀，使肝素钠溶解。室温下将血样运送到实验室，在采血后 8h 内进行刺激培养。将全血样品无菌分装至 24 孔板中，每份血样分装 3 孔，1.5ml/孔。向各孔中分别无菌加入 100μl PBS、PPD-A、PPD-B，震荡混匀 1min。将含有血液与抗原的 24 孔板置于 37℃ 恒温培养箱中孵育 24h。次日从各培养孔吸取 500μl 血浆上清转入 1.5ml 离心管中，即为刺激产生的 IFN-γ 上清。以 *Mycobacterium bovis* gamma interferon test kit for cattle 检测牛全血上清液中的 IFN-γ。结果判定标准：PPD-B 刺激上清的 OD 值-PBS 刺激上清的 OD 值≥0.1，且 PPD-B 刺激上清的 OD 值-PPD-A 刺激上清的 OD 值≥0.1 判为阳性；PPD-B 刺激上清的 OD 值-PBS 刺激上清的 OD 值<0.1 或 PPD-B 刺激上清的 OD 值-PPD-A 刺激上清的 OD 值<0.1，则判为阴性。目前该方法仅局限于实验室检测使用，我国也有很多单位在研制具有自主知识产权的牛 IFN-γ 检测试剂盒。

（2）淋巴细胞增生反应试验。检测样本为全血或纯化的外周血淋巴细胞，致敏的外周血淋巴细胞（PBLC）在特异性抗原（如 PPD-B）的刺激下，可使抗原特异性 T 淋巴细胞亚群发生增生性反应。然后用同位素或 5-溴脱氧尿苷标记，配合流式细胞仪，可对其进行识别和计数。通过测定外周血循环中的增生淋巴细胞的比例可了解淋巴细胞增生的程度，间接反映淋巴细胞被特异性抗原致敏的情况，从而分析动物机体对结核杆菌的细胞免疫状态。该方法试验耗时而且前期准备以及试验操作都比较复杂，比如需要较长的孵育期和要使用放射性核苷酸，所以在常规的牛结核病诊断中并不被采用，而仅仅用于野生动物以及动物园动物的检测。

（3）结核菌抗体检测。尽管许多疾病可依靠检测血液中的抗体得到有效诊断，但结核病的血清学诊断仍是难点。最常用的血清学检测方法是建立在侧向迁移或穿透迁移的快速免疫层析法或酶联免疫吸附试验（ELISA）。目前，ELISA 在许多国家已用于牛结核病检测。与 TST 相比，利用 PPD 或其他提纯抗原进行 ELISA 检测在区分分枝杆菌种类和重症病例上更为可靠。但由于大多数牛分枝杆菌的感染首先产生有效的细胞免疫，并能长期将感染限制在局部区域使之不能扩散，因而体液免疫反应出现较迟且往往反应低下，加上各种分枝杆菌之间含有较多的共同抗原成分，因而导致该法的灵敏度和特异性较低。由于结核菌的免疫存在细胞免疫和体液免疫分离的现象，即感染初期以细胞免疫为主，随着病程发展，体液免疫成为主导，因此检测抗体往往可以作为皮内变态反应的补充试验。

（六）防控措施

主要采取综合性防疫措施，防止疾病传入，净化污染群，培育健康群。畜禽结核病一般不予治疗，而是采取检疫、隔离、淘汰，防止疾病传入，净化污染群等综合性防疫措施。

1. 防控

必须坚持"预防为主"的方针，除建立健全的规章制度、完善财政补贴、加强饲养管理、改善卫生条件之外，还要采取"监测、检疫、扑杀、消毒、无害化处理"相结合的综合性防控措施，最终将所有畜群变为净化群。2012 年，我国发布了国家中长期动物疫病防治规划，计划对 16 种国内动物疫病进行优先防治。其中，对奶牛结核病，计划至 2020 年通过实施监测、扑杀和无害化处理工作，全国7省达到维持或净化标准，其他区域达到控制标准。

（1）检疫。建议利用单皮试法和IFN-γ体外释放法联合进行检测，即先利用单皮试法进行普查，对阳性个体再利用IFN-γ体外释放法进行复检，如两种方法检测均为阳性个体则进行扑杀；对于已知的暴露牛群则应该采用两种方法平行检测，先利用单皮试法进行普查，扑杀阳性个体，对于皮试反应阴性个体利用IFN-γ体外释放法进行复查，如仍为阴性则为健康牛，如检测为阳性，可先隔离观察一段时间后进行再次检查，阳性者扑杀。

从外地或当地调运的动物必须来自于非疫区，凭当地动物防疫监督机构出具的检疫合格证明调运。动物防疫监督机构应对调运的动物进行实验室检测，检测合格后，方可出具检疫合格证明。调入后应隔离饲养30d，经当地动物防疫监督机构检疫合格后，方可解除隔离。引进精液、胚胎也要严格实施检疫。鲜奶收购点（站）必须凭奶牛健康证明收购鲜奶。屠宰场凭健康证明对动物进行屠宰，发现阳性动物要立即追根查源，消灭疫源。

污染牛群，反复进行多次检疫，不断出现阳性病畜，则应淘汰污染群的开放性病畜（即有临诊症状的排菌病畜）及生产性能不好、利用价值不高的结核菌素阳性反应病畜。

结核菌素反应阳性牛群，应定期地进行临诊检查，必要时进行细菌学检查，发现开放性病牛立即淘汰。最好对结核菌素阳性牛及时处理，不予保留饲养，根除传染源，病牛所产犊牛出生后只吃3~5d初乳，以后则由检疫无病的母牛供养或消毒乳。犊牛应在出生后1月龄、3~4月龄、6月龄进行3次检疫，凡呈阳性者必须淘汰处理。如果3次检疫都呈阴性反应，且无任何可疑临诊症状，可放入假定健康牛群中培育。

假定健康牛群过渡的畜群，应在第一年每隔3个月进行1次检疫，直到没有1头阳性牛出现为止。然后再在1年至一年半的时间内连续进行3次检疫。如果3次均为阴性反应即可称为健康牛群。

（2）消毒。平时加强消毒工作，每年进行2~4次预防性消毒，每当畜群出现阳性病牛后，都要进行1次大的消毒。常用消毒药为5%来苏尔或克辽林，10%漂白粉，3%福尔马林或3%苛性钠溶液。每年春秋两季定期进行结核病检疫，发现阳性病畜及时处理，畜群则应按污染群对待。交替使用2~3种消毒剂对养殖场地、栏舍、用具、进出口、车辆、排泄物等进行彻底消毒，切断传染途经，防止各种疫病的传播和扩散。

①定期消毒：对阴性场或假定健康场每3d消毒1次，每月进行1次全场大消毒，对阳性场每天消毒1次，坚持1个月，每月进行多次全场大消毒。

②临时消毒：奶牛群中检出并别出结核病牛后，牛舍、用具及运动场所等按照规定进行紧急处理。牛舍进行1次临时大消毒，以达到灭源的目的。

③日常消毒：奶牛场设置永久性的消毒设施，在场门口、栏舍门口设置消毒池、消毒间或消毒通道，人员、车辆进行彻底消毒后方能进出奶牛场。消毒池内置有效消毒剂，如3%~5%来苏尔溶液或20%石灰乳、漂白粉等。为保证药液的消毒效力，应15d更换1次药液。牛舍周围环境（包括运动场）每周用2%氢氧化钠消毒或撒生石灰一次；场周围及场内污水池、排粪坑和下水道出口，每月用漂白粉消毒1次（1m³污水加6~10g漂白粉）。牛舍内的一切用具应定期消毒，产房每周进行1次大消毒，分娩室在临产牛生产前及分娩后各进行1次消毒。挤奶人员、挤奶器等工具一定要每次都做好清洗消毒工作。定期用

0.1%新洁尔灭或0.3%过氧乙酸，或用0.1%次氯酸钠进行牛舍环境消毒，以减少传染病和蹄病等的发生。待牛环境消毒应避免消毒剂污染牛奶。

④排泄物消毒：对隔离病牛群、假定健康牛所排泄的粪、尿应搬离牛舍堆放，经充分发酵后再用。

（3）日常管理。牛场应建立牛只档案，建立健全牛只防疫制度，并认真实施。牛场应建立出入登记制度，非生产人员不得进入生产区，若进入生产区，需穿戴工作服经过消毒间、洗手消毒后方可入场。牛场不得饲养其他畜禽。

牛场员工每年必须进行1次健康检查，发现患有结核病的应及时在场外治疗，痊愈后方可上岗。新招员工必须经健康检查，确认无结核病与其他传染病的方可录用。奶牛场员工不得互串车间，各车间生产工具不得互用。

牛结核病的监测大多采用牛型提纯结核菌素（PPD）变态反应试验，该方法技术要求不高，但结果判定以皮皱厚度的增加数为依据，不同的人夹持皮皱的松紧程度不同，易造成人为误差。有必要对初次参与操作的人员进行培训，如注射方法、卡尺的使用、注意事项等，并进行一定的分工。

2. 人员培训

加强牛场养殖人员的培训，提高对动物疫病危害的认识和防控水平，按动物防疫要求搞好各项防疫工作，自觉地落实各项防控措施。

随着我国畜牧业的发展，特别是牲畜流动和交易的频繁，近年来，在牛的结核病检测中出现了一些问题：一是检测不彻底，政策不能落实到位；二是对检测出的病畜不能及时处理，反而加速了病畜的流转，成为流动的传染源，加速了该病的传播；三是国家扑杀补偿措施不力，造成牛结核病控制不力。为了切实保证人的健康，保证我国畜牧业的健康发展，国家应高度重视牛结核病防控工作，解决牛结核病的扑杀经费。扑杀和补偿是国家净化奶牛结核病的关键。

（撰写人：赵贵民；校稿人：何洪彬、王洪梅）

二十三、巴氏杆菌病

巴氏杆菌病主要是由多杀性巴氏杆菌引起的，发生于各种家畜、家禽、野生动物和人类的一种传染病的总称。牛巴氏杆菌病（Pasteurellosis in cattle）主要分为败血症型和肺炎型两种，人的病例罕见，且多呈伤口感染。牛巴氏杆菌病—败血症型也被称为牛出血性败血症（Hemorrhagic Septicemia，HS），以全身皮下、脏器的黏膜和浆膜点状出血的败血症为特征，死亡率高。OIE规定由多杀性巴氏杆菌血清型B：2和E：2引起的感染才称作牛出血性败血症。B：2被认为是世界范围内主要流行的血清型，E：2仅发生在欧洲。牛巴氏杆菌病—肺炎型以纤维素性大叶性胸膜肺炎为特征。

（一）病原

1. 分类

病原是多杀性巴氏杆菌（*Pasteurella multocida*，P. m），属于巴氏杆菌科（*Pasteurellaceae*）巴氏杆菌属（Pasteurella）的成员。P. m分为3个亚种，即多杀亚种、败血亚种及杀禽亚种。多杀亚型是巴氏杆菌属最重要的成员，具有广泛的宿主谱，包括许多野生动物和家畜。

2. 形态和培养特性

P.m 在病变组织中通常呈段杆状或球杆状，两端钝圆中央微凸，从动物体中分离得到的菌体形态多为杆状或球杆状，两端钝圆，大小为（1~1.5）μm×（0.3~0.6）μm，新分离菌株具有荚膜，不能形成芽孢、无鞭毛，个别有周边纤毛，常单个存在，有时成双排列。革兰氏染色阴性，病料组织或体液用瑞氏、吉姆萨或美蓝染色后镜检可见两极浓染的短杆菌，但用陈旧的培养物或多次继代的培养物涂片镜检，两极着色的特点不明显。

本菌为需氧或兼性厌氧菌，生长最适的温度为37℃，pH值为7.2~7.4。对营养要求较严格，在普通培养基上生长贫瘠，在加胆盐的培养基以及麦康凯琼脂上不生长。在加入蛋白胨、酪蛋白的水解物培养基，或培养基中加有血清、血液或微量血红素可促进生长。在血液琼脂平板上培养24h，可长成直径约为1mm，清亮，淡灰白色、闪光的露珠状小菌落，呈湿润而黏稠样，菌落周围不溶血。血清肉汤或1%胰蛋白胨肉汤中培养，开始轻度浑浊，4~6h后液体变得清亮，管底出现黏稠沉淀，震摇后不分散。表面形成附壁菌膜。明胶穿刺培养，沿穿刺孔呈线状生长，上粗下细。液体培养基中，16~24h培养物生长数天后可以形成絮状沉淀物。

根据P.m 不同的菌株在琼脂培养基上形成的菌落形态不同可分为光滑型（S）、黏液型（M）和粗糙型（R），M型和S型含有荚膜物质。从病料中新分离的强毒株具有由透明质酸组成的荚膜，菌落为黏液型，较大，带有甜味，经长期的人工继代培养，则菌体荚膜将逐渐丧失，菌落型态变异，即S型转变成R型，毒力减弱。在加有4%血清和1%血红素的改良马丁琼脂平板上培养18~22h后，在45°折射光线下菌落表面有无荧光色彩反应。可分为蓝绿色荧光型（Fg）、橘红色荧光型（Fo）和无荧光型（Nf）3种。

3. 生化特性

P.m 触酶反应和氧化酶反应均为阳性，甲基红试验和VP试验均为阴性，鸟氨酸脱羧酶试验阳性，而对柠檬酸盐、丙二酸盐、尿素酶、赖氨酸脱羧酶、七叶苷水解和ONPG反应均阴性。可分解葡萄糖、果糖、蔗糖、甘露糖、半乳糖产酸不产气；大多数菌株还可以发酵甘露醇、山梨醇和木糖；一般不分解乳糖、鼠李糖、水杨苷、肌醇、菊糖和侧金盏花醇等，其中不分解乳糖以区别溶血性曼氏杆菌。不液化明胶，石蕊牛乳无变化；产生靛基质，产生H_2S和氨；可还原美蓝、硝酸盐试验呈阳性。

4. 抵抗力

本菌存在于病畜全身各个组织、体液、分泌物及排泄物里，只有少数慢性病例中仅存在于肺脏的小病灶里。健康家畜的上呼吸道也可能带菌。本菌对物理和化学因素抵抗力不强。在干燥环境中2~3d内死亡，在血液、排泄物或分泌物中可生存6~10d，在腐尸内能存活1~3个月，常用的消毒药均有良好的效果，2%~3%火碱水和2%来苏尔在短时间内即可杀死本菌。另外，阳光直射10min，或在60℃ 10min，也可被杀死。

5. 血清学分型

本菌按照菌株间抗原成分差异，可分为若干血清型。用本菌的特异性荚膜抗原（K）吸附红细胞作被动血凝试验，将本菌分为A、B、D、E、F 5个血清群。利用菌体抗原

（O）作凝集反应，将本菌分为 12 个血清型。利用耐热抗原做琼扩试验，将本菌分为 16 个血清型。一般将 K 抗原用大写字母表示，将 O 抗原和耐热抗原用阿拉伯数字表示。因此，菌株的血清型可列式表示，如 5：A、6：B 和 2：D 等。其中 A、B 两型毒力最强，常造成流行性疾病，D 型的毒力较弱，常为散发性，其宿主范围很广泛。我国由畜禽分离的多杀性巴氏杆菌的血清群有 A、B、D 3 个群，各血清群之间不能产生完全的交叉保护。牛血清型多数为 6：B。国外流行的牛源多杀性巴氏杆菌有 A、B 或 E 血清型。

牛 F 血清型在致死性纤维素性胸膜炎中占优势，血清 B 型和 E 型主要导致牛的出血性败血病，A 型主要导致牛呼吸系统疾病。据报道，近年来在我国 6 个省市区流行的牛出血性败血症由同一来源的荚膜血清 A 型多杀性巴氏杆菌所致，与英国牛源 A 型分离株 Pm338 具有共同的进化来源。

6. 分子特征

多杀性巴氏杆菌 Pm70 株染色体为单一环状，基因全长为 2 257 487bp，含有 2 014 个 ORF、6 个 $rRNA$ 基因及 57 个 $tRNA$ 基因。多杀性巴氏杆菌 PBA100（A：1）菌株基因组为 2.35Mb 的单链环状分子，无染色体外的遗传因子。迄今已知的与 P.m 荚膜合成和毒力相关联的基因主要包括外膜通道蛋白相关基因（$oma87$、psl、$ompH$）、四型菌毛相关基因（$ptfA$）、丝状血球凝集素基因（$pfhA$）、神经氨酸酶（$nanB$，$nanH$）、获铁有关基因（$exbBD-tonB$，$tbpA$，$hgbA$，$hgbB$）、毒素基因（$toxA$）、超氧化歧化酶基因（$sodA$，$sodC$）。P.m 一般都含有 psl、$ompH$、$sodA$、$sodC$、$nanB$，牛源的 P.m 中各基因的阳性百分比为，psl、$ompH$、$sodA$、$sodC$、$oma87$ 均为 100%，$ptfA$ 为 99.0%，$pfhA$ 为 46.2%，$nanH$ 为 88.5%，$exbBD-tonB$ 为 100%，$tbpA$ 为 70.2%，$hgbA$ 为 95.2%，$hgbB$ 为 57.7%，$toxA$ 为 5.8%。

（二）致病机制

P.m 在许多哺乳动物体内以共生形式存在，5% 的健康牛扁桃体携带 B：2 或 E：2 型多杀性巴氏杆菌，在应激条件下这些病原被释放出来。通常的应激因子包括突然的高温高湿，感染血液寄生虫或者口蹄疫病毒、呼吸道合胞体病毒、牛副流感病毒 3 型、牛病毒性腹泻/黏膜病病毒或牛传染性鼻气管炎病毒等，营养不良或者使役应激等。虽然本病可以随时发生但是雨季高发，可能是这个季节应激因子更多，潮湿延长了病原菌在环境中的存活时间。P.m 感染发生是通过接触了健康的携带病原牛或者临床发病牛的口腔或者鼻腔分泌物，或者通过采食了被病原污染的食物或者水。感染开始于扁桃体和邻近的鼻咽组织，接下来细菌扩散并且在各个组织内快速繁殖，破坏组织器官，引起宿主细胞因子反应，细菌释放的脂多糖导致迅速发生内毒素血症，在感染 1~3d 以后出现临床症状。与 P.m 有关的疾病一般是由特定的宿主因素（如动物种类，年龄，免疫状态）和特定的细菌毒力因子（如脂多糖、荚膜、黏附素和外膜蛋白）相互作用形成的。因此，巴氏杆菌引起的发病机制具有多样性，随着菌株、使用的动物模型以及宿主与细菌相互作用的不同而变化。P.m 导致的疾病有 3 种表现：呼吸道症状、败血症和局部损伤相关的症状。一般认为动物在发病前已经携带 P.m，当机体的免疫水平下降时，病原菌即可乘机入侵经淋巴液进入血液，发生内源性感染。

（1）肺炎最常见于反刍动物。病原菌经过呼吸性细支气管甚至肺泡最终达到肺的深部，引起肺炎。由于支气管黏膜对致病因子的防御能力较弱，一旦发生炎症，病原菌和炎症就迅速经肺泡孔、支气管内和支气管周围扩散，也可经支气管周围和间质结缔组织及其中的淋巴管散播，引发大区域纤维素性肺炎，或小叶间隔和支气管周围局部性的浆液纤维素性肺炎。经消化道或呼吸道进入的病原菌通过本身的结构黏附在黏膜上，通常认为 4 型菌毛起主要作用，然后再进入机体的血液或淋巴液。

（2）毒力越强的 P.m 对抵抗力弱的动物的侵染能力也越大。当菌体突破机体的第一道防御屏障后，很快地通过淋巴结的阻止作用进入血液，形成菌血症。感染动物可于 24h 内因败血症而死亡。死前仅在短时间内出现高热和精神不振，剖检时，除浆膜、黏膜、皮下和实质器官有出血外，看不到其它病变。这可能是由于菌体内毒素的作用所致。多糖被认为在 P.m 的致病过程中起到重要作用。研究表明 P.m 的 LPS 在对嗜中性粒细胞的黏附中起着辅助作用，从血清型为 B∶2 的菌株中分离到的 LPS 被认为是一种内毒素，经静脉注射犊牛血液后能产生出血性败血症状。静脉注射内 LPS 而快速死亡的犊牛中，呈现出血、水肿和广泛的充血，肺部尤为显著，并有明显的血管变化。较小剂量即可使犊牛出现中毒症状，流鼻涕，呼吸加快，体温下降、舒张压与收缩压差距减小，心跳加快，血糖增加，胰岛素由增加转而降低，碱性磷酸酶和天门冬氨酸转氨酶增加，肝脏受损，精神萎靡。同时发现鸡胚和老鼠对 P.m LPS 高度敏感。

（3）如果机体抵抗力强，或侵入机体的细菌数目不多或毒力较弱，病程可延缓至 1~2d 之久。发病动物体温上升，病菌侵入的局部，如咽喉部，呈现肿胀高热，边缘有水肿，病重时常有呼吸困难。病原菌在侵入部分被阻止停留一段时间，最初病变限于局部，以后可蔓延至胸腹及前肢关节，主要症状为胶样侵润和血液渗出。在高温初期血液中尚未能检测到巴氏杆菌时，肿胀部分已容易用涂片镜检出大量巴氏杆菌。其后，由于局部病变加剧，因全身防御机能被破坏，致使菌体侵入血液，从而导致菌血症。由于局部坏死及菌体崩解的内毒素作用，机体器官功能紊乱达到极点，终至死亡。

（4）P.m 免疫逃避机制。P.m 可以通过干扰吞噬作用来逃避机体的免疫作用。很多病原微生物通过荚膜多糖来逃逸中性粒细胞和单核吞噬细胞的吞噬作用。分别用有荚膜和去荚膜的溶血性曼氏杆菌进行体外试验，结果发现去荚膜的菌更易与血清发生凝集反应，同时也更易发生补体介导的杀伤和吞噬作用。相似的，在小鼠模型上，P.m 的无荚膜突变株更容易被巨噬细胞所吞噬，然而野生型菌株能够明显的抵抗吞噬作用。提示荚膜多糖可能为一种免疫逃避的重要分子。

P.m 还可以通过抑制抗体活性来逃避宿主的免疫机制。在黏膜表面定殖和更进一步的侵入可以被病原菌本身分泌蛋白酶促进，这些酶的基质是免疫球蛋白 IgA 和 IgG。分离自外观上健康牛的 P.m 所分泌的蛋白酶，能够降低 IgG 体外活性。是否这些蛋白酶确实具有作为 P.m 感染牛呼吸道的免疫逃避分子的功能有待进一步研究。

（三）流行病学

1. 易感动物

P.m 对多种动物（家畜、野兽和禽类）和人类均有致病性。家畜中以牛（黄牛、牦牛和水牛）和猪多发。

2. 传播途径

一般情况下，不同畜禽种间不易相互传染。在个别情况下，猪巴氏杆菌有时传染给牛，不同种类牛之间相互传染，而禽与家畜之间很少相互传染。本病主要是由内源性感染引起。P.m 为牛上呼吸道的常在菌，当呼吸道黏膜受损伤，如厩舍通风不良，氨气过多，加之寒冷、潮湿，饲养和卫生环境较差，病毒和支原体感染等诱因使机体抵抗力下降时，本菌大量繁殖而导致牛发病。P.m 主要通过呼吸道和消化道感染，也可经损伤的皮肤、黏膜及吸血昆虫的传播发生传染。

3. 传染源

与病牛或带菌牛直接接触或通过被污染的垫料、地面等间接接触感染。被污染的河流和池塘的水成为重要的传染源。

4. 流行特点

本病不分年龄和季节均可发生，呈散发或地方流行性。尤其是由干燥季节向多雨季节转变时更为常见。另外，对缺少优质牧草，放牧牛的营养状态不良，加之水田耕作等因素成为发生本病的诱因。本病不分年龄均可发生。牛巴氏杆菌病—肺炎型以犊牛多发，常以群发为主，成年牛主要以散发为主；牛巴氏杆菌病—败血型以成年牛为主，经常出现猝死。

(四) 症状与病理变化

牛巴氏杆菌病在临床上虽分为败血型和肺炎型，但败血型以猝死为特征，而肺炎型是在败血型的基础上发展而来的，因此在临床上以肺炎型为主的混合型最为常见。

1. 巴氏杆菌病—败血症型

潜伏期 2~5d，一般病程很短，为 12~24h，最急性病例无任何临床表现而突然死亡。一般可见到体温升高，可达 41~42℃，心跳加快，精神萎顿，反刍也停止，食欲减退或废绝，随后开始腹泻，呈粥样或水样，粪中混有黏液或血液，并有腹痛，频死期病牛眼结膜出血，天然孔出血。也出现流涎、流泪、流黏液样鼻汁等症状。下颌和颈部等处肿胀、咳嗽、呼吸促迫继而呼吸困难、侧卧，最后体温下降而死亡。从发病到死亡全过程约数小时至 2d。

最急性病例无明显病理变化。急性病例可见下颌、颈部、胸前皮下有胶冻样水肿。胃壁、肠道、浆膜、黏膜及心脏表面可见充血和出血点，脾有出血点，但不肿胀。病程长的病例可见到肺脏充血，水肿和纤维素性心外膜炎。

2. 巴氏杆菌病—肺炎型

本病主要是纤维素性胸膜肺炎症状。表现体温升高，达 41~42℃，精神不振，食欲减退或废绝，呼吸促迫，继而呼吸困难，黏膜发绀，咳嗽，流泡沫样鼻汁，有时带血，后变黏液脓性，胸部听诊有啰音，有时听到摩擦音，触诊有痛感。病程为 3~7d。病死率高达80%以上。

主要病变是大叶性纤维素性胸膜肺炎。胸腔内积有大量浆液性纤维素性渗出物，肺脏和胸膜覆有一层纤维素膜，心包与胸膜粘连，双侧肺前腹侧病变部位质地坚实，切面呈大理石样外观，并见有不同肝变期变化和弥漫性出血变化，不同肝变期还杂有坏死灶或脓肿。病程较长者见有肺充血、水肿、肺间质增宽。有时还有纤维素性腹膜炎，胃肠卡他性病变，脾脏几乎无变化。

病理组织学变化肺炎型主要集中在肺脏，肺泡内有大量的嗜中性粒细胞，呈现化脓性肺炎的变化；支气管内有大量的嗜中性粒细胞渗出，呈化脓性支气管炎；部分肺组织中细胞坏死，呈均质红染结构，坏疽性肺炎；肺细支气管和小血管周围结缔组织增生，呈现支气管和小动脉周围炎变化；部分肺泡内含大量变性、坏死的嗜中性粒细胞；另有部分肺泡中含有大量纤维蛋白和少量的白细胞，呈现纤维素性肺炎变化。败血型病牛出现心肌纤维肿胀，部分肌纤维崩解断裂，心肌纤维间毛细血管扩张充血，肌浆中含有大量红染颗粒，呈颗粒变性变化；部分肌纤维崩解断裂，在断裂部有多量的红细胞，呈局灶性出血。

（五）诊断

根据临床症状和病理变化可以做出初步诊断，确诊需进行病原学诊断。牛巴氏杆菌病—败血型的临床诊断应注意与炭疽、牛肺炎链球菌病、牛败血性大肠杆菌病等鉴别。牛巴氏杆菌病—肺炎型临床诊断应注意与牛传染性鼻气管炎、犊牛地方流行性肺炎、牛支原体肺炎、牛呼吸道合胞体病毒感染、牛副流行性感冒、牛腺病毒感染和牛流热等鉴别。

（1）组织抹片镜检。无菌取发病动物的心血、肝脏、脾脏和肺脏等组织病料制作触片或涂抹成薄层，分别进行革兰氏染色和瑞氏染色，自然干燥后用油镜观察结果。巴氏杆菌为革兰氏阴性杆菌或者球杆菌，瑞氏色可观察到两极浓染现象。

（2）细菌分离培养。在无菌条件下用接种环取发病动物的心血分别接种到麦康凯平板和鲜血琼脂平板上，恒温箱培养18~24h。巴氏杆菌在麦康凯琼脂上不生长，而在鲜血琼脂平板上生。24h后可形成淡灰色、圆形、湿润、露珠样小菌落，菌落周围无溶血环。此时，从典型菌落钩菌制成涂片，进行革兰氏染色和瑞氏染色，可观察到上述巴氏杆菌的细菌形态。

（3）细菌生化鉴定。在无菌操作台上用接种针取纯培养的细菌，接种于微量生化发酵管中，进行生化鉴定，48h后观察结果，见病原部分。

另外，分离的细菌也可以通过PCR方法鉴别。根据巴氏杆菌转录调节基因 P. m 0762 序列设计引物，上游引物序列为：5′-GTGCAGTTCCGCAAAATAA-3′；下游引物序列为：5′-TTCACCTGCAACACAAGAC-3′，其理论扩增长度为567bp。PCR反应体系20μl；反应条件：94℃预变性5min，94℃变性30s，55℃退火30s，72℃延伸45s，共30个环，最后72℃延伸10min。

（4）动物接种试验。细菌纯培养物稀释后，以100CFU经皮下或腹腔内接种家兔、小鼠或易感鸡等实动物，接种动物在24~48h内死亡，并可以从肝脏、心血中分离到 P. m。或者将采集病料做成乳剂接种于小白鼠皮下或腹腔内，若病料中有本菌，则小白鼠在1d以内死亡，并自小白鼠心血纯分离出本菌。

（六）治疗

牛巴氏杆菌病最急性和急性病例尚无确实有效的治疗方法。临床治疗原则为：在积极治疗原发病的基础上，加强对症治疗，提高机体免疫力。本病常用抗菌素有头孢噻呋钠、头孢曲松钠、阿米卡星、庆大霉素、恩诺沙星等；提高机体免疫力药物黄芪多糖、高免血清、转移因子、环磷酰胺等，对发病牛早期应用高免血清治疗效果良好。还有强心、补液、补碱、补盐、止血和维生素疗法等。

巴氏杆菌—肺炎型经常会导致肺水肿，因此治疗时应该注意肺脏水肿的治疗。

（1）利尿。静脉给予作用快而强的利尿剂如速尿 0.5~1mg/kg 体重加入 10% 葡萄糖内静脉注射，以减少血容量，减轻心脏负荷，应注意防止或纠正大量利尿时所伴发的低血钾症和低血容量，以及与抗生素的配伍禁忌。

（2）强心药。可静脉注射快速作用的洋地黄类制剂，如洋地黄 0.6~1.2mg/100kg 体重，毒毛旋花子苷 K 1.25~3.75mg/kg 体重。

（3）血管扩张剂。静脉滴注硝普钠或酚妥拉明以降低肺循环压力，但应注意勿引起低血压。

（4）皮质激素。氢化可的松 0.2~0.5g/次或地塞米松 5~20mg/次加入葡萄糖液中静滴亦有助肺水肿的控制。

在输液过程中要酌情减缓速度，以降低心脏负担。

（七）预防措施

本病主要是在长途运输，厩舍通风不良湿度和氨气浓度增加等应激条件下，牛呼吸道常在的 P.m 大量繁殖，并侵入下呼吸道而发病。因此，平时改善舍内的通风和饲养管理，及时清除粪尿，以减少舍内的湿度，减少应激因素是预防本病的最有效的措施。

目前有可用于预防本病的灭活多价疫苗。另外，可取与疫区流行菌株的血清型相同的菌株，灭活后添加明矾或油佐剂即可制成所需的灭活苗。牛接种明矾灭活苗 1~2 周后即可产生保护效果。明矾苗的免疫期仅维持 3~4 个月，而油佐剂苗的免疫期可持续 6~9 个月。一旦发病尽早确诊，选用对本菌敏感的抗菌素，在隔离的条件下进行治疗。改善舍内的通风，加强消毒，尸体要深埋或高温处理。

（撰写人：周玉龙；校稿人：周玉龙）

二十四、嗜血支原体病

牛嗜血支原体病是由温氏嗜血支原体（*Mycoplasma wenyonii*），旧称温氏附红细胞体（*Eperythrozoon*，EH），寄生于红细胞表面、血浆组织液以及骨髓内，引起的一种以贫血、黄疸、发热等为主要临床症状的人畜共患传染病传染病。1928 年，Schilling 和 Dinger 均在从啮齿类动物中检测到类球状血球体（*E. coccoides*）。我国于 1981 年在家兔中首次发现附红细胞体，随后该病在牛、猪、绵羊、鼠、猫、犬、鸡、猴、马、驴和骆驼等动物中检出该病。可造成牛群免疫力下降，死亡，畜产品产量和质量下降，造成严重经济损失，同时威胁人类健康。

（一）病原

1. 分类

目前对附红细胞体（*Eperythrozoon*）归属与分类尚存争议，根据附红细胞体无细胞壁、UGA 编码色氨酸和 16S rRNA 基因序列分析结果发现它与支原体的亲缘关系更近，将其列入柔膜体纲（*Mollicutes*）支原体目（*Mycoplasmatales*），被命名为嗜血支原体（*Hemotropic mycoplasma*）。

目前报道的嗜血支原体种类约有十几种：牛感染温氏支原体（*Mycoplasma wenyonii*），

绵羊和山羊感染羊支原体（*Mycoplasama ovis*），猪感染嗜血支原体（*Mycoplasama haemosuis*）。另外，尚未划分至支原体目的附红细胞体主要包括牛感染的特加诺附红细胞体（*Eperythrozoon teganodes*）和图米氏附红细胞体（*Eperythrozoon tuomii*），猪感染的细小附红细胞体（*Eperythrozoon parvum*）。其中，猪嗜血支原体和绵嗜血支原体致病性较强，温氏嗜血支原体致病性较弱。

2. 形态和培养特性

嗜血支原体为革兰氏阴性，姬姆萨染色为紫红色，瑞氏染色为浅蓝色，对苯胺色素易于着色。形态多样，如杆状、球杆状、环状、圆形、卵圆形、哑铃形网球拍状等，大小为 $0.4\sim1.5\mu m$。不同畜种间其大小、形态有一定的差异。如，牛温氏嗜血支原体多为原盘形，直径为 $0.3\sim0.5\mu m$，绵羊嗜血支原体多为点状、杆状或球形，直径为 $0.3\sim0.6\mu m$，兔嗜血支原体多为顿号形，直径为 $1.2\sim1.5\mu m$，人嗜血支原体为卵圆形、逗点形和圆形，直径为 $0.3\sim1.5\mu m$。在红细胞表面单个存在或成团寄生，呈链状或鳞片状，在血浆中可呈游离状态。

因嗜血支原体在宿主细胞上呈直接分裂或出芽方式增殖，尚未见发现体外培养方式，在 56℃条件下，可使其从红细胞上解离下来，获取研究用附红细胞体。

3. 抵抗力

嗜血支原体对外界不良条件抵抗力较弱。对干燥、热和化学药品敏感，对低温的抵抗力较强。将嗜血支原体悬液滴于玻片上，置室温使其自然干燥，1min 内复溶后活力极弱，2min 后全部停止活动。在含氯消毒剂中作用 1min 即全部灭活，0.1%碘酒可使其停止活动，在 1%的盐酸液或 5%醋酸液可刺激其运动。无菌 PBS 溶液冲洗后活力丧失，0.5%石炭酸 37℃处理 3h 可杀死病原。75~100℃水浴作用 30s~1min 即可全部灭活，在 45~56℃水浴作用 1~5min，嗜血支原体可从红细胞表面脱落下，运动性增强。在 0~4℃条件下可存活 60d，并保持感染力，保存 90d 后仍有约 30%保持活力。-30℃条件下，保存 120d，80%保持活力，保存 150d，仍有活力但感染力丧失。嗜血支原体不受红细胞溶解的影响，在-70℃条件下，可存活数年。

4. 分子特征

嗜血支原体和支原体是已知含有最小基因组的原核生物。其基因组由 1 个闭合环状染色体组成，含有 60 万~130 万个碱基对，其中 G+C 碱基占 20%~40%。整个基因组编码 500个左右的蛋白质，所编码的蛋白质功能涉及繁殖扩增（如核苷酸合成转化酶类，蛋白质合成酶类等）及与宿主细胞结合所必需的蛋白质（如细胞结合蛋白和黏附素等）。此外，还编码与致病力相关基因，如溶血素（Hemolysin），唾液酸蛋白酶（Sialoglycoprotease）等。目前，已有 10 余种寄生在动物或人黏膜上的支原体基因组序列被全部测定，但未见寄生在血液内的附红细胞体或支原体基因组被完全测序。

（二）致病机制

嗜血支原体通过纤丝结构粘附于红细胞表面，分泌唾液酸酶及蛋白酶造成细胞表面损伤，如坑、沟或内陷，细胞形状也发生改变，如齿轮状、星芒状、菠萝状、不规则状。一方面，上述变化导致了细胞膜通透性增加，渗透脆性增高，红细胞破裂、数量减少，血红蛋白降低，引发贫血和黄疸的症状。另一方面，红细胞膜结构的改变，使抗原暴露或已有抗原发生变化，经自身免疫系统识别为异物，产生 IgM 型冷凝集素导致 II 型过敏反应，引起自身免疫溶血性贫血。

此外，嗜血支原体大量繁殖和新陈代谢，导致机体糖代谢增加，出现低血糖症状，血液中乳酸和丙酮酸含量上升，导致酸中毒。感染的红细胞携氧量降低，影响肺脏气体交换，导致机体呼吸困难。

(三) 流行病学

1. 易感动物

嗜血支原体可感染多种动物，如牛、马、骡、骆驼、羊、猪、狐、兔、犬、猫、鼠、禽和人等，无种类、年龄、性别差别，幼龄动物易感，但大部分是隐性感染。该病具有宿主特异性，如温氏嗜血支原体能感染牛，却不感染山羊、鹿和去脾的绵羊等。绵羊附红细胞体只要感染一个红细胞就能使绵羊得病，而对山羊不敏感。

2. 传播途径

传播途径尚不完全清楚，据认为蜱和虱作等吸血昆虫可能是传播本病的重要媒介。已报道的传播途径还包括消化道传播、接触传播和血源性传播垂直传播等。猫、猪和骆驼可以垂直感染。因该病多发生于温暖季节，尤其是吸血昆虫大量繁殖的夏秋两季，冬季相对较少，吸血昆虫可能在该病传播中起重要的作用。猪嗜血支原体主要由厩螫蝇和埃及伊蚊传播。

3. 传染源

病牛和耐过后病原携带牛是本病的主要传染源。病原污染的注射器、针头、打耳标器、打毛剪和人工授精等器具可导致疾病传播。此外，污染的饲料、血粉或胎儿附属物等也属于本病传染源。

4. 流行特点

嗜血支原体病呈全球性分布，隐性感染率很高，不同地区发病率存在一定的差异，易感动物和宿主范围也存在一定差异，本病多发生于夏秋或雨水较多季节。流行性较强，饲养管理不善、环境恶劣、机体抵抗力降低或有其他疾病发生时，很容易发生继发和并发感染，易引起大范围流行，且具有复发性，病畜康复后具有免疫力，潜伏期约 1 周。

(四) 症状与病理变化

牛感染附红细胞体多为隐性感染，可见精神沉郁，生产性能下降。病牛临床症状表现为高烧，体温达 41℃，少数超过 42℃，呼吸加快，可达 120 次/min。慢性病牛表现为体质下降、贫血、黄染、营养不良、消瘦、精神沉郁、大便带血及黏膜出血，奶牛产奶性能下降，妊娠牛流产。断奶小牛发病主要表现为高烧。检查牛体表可见少量蜱寄生。

病牛剖检后可见尸体消瘦，黏膜苍白，心冠脂肪黄染，皮下和肌间有出血点，血液稀薄，不凝固。心肌扩张，心冠、心包、心尖有小出血点，左心内膜有条状出血。肝肿大，质脆，呈棕黄色。腹腔积水，腹膜、网膜黄染。胆囊充盈，胆汁浓稠，脾肿大，质软，表面有淤血小块。肾脏水肿，有少量出血点。真胃及小肠黏膜水肿，局部有出血点，个别病例全身淋巴结肿大。

(五) 诊断

根据临床症状和病理变化可以初步诊断，确诊还需进行病原学诊断。

1. 直接镜检

（1）鲜血压片镜检。静脉采血，取一滴血均匀涂布于载玻片上，加等量生理盐水稀释后轻轻盖上盖玻片，在 400 倍显微镜下观察，可见到红细胞表面附着有嗜血支原体，感染严重的红细胞失去原有形态，如布满突起的蓖麻球或呈现菠萝状，边缘不整而呈轮状、星芒状、不规则多边形等。有的游离在血浆中呈不断变化的星状闪光小体，在血浆中不断地摆动、上下翻滚。该方法简单易行，但是染色颗粒附着于红细胞上，容易造成假阳性，影响到检测结果。

（2）染色镜检。血液涂片镜检包括：吖啶橙染色法、瑞氏染色法和姬姆萨染色液染色，均可检测出嗜血支原体，但检出效果不一，各有优缺点。姬姆萨氏染色着色效果较好，但是所需染色时间较长，且受 pH 值的影响，在偏碱性情况下有利于嗜血支原体着色。瑞氏染色简单快速，但染色液中常出现一些颗粒，影响观察。吖啶橙染色法敏感且检出率高，甚至在星形红细胞出现之前，即可着色，检出嗜血支原体。

2. 血清学诊断

血清学诊断是诊断该病的重要方法之一。主要包括补体结合试验（CFT）、间接血凝试验（IHA）、酶联免疫吸附试验（ELISA）和荧光抗体实验等。不同方法检测结果存在差异。这些方法还可用于嗜血支原体病流行病学调查及监测。

3. 分子生物学诊断

采集患病牛抗凝血、初乳或其所产犊牛抗凝血样品。通过 DNA 提取试剂盒，提取血液或初乳样品 DNA，根据温氏嗜血支原体 rnpB 基因序列设计引物，上游引物序列：5′-AGTCTGAGATGACTRTAGTG-3′；下游引物序列：5′-TRCTTGMGGGGTTTGCCTCG-3′，其理论扩增长度为189bp。PCR 反应体系50μl；反应条件：94℃预变性2min，98℃变性10s，55℃退火60s，72℃延伸60s，共35 个循环，最后72℃延伸5min。

（六）治疗

治疗方法可参见牛无浆体病。临床治疗该病可选用贝尼尔、四环素、卡那霉素、强力霉素等敏感抗菌素，但一般认为，首选药物是贝尼尔、四环素、新砷凡纳明（914）。青霉素、链霉素效果差或者无效。据报道，磺胺类药物不能抑制嗜血支原体生长，但会促进其生长。感染动物如用抗菌药物治疗，则机体不能获得足够的免疫力，常会复发，所以即使是感染本病，仅采取加强饲养管理的措施，有时也不进行治疗。驱除节肢动物对预防本病也是非常重要的。

（七）预防措施

本病应采取综合性预防措施，加强饲养管理，做好环境卫生、通风换气，减少应激。夏季应及时消毒、灭蝇和驱虫。减少人为传播，及时发现病牛尽早淘汰。有条件牛场应定期进行监测，做到早发现早治疗。

本病尚无有效疫苗。在该病高发季节，也可选用四环素类药物进行全群药物预防。

（撰写人：刘宇；校稿人：周玉龙、刘宇）

二十五、犊牛大肠杆菌性下痢

牛大肠杆菌病主要是由致病性大肠杆菌引起，多发于幼犊的一种急性传染病。本病主要发生在 3 月龄以内的幼犊，10 日龄内的犊牛尤为常见。牛大肠杆菌病主要可分为败血型、肠毒型和肠型。败血型大肠杆菌病主要以新生犊牛脐带炎，全身内脏器官出血为主要特征；肠毒型则引起犊牛急性死亡，可伴有神经症状；肠型主要以腹泻为主要特征。本病可传染给人，可造成发展中国家中旅行者感染以及幼儿感染。

（一）病原

1. 分类

本病病原为大肠杆菌（*Escherichia coli*，*E. coli*），属于肠杆菌科（*Enterobacteriaceae*），埃希氏菌属（*Escherichia*）成员。致病性大肠杆菌主要包括产肠毒素大肠杆菌（Enterotoxigenic *Escherichia coli*，ETEC）、产 Vero 毒素或志贺毒素大肠杆菌（Verotoxin-or Shiga-like toxin producing *Escherichia coli*，VTEC 或 STEC）、产坏死毒素大肠杆菌（Necrotoxigenic *Escherichia coli*，NTEC）、肠致病性大肠杆菌（Enteropathogenic *Escherichia coli*，EPEC）、肠出血性大肠杆菌（Enterohaemorrhagic *Escherichia coli*，EHEC）、肠凝集性大肠杆菌（Enteroaggregative *Escherichia coli*，EAggEC）以及肠侵袭性大肠杆菌（Enteroinvasive *Escherichia coli*，EIEC）。其中 ETEC 广泛存在且最为重要的病原，可引起严重的水样状腹泻。

2. 形态和培养特性

大肠杆菌是一种革兰氏阴性杆状细菌，兼性厌氧。在显微镜下观察，本菌为两端钝圆的短小杆菌，一般大小约（1.0~3.0）μm×（0.5~0.8）μm，因生长条件不同，个别菌体可呈近似球状或长丝状。此菌多呈现单独存在或成双，但不呈长链状排列，约有 50% 左右的菌株具有周生鞭毛，具有运动能力，但多数菌体只有 1~4 根，一般不超过 10 根，故菌体动力弱；多数菌株生长有比鞭毛细、短、直且数量多的菌毛，有些菌株具有荚膜或微荚膜；不形成芽胞，对普通碱性染料着色良好，在鉴别性或选择性培养基上可形成带有颜色的菌落。

本菌在普通培养基上生长良好，最适生长温度 37℃，最适生长 pH 值为 7.2~7.4。在肉汤培养基中培养 18~24h，呈均匀浑浊，管底有少许黏液状沉淀，液面与管壁可形成菌膜；在营养琼脂培养基上生长 24h 后，形成直径 2~3mm，圆形、凸起、光滑、湿润、半透明、灰白色、边缘整齐的菌落；在麦康凯琼脂上形成红色菌落；在伊红美蓝琼脂上产生紫黑色带金属闪光的菌落；在 SS 琼脂平板上多不生长或生长较差，少数生长者因分解乳糖产酸，使中性红指示剂变为红色，出现粉红色菌落；在远藤氏琼脂平板上，形成有金属光泽的深红色菌落；一些致病性菌株在绵羊血平板上呈 β 溶血。

3. 生化特性

大肠杆菌常用生化初步鉴定方法有：三糖铁琼脂（TSIA）、克氏双糖铁琼脂（KIA，AA+-）、动力吲哚尿素（MIU，++-）和吲哚-甲基红-VP-柠檬酸试验（IMVC，++--）等。典型的基本生化反应特征为枸橼酸盐（CIT）阴性、脲酶（URE）阴性、吲哚（IDN）阳性、动力（MOT）+/-、鸟氨酸（ORN）+/-。

4. 抵抗力

该菌热抵抗力较其他肠道杆菌强，经 55℃，60min 或 60℃，15min 仍有部分细菌存活，但 120℃高压消毒立即死亡。在畜禽舍内，大肠杆菌在土壤、水、粪便和尘埃中可存活数周或数月之久，其中在温度较低的粪便中存活更久。对一般消毒剂石炭酸、甲酚等高度敏感，但黏液和粪便的存在会降低这些消毒剂的效果。对抗生素及磺胺类药物等敏感，但极易产生耐药性，原因是由带有 R 因子的质粒转移而获得抗性。

5. 血清学分型

大肠杆菌血清型主要以菌体抗原命名，主要包括 O、K、H 和 F 4 种抗原类型，通常用 O：K：H 抗原类型的排列表示大肠杆菌的血清型。O 抗原型为脂多糖，目前已确定的 O 抗原型有 173 种，其中 162 种与腹泻有关，是分群的基础；K 抗原型为荚脂多糖抗原，至少 103 种，根据耐热性不同可再次细化分为 K_L、K_A、K_B 3 种，其中 K_L、K_B 不耐热，K 抗原型大肠杆菌有抗吞噬和补体杀菌作用，如今新分离大肠杆菌一般多有 K 抗原；H 抗原型至少 56 种；F 抗原型至少有 5 种，多为黏附素类抗原，与大肠杆菌的黏附作用有关。

6. 分子特征

大肠杆菌 EC4115 株（O157：H7）染色体为单一环状，基因全长为 5 572 075 bp，GC含量为 50.4%，基因组含有 6 066 个基因，共编码 5 477 个蛋白，菌体中包含 2 个质粒。对大肠杆菌全基因组（如 E24377A，H10407）分析发现，染色体上约有 4%由可移动遗传元件（Mobile genetic elements，MGE）构成。迄今已知的与大肠杆菌毒力相关联的基因主要包括 STa、STb、Stx1all、Stx2all、Stx2e、EAST1、F4（K88）、F5（K99）、F6（P987）、F17、F18、F41、eae 和 bfpA 等。

（二）致病机制

ETEC 可使犊牛引起严重的水样性腹泻，主要具有两种致病因子：菌毛黏附素和肠毒素。菌毛黏附素亦称黏附因子或定居因子，为某些血清型大肠杆菌的表面抗原，由蛋白质构成，不耐热。菌体表面的菌毛黏附素能使大肠杆菌牢牢地黏附在动物黏膜绒毛上皮表面，使细菌不会由于肠蠕动而随肠内容物排出。ETEC 重要的黏附素有 F4（K88）、F5（K99）、F6（987P）和 F41。产生菌毛 F5、F6 和 F41 的 ETEC 多吸附在空肠或回肠下部，而 F4 阳性的ETEC 趋于吸附在整个空肠和回肠部。ETEC 黏附在小肠黏膜上产生肠毒素，继而使小肠中水分和电解质的量发生改变，大肠无法将来自小肠的过量水分吸收，导致腹泻。

ETEC 主要产生两类肠毒素：热敏感肠毒素（Heat-labile enterotoxin，LT）和热稳定肠毒素（Heat-stable enterotoxin，ST），某些菌株只产生 LT 或 ST，某些两种毒素都产生。犊牛所表现的水样性腹泻和脱水性病变主要是由于病原菌产生的肠毒素（ST、LT）刺激肠黏膜上皮细胞分泌大量液体，远远超出了肠黏膜上皮细胞的吸收能力，出现剧烈的水样腹泻和脱水。犊牛腹泻最初丢失的液体是水、电解质（Na^+、Cl^-、K^+、HCO_3^-）及不同量的蛋白质。随着腹泻加剧进行，肠道内外渗透压不再平衡，血液中的电解质平衡失调，碱性物质进一步降低，引发代谢性酸中毒，血液循环量减少，继而出现缺氧、尿毒症等代偿性呼吸加快，最后导致犊牛衰竭死亡。LT 具有热不稳定性，65℃，30min 即可被灭活，有抗原性和免疫原性。在有氧震摇的条件下培养大肠杆菌，能增加 LT 的产量。LT 主要刺激肠腺使其分泌能力增加，但其作用缓慢而持久，可导致肠管中液体缓慢蓄积，一般在毒素作用后 3h 肠内液体开始蓄积，7~12h 达到高峰，至少可持续 18h，继而下降，直到 24h 仍能保持一定水平。LT 为高分子的毒素，由 5 个 B 亚单位和一个具有生物学活性的 A 亚单位组成，前者能结合在小肠上皮细胞表面神经节苷脂受体上，结合后，A 亚单位激活腺苷酸环化酶而使 cAMP（cyelic adenosine monophosphate）增加。肠黏膜细胞内 cAMP 水平的升高导致肠腺上皮功能亢进，Na^+-K^+-ATP 酶活化增加，使 Na^+ 的主动外排增加，K^+ 则进入细胞内，胞外的 Cl^- 无法进入细胞。同时 Na^+-K^+-ATP 酶的活化使 ATP 分解为 ADP 的速度加快，细胞内氧化磷酸化偶联作用加强，底物氧化增快，结果细胞内水激增。随着细胞内 Na^+ 的排出增加，水的排出也随之增加。造成肠腔内液体积聚，超过肠管吸收能力，出现了腹泻、脱水和死亡。ST 具有热稳定性，100℃，15min 不被破坏，仍保持其活性，无免疫原性。其作用迅速但较短暂，一般在毒素作用后 3h 可达到高峰。ST 可激活鸟苷酸环化酶，继而刺激 cGMP（cyclic guanosine monophosphate）的生成增加，破坏体内水分和电解质的正常吸收和排泄的动态平衡，导致腹泻。

此外，大肠杆菌繁殖后形成的内毒素脂多糖（Lipopolysaccharide，LPS），可抑制吞噬细胞的功能，降低机体抵抗力而发病。犊牛腹泻的发生，还与由于年龄、免疫状态、生理机能、饲养条件等多种诱因造成的消化机能紊乱有关。在各种不利因素的影响下，犊牛消化道内食物分解不全的产物或由于发酵产生的低级脂肪酸，刺激肠蠕动加快而引起泻下。消化机能紊乱使肠道菌群失调，有害细菌大量繁殖，产生更多的有毒产物，这些有毒产物及食物分解不全的产物刺激肠黏膜发生炎症过程，可促进液体从肠壁向肠腔渗出，加重了腹泻病情。

（三）流行病学

1. 易感动物

大肠杆菌对多种动物（家畜、野兽和禽类）和人类均有致病性。家畜中以犊牛和仔猪多发。牛大肠杆菌病在世界各地均有发生。自 20 世纪 80 年代以来，我国多个省份不同物种的牛中均有报道本病的发生，该病流行范围广，发病率和死亡率都很高。

2. 传播途径

一般情况下不同畜禽种间不易相互传染。细菌可通过污染的水源、饲料、母牛乳头和皮肤接触进行传播。犊牛吮乳或饮食时，可经消化道而感染。同时机体抵抗力降低或处于应激状态时，隐伏在体内的条件性致病大肠杆菌可引起内源性自身感染。

3. 传染源

反刍动物为 EPEC 的自然宿主，携带有 EPEC 的牛占大约 30%。病犊牛和带菌犊牛是本病自然流行的主要传染源。通过粪便排出病菌，散布于外界，污染水源、饲料以及母牛乳头和皮肤等成为重要的传染源。此外，牛也可经子宫内或脐带感染。EPEC 常通过经厩肥污染的牛肉及其制品进入日粮食物链，可造成人的出血性结肠炎。为防止人类遭到感染，屠宰场应改善下水道设施，减少其污染胴体的机会，并且进一步对宰前及日粮管理，减少其在食品动物中的含量。

4. 流行特点

本病不分年龄和季节均可发生，呈散发或地方流行性，尤以冬末春初和气温多变季节时期多发。诱发本病的因素常有：犊牛若未及时吸吮初乳，饥饿或过饱，饲料优劣，气候剧变等因素。如果圈舍潮湿，通风换气不良，场地不整洁，环境污染严重，卫生条件差及受应激因素影响等，本病也可随时发生。

（四）症状与病理变化

大肠杆菌病潜伏期很短，腹泻多见于 2~3 周龄以内的犊牛，尤其 2~3 日龄最易感。根据其临床症状和病理发生可分为 3 种类型。

1. 败血型

呈急性、败血性的症状，潜伏期短，有些临床病例没有见到任何症状就出现死亡。犊牛表现为发热，精神不振，间有腹泻，常于症状出现后数小时至 1d 内急性死亡。有的病例在刚生下的牛犊，往往不显腹泻症状而突然死亡。从血液和内脏易于分离到致病性血清型的大肠杆菌。有些可并发出现关节炎、肺炎和胸膜炎，有些还出现卧地不起、神经症状和呼吸困难，若不及时治疗，就会出现高死亡率。耐过的病犊牛，发育不良，恢复非常缓慢。

2. 肠毒血型

较少见，常突然死亡。是由于大肠杆菌在小肠内大量繁殖所产生的毒素造成的，急性死亡的见不到症状，如病程稍长，则可见到典型的中毒性神经症状，先是不安、兴奋，后来沉郁、昏迷，以至于死亡。死前多有腹泻症状。由于特异血清型的大肠杆菌增殖产生肠毒素吸收后引起，没有菌血症。

3. 肠型

腹泻是肠炎型的主要表现，病初体温升高达 40℃，数小时后开始下痢，体温降至正常。粪便初如粥样、黄色，后呈水样、灰白色，混有未消化的凝乳块、凝血及泡沫，有酸败气味。发病的末期，患畜肛门失禁，常有腹痛，用蹄踢腹壁，后因脱水衰竭而亡。若如治疗及时，一般可以治愈。病程长的，可出现肺炎及关节炎症状。不死的病犊，恢复很慢，发育迟滞，并常发生脐炎、关节炎或肺炎。

败血型或肠毒血型死亡的病犊，常无明显的病理变化。腹泻的病犊，真胃内有大量的凝乳块、黏膜充血、水肿，覆有胶状黏液，皱褶部有出血。肠内容物常混有血液和气泡，气味恶臭，并伴有脱水病变。小肠黏膜充血，在皱褶基部有出血，部分黏膜上皮脱落，肠壁菲薄，直肠也可见有同样变化。肠系膜淋巴结肿大，肝脏和肾脏苍白，有时有出血点，胆囊内充满黏稠暗绿色胆汁，心内膜有出血点，病程长的病例在关节和肺脏也有病变出现。

（五）诊断

根据临床症状和病理变化可以做出初步诊断，确诊需进行病原学诊断。

（1）组织抹片镜检。从新鲜尸体中无菌采集样品，根据发病情况、发病日龄、临床症状和实验室进行诊断。急性败血症无菌采取心血、肝脏、脾、肾和肺等，肠毒血症无菌采取小肠前段黏膜，肠炎型无菌操作采取发炎的肠黏膜，也可用棉拭子从心包腔、关节腔等处取样，革兰氏染色后镜检可见两端钝圆、中等大小、无芽孢的阴性杆菌，可做出初步诊断。

（2）细菌分离培养。取病料接种于血液琼脂平板，在厌氧和有氧的条件下分别于 37℃培养 24h，均能长出浅灰色、透明而光滑的菌落，β 型溶血。将疑似菌落挑取后接种于麦康凯培养基，在 37℃培养 24h，可长出红色菌落。如果接种于伊红美蓝培养基中在 37℃培养 24h，可长出有金属荧光的菌落。将菌落涂片后革兰氏染色，在显微镜下可见革兰氏阴性、无荚膜、两端钝圆、中等大小的杆菌。

（3）细菌生化鉴定。在无菌操作台上用接种针取纯培养的细菌，接种于微量生化发酵管中，进行生化鉴定，48h 后观察结果。

（4）动物接种试验。经初步鉴定的纯培养大肠杆菌制成悬液，计数，将不同菌数的菌液注射小白鼠或家兔，测定其致病力。接种后小白鼠于 12~48h 发病甚至致死，症状和剖检变化与大肠杆菌自然发病一致，无菌采心血及实质脏器作涂片镜检和接种培养基进行分离培养，根据病原菌的形态、染色、培养、生化特性加以鉴定。

此外，从每克小肠内容物中检出 10^6 个以上的相应大肠杆菌，每克大肠内容物或粪便中检出 10^8 个以上的相应大肠杆菌时，可怀疑本病。针对本病，还有特定抗原的血清型凝集鉴定、间接血凝试验、间接免疫荧光试验、酶联免疫吸附试验等血清学诊断以及 PCR、LAMP、DNA 探针等基于核酸的分子生物学诊断方法。

（六）治疗

根据犊牛脱水程度和酸中毒情况，急则治标，缓则治本，标本兼治的原则。抗菌消炎，增强犊牛机体的抵抗力，通过输液补碱以防脱水及酸中毒，改善胃肠机能。对肠炎型腹泻重的病牛用抗生素杀菌消炎，此外还要结合使用保护性止泻药（次硝酸铋、酸蛋白等）和吸附药（白陶土、腐殖酸钠等），吸附肠道毒素，覆盖肠膜表面。直接腹腔注射，可取得较好的治疗效果。同时根据犊牛腹泻程度进行补液，维持机体体液平衡和电解质平衡。最好通过药敏试验选择高度敏感抗生素有针对性治疗，可有效控制疫情。

（七）预防措施

加强妊娠母牛的饲养管理。供给合理优质的饲料，含有丰富的蛋白质、维生素和矿物质，给予优质干草，适量运动加强圈舍的卫生和消毒。保持通风、干燥、宽敞、光线充足，经常消毒，及时清除污物并及时消毒。地面每天用清水冲洗，每周用碱水清洗地面和食槽。

加强对犊牛的护理。接产时，接产用具、助产人员等注意清洗消毒、断脐时要力求无菌操作。乳头要保持洁净，防止新生犊牛接触到污水和粪尿。出生后的犊牛应及时喂初乳，这样可以使其尽早获得母源抗体。注意随时做好犊牛的防潮、防寒措施。若发现犊牛患病，需及时隔离，地面和垫草用生石灰全面消毒，对患病犊牛及时进行有效治疗。

（撰写人：朱洪伟；校稿人：周玉龙）

二十六、李氏杆菌病

李氏杆菌病（Listeriosis）是由李氏杆菌引起的一种散发性传染病，本病以平衡失调性脑炎症状和化脓性脑炎病变为特征，也是一种可引起的人和多种动物感染的人畜共患传染病。本病发病率低，致死率高，呈世界性分布，可污染食品和饲料，有效防治该病对公共卫生安全意义重大。

（一）病原

1. 分类

李氏杆菌属已发现有 7 个种，分别为单核细胞增多性李氏杆菌（*Listeria*

monocytogenes）、无害李氏杆菌（*Listeria innocua*）、伊氏李氏杆菌（*Listeria ivanovii*）、魏氏李氏杆菌（*Listeria welshimeri*）、塞氏李氏杆菌（*Listeria seeligeri*）、格氏李氏杆菌（*Listeria grayi*）和莫氏李氏杆菌（*Listeria murrayi*）。其中，产单核细胞增多性李氏杆菌和伊氏李氏杆菌为重要病原，格氏李氏杆菌和莫氏李氏杆菌较为少见，不溶血，无致病性。

2. 形态和培养特性

革兰氏阳性杆菌，大小为（0.4~0.5）μm×（0.5~0.2）μm，两端钝圆，无芽孢，无荚膜，多呈 V 形排列或短链，在 20~25℃培养时可形成 4 根周生鞭毛，有运动性，但在 37℃培养条件下，鞭毛较少或无鞭毛，无运动性。

需氧或兼性厌氧菌，营养琼脂培养基中可生长，在斜射光照下，菌落呈蓝绿色光泽。最适生长温度为 37℃，4℃条件下也可缓慢增殖，可污染食物。液体培养基中培养 18~24h，呈轻度混浊。半固体培养基穿刺培养 24h，呈缓慢扩散生长。在羊血琼脂培养基中，多数李氏杆菌菌株可产生窄溶血环，不耐酸，pH 值为 5.0 以上可增殖。

3. 生化特性

可发酵葡萄糖、海藻糖、果糖、水杨苷，鼠李糖。甘露醇、肌醇、侧金盏花醇、棉籽糖和木糖分解试验阴性，产酸不产气，MR 和 V-P 试验为阳性，不产生 H_2S 和靛基质，硝酸盐还原和氧化酶试验为阴性。

4. 抵抗力

在理化因素影响方面，李氏杆菌对低温环境抵抗力较强，2~6℃条件下仍能生长繁殖，能耐受-20℃低温。对高温条件也具备一定的耐受力，李氏杆菌污染牛奶，经巴氏消毒后仍能检测到该菌，60~70℃高温处理 30min 或 80℃处理 1min 可杀死该菌。在酸碱耐受力方面，耐碱不耐酸，可生长 pH 值范围为 5.6~9.8。可耐受高盐条件，在含 16%NaCl 的培养基中可长期存活，对 25%的 NaCl 仍有抵抗力。对干燥条件具有耐受力，干粪中能存活两年以上。在饲料中，夏季可存活 1 个月，冬季可存活 3~4 个月。此外，对一些食品防腐剂也有一定耐受力，如 Na_2NO_2。

李氏杆菌对多数抗生素敏感，如氨苄青霉素、庆大霉素、青霉素、四环素等，对链霉素很快产生耐药性。1988 年，最早分离到多重耐药性菌株，之后不断分离到耐药菌株。李氏杆菌对化学消毒剂敏感，如 1‰高锰酸钾、1‰新洁尔灭溶液、75%酒精、来苏尔、2.5%氢氧化钠或福尔马林等。此外，紫外线照射 30min，可杀死该菌。

5. 血清学分型

根据 O 抗原和 H 抗原，可以将李氏杆菌区分成不同的血清型。O 抗原为菌体抗原，用阿拉伯数字表示。H 抗原为鞭毛抗原，用小写英文字母表示，共分为 16 个血清型，分别是：1/2a、1/2b、1/2c、3a、3b、3c、4a、4b、4ab、4c、4d、4e、5、6a、6b 和 7。其中，产单核细胞李氏杆菌具有 13 个血清型，分别为 1/2a、1/2b、1/2c、3a、3b、3c、4a、4b、4ab、4c、4d、4e 和 7。从人类体内分离出的菌株 95%属于血清型 1/2a、1/2b 和 4b，这 3 种血清型在李氏杆菌感染的病例中占 90%以上。

6. 毒力因子和毒力岛

李斯特杆菌主要的毒力因子有溶血素、磷脂酶和内化素。溶血素 LLO（Listeriolysin O，LLO）主要是使细胞裂解。磷脂酶主要有 PlcA，PlcB 和 SmcL 3 种，调节菌体的抗吞噬能力，同时在细胞裂解中也有作用。内化素（Internalin）有 InlA 和 InlB 两种，能使细菌与细胞表面相作用，使细菌被摄入到宿主细胞内。细菌基因组水平研究，已经发现一些调控李斯特杆菌致病性的关键基因。目前清楚的是，李斯特杆菌有 2 个基因毒力岛 LIPI-1 和 LIPI-2（*Listeria* pathogenicity island，LIPI）。LIPI-1 长度大约 9kb，主要编码细菌一些重要的毒力因子 prfA、plcA、hly、mpl、actA 和 plcB。LIPI-2 大约有 22kb，主要编码一些内化素基因。

（二）致病机制

李氏杆菌能侵袭肠黏膜上皮细胞及肝、脾巨噬细胞，为兼性细胞内寄生菌。本菌可经口感染，通过损伤的黏膜经神经末梢的鞘膜侵入中枢神经系统。

感染的第一阶段是细菌的吞噬阶段，由内化素 A 与 B 介导。内化素是一类富含亮氨酸的蛋白质，包括 In1A、In1B、In1C，其作为细菌表面黏附配体与组织细胞表面的受体结合，使菌体黏附在细胞表面，从而完成入侵过程。

细菌内化后，李氏杆菌溶血素（LLO）发挥作用，LLO 为分子质量 60kDa 的蛋白质，可溶解多种哺乳动物的红细胞，是一种胆固醇依赖性的穿孔毒素，与链球菌溶血素 O 有 40%~50% 氨基酸同源性。LLO 通过溶解宿主细胞的吞噬体膜而使李氏杆菌可以逃离吞噬体进入胞浆。在这个过程中，磷脂酰肌醇磷脂酶 C（PI-PLC）和 ATP 酶 ClpC 也起到了一定的作用。LLO 不仅能在李氏杆菌逃逸初级吞噬体时发挥作用，同时还能直接与细胞膜表面分子结合后插入细胞膜中，形成直径为 20~30nm 的通道。LLO 具有 MHC-I 类分子递呈的表位，是主要的保护性抗原。

李氏杆菌进入胞浆后，细菌体内的 actA 蛋白可以催化宿主细胞的肌动纤维素聚合，在菌体表面形成尾状结构，使菌体向细胞膜方向移动，然后形成突出或伪足伸入邻近细胞，从而破坏宿主细胞骨架，使得菌体完成向周围细胞扩散。病原菌进入机体后是否会引起发病，与细菌毒力、宿主年龄和抵抗力等有关。

近期发现，非编码 RNA（non-coding RNA，ncRNA）元件参与了对李氏特杆菌毒力的调控。如热敏因子、pH 敏感因子和 riboswitches 的非编码 ncRNA 位于其调控靶基因的 5'-UTR 来参与毒力基因的调控，如控制 LIPI-1 上主要毒力因子 PrfA 表达的热敏因子，在低于 30℃ 时，其编码的 ncRNA 可以干扰 PrfA 的 SD 区域从而阻断其翻译。

反式-编码的小 RNA（small RNA，sRNA）也可以调控李氏杆菌的基因水平。sRNA 可以在基因组水平上对细菌的基因进行调控，类似于人类的 microRNA。目前，已经发现 154 种 sRNA，主要命名为 rli，如 rli50 和 rli112 等。同时，李氏特杆菌中顺式编码的反义 RNA（*cis*-encoded antisense RNAs，asRNA）对其毒力也有调控作用，其长度从 30 到几千核苷酸不等。这些 asRNA 位于其调控基因的反链 DNA 上，因此与该基因有高度的互补性。李氏特杆菌 asRNA 参与了对转座酶、毒素以及转录调控因子的调控。如 rli23，rli25 和 rli35 分别参与了对转座酶基因 *lmo*0172、*lmo*0330 和 *lmo*0828 的调控。此外，asRNA 对其代谢、毒力以及细菌结构等都有调控。

（三）流行病学

1. 易感动物

宿主是牛、绵羊、山羊、马、猪、犬、野生动物、鸟类和人。牛羊较易感，牛李氏杆菌病以散发为主，而绵羊倾向于群体发病。实验动物中，家兔和小鼠最易感染，豚鼠和大鼠次之。犬、猫抵抗力较强，猪、马患病较罕见。此外，免疫系统功能不全或低下人群，例如老年人、孕妇、免疫缺陷人群和新生婴儿均是其易感对象。

2. 传播途径

本病可通过消化道、呼吸道、眼结膜及皮肤划伤等途径感染，也能通过吸血昆虫传播。本病多数是因饲喂粗饲料，损伤口腔和鼻腔黏膜，导致青贮饲料中的李氏杆菌经损伤的口腔和鼻腔黏膜等细小的创口侵入机体而引发感染。病原菌侵入后，经三叉神经到达脑干部，导致病变和临床症状。本菌也可通过乳肉制品感染人，因此具有重要的公共卫生学意义。

3. 传染源

李氏杆菌属的细菌广泛分布于自然环境中，可从许多哺乳类动物和鸟类的消化道中分离到。5%～10%的人带菌但不表现临床症状，患病动物的分泌物中可分离到本菌，患病动物及病原携带者是该病的传染源。此外，人损伤的器官、脑脊液、血液及50多种温血动物和变温动物体内可分离到李氏杆菌。本菌在牛的粪便和垫料中可存活数月至1年，所以牧草或饲料易被污染，家畜摄入这些饲料可发生感染。本菌尤其在劣质的青贮饲料中大量存在，成为本病的主要传染源。李氏杆菌在自然界内分布广泛，在昆虫、健康的雪貂、腐烂的植物性物质、污水、青贮料、肉类、蛋类、乳品类、反刍类动物和人的粪便等样品中也可分离得到李氏杆菌。

4. 流行特点

本病多发于冬春等气候突变季节（3—6月），其流行具有显著的季节性，常呈散发或地方性流行。

（四）症状与病理变化

反刍动物主要表现为脑炎症状，有时导致败血症或孕畜流产，一般会出现单核细胞增多症。特征症状为斜颈，平衡失调，转圈运动。另外，可见流涎，咽喉麻痹，舌麻痹，耳廓下垂。最后不能站立，昏睡至死亡。成牛发病后14d内死亡，犊牛、绵羊和山羊发病后2d内死亡。流产呈散发，常见于妊娠后期（牛妊娠7个月以上，绵羊妊娠3月以上）。家禽感染可导致败血症和心肌坏死，孕畜可致流产。人类感染李氏杆菌病后，会出现腹痛、恶心、呕吐等食物中毒现象，还会引起大脑炎、心内膜炎、脑膜炎、脓肿、局部脓性损伤和流产等疾病。

肉眼可见病变主要表现为延髓，脑干部髓膜水肿，延髓切面偶尔可见灰黄色微小病灶。病理变化为脑干和延髓组织中有小胶质细胞和噬中性细胞增生的小结节，其中心部位有化脓灶。病灶周围的多数血管形成以淋巴细胞、组织细胞及浆细胞为主的血管套。

（五）诊断

根据临床症状和病理变化可以作出初步诊断，确诊需进行病原学诊断。

1. 微生物学诊断

无菌采集动物尸体内脏器官病料，接种到李氏杆菌增菌肉汤，30℃培养48h，取0.1ml接种牛津琼脂平板，37℃培养24～48h后观察菌落生长情况。然后挑选典型菌落纯培养鉴定。菌落染色镜检，革兰氏阳性短杆菌（0.4～0.5）μm×（0.5～2.0）μm，呈V

字形或者栅栏状排列，在脱纤维的马血琼脂平板上检测溶血活性（阳性），在20℃条件下具有运动性，发酵葡萄糖和鼠李糖，不发酵木糖，水解七叶灵，触酶阳性，氧化酶阴性，吲哚阴性，脲酶阴性。

2. 血清学诊断

常用检测方法包括：ELISA方法、酶联荧光分析（ELFA）、同位素标记抗体法（放射免疫）、微量免疫技术、乳胶凝集、免疫传感器、免疫磁珠捕获法、免疫酶染色法、免疫扩散及免疫色谱技术等。上述方法具有快速、敏感、高特异性、简便和结果易于判定等特点。

3. 分子生物学诊断

核酸探针技术是最早用于检测李氏杆菌的分子生物学技术。聚合酶链反应（PCR），特异性强，灵敏度高，操作简单快速、无须进行细菌分离。目前很多学者对PCR检测技术进行改进，如多重PCR、荧光PCR、ERIC-PCR、RT-PCR、LAMP等PCR检测技术均得到应用。

如下是OIE推荐使用的PCR方法之一，针对inl A基因进行检测，目的基因片段760bp。上游引物序列：5′-AGCCACTTAAGGCAAT-3′，下游引物序列5′-AGTTGATGTT-GTGTTAGA-3′。PCR循环条件：94℃预变性5min，94℃变性45s，50℃退火45s，72℃延伸60s，40个循环，72℃终延伸5min，4℃保存。

（六）治疗

早期大剂量应用氨苄青霉素或者静脉注射盐酸土霉素注射液，一日两次，有较好的治疗效果，也可选用磺胺类药物。常用药物包括氨苄青霉素、羟氨苄青霉素、链霉素、庆大霉素等易形成抗药性，应根据药敏试验结果选择敏感性药物治疗。脑炎病例的抗生素治疗效果较差，需大剂量使用。其他类型李氏杆菌病例，如流产型，多数可自愈。全身治疗的同时，辅助对症治疗，如治疗脱水和消化不良。若出现神经性症状，可肌内注射盐酸氯丙嗪，效果明显。

以神经系统症状为主的传染病临床治疗原则为：在积极治疗原发病的基础上，加强对症治疗，即镇静、解热、止痛、营养神经、补液等。镇静药物有盐酸氯丙嗪、安定；抗惊厥药物有苯巴比妥钠、扑癫酮；解热止痛药物有安痛定、安乃近、炎痛宁；营养神经药物有维生素B_1、脑活素、脑神经生长因子；消除脑水肿常用甘露醇和山梨醇。

（七）预防措施

本病尚无有效疫苗，预防该病应加强饲养管理，及时清扫圈舍，严格处理污物，定期组织消毒，保证养殖舍内环境清洁卫生。做好灭鼠、灭蚊、灭蝇和灭寄生虫工作，养殖舍内尽量不要饲养其他家禽，尤其是啮齿类动物，消灭疾病传染源。

严禁从疫区引进带菌动物。一旦发病，应立即封锁染病区，隔离患病动物，及时治疗，患病动物应淘汰，严禁食用。尸体应做无公害处理，防止病原扩散。感染区及相关生产工具等一律使用漂白粉或石碳酸进行彻底消毒。饲养患病动物或剖检尸体的工作人员，应做好自身防护措施，避免间接感染。此外，应注意日常饮食卫生，防止因使用污染李氏杆菌的肉、蛋、奶或蔬菜等食物，造成感染。

（撰写人：刘宇；校稿人：周玉龙）

二十七、副结核病

牛副结核病（Bovine Paratuberculosis），也称为副结核性肠炎（Johne's disease），是由鸟分枝杆菌副结核亚种（*Mycobacterium avium* subsp. *Paratuberculosis*，MAP）引起的反刍动物的一种慢性、消耗性传染病。以顽固性腹泻、慢性卡他性肠炎、逐渐消瘦和肠黏膜增厚并形成皱襞为特征。

（一）病原

1. 分类

病原为副结核分枝杆菌（*Mycobacterium paratuberculosis*），属于放线菌（Actinomycetales）目、分枝杆菌科（*Mycobacteriaceae*）、分枝杆菌属（Mycobacterium）、鸟分枝杆菌复合群副结核亚种成员；根据生长速度分类，该属内各菌可分为慢速生长型、中间速度型、快速生长型和未分类型，副结核分枝杆菌属于慢速生长型。

2. 形态和培养特性

副结核分枝杆菌为长 $0.5 \sim 1.5 \mu m$，宽 $0.3 \sim 0.5 \mu m$ 革兰氏阳性小杆菌，抗酸染色阳性，与结核分枝杆菌相似。无鞭毛、不形成荚膜和芽孢，在组织和培养基上排列成丛或成团。本菌为需氧菌，最适生长温度为 $37.5℃$，最适生长 pH 值为 $6.8 \sim 7.2$。粪便分离率较低，而病变肠段及肠淋巴结分离率较高。病料需先用 4% H_2SO_4 或 2% NaOH 处理，经中和再接种选择培养基，如 Herrald 卵黄培养基、小川氏培养基、Dubos 培养基或 Waston-Reid 培养基。初次培养比较困难，所需时间较长，若培养基中加入一定量的甘油或非致病性抗酸菌的浸出液，有助于其生长，通常 $5 \sim 14$ 周内能够观察到副结核分枝杆菌的菌落。Herrald 氏培养基上菌落最初直径 1mm，无色、透明呈半球状，边缘圆而平，表面光滑；继续培养时，菌落直径增大达到 $4 \sim 5mm$，颜色变暗，表面粗糙，外观呈乳头状。从不同反刍家畜分离的副结核分枝杆菌虽然菌落形态、颜色及生化特性有一定的差异，但在遗传学特性上有极高的一致性，DNA 限制性酶谱也完全一致。

3. 生化特性

副结核分枝杆菌在生化上不活跃，对脲酶、硝酸盐还原、尼克酸等多种生化反应均为阴性，只有少数菌株产异烟酰胺酶和加热后保持过氧化氢酶活性。所有菌株在 $37℃$ 生长最佳，$30℃$ 少量生长，$42℃$ 不生长。野生型菌株在含有氯化新四唑、链霉素和利福平时不生长，在有二噻吩羧酸酰肼和异烟肼时生长。虽然生化测定可以用作鉴定副结核分枝杆菌的一种辅助手段，但生长速度和分枝菌素依赖仍是阳性判定的主要标准。

4. 抵抗力

本菌对热和消毒剂的抵抗力比较强，在被污染的牧场、厩肥中可存活 1 年以上，直射阳光下可存活 10 个月。但对湿热的抵抗力比较弱，$60℃$ 能存活 30min、而 $80℃$ 存活 15min 即可将其杀灭。最近研究发现，副结核分枝杆菌耐受巴氏消毒法。一般的消毒剂包括 $3\% \sim 5\%$ 苯酚溶液、5% 来苏尔溶液、4% 福尔马林溶液 10min 可将其灭活，$10\% \sim 20\%$ 的漂白粉乳剂、5% NaOH 溶液 2h 也可杀灭该菌。此外，本菌对氯化新四氮唑（1:40 000）、链霉素（2mg/ml）利福平（0.25mg/ml）敏感，对异烟肼、噻吩二羧酸酰肼有一定耐药性。

5. 血清学分型

未见相关报道。

6. 分子特征

副结核分枝杆菌 K-10 株的基因组序列已经于 2005 年完成测定，其基因组大小为 4.83Mb，共编码 4 350 个预测的 ORFs，45 个 tRNAs 以及 1 个 rRNA 操纵子。芯片杂交结果表明，副结核分枝杆菌有超过 3 000 个基因与结核分枝杆菌（*M. tuberculosis*）同源，此外在基因组 161 个独特区域发现 39 个未知基因。核苷酸突变率分析结果显示副结核分枝杆菌与其他分枝杆菌属基因一样，主要以强烈的选择突变为主，仅有 68 个 ORFs 同义突变与非同义突变的比值>2。比较基因组学分析发现 K-10 株基因组中的几个值得注意的特征：基因组中缺乏具有免疫激活功能的毒力因子 PE/PPE 家族；基因组中水杨酸-AMP 连接酶基因的 EntE 结构域截短缺失，该酶是分枝菌素生物合成基因簇种的第一个基因，该基因的截短导致副结核分枝杆菌不能合成分枝菌素，由此可知该菌的生长需依赖于分枝菌素的存在。此外还鉴定多个潜在的诊断靶标基因，为特异性分子诊断和免疫学检测提供敏感、特异的鉴别诊断靶点。

（二）致病机制

副结核分枝杆菌大量存在于感染动物的肠道中，而在初乳和常乳中数量很少。感染主要发生于生命的初期，刚出生之后最易感染，本病的发展进程缓慢，不足 2 岁奶牛很少表现出临床症状，机体的抵抗力随着年龄的增长越来越强，成年牛感染性较低。当副结核分枝杆菌到达小肠后，被小肠派伊尔氏淋巴集结的 M 细胞摄入，然后被组织巨噬细胞吞噬，有些可以通过细胞介导的免疫反应，促进巨噬细胞杀菌活性清除感染的病原，但这种现象出现的频率是未知的。在大多数情况下，感染牛随着机能免疫机能的变化，巨噬细胞内的副结核分枝杆菌开始大量增殖，最终引起一种慢性肉芽肿性肠炎，使回肠肠壁增厚导致肠道机能丧失，影响养分吸收和运送，血液中的蛋白质丢失，导致恶病质晚期感染，从而使隐性感染的牛出现临床症状。由于肉芽组织的增生在肠道内形成的免疫复合物，可能是导致肠蠕动亢进并成为下痢的主要原因之一。从隐性感染到出现临床症状这可能需要几个月到几年的发展时间，与此同时细胞介导的免疫下降，血清中抗体的下降，能导致菌血症发生。腹泻是临床症状开始前明显的信号，动物在这个"沉默"阶段是最主要的传染源。

（三）流行病学

1. 传染源

病牛和隐性感染的牛是主要的传染源。当小牛采食的时候接触被感染的乳头、牛奶、饲料或污染的水或在被污染的环境导致感染。

2. 传播途径

在病畜体内，副结核分枝杆菌主要位于肠绒膜和肠系淋巴结中。患病家畜和隐性带菌家畜从粪便排出大量病原菌，从而污染外界环境并可以存活很长时间（数月）。病原菌主要通过粪-口途径侵入健康畜体内。个别病例，病原菌可能侵入血液，因而可随乳汁和尿排出体外。在牛的性腺也曾发现过副结核分枝杆菌。当母牛有副结核临诊症状时，子宫感染率 50%以上；有人从有临诊症状的牛的胎儿组织（肝、脾、肾、小肠）分离到了副结核分枝杆菌，从而证实本病可通过子宫传染给犊牛。试验表明，皮下和静脉接种也可使犊牛感染。

3. 易感动物

副结核分枝杆菌主要引起牛（尤其是乳牛）发病，幼年牛最敏感，除牛外，绵羊、山羊、骆驼、猪、马、驴、鹿等动物也可感染。

4. 流行特点

本病的散播比较缓慢，各个病例的出现往往间隔较长的时间，因此，从表面上似呈散发性，实际上它是一种地方流行性疾病。

（四）症状与病理变化

1. 临诊症状

本病的潜伏期很长，可达6~12个月，甚至更长。有时幼年牛感染直到2~5岁才表现临诊症状。早期临诊症状不明显，以后逐渐变得明显，主要表现为间断性腹泻，以后变为经常性的顽固拉稀。排泄物稀薄，恶臭，带有气泡、黏液和血液凝块。食欲起初正常，精神也良好，以后食欲有所减退。逐渐消瘦，眼窝下陷，精神不好，经常躺卧。泌乳逐渐减少，最后完全停止。皮肤粗糙，被毛粗乱，下颌及垂皮可见水肿。体温常无变化。尽管病畜消瘦，但仍有性欲。腹泻有时可暂时停止，排泄物恢复常态，体重有所增加，然后再度发生腹泻。给予多汁青饲料可加剧腹泻临诊症状。如腹泻不止，一般经3~4个月因衰竭而死。染疫牛群的死亡率每年高达10%。

2. 病理变化

尸体消瘦，主要病理变化在消化道和肠系膜淋巴结。消化道的损害常限于空肠、回肠和结肠前段，特别是回肠，其浆膜和肠系膜都有显著水肿，肠黏膜常增厚3~20倍，并发生硬而弯曲的皱褶，黏膜呈黄色或灰黄色。皱褶突起处常呈充血状态，黏膜上面紧附有黏稠而浑浊的黏液，但无结节和坏死，也无溃疡。有时肠外表无大变化，但肠壁常增厚。浆膜下淋巴管和肠系膜淋巴管常肿大呈索状，淋巴结肿大变软，切面湿润，上有黄白色病灶，但一般没有干酪样变。肠腔内容物甚少。

（五）诊断

根据流行病学、临诊症状和病例变化，一般可做出初步诊断。但顽固性腹泻和消瘦现象也见于其他疾病，如冬痢、沙门氏菌病、体内寄生虫、肝脓肿、肾盂肾炎、创伤性网胃炎、铅中毒、营养不良等。因此，应进行实验室诊断以便区别。

（1）细菌学诊断。已有临诊症状的病牛，可刮取直肠黏膜或取粪便中的小块黏液及血液凝块，尸体可取回肠末端与附近肠系膜淋巴结或取回盲瓣附近的肠黏膜，制成涂片，经抗酸染色后镜检。如见到红色的细小杆菌，成堆或丛状，即为该菌。

如果粪便经如下方法处理，检出率会有所提高。取粪便中的黏液、血丝，加3倍量的0.5%NaOH溶液，混匀，55℃水浴30min，以4层纱布滤过，取滤液以1 000 r/min离心5min，去沉渣后，再以3 000~4 000r/min离心30min，去上清，取沉淀物涂片，用抗酸染色镜检，本菌为红色，常呈丛状。

镜检时，应注意与肠道中的其他抗酸性腐生菌相区别，后者虽然也呈红色，但较为粗大，不成堆或丛状排列，镜检未发现副结核分枝杆菌并不能排除此病，应隔多日后再对牛进行检查。有条件或必要时进行细菌的分离培养。

（2）分离培养。生前可采取粪便或直肠刮取物，死后取病变肠段或肠淋巴结，用酸或碱处理并中和，接种固体培养基37℃培养5~7周，发现有菌落生长时进行抗酸染色、镜检。必要时用PCR法确证。

（3）变态反应诊断。对于没有临床症状或临床症状不明显的，可以用副结核菌素或禽结核菌素（PPD）进行皮内注射。取上述菌素0.2ml注射于待检动物颈侧皮内，48h后检测结果，皮肤出现弥漫性肿胀、有热痛表现、皮肤增厚1倍以上者可判断为阳性。对于可疑动物和阴性动物，于同处再注射同剂量变应原，24h后检查判定。该试验能检出大部分隐性病畜（副结核菌素检出率94%，禽型结核菌素检出率80%），这些病畜可能是排菌者。

（4）血清学诊断。

①补体结合试验：最早用于本病的诊断，为国际上诊断牛副结核病常用的血清学方法，与变态反应一样，病牛在出现临床症状之前即对补体结合反应呈阳性反应，但其消失比变态反应迟。缺点是有些未感染牛可出现假阳性反应；有的病牛在症状出现前呈阳性反应，而症状变明显后滴度又下降，并存在非特异性反应，操作复杂，不利于大规模的检疫。采用冷感作法，抗原采用禽结核菌提取的糖脂，各反应成分均为0.1ml，总量为0.6ml，按常规方法进行。各国判定标准不同，我国在被检血1：10稀释时"++"以上判为阳性。

②酶联免疫吸附试验（ELISA）：近年来，应用该方法诊断本病的报道日益增加，认为其敏感性和特异性均优于补体结合反应。尤其适用于检测无临诊症状的带菌牛和临床症状出现前补体结合反应呈阴性反应的牛。ELISA有可能代替补体结合反应而获得广泛应用。

③琼脂扩散试验：琼脂扩试验虽然敏感性低，但具有简便、特异性好等特点，但由于抗原的原因，目前还难以进入使用阶段，并且国内外关于牛副结核琼扩抗原的报道也非常少。检测牛副结核分枝杆菌抗体的琼扩试验可以用于鉴别诊断绵羊和山羊的副结核病。

④胶体金技术：本法具有敏感、特异、简易、经济和适用于现场推广应用等优点，可作为一种新的血清学诊断方法推广应用。目前副结核的诊断方法主要集中在基于胶体金技术的快速诊断。

⑤分子生物学技术：PCR方法可用于本病的快速诊断。PCR方法具有高于常规细菌培养的敏感性，并且快速，常规细菌培养需6~12周，而PCR方法仅需几小时，能及早诊断副结核病，对于副结核病的控制具有十分重要的应用价值，是目前诊断副结核病的最为理想的方法。目前鉴定的可用于副结核分枝杆菌特异性基因包括 $gcpE$、$pstA$、$kdpC$、$papA2$、$impA$、$umaA1$、$fabG2$、$aceAB$、$mbtH2$、$lpqP$、$map0834c$、$cspB$、$lipN$ 及 $map1634$ 基因。

（六）治疗

副结核病已经经历百年研究，但防治措施上至今仍处于实验水平，无公认可靠的监测程序，也无特效的预防和治疗药物。多年来各国试验多种抗分枝杆菌的药物，如链霉素、氨苯砜、异烟肼等，对本病治疗均未获得满意疗效。有人对患病牛做过药物治疗试验，用链霉素、雷米封等治疗药物大量投入，结果仅使症状暂时减轻，不能使排菌停止。氯苯吩嗪已被成功地用于缓解自然感染牛的临床症状，但该药不能阻止病牛粪便排菌，不能完全治愈病牛，要使病牛不再出现临床症状。异烟肼可以单用，20mg/kg，口服，每天1次，也可用利福平（20mg/kg，口服，每天1次）和氨基羟丁基卡那霉素A（18mg/kg，分点注射，每天 2 次）联合使用，已获得相似的临床效果，但和氯苯吩嗪一样，感染仅被抑制，并没有治愈，尽管临床症状好转，但粪便仍然排菌。

（七）预防措施

本病尚无有效的疫苗。预防本病平时应加强检疫，不要从疫区引进新牛，如必须引进时，应在严格隔离的条件下用变态反应进行检疫，确认健康时，方可混群。

曾发生过本病的牛群，每年实行 4 次检疫，如 3 次以上为阴性牛群，可视为健康牛群。在检疫中发现有明显症状，同时粪便抗酸染色检查阳性的牛应及时扑杀处理。变态反应阳性牛应集中隔离，分批淘汰。对变态反应阳性母牛、病牛或粪菌检阳性母牛所生犊牛应立即与母牛分开，人工哺喂健康母牛初乳 3d 后，集中隔离饲养，待 1、3、6 月龄时各做 1 次变态反应检查，如均为阴性，可按健康牛处理。对变态反应疑似牛每隔 15~30d 检疫 1 次，连续 3 次呈疑似的牛，应酌情处理。当发生本病时，及时隔离病牛，被污染的牛舍、场地、用具等用生石灰、漂白粉、氢氧化钠、石炭酸等消毒药进行严格消毒，粪便发酵处理。

（撰写人：周玉龙；校稿人：周玉龙）

二十八、放线菌病

放线菌病也称木舌病、牛大颌病（Lumpy jaw）是由牛放线菌（*Actinomyces bovis*）引起的多菌性、非接触性、慢性传染病。以头、颈、颌下和舌等部位的化脓性结缔组织增生性硬肿或肿瘤样脓肿为主要特征，也见乳牛乳腺的放线菌脓肿。

（一）病原

1. 分类

本病的病原为放线菌，本菌属于放线菌科放线菌属，属内有 36 个种，常见的有牛放线菌（*Actinomyces bovis*）、伊氏放线菌（*A. israelii*）和林氏放线杆菌（*Actinobaeillus ligniere-si*）。牛放线菌和林氏放线杆菌是牛的骨骼和皮肤和软组织器官（如舌、乳腺、肺等）放线菌病的主要病原。

2. 培养特性

牛放线菌和林氏放线杆菌均为不运动、不形成芽孢的革兰氏阳性杆菌。菌体常形成分枝状无隔菌丝，但不形成空中菌丝，有时断裂成短杆状或球状，在动物组织中常呈辐射状菌丝的颗粒性聚集物（菌芝）。牛放线菌为厌氧菌，有氧环境中一般不生长，在 10% CO_2 环境中的厌氧培养基上生长良好。生长缓慢，在培养基上需 3~4d 才能形成肉眼可见的致密菌落，菌落灰白色或瓷白色。初次分离形成表面粗糙而不规则的菌落，经多次移种后可形成光滑型、白色、柔软、易于钩取的菌落。微菌落圆形，通常颗粒状，光滑，边缘整齐，质度柔软，有带丝状菌落的粗糙菌株。大菌落圆形，直径达 1mm，凸面，表面颗粒状或光滑，边缘整齐，黄油状，无气丝。在半固体培养基生长极好，当用石蜡封闭时，无可溶色素。

3. 形态及染色

放线菌形态随生长环境的不同而异，在培养基上呈杆状或棒状，可形成 Y、V 或 T 型排列的无隔菌丝，直径为 $0.6\sim0.7\mu m$。在病灶中形成肉眼可见的帽针头大的黄白色小菌块，呈硫磺颗粒状，此颗粒放在载玻片上压平后镜检呈菊花状，菌丝末端膨大，呈放射状排列。革兰染色菌块中央呈阳性，周围膨大部分呈阴性。

4. 生化特性

牛放线菌能发酵麦芽糖、葡萄糖、果糖、半乳糖、木糖、蔗糖、甘露醇，产酸不产气，产生硫化氢，MR 阳性，吲哚阳性。触酶、过氧化氢酶和氧化酶阴性。多数菌株不具溶血性，也不能利用胶原蛋白和酪蛋白。制片经革兰氏染色后，其中心菌体紫色，周围辐射状菌丝红色。

5. 抵抗力

这种细菌的抵抗力弱，80℃下 5min 可杀灭此菌。一般消毒剂均可将其杀死，对抗生素较敏感。放线菌很容易被热和消毒剂灭活，需要在培养基上频繁传代才能维持生存。

6. 血清学分型

伊氏放线菌可根据荧光抗体试验分成血清 1 型，血清 2 型，不同血清型的菌株在菌株形态、生长特征和生化特性方面未见明显差异。其他种的放线菌未见相关研究报道。

7. 分子特征

与本病相关的病原菌为伊氏放线菌 DSM 43320（GenBank 参考序列：NZ_JONS00000000.1），该基因组大小为 4.03Mb，整个基因组的 GC 含量较高，DSM 43320 为71.4%，基因组包含 3262 个基因，编码 5 个 rRNA 和 49 个 tRNA，编码蛋白数量为 3 125个，此外，基因组种还编码了 82 个假基因。目前，牛放线菌的基因组序列还未有得到全部的测定和注释组装。

（二）致病机制

本菌在自然界分布广，长存在于土壤、水、禾本科植物（如小麦、青稞等）的穗芒上，主要通过消化道、皮肤和黏膜，由创伤口进入动物体内，如牛采食时，因芒刺破口腔和齿龈黏膜而感染。此病特点为头、颈、颌下和舌体的放线菌肿，其中牛的颌骨是主要被侵害的对象，常常首先侵害颌骨，使颌骨肿大。引起机体的脓性肉芽肿的具体致病机制不清楚。细菌在组织定植后，即可引起临近组织的化脓性反应，在其周围出现肉芽增生、单核细胞浸润和组织纤维化，进而可发展为肉芽肿，窦道可排出渗出液，渗出液中常含有淡黄色的"硫磺样颗粒"，显微镜下，这些"硫磺样颗粒"为条纹状的包框包裹的定植物，由矿物质和一些可能的抗原抗体复合物构成。这样的颗粒也称作花纹样体。另一种情况是发生脓肿，积脓症或化脓性浆膜炎时，通常经混合培养发现放线菌。

（三）流行病学

1. 易感动物

本病病原为防线菌，具有人兽共患性，主要侵害牛，断奶犊牛、2~5 岁的青年公牛和母牛最易感，特别在换牙时。除牛之外，猪、马、犬、羊等也可感染患病。人也可患病，常有伊氏放线菌引起。

2. 传播途径

牛放线菌广泛分布于自然界，动物体表和消化道内寄生，也是口腔内的常在菌，从损伤的口腔黏膜和齿龈的骨膜内源性感染而发病。人与人，动物与人或动物与动物之间的直接传播尚未报道。

3. 传染源

放线菌病的病原体在环境中存在主要于污染的土壤、饲料和饮水中，寄生于牛口腔和上呼吸道中，因此只要皮肤黏膜上有破损便可自行发生，当给牛饲喂带刺的饲料时，使口腔黏膜损伤而感染，病牛特别是发病部位破溃的牛只为主要的传染源。

4. 流行特点

该病一年四季都可发生，无明显季节性，呈散发性，以水平方式传播，潜伏期较长，可达 3~18 个月。人与人，动物与人或动物与动物之间的直接传播尚未报道。一般认为，当粗硬饲料损伤牛口腔黏膜或牛皮肤有破损时，可感染此菌致病，通常零星发病。但也有报道称，1 头牛首先患病，同槽采食的 7 头健康牛也随后发病，造成此病在牛群中的流行。此外，牛群在低洼潮湿地带放牧时，也常有本病发生。

（四）症状与病理变化

牛常见上下颌骨肿大（大多数发生于下颌），界限明显，由皮肤表面即可触知。肿胀进展缓慢，一般经过 6~18 个月才出现一个小而坚实的硬块，不能移动；有时肿大发展甚快，牵连整个头骨；肿部初期疼痛，后期缺乏痛觉；病牛流涎，呼吸、吞咽和咀嚼均感困难，消瘦很快，口内有恶臭；有时皮肤化脓破溃，脓汁流出，形成瘘管，长久不愈；头、颈、颌部组织也常发生硬肿，不热不痛；舌和咽喉被侵害时，舌和咽部组织变硬，舌活动困难，称为"木舌病"。乳房患病时呈弥散性肿大或有局灶性硬节，乳汁黏稠，混有脓汁。乳房患病时，呈弥散性肿大或有局限性硬结，乳汁黏稠，混有脓汁。通常在下颌骨等感染部位，出现以化脓性增生性炎症为特征的病变。外观呈坚硬的脓肿和肉芽肿。肉芽组织中有黄色硫磺样颗粒。镜检颗粒可见其中心有菌丝，外周排列成菊花状。

（五）诊断

放线菌病又称"大颌病"，无发热等全身反应。病的特征是肉芽肿性无痛硬结几乎局限在头部和颈部，易诊断。确诊需病原学诊断。

1. 镜检观察

无菌采取病畜病灶、脓汁，放入无菌试管中，用无菌水或生理盐水稀释、振荡、沉淀、弃上清液、再加生理盐水，反复洗涤 2~3 次，将沉淀倾入平皿内。将平皿放于黑纸上，用毛细管吸取淡黄色的小颗粒数个，置于载玻片上。加 15% 氢氧化钾溶液于颗粒旁边，覆以盖玻片，制成无染色压滴标本，于低倍镜下检查。如果能看到放射状或菊花状的菌丝时，再结合临床症状，即可确诊。

2. 分离培养

用无菌方法将含有小颗粒的脓液在乳钵内研碎后接种于血清 LB 琼脂和血清 LB 肉汤中各自分别做 10% CO_2 的厌氧和需氧培养。37℃培养 24h 两者都可生长，但厌氧条件较好；琼脂平板上可见灰色、圆形、边缘略透明、黏稠的、深入培养基内而不易挑出的细小菌落和湿润、光滑、隆起的圆形大菌落；肉汤中可见浑浊、细小、绒球样絮状沉淀于试管底部。取培养物革兰氏染色镜检。分别做涂片、染色和纯培养后可确诊大菌落为葡萄球菌，小菌落可见革兰氏阳性的细分枝菌丝和菌丝的断片。

3. 革兰氏染色镜检

牛放线菌中心部菌丝体染成暗紫色，四周的棍棒状体末端染成红黄色或蔷薇色。

4. 生化鉴定

能发酵麦芽糖、葡萄糖、果糖、半乳糖、木糖、蔗糖、甘露醇，产酸不产气，产生硫化氢，MR 阳性，吲哚阳性。

（六）治疗

应根据不同病情，制定不同治疗方案。以手术和药物治疗较为常见，并常综合运用。硬结较大且影响呼吸和咀嚼时，用外科手术摘除，伤口撒布等量混合的碘仿和磺胺粉，然后缝合。其他一般不经治疗，预后良好。硬结小者，可内服碘化钾或静注碘化钠，于硬结周围注射青霉素，每日 1 次，连用 5d 为一疗程，有显著效果。骨质的放线菌病由于骨质的改变，即不能摘除，又不能自然吸收，往往转归不良。

当病灶与周围组织界限明显时，可把硬结、瘘管全部切除，然后用碘酊纱布填满创腔，24~48h 时更换 1 次。伤口周围注射 2% 的碘溶液或者 0.5% 的碘酊。

烧烙法：对顽固病例或者肿胀面积较大时。可反复烧烙，每次烧烙要间隔 3~5d，效果良好。

内服碘化钾，每日 2 次，成年牛每次 5~10g，犊牛 1~2g，连续内服 2~4 周。

静脉注射 10% 碘化钠液，每次 50~100ml，每日 1 次，共计要注射 3~5 次。

皮下注射 100 万~200 万 IU 青霉素、链霉素 3g，注射水 20~40ml、混合后注射于患部周围。每日 2 次，连续注射 5d。

链霉素与碘化钾同时应用，对于软组织肿胀和木舌病效果明显。

1% 锥黄素 1.5~2ml，皮下注射于患部，4~5d 注射 1 次，共注射 2~4 次。

10% 的氯化锌 4~10ml，分 2~4 个点，注射到肿胀部位的深部组织。

此外，还有报道联合使用青霉素和氨基糖苷类抗生素，用于牛放线菌病的治疗，但氨基糖苷类抗生素在治疗中的作用尚不明确，目前也提倡口服异烟肼进行治疗。

（七）预防措施

为了防止本病的发生应避免在低湿地放牧。防止皮肤黏膜发生损伤，有伤口及时处理。舍饲牛最好在饲喂前将干草、谷糠等浸软，避免刺伤黏膜。加强饲养管理，遵守兽医卫生制度，特别是防止皮肤、黏膜发生损伤，有伤口时及时处理、治疗，在本病的预防上十分重要。

（撰写人：刘宇；校稿人：周玉龙）

二十九、柯克斯体病（Q 热）

Q 热（Query Fever）是由贝氏柯克斯体（*Coxiella burneti*）引起的一种急性、热性、自然疫源性人畜共患传染病。人感染后表现为发热、乏力、头痛及肺炎症状。1935 年澳大利亚布里斯班和昆布兰屠宰场工人中爆发流行 Q 热，由于患者出现不明原因热性病临床症状，称之为 Q 热（"Q" 为英文单词 Query 第一个字母，即疑问之意），并一直沿用至今。世界大部分国家和地区均证明有 Q 热发病，是分布最为广泛的人畜共患病之一。世界动物卫生组织（OIE）将 Q 热列 B 为类动物疫病。

（一）病原

1. 分类

Q 热病原体为变形菌纲（Proteobacteria）γ 亚群、立克次体科（*Rickettsiaceae*）、立克次体亚科（*Rickettsieae*）、柯克斯体属（*Coxiella*）的贝氏柯克斯体（*Coxiella burnetii*），也称为贝氏立克次体（*Rickettsia burnetii*）。

2. 形态和培养特性

革兰氏染色阴性，呈多形态，如小杆状、球状、新月状或丝状。大小为（0.2~0.4）μm×（0.4~1.0）μm，无鞭毛，无荚膜，可形成芽孢。革兰氏染色不易着色，病原体可见两端浓染或不着色，Gimenez 与 Macchiavello 法染色呈红色，而姬姆萨染色法则染呈紫色，有过滤性。电镜下可观察到 2~3 层与细胞膜隔开的细胞壁。贝氏柯克斯体专性细胞内寄生，系统发育分类上与肺炎军团菌关系最密切。在人工培养基中无法生长，可在鸡胚和鼠胚细胞、豚鼠和乳兔肾细胞、人胚纤维母细胞等培养基中增殖。鸡胚卵黄囊接种后经 5~7d 达到繁殖高峰，也可在鸡胚肠上皮、绒毛尿囊膜、羊膜和羊水中增殖。在多种人和动物的原代细胞和传代细胞培养物上生长时，虽不形成细胞病变，但培养 3~4d 后可在细胞内形成大小不同的空泡。

3. 抵抗力

贝氏柯克斯体能形成内孢子样结构，对理化因素有极强的抵抗力，尤其是对于干燥和在尘土中受到曝晒时的耐受力，在立克次体中是独特的。在干粪中可存活 2 年，干血中可存活 6 个月，干尿中可存活 1 个月以上，冻肉中可存活约 30d，腌肉可生存 5 个月。巴氏灭菌法无法将牛乳中的病原体全部杀死，牛乳煮沸 10min 以上才可将病原杀死。经 3%~5%石碳酸、2%漂白粉或 3%双氧水处理 1~5min 可将其杀死。对脂溶剂和抗菌素敏感。此外，贝氏柯克斯体具有嗜酸性，其葡萄糖和谷氨酸代谢须在 pH 值低于 5 的条件下完成。对四环素、土霉素、强力霉素和甲氧苄氨嘧啶等药物和脂溶剂敏感。

4. 分子特征

贝氏柯克斯体是立克次体科中唯一含有质粒的病原体，现已发现 4 种质粒型（QpHI、QpRS、QpDV 和 QpDG）和无质粒型（plasmidless）。每种质粒有各自特异序列，DNA 大部分是保守的。近年研究发现，其质粒类型与 Q 热的临床类型无关。

贝氏柯克斯体主要表面蛋白基因有热休克蛋白基因、coml、p1、17kDa 蛋白基因、omp34。其他相关基因有 gltA、sod、Cbmip、23S rRNA 和 16S rDNA 等。其中，热休克蛋白是重要的保护性抗原，诱导体液免疫和细胞免疫。com1 可改变吞噬溶酶体内氧化还原电位，可能与致病性有关。p1 编码的外膜蛋白具有良好的免疫原性和免疫反应性。17kDa 蛋白为七医株的外膜蛋白，具有免疫反应性。gltA 为枸橼酸合成酶基因，在三羧酸循环的生物合成中发挥重要作用。Sod 为超氧化物歧化酶基因，可去除吞噬细胞产生的超氧离子对细菌毒性作用，促进病原体感染作用。Cbmip 为吞噬细胞感染因子基因，与致病力有关。

（二）致病机制

贝氏柯克斯体由呼吸道黏膜、消化道、接触等传播途径进入机体后，先在局部网状内皮细胞内繁殖，后进入血液中形成立克次体血症，导致肝、肺、心、脑等全身各组织器官产生病变。血管病变主要有内皮细胞肿胀，有血栓形成。肺部病变与病毒或支原体肺炎相似，小支气管肺泡中有纤维蛋白、淋巴细胞及大单核细胞组成的渗出液，严重者类似大叶性肺炎。国外近年来有热可引起炎症性假性肺肿瘤的报道。肝脏有广泛的肉芽肿样浸润，心脏可发生心肌炎、心内膜炎及心包炎、并能侵犯瓣膜形成赘生物，甚至会导致主动脉窦破裂、瓣膜穿孔，其他脾、肾、睾丸亦可发生病变。免疫复合物在组织中的形成与沉积，也可能与 Q 热发病机制有关。

贝氏柯克斯脂多糖（LPS）会引起高热、体重减轻、白细胞增多、头痛等全身症状。病原存在抗原相变异现象，原因为 LPS 结构发生改变，为适应不同宿主环境，而表现出两相抗原性。I 相贝氏柯克斯体毒力强，含完整的抗原组分，具有光滑脂多糖 I。II 相含粗糙脂多糖 II，毒力弱。I 相贝氏柯克斯体可在感染早期诱发 II 相抗体，晚期产生 I 相抗体，因而 II 相抗原可与早期及恢复期血清反应，I 相抗原只与晚期血清呈阳性反应，两相立克次体 LPS 组成上存在差异。

（三）流行病学

1. 易感动物

牛、绵羊、山羊、猪、马、犬、各种野生动物、节肢动物和鸟类均可感染 Q 热。各年龄组人群均易感，接触 Q 热病原体的人群，几乎均被感染，部分人群发病，其他人群不发病，可产生抗体。

2. 传播途径

本病可通过呼吸道、消化道和接触等多种途径感染人，其中呼吸道传播是引起 Q 热爆发和流行的主要传播途径。贝氏柯克斯体是所有立克次体中唯一可以不通过节肢动物，而通过气溶胶方式即可使人或动物感染的病原体。牲畜屠宰过程中，感染动物的排泄物或处理内脏、胎盘等可产生大量病原气溶胶，具有极强的传播性。饮用奶类和奶制品也可经消化道感染。此外与病畜、蜱类接触，病原体可通过受损的皮肤、黏膜侵入动物机体而造成感染。蜱可通过叮咬方式传播该病，也可通过粪和尿液污染宿主皮肤和被毛，有些可经卵传代。蜱螨类除四川寄生于犬体外的铃头血蜱外，还在新疆的亚洲璃眼蜱、内蒙古自治区的亚东璃眼蜱中分离出 Q 热立克次体。

3. 传染源

主要传染源为感染家畜，尤其是牛、羊。可感染 Q 热的家畜包括黄牛、水牛、牦牛、绵羊、山羊、马、骡、驴、骆驼、狗、猪和家兔等。野生动物中的喜马拉雅旱獭、藏鼠兔、达乌利亚黄鼠、黄胸鼠，禽类中的鸡、鹊雀可感染 Q 热，成为传染源。Q 热的流行常与输入感染动物有直接关系。多数反刍动物感染后，病原体侵入血流后可局限于乳腺、乳房上部淋巴管、胎盘和子宫，在以后的分娩和泌乳时大量排出。一般几个月后可清除感染。但也有一些反刍动物可成为带菌者。由于病原体局限于乳房，可在泌乳期经奶排出。在产犊或产羔时，大量病原体可随胎盘排出，也可随羊水和粪尿排出体外。

4. 流行特点

血清学和临床病例证实北京市、内蒙古自治区、河北省、辽宁省、吉林省、黑龙江省、四川省、云南省、甘肃省、重庆市、西藏自治区、青海省、新疆维吾尔自治区、广东省、广西壮族自治区、海南省、江苏省、安徽省、山东省、福建省、台湾省等 21 个省、区、市均有 Q 热分布。全年均可发病，尤其在农村和牧区母畜产犊时期发病率较高，一般呈散发，但通过呼吸道感染与传播，可能爆发和流行。此外，啮齿动物、蜱、螨虫、飞禽、一些爬行类动物可成为其存储宿主。该病可在野生动物及其体外寄生虫之间循环传播，形成自然疫源。在家养反刍动物中也可传播与流行，这类反刍动物是人类和其他动物威胁较大的传染源。

潜伏期一般为 12~39d，多数患畜几个月后感染可清除。本病一年四季均可发病，一般呈散发，有时也可呈流行性，但可因孕畜分娩、屠宰旺季等因素而有季节性上升或暴发。虽然病死率较低，但动物常呈带菌状态，发病动物一般经过治疗多呈良性经过。

（四）症状与病理变化

本病无明显临床特征，难与其他热性传染病区别，误诊率很高。感染可分急性型、亚临床型和慢性型。

发病大多急骤，少数较缓。急性型潜伏期一般为 2~4 周。常突然发病，表现为发热、乏力以及各种痛症。动物感染后多数呈亚临床经过。反刍动物怀孕和分娩时，由于应激因素的作用常出现发热、消化系统紊乱等症状。奶牛感染后一般泌乳和胎儿发育都会受到影响，有时出现不育和散在性流产。少数病例出现结膜炎、支气管肺炎、关节肿胀、乳房炎等症状。

Q 热立克次体由呼吸道黏膜进入动物机体。先在局部网状内皮细胞内繁殖，然后入血形成立克次体血症，波及全身各组织、器官，造成小血管、肺、肝等组织脏器病变。血管病变主要是内皮细胞肿胀，可有血栓形成。肺部病变与病毒或支原体肺炎相似。小支气管肺泡中有纤维蛋白、淋巴细胞及大单核细胞组成的渗出液，严重者类似大叶性肺炎。国外曾有 Q 热立克次体引起炎症性假性肺肿瘤的报道。肝脏有广泛的肉芽肿样浸润。心脏可发生心肌炎、心内膜炎及心包炎、并能侵犯瓣膜形成赘生物，甚至导致主动脉窦破裂、瓣膜穿孔。其他脾、肾、睾丸亦可发生病变。

人 Q 热急性感染可见肺炎、肝炎、心肌炎、心包炎、脑膜炎等病变。Q 热慢性感染可见心肌炎、心内膜炎、心包炎、血管感染、骨关节感染、骨髓炎、慢性肝炎、慢性肺感染、慢性疲劳综合征等病变。

（五）诊断

根据临床症状和病理变化可以初步诊断，确诊还需进行病原学诊断。

（1）病原分离培养。无菌采集流产胎儿脑、脑室液、脊髓、肺、肝、脾、胎盘等病料样品，接种 Vero、Hmlu-1 和 BHK-21 等细胞，进行病原细胞培养。也可通过鸡胚卵黄囊接种培养。观察到贝氏柯克斯体形态。

（2）动物感染试验。经乳鼠脑内接种病原，产生致死性感染。鸡胚卵黄囊接种病原后，鸡胚发生脑积水、脑缺陷、发育不全、关节弯曲等病变，脑核肌肉中病毒滴度高。可用已知抗血清进行病毒中和试验，鉴定病毒。

（3）分子生物学诊断。可分别根据贝氏柯克斯体 icd、com1 或 IS1111 基因设计引物，进行 PCR 鉴定引物。其中，icd 基因的上游引物序列为：5′-GACCGACCCATTATTCCCT-3′，下游引物序列为：5′-CGGCGTAGATCTCCATCCA-3′，扩增片段大小为 139bp。Com1

基因的上游引物序列为：5′-AAGCAATTAAAGAAAATGCAAAGAAATTAT-3′，下游引物序列为：5′-ACAGAATTCATGGCTTTGCAAT-3′，扩增片段大小为133bp。IS1111基因的上游引物序列为：5′-CGCAGCACGTCAAACCG-3′，下游引物序列为：5′-TATCTTTAA-CAGCGCTTGAACGTC-3′，扩增片段大小为146bp。PCR反应体系20μl；反应条件：95℃预变性15min，95℃变性30s，60℃退火30s，72℃延伸1min，共35个环，最后72℃延伸10min。

（六）治疗

临床应用四环素、土霉素、林可霉素、强力霉素和甲氧苄氨嘧啶等药物治疗效果较好。患病动物应该在隔离条件下，及时药物治疗。首选药物为四环素类抗生素，如在病程前3d用四环素，发热期可缩短一半。喹诺酮类、甲氧苄氨嘧啶、利福平、强力霉素等药物也有一定疗效。四环素与复方新诺明或林可霉素联合应用可治疗Q热性心内膜炎。慢性感染治愈率相对较低，如用四环素类药物治疗，至少应使用1年，每3个月做1次血清学检查。

（七）预防措施

非疫区应加强引进动物的检疫，防止引入隐性感染或带毒动物。疫区可通过临床观察和血清学检查，发现阳性动物及时隔离，治疗患病动物应隔离；对血清学试验阳性的怀孕动物应进行严格隔离，烧掉或深埋其分娩有关的废弃物。患病动物的奶或其他产品，需经过严格的无害化处理方可应用。孕畜与正常畜应进行隔离，对家畜分娩期的排泻物、胎盘及周围环境应作适当处理和必要消毒。由Q热流行区运入的家畜和皮毛等产品，应进行检疫和消毒处理。畜牧场、奶场、皮毛制革场、屠宰场等与牲畜有密切接触的工作人员必须按防护条例工作。加强食品卫生检疫；加强家畜（特别是孕畜）的管理、抗体监测及严格进出口检疫；对家畜屠宰加工场地及畜产品进行消毒、通风，加强动物实验室的安全防御措施；灭鼠灭蜱；对疑有传染的牛羊奶必须煮沸10min方可饮用。

对易感动物和人进行免疫接种，是该病重要预防措施之一。国内可选疫苗为人用QM-6801株活疫苗和卵黄囊膜制成的灭活疫苗，前者通过皮肤划痕接种或口服，后者需肌内注射。人和动物均可使用。

（撰写人：周玉龙；校稿人：周玉龙）

三十、沙门氏菌病

沙门氏菌病（Salmonellosis）主要由多种血清型的沙门氏菌（*Salmonella*）引起，发生于各种家畜、家禽、野生动物和人类的一种重要的人畜共患传染病，本病引起人和动物的多种不同临床表现，幼、青年动物常发生败血症、胃肠炎及其他组织局部炎症。成年动物则往往引起散发性或局部性沙门氏菌病，发生败血症的怀孕母畜可表现流产，在一定条件下亦偶尔引起急性流行性暴发。牛沙门氏菌病临床主要特征为下痢和败血症。

（一）病原

1. 分类

沙门氏菌属（Salmonella）属于肠杆菌科（*Enterobacteriaceae*）成员。分类易于混淆。本属目前包括2个种：邦戈尔沙门氏菌（*Salmonella bongori*）和肠道沙门氏菌（*Salmonella* enteric）。肠道沙门氏菌又分为 6 个亚种：肠道亚种（enterica）、萨拉姆亚种（salamae）、亚利桑那亚种（arizonae）、双向亚利桑那亚种（diarizonae）、豪顿沙门氏菌（houtenae）以及因迪卡沙门氏菌（indica）。根据 Kauffman - White 分类方法，按照菌体抗原 O 抗原和鞭毛抗原 H 抗原分类，沙门氏菌有超过 2 600 个血清型，因此，根据沙门氏菌命名原则，鼠伤寒沙门氏菌应该称为肠道沙门氏菌肠道亚种鼠伤寒沙门氏菌（Salmonella enterica subsp. enterica serovar Typhimurium），通常情况下，可缩略为 Salmonella typhimurium。目前，可感染牛的主要病原体有鼠伤寒沙门氏菌（Salmonella typhimurium）、都柏林沙门氏菌（S. Dublin）或纽波特沙门氏菌（S. Newport）等。

2. 形态和培养特性

沙门氏菌形态与染色特性与同科的大多数其他菌属相似，呈直杆状，革兰氏阴性，除鼠沙门氏菌和鸡沙门氏菌无鞭毛不运动外，其余的菌以周身鞭毛运动，且绝大多数具有 I 型菌毛。本属细菌非抗酸性，无芽孢，兼性厌氧，直径为（0.7~1.5）μm×（2.0~5.0）μm。沙门氏菌在普通培养基上生长良好，能形成肉眼可见的无色、光滑、圆形的清晰小菌落。在肉汤培养基中呈均匀混浊、管底会有少量沉淀物。营养琼脂上菌落呈圆形、半透明、光滑、微隆起、边缘整齐、针尖大小的露珠状小菌落。在麦康凯琼脂上长出无色透明、圆形的小菌落。在鲜血琼脂培养基上不发生溶血。在 SS 琼脂培养基上形成无色、透明的小菌落。三糖铁培养基上，斜面为红色、底层穿刺后为黑色，常产生 H_2S。

3. 生化特性

大部分沙门氏菌能发酵葡萄糖、麦芽糖、甘露醇和山梨醇产气，但偶尔有的菌株不产气，一般可利用枸橼酸盐，能使赖氨酸和鸟氨酸脱羧基，但对苯丙氨酸和色氨酸均不脱氨基。除亚利桑那沙门氏菌外，大部分沙门氏菌都不发酵乳糖。通常不利用水杨苷、肌醇、蔗糖、侧金盏花醇和棉子糖，也不产生 α 甲基葡萄糖苷。不产吲哚，不分解尿素，甲基红试验阳性，VP 试验阴性。

4. 抵抗力

本菌存在于病畜全身各个组织、体液、分泌物及排泄物里，此外，在该菌可广泛存在食物表面（如鸡蛋、蔬菜等），沙门氏菌可抵抗一些外界条件变化对其产生的不良刺激，例如缺水、缺氧、腐烂、阳光等。在 10~42℃ 的范围内均能生长，在水中可存活 2~3 周，在粪便中可存活 1~2 个月，在牛乳和肉类食品中存活数月。但对热刺激、化学消毒剂和 5% 的石炭酸耐受性相对较弱，60℃ 下 15min、5% 石炭酸 5min 及使用日常的消毒剂和消毒方法均可以将其杀死。

5. 血清学分型

本菌按菌株间抗原成分差异，可分为若干血清型。沙门氏菌具有 4 种抗原，分别为菌体抗原（O 抗原）、鞭毛抗原（H 抗原）、表面包膜抗原（Vi 抗原）和菌毛抗原。O 抗原和 H 抗原是其主要抗原，构成绝大部分沙门氏菌血清型鉴定的物质基础，其中 O 抗原为热稳定性脂多糖，是每个菌株必有的成分。1 个菌体可有几种 O 抗原成分，以小写阿拉伯数字表示。将具有共同 O 抗原（群因子）的各个血清型归入一群，以大写英文字母表示。因此目前已发现的全部沙门氏菌可分为 A、B、C1-C4、D1-D3、E1-E4、F、G1-G2、H……Z 和 051~063、065~067 总计 51 个 O 群，H 抗原是本属菌的蛋白质性鞭毛抗原，总计有 63 种，60℃ 30~60min 及酒精作用均破坏其抗原性，但甲醛不能。同一 O 群的沙门氏菌根据它们的 H 抗原的不同再细分成许多不同的血清型，H 抗原可以分为第 1 相和第 2 相。第 1 相 H 抗原以小写英文字母表示，其特异性高，常为一部分血清型菌株所特有，又称为特异相。第 2 相抗原用阿拉伯数字表示，但也有少数用小写英文字母表示，它的特异性低，多为沙门氏菌所共有，又称为非特异相。L 抗原是伤寒、丙型副伤寒和部分都柏林沙门氏菌表面包膜抗原，功能上相当于大肠杆菌 K 抗原，但一般认为与毒力有关，故称为Vi 抗原。

6. 分子特征

沙门氏菌染色体为单一环状，多数菌株携带 1~2 个质粒。目前，多株沙门氏菌菌株的全基因组和/或相关质粒，组成型噬菌体等均以获得解析。多个科研机构正在开展沙门氏菌比较基因组学研究，以揭示该菌的进化、致病性及抗药性等特性。例如：伤寒沙门氏菌（*Salmonella enterica Typhi*）CT18 株染色体序列大小为 4 809 037 bp，$G+C$ 含量为 52.09%。基因组包含了 4 599 个蛋白编码基因，其中包含了 204 个假基因。与大肠杆菌相比，该株沙门氏菌包含了成百上千个单基因或基因岛的缺失和插入，全基因组序列及注释信息已提交至公共数据库（EMBL/NCBI 序列号：AL513382），此外，该菌还包含 2 个质粒：pHCM1（EMBL/NCBI 序列号：AL513383），大小为 218 150bp，包括 249 个 CDS；pHCM2（EMBL/NCBI 序列号：AL513384），大小为 106 516bp，包括 131 个 CDS。这 2 个质粒编码了多个抗生素抗性基因，与该菌株的抗药性密切相关。

甲型副伤寒沙门氏菌基因组大小为 4 581 797bp，$G+C$ 含量为 52.2%。该菌上也携带一个 212、711bp 的质粒，全基因及质粒的序列号 EMBL/NCBI 分别为 FM200053 和 AM412236。

（二）致病机制

沙门氏菌血清型众多，有些血清型具有宿主特异性，如伤寒沙门氏菌只引起人类疾病并不感染其他动物，而猪沙门氏菌、禽类沙门氏菌也有其宿主偏好性。引起牛发病的主要是肠炎沙门氏菌和鼠伤寒沙门氏菌，引起肠炎和败血症。经口感染的沙门氏菌通过胃到达小肠，并在小肠增殖后，侵入肠黏膜上皮细胞诱发肠炎。被巨噬细胞吞噬后，经肠系膜淋巴结的淋巴管进入血液向全身扩散，导致败血症。以上发病全过程与感染细菌的血清型和宿主的免疫力密切相关。犊牛感染后的症状多种多样，以肠炎型最多。

（1）细菌介导内吞作用。不同血清型沙门氏菌感染的致病机制因其感染靶器官和症状不同而有所差异，但都必须通过肠细胞壁屏障，通过肠道细胞屏障后，不同血清型的沙门氏菌即可应用不同策略建立感染。非伤寒沙门氏菌血清型偏向于通过细菌介导的内吞作用进入肠壁上的微皱褶细胞（M 细胞），这一过程伴随着炎症反应和腹泻的发生。该过程也破坏了肠壁细胞间的紧密连接（tight junctions），导致进出肠道的离子、水分和免疫细胞的平衡遭到破坏。细菌介导的内吞作用所引起的炎症反应，此外，肠壁细胞的紧密连接遭破坏也促进了腹泻的发生。

（2）吞噬作用。伤寒型沙门氏菌感染的一个重要机制是细菌通过吞噬作用和 CD18 阳性免疫细胞介导的过程破坏肠道屏障，这一过程是通过肠壁的更隐蔽的方式，因此，少量伤寒型沙门氏菌就能建立有效感染。此外，沙门氏菌也能通过巨胞饮作用（macropinocytosis）侵入巨噬细胞，而伤寒型沙门氏菌则可通过遍布全身的单核吞噬系统内的免疫细胞实现全身性扩散。

（3）分泌系统。沙门氏菌建立有效感染的另一重要因素是其自身的 2 个 III 型分泌系统，这两个分泌系统在感染的不同时期发挥相应的作用。其中一个系统在入侵非吞噬细胞、肠道内定居、肠道炎症反应及腹泻中发挥作用，而另一个系统则在细菌的巨噬细胞内存活及建立系统性疾病方面发挥作用，这两个系统包含了多个关键基因，互相配合建立感染。

（4）免疫逃逸。沙门氏菌致病岛 1（Salmonella pathogenicity island 1，SPI1）III 型分泌系统分泌的 AvrA 毒素可以通过丝氨酸/苏氨酸乙酰转移酶活性抑制宿主的先天性免疫反应，逃避免疫系统的识别。

（5）抵抗氧化爆发。沙门氏菌致病的一个重要特点就是其能在吞噬细胞内存活。吞噬细胞能通过分泌 DNA 破坏物质，如一氧化氮、氧化自由基等防御病原的入侵。因此，沙门氏菌必须面临破坏其基因组完整性的分子。有研究通过突变试验发现，肠道沙门氏菌 RecA 与 RecBC 可以介导 DNA 损伤后的重组修复，可能在沙门氏菌的巨噬细胞内存活发挥重要作用。

（三）流行病学

1. 易感动物

沙门氏菌因其血清型不同，对不同动物和人类的致病性不同。牛群中发病主要以 40 日龄以内的犊牛最易感。其次是育成牛，成年牛易感性差，孕母牛感染后发生流产。

2. 传播途径

病牛和带菌牛是主要传染源。随粪便、尿、乳汁及流产的胎儿、胎衣和羊水排出病菌，污染饲料和饮水，经消化道感染，病畜与健畜交配或用病公牛的精液人工授精可发生感染，也可经子宫内感染。环境卫生不良、潮湿、牛舍拥挤、长途运输、气候骤变、饲养管理不当等因素均能促进本病的发生。

3. 传染源

与病牛或带菌牛直接接触或通过被污染的垫料、地面等间接接触感染。被污染的水、饲料、粪尿及流产物都可成为重要的传染源。

4. 流行特点

本病不分年龄和季节均可发生。但在多雨潮湿季节发病较多，成年牛多于夏季放牧时发生；流产多发生在晚冬、早春季节。本病一般呈散发或地方流行性，犊牛感染也可表现为地方流行性，成年牛呈散发。

（四）症状与病理变化

犊牛感染后的症状多种多样，以肠炎型为最多。6 月龄以内的犊牛感染后，疫情呈流行性发展。1~4 周龄犊牛感染后症状严重、死亡率也高。病牛表现为高热（40~42℃）、昏迷、食欲不振、呼吸困难、体力迅速衰竭，大多在发病后 12~24h 后粪便带血块，排恶臭黄色下痢便、黏液血液便、消瘦、脱水，时而表现肺炎症状，急性病例数日内死于败血症。恢复后也可能出现预后不良。慢性病例，有时出现关节肿胀和神经症状。下痢稀便中带有大量沙门氏菌，康复后可长期带菌，并间歇性排菌而污染环境，从而成为其他犊牛的重要传染源。

成年牛很少发生本病，多数为 1~3 岁牛。病初高热，精神高度沉郁，食欲废绝，呼吸困难，脉搏加快，体力迅速衰竭，继而下痢，粪中带血块和纤维素絮片，有恶臭味，迅速脱水，消瘦。有的病牛表现腹痛，下痢开始后体温降至正常或略高。病程稍长的牛，脱水、消瘦、结膜充出血、发黄，发生关节炎。孕母牛多数发生流产。

急性病犊牛在心内外膜、腹膜、真胃、小肠、结肠和膀胱黏膜有出血斑点，脾充血肿大，有时见出血点，肠系膜淋巴结水肿，有时出血。病程较长的肝和肾有时发现坏死灶；有时有肺炎病变，肺的心叶、尖叶或膈叶可见有局灶性实变区。关节受损时，腱鞘和关节腔内含有胶样液体。

在成年牛，主要是急性出血性肠炎病变。病死牛天然孔出血，小肠黏膜充血、出血，大肠黏膜出血，有局灶性坏死区，肠系膜淋巴结水肿、出血。肝脂肪性变性或有坏死灶。胆囊肿大，胆汁混浊，脾常充血肿胀、出血，心内膜出血。病程稍长者有肺炎病变。

（五）诊断

1. 常规诊断

沙门氏菌是一种重要的食源性人兽共患传染病，目前的诊断多集中在食品的检测方面。牛沙门氏菌病的常规诊断需结合流行病学、临床症状和病理变化，进行常规的细菌分离鉴定。

犊牛多发于 30~40 日龄以后，真胃、小肠、膀胱黏膜和腹膜有出血点，脾脏充血肿大，肝和肾有时有坏死灶；在成年牛小肠和大肠可见出血性炎症病变，大肠黏膜局灶性坏死，脾脏肿大，肝脂肪性病变或有坏死灶。据此，做出初步诊断。确诊需进行病原学诊断。

发病牛的诊断或继发带菌牛采集粪便或直肠拭子液，死亡牛或淘汰牛采取血液、脏器和肠内容物进行细菌分离。如有必要可采集恶露、流产胎牛以及各种环境材料等作为细菌学检查材料。选择培养基用 DHL（胆硫乳琼脂）、MLCB（甘露糖赖氨酸结晶紫亮绿）琼脂直接进行细菌分离培养，或用四硫磺酸盐增菌培养基增菌后，再用选择培养基进行培养。按照肠道菌的鉴定法将分离菌鉴定为沙门氏菌后，再进行血清型鉴定。

2. 血清学诊断

由于沙门氏菌血清型众多，目前的诊断方法也多集中在以单抗为基础的食品沙门氏菌 ELISA、Dot-ELISA、免疫荧光试验等诊断方面，在牛沙门氏菌方面，未见相关报道，以上方法仅供参考。

3. 分子生物学诊断

在牛沙门氏菌诊断方面，基于鼠伤寒沙门氏菌 invA 基因的多重 PCR 诊断方法。引物序列分别为上游引物：5′-CAAGGCTGAGGAAGGTACTG-3′；下游引物：5′-CGTGTTTC-CGTGCGTAATATG-3′，目的基因片段为 232bp。将疑似病料制备 DNA 模板，进行 PCR 扩增。反应体系为 25μl，反应程序为：94℃ 预变性 5min，随后进行 30 个循环的扩增反应（94℃ 50s，55℃ 50s，72℃ 1min），反应结束后 72℃ 延伸 10min。

（六）治疗

抗菌消炎、调整胃肠功能、补充体液，调整体内电解质平衡。应尽早使用对本菌敏感的药物，如阿米卡星、氟苯尼考、庆大霉素、磺胺嘧啶、磺胺二甲基嘧啶等进行抗菌治疗，辅以及时补液、补盐以调整电解质平衡，大量补给维生素 C 可增加机体抵抗力，出现休克症状时应用皮质类激素，根据情况使用强心剂。

（七）预防措施

平时加强饲养和卫生管理，定期消毒畜舍、用具和环境。常发生本病的地区，应用当地分离的菌株，制成灭活疫苗进行预防接种，可获得良好的效果。发病牛应及时隔离和治疗，对同群牛用敏感的抗菌素进行药物预防，畜舍要彻底消毒。对病死牛应严格执行无害化处理，以防止人食物中毒。

公共卫生。动物性食品沙门氏菌污染严重威胁着人类健康，由于动物源性食品是人沙门氏菌感染的主要来源，最普通的传染源是蛋和蛋制品，禽肉、猪肉和牛肉等及相关制品，乳和乳制品。另外，污染的水果和蔬菜也是沙门氏菌的传染源。在欧洲肠炎沙门氏菌和鼠伤寒沙门氏菌，美国鼠伤寒沙门氏菌是最流行的沙门氏菌种类。

（撰写人：朱洪伟；校稿人：周玉龙）

三十一、链球菌病

链球菌病（Streptococosis）主要是由 β 溶血性链球菌（*Streptococcus*）引起的一种人畜共患传染病，临床表现多种多样，可引起各种化脓创和败血症，也可表现为各种局部性感染，但主要引起牛链球菌乳房炎（mastitis）和牛肺炎链球菌病。牛链球菌乳房炎急性型病例主要引起乳房明显肿胀、变硬、发热及有痛感等，慢性病例通常为原发，临诊上无明显症状。牛肺炎链球菌病主要发生于犊牛，最近也见发生于成年牛报道，最急性病例病程短，常呈急性败血症，仅几小时内死亡。

（一）病原

1. 分类

链球菌在分类学上属于乳杆菌目（*Lactobacillales*）、链球菌科（*Streptococcaceae*）、链球菌属（*Streptococcus*）。属内成员超过 30 个种，其中，牛链球菌乳房炎的病原主要为 B 群无乳链球菌（*S. agalactiae*），也可由停乳链球菌（*S. dysgalactiae*）、乳房链球菌（*S. uberis*）以及 G、L、N、O、P 等群链球菌引起。牛肺炎链球菌病则由肺炎链球菌（*S. pneumoniae*）引起。链球菌分类复杂，可根据不同分类依据进行分类。

根据对红细胞的溶血能力分类。

（1）甲型溶血性链球菌（α-Hemolytic streptococcus），菌落周围有 1~2mm 宽的草绿色溶血环，称甲型溶血或 α 溶血。这类链球菌亦称草绿色链球菌（*Streptococcus viridans*）。此类链球菌为条件致病菌。

（2）乙型溶血性链球菌（β-Hemolytic streptococcus），菌落周围形成 1 个 2~4mm 宽，界限分明、完全透明的溶血环，完全溶血，称乙型溶血或 β 溶血。这类细菌又称溶血性链球菌（*Streptoccus hemolyticus*），致病力强，引起多种疾病。

（3）丙型链球菌（γ-Streptococcus），不产生溶血素，菌落周围无溶血环，故又称不溶血性链球菌（*Streptococcusnon-hemolytics*），一般不致病。

2. 根据抗原结构分类

按 C 抗原不同可分类 A、B、C、D、E、F、G、H、K、L、M、N、O、P、Q、R、S、T、U、V 等 20 个群。

3. 根据对氧需求分类

可分为需氧、兼性厌氧和厌氧三大类链球菌。

根据 16S rDNA 序列进行分子系统发育分析分类　通过系统发育分析，将 25 个链球菌种分成 6 个群，每个群内有 1 个代表物种，例如咽峡炎群代表物种是咽峡炎链球菌（*S. anginosus*），其余群代表物种分别为牛链球菌（*S. bovis*），缓症链球菌（*S mitis*），变形链球菌（*S. mutans*），化脓性链球菌（*S. pyogenes*）以及唾液链球菌（*S. salivarius*）。

4. 形态和培养特性

链球菌一般呈球形或卵圆形，多数呈链状排列，短者 4~8 个细菌组成，长者由 20~30 个细菌组成。肺炎链球菌多呈矛头状或瓜子仁状，较大，直径 $0.6 \sim 1.0 \mu m$。链的长短与菌种及生长环境有关，在液体培养基中形成链状排列比在固体培养基中形成的链长。幼龄菌大多可见到透明质酸形成的荚膜，若延长培养时间，荚膜可被细菌自身产生的透明质酸酶分解而消失。无芽孢，无鞭毛，有菌毛样结构，含 M 蛋白，革兰氏染色阳性，最适生长 pH 值为 7.6~7.8，最适温度为 37℃。该菌在普通培养基中生长不良，在血液及血清培养基上生长良好，在血液琼脂平板上成淡灰白色、隆起、闪光的小菌落。无乳链球菌呈 α 或 β 溶血，无乳链球菌的一些菌株可产生黄色、柠檬色或砖红色色素。在血清肉汤中生长，乳房链球菌保持均匀浑浊，无乳链球菌和停乳链球菌初期均匀浑浊，后期在管底呈絮状沉淀，上部清朗。

肺炎链球菌可发生变异，主要表现在菌落类型、菌体形态、溶血现象的消失、毒力减弱或消失等。菌落一般可分为 3 种类型，即黏液型（M）、光滑型（S）及粗糙型（R）。新分离的肺炎链球菌，因其荚膜多糖丰富，多为 M 型。在普通培养基上多次移植时，可见失去荚膜而变为无毒力的 R 型。如果将 M 型及 S 型菌株的 DNA，加入 R 型菌株培养物中，可使 R 型菌株变为 S 型；如果以抗药菌株的 DNA 加到非抗药菌株培养物中，也可使后者变为抗药性的菌株。

5. 生化特性

链球菌能发酵简单的糖类，产酸不产气。一般不分解菊糖，不被胆汁或 1% 去氧胆酸钠溶解，这两种特性用来鉴定甲型溶血型链球菌和肺炎球菌。链球菌不产生过氧化氢酶，无乳链球菌触酶试验阴性，能分解海藻糖，不分解山梨醇，马尿酸钠、CAMP 和 VP 试验均为阳性，七叶苷和 6.5%NaCl 试验均为阴性。

6. 抵抗力

链球菌对热干燥及消毒药的抵抗力不强。在病料中的细菌，放置于冷冻处可生存数月。日光直射下 1h 或 52℃ 10min 即可杀死。无乳链球菌能生存在 40% 胆汁中，乳房链球菌 60℃ 30min 虽能生存，但巴氏灭菌法可很快杀灭这 3 种细菌。一般消毒药如 5% 石炭酸、0.1% 升汞、1∶10 000 高锰酸钾等很快使本菌死亡。通常对青霉素等抗生素及磺胺类药物敏感。

7. 血清学分型

链球菌血清型分类复杂，按抗原结构（C 多糖），将链球菌分为 A-V（无 I、J）20 个血清群。依据细菌荚膜多糖（cps）不同将链球菌分为 35 个血清型，分别为 1/2 型和 1-34 型，其中 2 型链球菌致病性强，也是临床分离频率最高的血清型，其次为 1 型、9 型和 7

型。各菌株含有的毒力因子不同，引起不同的病型，有的菌株无致病力。

引起牛发病的几个链球菌的血清型分别为无乳链球菌 C 多糖分群为 B 群，溶血类型为 β 溶血，也有 α 或 γ 溶血菌株存在；乳房链球菌 C 多糖分型为未定型，α 溶血或 γ 溶血；停乳链球菌 C 多糖分型为 C 群，α 溶血，或 β、γ 溶血；肺炎链球菌 C 多糖分型未定型，α 溶血。

8. 分子特征

目前，链球菌属已有上百个种的基因组序列完成测定和组装，绝大多数链球菌基因组大小都在 1.8~2.3Mb，编码 1 700~2 300 个蛋白，下表中列出 4 种重要的链球菌种的序列信息，各种间的蛋白序列一致性约为 70%。

表　4 种重要的链球菌种的序列信息统计

特征	化脓链球菌	无乳链球菌	肺炎链球菌	变形链球菌
碱基对	1、852、442	2、211、488	2、160、837	2、030、921
ORFs	1792	2118	2236	1963
前噬菌体	有	无	有	无

（二）致病机制

致病链球菌经呼吸道或其他途径（受损处的皮肤和黏膜）进入机体后，首先在入侵处分裂繁殖。幼龄时菌体外面形成一层黏液状荚膜，以保护细菌的生存。β 型溶血性链球菌在代谢过程中，能产生一种透明质酸酶。该酶能分解结缔组织中的透明质酸，使结缔组织疏松，通透性增强，易于此菌在组织中扩散、蔓延，很快进入淋巴管和淋巴结。继之冲破淋巴屏障，沿淋巴系统扩散到血液中，引起菌血症。临床上表现体温升高。由于细菌在繁殖过程中产生的毒素作用，使大量红细胞溶解，血液成分改变，血管壁受损和整个血液循环系统发生障碍，网状内皮系统的吞噬机能降低，以致发生热性全身性败血症。最后导致各个实质器官严重充血、出血，胸腹腔出现大量浆液纤维蛋白。尤其是富有网状内皮细胞的器官和组织，发生明显的病理变化，常常出现炎症及退行性病变，如肝脏肿大，质硬，胆囊肿大，胶样浸润，脾脏肿大 2~3 倍，质软，骨髓出血等。

当机体抵抗力强时，细菌在血液中消失，小部分细菌被局限在一定范围内或定居在关节囊内，由于变态反应引起关节囊发炎，表现悬蹄、跛行或有疼痛感，严重的引起脓肿，最后因咽喉肿胀窒息而死（羊）；或因吞咽困难，不能吃食，体力衰竭而死亡；或脓肿破溃而自愈（马）；或因心力衰竭瘫痪、麻痹死亡（猪）。肺炎链球菌具有荚膜，产生多种毒力因子如链球菌溶血素 O（streptolysin O，SLO），大多数 A 族链球菌和某些 C 族和 G 族链球菌可产生该毒素。该毒株是一种具抗原性的不耐氧溶血素，氧化状态下无活性，但经弱还原剂如亚硫酸盐处理后即可活化。此外，链球菌还可分泌神经氨酸酶等毒素，这些毒素可引起牛肺炎及败血症。

（三）流行病学

1. 传染源

此病传染源为患病牛、病死牛以及各种带菌动物，致病病毒主要存在于带菌动物体内的脏器、分泌物及排泄物中。

2. 传播途径

损伤的皮肤和黏膜、断脐、挤奶设备。

不规范药物治疗乳腺或者不卫生的挤奶操作时，常造成无乳链球菌在奶牛间的散播。肺炎链球菌主要经呼吸道传染。

3. 易感动物

感链球菌乳房炎的最易感动物为泌乳期奶牛，泌乳期黄牛、水牛等。如卫生条件不佳、外界创伤等也可感染引发本病。肺炎链球菌病主要发生于犊牛，3周龄以内的犊牛最敏感。

4. 流行特点

链球菌的易感动物较多，因而在流行病学上的表现不完全一致。链球菌病高发季节集中于冬春两季，新疫区呈流行性发生，老疫情呈散发性或者流行性发生。

(四) 症状与病理变化

1. 临床症状

乳房炎的病初常不被人们注意，只有当奶牛拒绝挤奶时才被发现。本病呈急性和慢性经过。主要表现为浆液性乳管炎和乳腺炎。

（1）急性型。乳房明显肿胀、变硬、发热、有痛感。此时伴有全身不适，体温稍增高，烦躁不安，食欲减退，产奶量减少或停止。乳房肿胀加剧时则行走困难。常侧卧，呻吟，后肢伸直。病初乳汁或保持原样，或只呈现微蓝色至黄色，或微红色，或出现微细的凝块至絮片。病情加剧时从乳房挤出的分泌液类似血清，含有纤维蛋白絮片和脓块，呈黄色、红色或微棕色。

（2）慢性型。多数病例为原发，也有不少病例是从急性转变而来。临床上无明显临床症状。产奶量逐渐下降，特别是在整个牛群中广泛流行时尤为明显。乳汁可能带有咸味，有时呈蓝白色水样，细胞含量可能增多，间断地排出凝块和絮片。用手触及可摸到乳腺组织中程度不同的灶性或弥漫性硬肿。乳池黏膜变硬。出现增生性炎症时，则可表现为细颗粒状至结节状突起。

链球菌性肺炎也可根据其发病情况有不同的临床表现，主要包括最急性型和急性型肺炎链球菌病。

（3）最急性型。本病病程短，发病迅速，仅持续几小时。病初全身虚弱，不愿吮乳，发热、呼吸极度困难，眼结膜发绀，心脏衰弱，出现神经紊乱，四肢抽搐、痉挛。常呈急性败血性经过，于几小时内死亡。

（4）急性型。病程延长至1~2d，鼻镜潮红，流脓液性鼻汁，结膜发炎，消化不良并伴有腹泻。有的发生支气管炎、肺炎，伴有呼吸困难，共济失调，肺部听诊有啰音。

2. 病理变化

（1）乳房炎急性型。患病乳房组织浆液浸润，组织松弛。切面发炎部分明显膨起，小叶间呈黄白色，柔软有弹性。乳房淋巴结髓样肿胀，切面显著多汁，小点出血。乳池、乳管黏膜脱落、增厚，管腔为块状或脓状阻塞。乳管壁为淋巴细胞、白细胞和组织细胞浸润。腺泡间组织水肿、变宽。

（2）乳房炎慢性型。以增生性发炎和结缔组织硬化、部分肥大、部分萎缩为特征。乳房淋巴结肿大；乳池黏膜可见细颗粒性突起；上皮细胞单层变成多层，可能角化；乳管壁增厚，管腔变窄，腺泡变为不能分泌的组织，小叶萎缩，呈浅灰色；切面膨隆，坚实、有弹性、多细孔，部分浆液性浸润，还可见胡椒粒大至榛实大囊肿。

（3）链球菌肺炎。剖检可见浆膜、黏膜、心包出血；胸腔渗出液明显增量并积有血液；脾脏呈充血性肿大，脾髓呈黑红色，质韧如硬橡皮，即所谓"橡皮脾"，是本病典型特征；肝脏和肾脏充血、出血，有脓肿。成年牛感染则表现为子宫内膜炎和乳房炎。也有成年牛猝死的报道，以败血症和肾脏化脓性坏死为特征。

（五）诊断

1. 链球菌性乳房炎

（1）显微镜检查。取少量乳汁或其离心沉淀物涂片、染色、镜检，如发现链球菌及大量的白细胞，可作出初步诊断。

（2）分离鉴定。应用叠氮化钠血平板分离培养，选取可疑菌落，做生化试验加以鉴定。

（3）CAMP 试验。血平板上先接种一条金黄色葡萄球菌的划线，与此线垂直接种乳汁或分离的培养物，原来不溶血或溶血不明显的无乳链球菌，在有金黄色葡萄球菌产物存在时，呈明显的 β 型溶血。借此可区别无乳链球菌与停乳链球菌、乳房链球菌。CAMP 试验并不是特异的，C、F、G 群的某些链球菌株在试验中也可出现阳性现象。

2. 链球菌性肺炎

微生物学诊断。将病料涂片以瑞氏染色后镜检，若发现成双、背靠背瓜子仁状、具有荚膜的细菌，即可做出初步诊断。确诊应进行分离培养、接种小鼠、做生化试验等。

（六）治疗

有条件的地方在治疗前要做药敏试验，以选择有效的、最敏感的抗生素或磺胺类药物治疗。

（1）全身疗法。常用的敏感药物有青霉素、庆大霉素、土霉素、乳酸环丙沙星注射液。剂量参照：青霉素，10 000 IU/kg，肌内注射，2 次/d；庆大霉素，1~1.5mg/kg，肌内注射，2 次/d；乳酸环丙沙星注射液 2~2.5mg/kg，肌内注射，2 次/d。全身治疗的同时，要结合强心、补液、解毒等对症治疗措施。

（2）局部疗法。对于链球菌引起的乳房炎，可用青霉素（使用剂量 80 万 IU）、链霉素（使用剂量 50 万 IU）混合溶解，借助乳导管注射器通过乳头管注入乳房，2 次/d，连续治疗4d，即可痊愈。对于局部肿胀的症状，可用抗生素软膏涂抹病患处，或者是直接切开，将浓汁挤出，按照外科处理治疗。

（七）预防措施

加强饲养管理、严格消毒制度、注意疫病检疫、积极药物预防措施。避免牛只外伤，消灭吸血昆虫和体表寄生虫。严格消毒制度，合理开展定期消毒工作。养殖舍内使用用具、运动场、周边环境可用浓度为 2% 的来苏尔溶液或浓度为 0.5% 的漂白粉溶液进行彻底的消毒处理。定期清扫牛舍，及时清理牛排泄粪便、污物等。保证牛舍清洁卫生，合理通风，保证舍内空气干燥。加强疫病检疫，尤其是种牛引进过程中，一定要严格检疫措施。引进牛隔离饲养30d，分阶段抽样检测，健康无疫病者方可放入大群饲养。加强疫病检疫措施，日常饲养管理过程中要留意疾病发生情况，如果出现异常，一定要积极诊断。对于无治疗价值的病牛，要严禁宰杀吃肉，将病死的尸体及其污染物做无公害化处理，深埋或焚烧。采用药物预防措施，对于感染牛群中尚未出现染病症状的牛，可使用抗生素、磺胺类药物进行药物预防，避免疫情的进一步扩大。此外，工作人员要加强疾病防护意识，接触病死牛、病牛一定要戴经过消毒的口罩、手套、工作服等，加强对疫病的防护意识，避免疫病感染。

（撰写人：朱洪伟；校稿人：周玉龙）

三十二、昏睡嗜血杆菌感染

牛昏睡嗜血杆菌感染亦称牛传染性血栓栓塞性脑膜炎（Bovine infectious thromboembolism encephalomeningitis），是由昏睡嗜组织杆菌引起的一种急性、败血性传染病，有多种临床类型，多以血栓性脑膜脑炎、呼吸道感染、生殖道疾病为特征。本病还可引起肺炎、流产、关节炎和心肌炎等病症。

（一）病原

1. 分类

本病病原为昏睡嗜组织杆菌（*Histophilus somni*，*H. somnu*），属于巴氏杆菌科（*Pasteurellaceae*）、嗜组织菌属（*Histophilus*）、昏睡菌种（*Somnus*）成员。该菌曾命名为昏睡嗜血杆菌（*Hemophilus somnus*），分类在嗜血杆菌属（*Hemophilus*）。

2. 形态和培养特性

本菌多为短杆状，也有呈球状、杆状或长丝状等多形性，大小在1.5×（0.3~0.4）μm，多单个存在，也有短链排列，无芽孢、无鞭毛、新分离的菌株有荚膜，革兰氏阴性菌，两极浓染。本菌为需氧或兼性厌氧菌，生长需要供给热稳定的X因子（卟啉）和热不稳定的V因子（NAD），因此常用巧克力培养基培养，初代培养时需在5%~10% CO_2条件下，1~2d后生长为圆形、光滑、隆起、边缘整齐、灰白色半透明的小菌落。

3. 生化特性

本菌普遍呈氧化酶阳性、硝酸还原酶阳性、生长需要X因子和/或V因子。MR、VP反应阴性，不利用柠檬酸盐，尿素酶阴性、可分解亚硝酸盐、对糖类发酵不稳定，可发酵葡萄糖、大多数菌株发酵麦芽糖、果糖、甘露糖、木糖、不发酵或偶尔发酵卫矛醇、乳糖、棉子糖、蔗糖、鼠李糖、水杨苷、阿拉伯糖和肌醇。

4. 抵抗力

本菌对外界抵抗力较弱，干燥环境中易死亡，60℃ 5~20min可灭活，4℃中存活7~10d，对常用消毒剂敏感。

5. 血清学分型

本属细菌具有荚膜多糖抗原，还包括黏附素、脂多糖、脂寡糖等菌体结构抗原，并基于此进行分型及流行病学调查，但在昏睡嗜组织杆菌种内未见相关报道。

6. 分子特征

昏睡嗜组织杆菌基因组为环状基因（seq：RS：NC_008309），大小为2.0Mb，包含1个质粒DNA，pHS129，大小为5 178 bp。该基因组GC含量大约34%，包含1 798个蛋白编码基因和65个RNA基因。主要毒力因子包括菌体表面多糖、黏附素、脂多糖和脂寡糖等，这些成分在细菌的定居、拮抗补体介导的裂解作用及细菌吞噬作用方面有相应的作用。

昏睡嗜组织杆菌的脂寡糖（Lipooligosaccharides，LOS）是其主要的外膜糖蛋白，由3种成分组成：内毒素磷脂A（endotoxin lipid A）、内层核心蛋白、外层核心蛋白。LOS与肠杆菌的脂多糖类（lipopolysaccharides，LPS）相似，但LOS不是由O抗原组成。LOS亲水性较差，适宜在黏膜组织环境存活。此外，LOS还能与磷酸基团黏附在胆碱磷酸（Phosphocholine，Pcho）及磷酸乙醇胺上，对其在呼吸道致病上起主要作用。

昏睡嗜组织杆菌还包含2种铁传递蛋白受体，大小分别为105kDa和73kDa，对毒力起一定的作用，这两个外膜蛋白可以结合牛的铁转移蛋白，可能具有宿主铁离子结合活性，允许细菌在铁离子受限环境中存活。

在昏睡嗜组织杆菌上还发现4个免疫球蛋白结合蛋白，其中的3个蛋白分子量分别为350kDa、270kDa及120kDa，可以强烈结合牛IgG、IgA和IgM，而41kDa蛋白仅能结合IgG免疫球蛋白，且结合力较弱。因此可以推测这4个蛋白在介导免疫逃避方面起一定作用。

（二）致病机制

该病的发病机制还不是很清楚。昏睡嗜组织杆菌的致病性主要表现在可引起败血症。绝大多数的嗜组织杆菌可黏附在血管内皮，导致血管内皮收缩，胶原暴露，血小板黏附，形成血栓。该病的原发发病机制可能与血栓形成有关，一些菌株黏附在胸膜、心包、心肌、滑膜或各种其他组织（如脑、喉）的血管内皮，使这些部位血液供应受阻，形成梗死，破坏组织结构，形成坏死灶。临床症状的发展与器官损害程度有关。动物个体对菌株的易感性，以及菌株对不同组织血管的偏好性，可能会导致不同类型的临床症状，但该方面的研究还没有深入开展。

不同昏睡嗜组织杆菌间有明显不同的组织器官偏好性，这是昏睡嗜血杆菌病的典型特征。病初，有些病例主要表现为脑炎等综合性临床症状，可转变成为脑膜炎和心肌炎。一些零星的临床观察结果表明该病原可能发生改变（例如，从单个病灶转变成更广义的心肌炎）。最近，对该病的微生物病原学观察已证实该菌毒力的多样性及其抗生素抵抗力不同的多种机制。该病导致的生殖疾病不引起全身性感染。

（三）流行病学

1. 传染源

病牛或带菌牛直接接触或通过被污染的垫料、地面等间接接触感染。健康牛的呼吸道飞沫、生殖器官排泄物和精液也可能成为本病的传染源。

2. 传播途径

昏睡嗜血杆菌是牛体内的正常寄生菌，当有应激因素或并发其他疾病时会导致本病发生。传播方式尚不完全清楚，一般认为通过呼吸道、生殖道分泌物、飞沫和尿液等传播。

3. 易感动物

主要是牛、羊等反刍动物。

4. 流行特点

美国首次报道本菌以来，北美多发本病，随后世界各地也相继发生。主要发生于肥育牛和奶牛，6月龄到2岁的牛最为易感。肥育牛病死率较高。本病常呈散发性，无明显季节性，但多见于秋末、初冬或早春寒冷潮湿的季节。感染昏睡嗜血杆菌导致肺炎的病例也很多，而且多数病例混合感染巴氏杆菌、支原体或病毒。病牛流产或死产后，可从子宫内膜炎或阴道炎症病料中分离出本菌。也可从健康牛的呼吸道、生殖器官和精液中分离出本菌，尤其是自公牛的生殖器包皮口和包皮囊内分离率很高。

（四）症状与病理变化

牛感染后主要表现神经症状，早期体温升高，精神极度沉郁，厌食，肌肉松软，步行僵硬，有的发生跛行，关节和腱鞘肿胀。病的后期，运动失调，转圈、伸头、俯卧、麻痹、昏睡、角弓反张和痉挛，常于短期死亡，有的牛甚至无先兆症状突然死亡。此外，呼吸道、生殖道症状也常出现，还可见到有心肌炎、耳炎、乳房炎和关节炎等症状。

1. 生殖道型

公牛不发病，但偶尔可引起精液质量下降而不孕，母牛感染本菌可引起阴道炎、子宫内膜炎、不孕以及流产。病理变化主要集中在母牛，可引起母牛卵巢囊肿。

2. 呼吸道型

昏睡嗜组织杆菌可引起上呼吸道和下呼吸道感染。上呼吸道感染引起喉头炎和气管炎，下呼吸道感染引起化脓性支气管肺炎。昏睡嗜组织杆菌亦可引起严重的纤维素性胸膜炎，但很少与纤维素性肺炎同时出现。在一些肺炎型巴氏杆菌病中，昏睡嗜组织杆菌可能是主要的病因，但目前对此还不太清楚，因为生长较快的巴氏杆菌或抗生素治疗可能掩盖了生长较慢但毒力更强的昏睡嗜组织杆菌。另外，该菌也可能是运输热的一个病因。

3. 败血型

昏睡嗜组织杆菌进入循环系统，然后分布到机体不同的组织器官。已知该菌可定位于脑、心、骨骼肌、关节、喉头、肝和肾。临床症状依赖感染的器官和动物的抵抗力不同而不同。

（1）神经型。即血栓性脑脊膜脑脊髓炎（Thrombotic meningoencephalitis，TME），早期表现体温升高（>40℃），精神极度沉郁，眼内检查发现在边缘界限不清的视网膜出血斑。其他明显症状包括跛行、后肢关节着地、咳嗽、强直、运动失调和关节肿胀，病牛常在短期内死亡。有的甚至不表现任何临床症状而突然死亡。典型病例的脑膜血，有针尖大到拇指大的出血性坏死灶。脑切面有大小不等的出血灶和坏死软化灶，出血性病灶是本病的主要病变之一。

（2）心肌炎。在败血型中，可经常观察到心外膜出血、心包炎和心肌炎。心肌炎的病变主要局限于心室壁，切开病变区可见有小脓肿存在。感染动物常因急性心力衰竭而突然死亡。除心肌炎外，可能有因左心衰竭所导致的肺充血和水肿。

（3）耳炎。表现体温升高，从耳流出大量清亮黄色的液体，从中可分离到昏睡嗜组织杆菌的纯培养物。

（4）乳房炎。已在奶牛通过实验感染引起慢性坏疽性乳房炎。在北美和欧洲也有自然发生这种疾病的报道。表现泌乳减少或停止，排出带血及小纤维块的水样分泌物。

（5）关节炎。昏睡嗜组织杆菌感染还引起以关节肿胀为特征的关节炎。感染通常涉及多处关节，表现跛行、僵直和关节着地。尸检表明，感染关节表现以大量关节液和纤维块积聚为特征的慢性关节炎，关节滑膜表现充血和水肿。

（五）诊断

该病特征性病变是"左心衰竭"，伴随心肌损伤或者胸腔积液和纤维素性肺炎，在血栓性脑脊膜脑脊髓炎的病例中，脑内的出血性坏死灶具有诊断价值。在所有被感染的组织中均出现严重性嗜中性粒细胞浸润的化脓性病变。确诊需进行实验室诊断。

（1）微生物学诊断。由于昏睡嗜组织杆菌在环境中存活时间较短并应在用抗生素治疗前采样，所以采样用的棉拭子应采集新鲜、湿润组织。采样后应尽快送实验室分离培养。采取肺组织样品时，应从正常与病变组织交界处采取。昏睡嗜组织杆菌是牛的正常寄生菌，只有从病变组织中分离到其纯培养物才有诊断意义，从呼吸道或者泌尿生殖道分离时本菌为优势菌或者纯菌时认为是致病菌。

（2）血清学诊断。过去通常使用微量凝集试验、酶联免疫吸附试验、补体结合试验等检测血清抗体。由于很多动物处于带菌状态或隐性感染，所以血清抗体的存在并不能作为曾发生过本病的标记。随着抗体类别和亚类以及抗原结构的研究进展，血清学方法已发展为一种特异、可靠的诊断手段。另外，免疫组织化学和新鲜棉拭子 PCR 检测对该病的诊断也具有意义。

（六）治疗

昏睡嗜血杆菌对大多数抗生素敏感，最常使用的是四环素。体外试验表明，青霉素、红霉素和磺胺类药也有效。因此，在没有合并感染（如巴氏杆菌、霉形体以及病毒）的情况下，用抗生素治疗呼吸道及生殖道的感染效果较好。

抗生素对败血型的治疗效果与感染长短及病原定居的位置而有很大变化。在神经症状出现前，用抗生素治疗有效，一旦出现神经症状抗生素治疗无效，感染牛通常发生死亡。若发生心肌炎抗生素治疗无效。对关节炎的病例抗生素治疗有效，但很少能完全康复。

（七）预防措施

本病属于内源性感染，预防其发生以搞好环境卫生，减少发病诱因为主，防止饲养密度过大、经常通风换气等。对新引进的牛要进行为期一个月的环境适应观察。在饲料中添加四环素族抗生素可降低发病率，但长期使用容易产生耐药性。牛的生殖道和尿道经常存在带菌状态，抗生素的作用一旦消失，可发生重复感染。唯一有效的预防措施是进行免疫预防。

目前已有菌苗用于免疫。实验表明，用菌苗免疫两次的牛可抵抗静脉、呼吸道和脑池的实验性感染，使发病率和死亡率降低。在育成牛进行的田间试验中，间隔一定时间两次接种菌苗可降低发病率和死亡率。近年来，对昏睡嗜血杆菌保护性抗原的研究取得了一定的进展，为制备亚单位疫苗奠定了基础。

（撰写人：朱洪伟；校稿人：周玉龙）

三十三、弯曲杆菌性腹泻

牛弯曲杆菌性腹泻由空肠弯曲杆菌（*Campylobacter jejuni*，*C. jejuni*）引起，该病可致新生犊牛腹泻和成年牛冬痢，临床上主要表现为新生犊牛排泄血样粪便，成年牛冬季严重水样腹泻等特征。

（一）病原

1. 分类

病原为空肠弯曲杆菌（*C. jejuni*）属于 ε-变形杆菌目（*Epsilon Proteobacteria*），弯曲杆菌科（*Campylobacteraceae*），弯曲杆菌属（*Campylobacter*）的一个种。弯曲杆菌感染首先由 Theodor Escherich 于 1886 年发现，该弯曲杆菌属于 1963 年定名，属内成员于 1972 年首次分离，1973 年 Dekeyser 和 Butzler 从急性肠炎患者粪便分离到空肠弯曲菌，空肠菌属目前至少有 33 个成员，其中，空肠弯曲菌（*C. jejuni*）、结肠弯曲杆菌（*C. coli*）和胎儿弯曲菌（*C. fetus*）是属内较为重要的成员。

2. 形态和培养特性

空肠弯曲菌菌体轻度弯曲似逗点状、弧状、S 形、螺旋形或海鸥展翅形，长 1.5～5μm，宽 0.2～0.8μm。菌体一端或两端有鞭毛，能做快速的直线或螺旋状运动，在暗视野镜下观察似飞蝇。有荚膜，不形成芽孢，体外培养时间过长，形成球形。初次分离培养时，也可见球形细胞。

本菌是革兰氏染色阴性微需氧杆菌，培养用改良 Camp-BAP 琼脂培养基，在含 5%氧气、10%二氧化碳、85%氮气的混合气体环境中生长最好。最适温度为 37～42℃。在正常大气或无氧环境中均不能生长。本菌在普通培养基上难以生长，在血清和血琼脂培养基上培养 36h 可形成两种类型的菌落。一种是低平、不规则、边缘不整齐、浅灰色、半透明的菌落；另一种为圆形，直径 1～2mm，隆起、中凸、光滑、闪光、边缘整齐半透明而中心颜色较暗的菌落，菌落呈浅灰色或黄褐色，无溶血现象。

3. 生化特性

本菌生化反应不活泼，不液化明胶，不分解尿素，不发酵糖类，靛基质阴性。可还原硝酸盐，氧化酶和过氧化氢酶为阳性。在三糖铁培养基中不产生硫化氢，甲基红和 VP 试验阴性，枸橼酸盐培养基中不生长。

4. 抵抗力

本菌抵抗力不强，易被干燥、直射日光及弱消毒剂所杀灭，56℃ 5min 可被杀死。该菌在水、牛奶中存活较久，如温度在 4℃ 则可存活 3～4 周；在鸡粪中保持活力可达 96h。人粪中如每克含菌数 10^8，则保持活力达 7d 以上。细菌对酸碱有较大耐力，故易通过胃肠道生存，对物理和化学消毒剂均敏感。对痢特灵、新霉素、庆大霉素、红霉素、四环素和氯霉素、卡那霉素等抗生素较敏感，而对磺胺类、呋喃类及青霉素几乎都不敏感。但近年发现了不少耐药菌株。

5. 血清学分型

空肠弯曲菌的抗原结构较复杂，与肠道杆菌一样有 O、H 和 K 抗原。目前用于分离株血清学分型的方法主要有两种：根据 Penner 耐热可溶性 O 抗原建立的间接血凝试验，将空肠弯曲菌分为 60 个血清型；根据 Lior 依赖不耐热 H、K 抗原建立的玻板凝集试验，将本菌分 56 个血清型。耐热抗原具有很强的免疫原性。

6. 分子特征

2000 年，Parkhill 等完成了空肠弯曲杆菌 NCT11168 的全基因序列测序工作。该基因组长约为 1.6×10^6 bp，G+C 含量约占 30%。在整个基因组中有高变异序列存在，没有插入序列或噬菌体整合序列，几乎完全缺乏重复 DNA 序列。该基因组有 2 个独特的串联的鞭毛蛋白基因，*flaA* 和 *flaB* 这两个基因可进行基因间重组，此外，这两个基因编码的蛋白在细菌与细胞的相互作用，包括黏附、内化及转运等方面发挥作用，与细菌的毒力有关。此外，比较基因组学分析发现了本属细菌成员的 15 个独特的编码蛋白，可作为弯曲菌属的分子标记。此外，还有 28 个编码基因在空肠弯曲菌和结肠弯曲杆菌（*C. coli*）中相当保守，表明这 2 个种之间具有相近的遗传关系。此外，还有 5 个空肠弯曲菌特异性编码基因（GenBank Accession 分别为 YP_ 178411、YP_ 178618、YP_ 178681、YP_ 178682、YP_ 179732），这 5 个基因在其他菌的种属中都不存在，其编码蛋白还未得到鉴定，但这些基因及其编码蛋白可以作为空肠弯曲菌的分子标记。

（二）致病机制

空肠弯曲菌菌体成分与神经组织有相似的抗原性，当空肠弯曲菌感染机体后，刺激机体免疫系统产生相应的空肠弯曲菌抗体，由于交叉反应的存在，该抗体不仅与空肠弯曲菌菌体结合，同时也与神经组织成份结合，引起局部神经病理损伤。

1. 外毒素

空肠弯曲杆菌可以产生多种毒素包括霍乱样肠毒素（也称为细胞紧张性毒素）和几种细胞毒素。但研究表明，细胞致死性膨胀毒素（CDT）是报道最多的外毒素，也是弯曲菌属普遍可以产生的毒素。甚至在空肠弯曲杆菌中可以分离出与编码大肠杆菌 CDT 相似的基因片段。空肠弯曲杆菌 CDT 是由 *cdtA*、*cdtB*、*cdtC* 基因编码而成的 3 肽链蛋白质，其中 *cdtA* 和 *cdtC* 主要发挥黏附作用，而 CdtB 是 cdtABC 复合物中具有能动性的一部分 CDT 可以直接破坏细胞 DNA，阻碍细胞的有丝分裂，阻断靶细胞 cdc2 的去磷酸化，致使细胞出现膨胀、崩解，最终死亡。

2. 内毒素

空肠弯曲杆菌内毒素是指菌体外膜上的 LPS（脂多糖）的类脂，是空肠弯曲杆菌的重要毒力因子和表面抗原。空肠弯曲杆菌 LPS 可与血液中的内毒素蛋白形成脂多糖蛋白复合物，此复合物可与多种免疫细胞、血小板、成纤维细胞和血管内皮细胞等效应细胞相互作用，致使机体细胞分泌肿瘤坏死因子（TNF）、IL21、IL22、血小板活化因子（PAF）、内皮素 21（ET21）等细胞因子，目前认为这些细胞因子介导了内毒素对机体的损伤，引起相应病理变化，如内毒素能侵袭小肠和大肠黏膜引起急性肠炎，亦可引起腹泻的暴发流行。

（三）流行病学

1. 易感动物

各种动物，野生动物、家畜及宠物都是本菌的主要宿主，尤其是与人密切接触的家畜家禽。

2. 传播途径

病畜通过粪便排出的细菌污染饲料和饮水，经消化道感染是本病主要的传播途径。

3. 传染源

空肠弯曲杆菌作为共生菌大量存在于各种野生或家养动物的肠道内。目前认为猪、牛、鸡和狗是最为常见的传染源。被感染的动物常无明显的症状，并长期携带此菌，其分泌物可污染周围的环境、水和牛奶，在屠宰过程中可污染动物胴体。

4. 流行特点

本病多发于冬季，流行时大小牛均可发病，呈地方流行性。但成年牛罹病后病情严重，犊牛则症状轻微而短暂。

（四）症状与病理变化

本病常发生于秋冬季节，因此又称"冬痢"或称"黑痢"。潜伏期3d，突然发病，之后1~2d内大小牛几乎都腹泻，排出水样棕色稀粪，其中常带有血液、恶臭，奶牛产奶量下降50%~95%，但体温、脉搏、呼吸、食欲无明显变化。个别的牛病情较重，精神不振、食欲减少，病程2~3d。如果及时治疗很少发生死亡。患牛还可发生乳房炎，并从乳中排出病菌。大多数病牛3~5d内恢复，很少死亡。腹泻停止后1~2d，产乳量逐渐回升。犊牛病初体温升高到40.5℃，腹泻呈黄绿色或灰褐色，2~3d后粪便中出现大量黏液和血液，后期呼吸困难。可于发病后3~7d死亡。

剖检可见弥漫性出血性水肿，回肠末端有溃疡性病变，胃肠黏膜出现肿胀、充血、出血等急性卡他性胃肠炎的病变。

（五）诊断

本病诊断较为困难，根据流行病学特点和临床表现仅能怀疑本病，确诊需要进行细菌的分离，进行分子生物学鉴定或生化鉴定等。

（1）微生物学检查。采集发病动物粪便样本，采用改良Skirrow Campy BAP琼脂培养基或者猪心浸出液制备普通营养琼脂，在微需氧42℃培养。选取培养基上生长的类似空肠弯曲杆菌的典型菌落，如不溶于血的扁平、灰色不闪光、半透明、白色或淡黄色凸起、边缘不整齐、有时沿接种线向外扩散的菌落。将典型菌落涂片进行革兰氏染色镜检。该菌为革兰氏阴性，小逗点状、菌体一端或两端与其他菌体相连，呈现出"S"形、螺旋状或海鸥状。生化鉴定可参见生化特性部分。

（2）ELISA检测。目前国内已建立了间接ELISA、BA-ELISA等诊断方法，检测血清特异性抗体及病料中的抗原等都具有较强的特异性。

（3）PCR鉴定。利用PCR技术建立的检测方法具有灵敏度高、特异性强、检测快速等优点，可对弯曲杆菌进行基于核酸的诊断，目前用于空肠弯曲杆菌的分子标靶包括*ceuE*基因、*gyrA*基因、16S rRNA编码基因等。此外，包括定性PCR，PCR-ELISA、套式PCR、荧光定量PCR方法、多重PCR等在空肠弯曲杆菌的检测中也得到大量的应用。

（六）治疗

治疗时，最好是在药敏试验的基础上选择最敏感的抗菌素，一般可选用环丙沙星、恩诺沙星、四环素和庆大霉素等，并辅以补液、补盐和补碱等对症疗法。

(七) 预防措施

由于该菌抗原结构复杂、血清型较多，目前尚无预防弯曲菌感染的疫苗。对空肠弯曲杆菌的预防，只能针对其流行环节和特点采取相应措施。病牛应隔离治疗，其粪便和垫草、垫料要及时清除，发酵处理，圈舍、用具要彻底消毒，并空舍 1 周以上。

(八) 公共卫生

空肠弯曲菌是发展中国家引起人群腹泻的主要细菌性食物源性病原之一。人感染途径包括进食未加工或加工不当的被本菌污染的家畜、禽的肉、奶、蛋类等食品；人与人间密切接触可发生水平传播。此外，直接与带菌动物、宠物接触，常是屠宰场工人和儿童被感染的原因。国际旅行常常是被感染的危险因素之一，多发生于从发达国家前往发展中国家的旅行者。美国由此造成的感染占患病总数的 5%～10%，英国 10%～15%，瑞典、挪威 50%～65%。

(撰写人：朱洪伟；校稿人：周玉龙)

三十四、生殖道弯曲菌病

牛生殖道弯杆菌病是由胎儿弯曲菌引起的牛一种传染性生殖系统疾病。可通过公牛自然交配或输入污染的精液感染，主要侵害母牛子宫，引发流产和不孕。该病呈世界范围分布，已成为重要的人畜共患病之一。

(一) 病原

1. 分类

病原为胎儿弯曲菌（*Campylobacter fetus*），属于弯曲菌属，该细菌分为两个亚种：胎儿弯曲菌胎儿亚种（*C. fetus* subsp. *fetus*）和胎儿弯曲菌性病亚种（*C. fetus* subsp. *venerealis*）。胎儿弯曲菌性病亚种与生殖系统的亲和力强，只感染生殖器官。胎儿弯曲菌胎儿亚种在肠道内带菌，但对胎盘的亲和力强，致散发性流产或传染性的受胎率降低。多年来，一直认为胎儿弯曲菌胎儿亚种一般是肠道病原体，仅偶尔引起牛流产，不是不孕症的原因。然而，胎儿弯曲菌胎儿亚种与胎儿弯曲菌性病亚种一样也是典型的不孕症的原因。

2. 形态和培养特性

胎儿弯曲菌为革兰氏阴性菌，大小为（0.5～5.0）μm×（0.2～0.5）μm，菌体纤细，呈弧形，当两个菌相连时可呈 S 形或鸥形，有鞭毛，呈螺旋形运动，无芽孢。在老龄培养基中多呈螺旋状长丝或圆球形。对营养要求较高，生长缓慢，在添加了血液或血清培的养基及微需氧（O_2 5%、CO_2 10% 和 N_2 85%）的条件下培养才能生长。在添加血清培养基中，37℃培养，长出菌落呈白色、扁平、光滑、湿润、不溶血。

3. 生化特性

无酯酶活性，氧化酶及接触酶试验呈阳性，尿素酶试验为阴性，亚硝酸还原试验呈阳性，不液化明胶。胎儿弯曲杆菌在 42℃条件中不能生长，但 25℃以下条件中可生长。在 3.5% 食盐耐受试验中不能生长。

4. 抵抗力

胎儿弯曲菌对不良环境抵抗力较弱，易被干燥、阳光照射杀死。对高温敏感，58℃处理5min即可杀死病原。在干草和土壤中，20~27℃可存活10d，6℃可存活20d，-20℃可存活98d。此外，该菌可耐受1%牛胆汁。

5. 血清学分型

根据是否含有热稳定菌体表面抗原脂多糖和S层蛋白（热处理菌体法100℃ 2h），将胎儿亚种可以划分为血清型A-2和B，有些菌株具有两种抗原（A-B-2），这些血清型含有热稳定的表面抗原A和B。性病亚种可分为血清型A-1和A-亚1，这些血清型均含有热稳定的抗原A。通过醋酸铅纸条法测定H_2S产生，可区别血清型A-亚1与血清型A-1。

（二）致病机制

种公牛对胎儿弯曲菌易感性存在个体差异，一些种公牛终生携带病原，而另一些感染后可康复。这种差异的主要因素可能与年龄、阴茎包皮和阴茎上皮隐窝的深度有关。3~4岁龄以下小公牛，阴茎上皮隐窝尚未形成，趋向短暂感染。3~4岁龄以上公牛，阴茎上皮隐窝较深，易形成微需氧环境，进而导致病原菌慢性感染。母牛对胎儿弯曲菌易感性与种公牛相似，其中，一些母牛可携带病原2年以上。母牛感染后几个月内，宫颈黏液IgA抗体分泌上调约50%，对于该病诊断意义重大。

胎儿弯杆菌表面存在一层高分子量表面蛋白，分子量为97~149kDa，呈四角型或六角形排列，与其毒力相关。高分子量表面蛋白由 *Sap* 基因族编码，由Ⅰ型分泌系统分泌和运输，胎儿弯杆菌的8个 *Sap* 基因族可重组，导致表面蛋白存在多个抗原表位，其氨基端具有保守性，能抑制补体C3b成分与菌体结合，在抗吞噬、逃避宿主免疫系统，引起全身及肠道外感染中起重要作用。表面蛋白也具有较强的免疫原性，通过皮下免疫接种该蛋白可接种牛血清，尿液和乳中检测到相应抗体，表面蛋白可作为一种血清学检测抗原。此外，*Sap* 基因启动子的缺失，可影响高分子量表面蛋白表达，影响其致病力。

（三）流行病学

1. 易感动物

胎儿弯曲菌胎儿亚种和胎儿弯曲菌性病亚种均可引起牛的不育和流产。胎儿弯曲杆菌胎儿亚种可引起人和动物感染。成年母牛和公牛多数易感，未成年牛抵抗力较弱。

2. 传播途径

胎儿弯曲菌可以经交配垂直传播，也可以经污染的器械、垫料或者使用污染的精液经人工授精传播。在美国、澳大利亚和南美等国家，牛群因放牧多为自然交配，导致该病呈广泛流行。

3. 传染源

健康带菌公牛为该病原自然宿主，可带菌数月或更长时间。患病动物和带菌动物为传染源，病原菌在自然界分布广泛，存在于各种动物体的肠道内，可由粪便排出。母牛感染胎儿弯杆菌1周后，可从生殖道黏液中分离到病原菌。感染后3周至3个月菌数增多。3~6个月后多数母牛自愈，但某些母牛可长期带菌。

4. 流行特点

本病呈地方流行性，在肉牛中流行更为普遍，多发于妊娠4~7个月，康复牛对本病原再次感染具有免疫力。

（四）症状与病理变化

公牛感染本病，无明显临床症状，精液正常，偶尔可在包皮黏膜上发现暂时性潮红，但精液和包皮可带菌。母牛交配感染后，病原侵入子宫和输卵管后，繁殖、引起炎症。感染初期阴道呈卡他性炎症，宫颈部位黏膜潮红，症状可持续3~4个月，黏液清澈，偶见混浊，伴随子宫内膜炎症状。严重病例可见胚胎早期死亡多数母牛于感染后6个月可再次受孕。但个别母牛可见流产，多发生在妊娠第5~6个月，流产率约5%~20%。早期流产，可排出胎膜，妊娠5个月以上流产可导致胎衣不下。流产胎儿可见皮下组织胶样浸润，胸腔、腹腔积液。内脏表面、心包呈纤维素黏连，肝脏肿、质硬，多呈黄红色或被覆灰黄色较厚的伪膜，个别病例肝脏有坏死灶，肺部水肿等。流产后胎盘有严重淤血、水肿、出血等变化。

（五）诊断

根据临床症状和病理变化可以初步诊断，确诊还需进行病原学诊断。

（1）组织抹片镜检。无菌取患病动物的胎盘、流产胎儿的胃内容物、母畜血液、肠内容物、胆汁以及阴道黏液、包皮刮取物或精液样品，制作触片或涂抹成薄层，进行革兰氏染色。干燥后，通过油镜观察可见革兰氏阴性杆菌，呈弧形或"S"形。

（2）病原分离培养。无菌采集胎盘、流产胎儿的胃内容物、母畜血液、肠内容物及阴道黏液等病料，接种于10%血液琼脂培养基，微需氧条件下（85%N_2、10%CO_2和5%O_2）37℃恒温培养，待长出白色、扁平、光滑、湿润、不溶血菌落。挑取典型菌落制成涂片，进行革兰氏染色可观察到上述胎儿弯曲杆菌形态。

（3）细菌生化鉴定。在无菌操作台上用接种针取纯培养的细菌，接种于微量生化发酵管中，进行生化鉴定，微需氧、37℃恒温条件下培养48h后观察结果，具体生化指标见病原部分。

（4）分子生物学诊断。根据胎儿弯曲杆菌16S rRNA基因设计胎儿弯曲菌种鉴定引物和胎儿弯曲菌性病亚种鉴定引物。其中，胎儿弯曲菌种鉴定引物的上游引物序列为：5′-GGTAGCCGCAGCTGCTAAGAT-3′，下游引物序列为：5′-TAGCTACAATAACGACAACT-3′，其理论扩增长度为960bp。胎儿弯曲菌性病亚种鉴定引物的上游引物序列为5′-CTTAG-CAGTTTGCGATATTGCCATT-3′，下游引物序列为5′-GCTTTTGAGATAACAATAAGAGCTT-3′。PCR反应体系20μl；反应条件：95℃预变性4min，94℃变性30s，50℃退火20s，72℃延伸1min，共30个环，最后72℃延伸10min。

（六）治疗

牛感染本病后应暂停配种3个月以上，同时选用抗生素治疗。局部治疗较全身治疗有效。流产母牛可按子宫内膜炎进行常规处理，子宫内投入0.1%高锰酸钾溶液反复冲洗，用产科吸引器吸净冲洗液，最后注入红霉素或四环素等抗菌素连续治疗5d。对公牛，首先施行硬脊膜轻度麻醉，将阴茎拉出，用多种抗菌素软膏（乙二醇油剂）涂擦于阴茎和包皮上。也可用红霉素水溶液每天冲洗包皮一次，连续3~5d。公牛精液可用抗生素处理。

（七）预防措施

由于本病主要通过交配传染，淘汰患病种公牛，选用健康种公牛进行配种或人工授精，是控制本病的重要措施。疫苗接种对于控制本病有较好的效果，常用氢氧化铝甲醛灭活苗，第一次免疫后间隔4~6周进行第二次免疫，每次免疫剂量为5ml。加强饲养管理，注意饲料和饮水卫生。采用无菌牛精液进行人工授精可有效预防该病。利用成年牛交配时，需做好检查工作。发病率高的牛群可采用免疫接种方法净化弯曲杆菌感染。牛群暴发本病时，应及时淘汰患病种公牛。流产胎儿和胎衣做深埋处理，产房和污染的环境应彻底消毒，在严格隔离的条件下，对流产母牛应用敏感抗生素进行治疗。

（撰写人：刘宇；校稿人：周玉龙）

三十五、坏死杆菌病

坏死杆菌病是由多形态的坏死梭杆菌引起的一类疾病，该病病原菌广泛分布于人和动物的口腔、胃肠道和泌尿生殖道，常引起人的 Lemierre 综合征（Lemierre's syndrome，LS；又称咽峡后脓毒症）以及牛、羊、鹿等动物的腐蹄病、肝脓肿和犊牛坏死性喉炎。

（一）病原

1. 分类

病原坏死梭杆菌（*Fusobacterium necrophorun*，*F. necrophorun*）属于梭杆菌科（*Fusobacteriaceae*）梭杆菌属（*Fusobacterium*）。早期，根据不同来源的坏死杆菌在固体培养基上的菌落形态差异，将 *F. necrophorum* 分为四种生物型：A 型、B 型、AB 型和 C 型。C 型坏死梭杆菌，由于没有致病性，因而命名为伪坏死梭杆菌（*Fusobacterium Pseudonecrophorum*）。此后，根据坏死梭杆菌的形态学特征和生化特性，结合细菌基因组的 GC 百分比含量和同源性，将 A 型和 B 型坏死梭杆菌重新命名为 *Fusobacterium necrophorum* subsp. *necrophorum*（Fnn 亚种）和 *Fusobacterium necrophorum* subsp. *funduliforme*（Fnf 亚种）。

2. 形态和培养特性

坏死梭杆菌是一种专性厌氧菌，无芽孢，不运动，在 30~40℃，pH 值为 6.0~8.0 的条件下均能生长，但是在 37℃ 和 pH 值为 7.0 左右时生长最佳。坏死梭杆菌具有多形性，在新鲜病灶和幼龄培养物中多呈长丝状，在固体培养基和老龄培养物中多为球状或短杆状。本菌对营养要求苛刻，普通培养基如营养肉汤等不能满足该菌的生长需求，硫乙醇酸钠、酵母粉、L-半胱氨酸盐酸盐、5%~10%血清、氯化血红素、维生素 K1 可以促进坏死梭杆菌的生长，并且使用优化的培养基和培养条件，从腐蹄病鹿的实质器官和病健交界处分离到鹿源坏死梭杆菌。坏死梭杆菌能够发酵乳酸产生乙酸、丙酸和丁酸盐获得所需的能量，其中丁酸盐是其主要的代谢产物，同时，在发酵蛋白胨的过程中，能够产生吲哚，产生特殊的恶臭味。

3. 生化特性

本属细菌能分解蛋白胨和碳水化合物，主要产生丁酸。不能发酵侧金盏花醇、阿拉伯糖、卫矛醇、甘油、糖原、肌醇、菊粉、甘露醇、鼠李糖、核糖、山梨醇和山梨糖。还原硝酸盐，产生触酶和卵磷脂酶，在 SIM 培养基上产生 H_2S_2，继而分解成 H_2S。在血琼脂上培养 48~72h 后可产生 α 溶血或 β 溶血。β 溶血的菌株在卵黄琼脂上通常脂酶阳性，而 α 溶血或不溶血的菌株脂酶阴性。

· 176 ·

4. 抵抗力

本菌在环境中抵抗力不强，55℃加热15min即可杀灭本菌。常用的化学消毒剂短时间内可杀死本菌。但在污染土壤中生活力强，在潮湿的土壤中，如遇低温环境，可数月不死。

5. 血清学分型

由于对菌体自身抗原研究不透彻，目前未见相关菌株血清型的报道。

6. 分子特征

由于新的测序技术如Illumina等测序平台的广泛应用，目前已有13株坏死梭杆菌全基因组通过高通量测序技术得到解析。这些基因组序列大小在1.9~2.6Mb，（G+C）%含量较低，在33.8%~35.2%，包括1 942~2 599个基因，编码蛋白数在1 470~2 534个，多数菌株含有几十甚至上百个假基因。以参考菌株坏死梭杆菌 *funduliforme* 亚种B35的参考序列为例，该菌基因组（G+C）%为35.1%，基因组包括了1 945个基因，编码了1 862个蛋白，其余为假基因，同时，基因组编码了16个rRNA和46个tRNA。

（二）致病机制

坏死梭杆菌的致病机理比较复杂，目前还没有该细菌具体的致病机制的报道。但坏死梭杆菌侵入机体并引发感染性疾病涉及多种毒力因子，已知的坏死梭杆菌毒力因子包括白细胞毒素、内毒素、溶血素、血凝素、血小板凝集因子、皮肤坏死毒素以及几种胞外酶，如DNase和朊酶类。白细胞毒素是公认的坏死梭杆菌最主要的毒力因子。这些毒力因子在细菌侵入机体、黏附宿主细胞、逃避机体天然防御以及形成坏死性感染等方面起着重要的作用。

肝脓肿是瘤胃壁病灶的继发感染，由于两者的密切关系，我们一般把这个病定义为瘤胃炎–肝脓肿复合征。尽管现在还不清楚该病的确切机制，普遍认为该病是由于瘤胃微生物对食物颗粒的快速发酵，导致食糜聚集、酸液增多，最后形成酸中毒。瘤胃内酸性过高，破坏了瘤胃壁具有保护性的表面，再加上外物刺激，使瘤胃壁对瘤胃内正常菌群的抵抗力降低，此时坏死梭杆菌通过瘤胃壁的薄弱点侵袭瘤胃，造成瘤胃壁上形成坏死灶，产生瘤胃炎。坏死梭杆菌进而侵入血液循环系统，形成瘤胃脓肿，脱落的细菌栓子进入门静脉循环，细菌在门静脉循环中被肝脏截留，并且在肝脏的微环境中定居、繁殖、转移，最后形成了肝脓肿病变。坏死梭杆菌的毒力因子在坏死梭杆菌侵袭和穿透瘤胃上皮细胞和定居肝脏，最后造成肝脏脓肿的整个过程中起到了决定性的作用。其中，白细胞毒素的蛋白酶活性、皮肤坏死活性以及细胞毒性效应作用于瘤胃上皮细胞。肝脏是多氧器官，并且具有很多的白细胞和枯否氏细胞等吞噬细胞。因为坏死梭杆菌是厌氧菌，必须克服肝脏的高氧和严密的防御系统才能够在肝脏中生存、繁殖，形成脓肿病灶。白细胞毒素和内毒素LPS可能在抵抗肝脏的吞噬作用方面起重要的作用。另外，释放的细胞裂解产物，比如溶酶体酶和氧化代谢产物对肝细胞吞噬功能也进行抑制，对肝脏实质的保护均有不利影响。内毒素LPS和血小板凝集因子在兼性细菌的协同作用下导致肝脏内血管内凝血，形成纤维包囊性脓肿，继而由于血管内凝血和坏死梭杆菌分泌的溶血素溶解红细胞造成肝脏局部的厌氧微环境，从而导致厌氧细菌在瘤胃壁和肝脏中快速繁殖，最后造成瘤胃坏死灶和肝脏脓肿的形成。

腐蹄病是出土壤中的坏死梭杆菌和生黑素拟杆菌等通过受伤的蹄部表皮侵入趾间软组织，进而造成感染。感染的蹄部皮肤创伤主要是牛在剧烈运动时圈舍中的石头、稻草、变硬的圈泥的刺激或者长时间站立在潮湿、污秽的环境中，进而软化和浸润蹄部皮肤。只有很少的情况下腐蹄病的发生不是由于蹄部损伤引起的。

坏死性喉炎也是由于黏膜口腔的厌氧环境，加之黏膜破损，给坏死杆菌造成感染条件，细菌黏附宿主细胞是引起发病的首要步骤，且细菌表面的蛋白质，如荚膜、菌毛和外膜蛋白等具有黏附作用。此外，梭菌属的具核梭杆菌 Fap2 外膜自转运蛋白，一种对半乳糖敏感的血凝素和黏附素，能使细菌黏附细胞和定植在小鼠胎盘上，在梭菌属细菌的致病力方面起重要作用，但是不清楚坏死梭杆菌是否含有与之功能相似的蛋白。有研究证明，坏死梭杆菌的外膜蛋白能够介导细菌与牛内皮细胞接触。坏死梭杆菌菌体表面的 19kD 血凝素能够黏附牛瘤胃上皮细胞，并且该黏附作用能被抗血清抑制。

（三）流行病学

1. 易感动物

多种动物，包括野生动物和人类均对本菌易感。牛、羊等动物感染本病可引起肝脓肿、腐蹄病、坏死性口炎以及坏死性皮炎。

2. 传播途径

患病动物的皮肤、黏膜、蹄等出现坏死性病理变化后，病原菌随分泌物、结痂、坏死性组织或排泄物污染周围环境。牛羊等草食性动物的胃肠道也有本菌常驻，可通过动物粪便排泄进入环境。易感动物受损皮肤、黏膜、口腔等接触本菌后可建立感染，新生动物可经脐带感染。发生腐蹄病的牛主要是长时间在潮湿的环境中接触本菌，此外，圈舍或运动场卫生状况不佳也可使动物感染本病病原。

3. 传染源

病牛或带菌牛、或病牛污染的垫料、潮湿地面、水源等为重要的传染源。此外，本菌为条件致病菌，牛自身的消化道也有本菌存在，并通过粪便向外界排泄而成为传染源。

4. 流行特点

坏死杆菌病呈世界性分布，世界上大部分国家均有报道，特别是畜牧业发达的一些国家，如美国、中国、日本、俄国以及巴西等。该病常见于低洼潮湿地区，多在炎热、多雨季节发生，幼年家畜较成年家畜易感，一般为慢性经过，多呈散发，有时表现为地方性流行。在规模化的养殖场中，由于群体拥挤、环境恶劣、对动物的产能期望太高，腐蹄病、肝脓肿、犊牛喉炎成为偶蹄动物的常发病，特别是在炎热多雨的夏秋季节，奶牛腐蹄病更加成为严重影响奶牛产能的高发病。

（四）症状与病理变化

牛坏死杆菌病根据发病位置的不同，主要可引起牛的腐蹄病、肝脓肿和犊牛咽喉炎。

1. 肝脓肿

肝脓肿是主要表现为严重的肝脏坏死性病变。各个年龄阶段、所有品种的牛均容易罹患该病，特别是育肥牛一旦发生本病，会严重影响经济效益。肝脓肿主要发现于牛宰杀或者尸体剖检时，脓肿外包有厚的纤维层，坏死中心通常被炎性区域包围。

2. 腐蹄病

临床上主要表现为跛行和趾间隙软组织发炎，根据临床上主要表现的不同被称为趾间坏死杆菌病、恶臭蹄和蹄部坏疽性皮炎等。在该病的急性阶段，经常会出现一肢或四肢由轻微跛行到严重跛行，甚至不能站立。

3. 坏死性喉炎

坏死性喉炎的主要特征表现是牛的喉头黏膜坏死性变化，特别是喉头外侧的杓状软骨及其相邻组织更为严重。由于这种疾病通常是 3 岁以内的牛感染发病，通常被误认为是犊牛白喉。主要表现从黏膜表面的微小损伤逐渐发展到形成脓肿的进行性变化。在重症病例中，牛可能由于吸入性肺炎而死亡。临床上，首先表现发烧，接着由于吸气不畅造成呼吸困难，重症病例由于咽部疼痛还表现出痉挛性咳嗽。剖检可看到喉头和声带坏死灶，并且喉头附近黏膜被大量的黏性渗出物覆盖，偶尔会出现严重的支气管肺炎症状。

（五）诊断

根据临床症状和病理变化可以做出初步诊断，确诊需进行病原学诊断。其中，腐蹄病和坏死性喉炎可根据临床表现和病理变化进行初步诊断，而肝脓肿一般难以诊断，只能通过死亡牛的剖检进行判断，无实际诊断意义。

（1）细菌分离培养。通过常规细菌厌氧分离培养配合镜检以及生化特征确定细菌的存在。需要注意的是，本菌属于环境常在菌，在特定环境下才能致病。坏死梭杆菌的常规鉴定方法主要是菌体形态、菌落特征、生化试验、耐药性试验、酶特性试验等。用选择培养基和非选择性血液培养基，在 37℃厌氧条件下培养 2~3d 可分离出本菌。本菌在商品化改良 FM 培养基上生长良好，而在拟杆菌培养基上不生长。致病力强的坏死梭杆菌在血液培养基上呈 β 溶血，形成直径 2~3mm 粗糙扁平的灰白色菌落，能凝集鸡红细胞。通过最少量的表型检测试验快速可靠的鉴定坏死梭杆菌的方法，这些表型检测试验包括菌体的多形性；具有酪酸的气味；能发出黄绿色的荧光；在马血琼脂平板上呈现 β 溶血。通过试验确认脂肪酶活性和 DNase 活性不能用来区分坏死梭杆菌的两个亚种，但是血细胞凝集特性是鉴定两个亚种的可靠表型试验，并且通过菌体形态和菌落特征来鉴别两个亚种也是可行的。

（2）分子生物学诊断。由于坏死梭杆菌是严格厌氧菌，培养条件苛刻，而且同一分离菌株在不同代次甚至不同培养管间呈现出不同的形态。在这种情况下，在菌体形态上很难对坏死梭杆菌进行初步鉴别；另外对坏死梭杆菌的分离纯化也相对困难，需要在加有坏死梭杆菌不敏感抗生素的血琼脂平板中才可能进行纯化，否则大量杂菌的生长会抑制坏死梭杆菌的生长。随着分子生物学的发展，很多的分子生物学方法被用于坏死梭杆菌的检测与分型。编码该菌 rRNA 的相应基因常被用作诊断的靶标。基于 rRNA 的一些分类学方法如 16S rRNA 基因序列分析和 16S-23S rRNA 基因间序列分析等已被用于坏死梭杆菌种或亚种间的鉴别。此外，编码 RNA 多聚酶 β 亚单位基因（$rpoB$）、编码细菌 DNA 促旋酶的 β 亚单位基因（$gyrB$）都被用来作为分子靶标，进行分子生物学诊断。

Lesley Nicholson 根据细菌保守的 16s rRNA 基因，建立了一种能区分毒力型（AB 型）和温和型（B 型）坏死杆菌的 PCR 方法，上游引物 27F：5′-AGAGTTTGATCMTGGCTCAG-3′，下游引物 1525R：5′-AAGGAGGTGWTCCARCC-3′（其中 M＝A 或 C，W＝A 或 T，R＝A 或 G），目的基因片段 1 500 bp，其中 AB 型的坏死杆菌的扩增片段有较大的变异，变异率为1.3%，经过测序可区分两种不同生物型的坏死杆菌。

（六）治疗

该菌引起的不同类型疾病均有相应的治疗方法，正确及时用药可缓解病情，根治本病。针对肝脓肿，在养殖场中，通常在饲料中添加抗生素预防和治疗本病，根据以前的经验，使用泰乐菌素的疗效较好。发生腐蹄病的牛群，在腐蹄病的早期阶段，服用磺胺类药物和抗生素可以快速的控制和治疗本病。肌内注射长效土霉素（每天18mg/kg）或者肌内注射普鲁卡因青霉素疗效甚佳。磺胺类药物比如磺胺地托辛（口服或者颈静脉给药，开始每天50mg/kg，根据病程发展逐渐到每天25mg/kg）对急性期病牛也有疗效。对于更多的慢性病例，在全身给药治疗的基础上，还要定期冲洗和修理病蹄，对病蹄局部涂抹防腐剂和抗生素，最后使用绷带进行包扎，以达到快速治愈的目的。对于那些出现关节和腱鞘脓肿的严重病例，治愈的希望很小，唯一的方法就是通过外科手术将病蹄清除。对于坏死性喉炎的治疗通常单用或者混用磺胺类和四环素类药物。

（七）预防措施

加强饲养管理，改善环境卫生，及时清除粪便，勤换垫草，保持畜舍清洁干燥；避免外伤，发现外伤及时处理伤口，以防感染。预防创伤性肝脓肿，应从牛所在环境中彻底清除各种金属物。

近年来，一种新研制成功的坏死梭杆菌白细胞毒素合成苗对于预防和控制本病大规模流行具有很好的效果。

（撰写人：朱洪伟；校稿人：周玉龙）

三十六、肠毒血症

牛肠毒血症（Enterotoxaemia in cattle）又称软肾病，是由产气荚膜梭菌（*Clostridium perfringens*）引起的一种急性、突然死亡性综合症，其发生是由于产气荚膜梭菌在牛的小肠中大量繁殖，产生的毒素引起小肠坏死性出血性损伤，该病多发生于哺乳期的犊牛和肉用犊牛。每年春秋两季是该病的多发期。该病呈散发或地方性流行，多呈急性和最急性经过。

（一）病原

1. 分类

产气荚膜梭状芽孢杆菌（*Clostridium perfringens*），旧称魏氏梭菌（*C. welchii*）或魏氏芽孢杆菌（*Bacillus welchii*）属于芽孢杆菌科，梭状芽孢杆菌属，魏氏梭菌种，该属成员包括超过100个种。迄今为止，已发现产气荚膜梭菌至少能够产生16种外毒素，但起主要致病作用的毒素主要有4种（α、β、ε、ι），根据这，4种主要致病性毒素与抗毒素的中和试验，可以将此菌分为A、B、C、D、E 5个型。

2. 形态和培养特性

产气荚膜梭菌为两端钝圆的革兰氏阳性粗大杆菌，芽孢横径小于菌体，椭圆形，位于菌体中央或偏端，无鞭毛。菌培养时间稍长容易转变成革兰氏阴性，为此，宜取幼龄培养物进行革兰氏染色观察。体内有明显的荚膜，荚膜的组成可因菌株不同而有变化。从动物体内初次分离的菌株易于观察到荚膜，在实验室长期继代的菌株则比较困难，需采用

Jasmin 法特殊染色后进行观察。产气荚膜梭菌厌氧，但不十分严格。在 20~50℃均能旺盛生长，A 型、D 型和 E 型的最适生长温度 35~45℃，B 型和 C 型在 37~45℃时的繁殖周期仅为 8min，有助于分离培养。在不同培养条件下产气荚膜梭菌的形态可能有差异，即使在同一培养条件下，有的表现为大杆菌、有的表现为中等杆菌、有的表现为粗壮，有的表现细长，这些并不是老龄培养物出现的衰老型，而是不同来源分离株所出现的形态差异。产气荚膜梭菌无论是在体内、还是在体外都不易形成芽孢。但采用厌氧肉肝汤保存的菌种经 15d 呈现典型的梭状细菌。在血琼脂平板上，多数菌株有双层溶血环，内层是完全溶血，外层是不完全溶血。在蛋黄琼脂平板上，菌落周围出现乳白色浑浊圈，若在培养基中加入 α 毒素的抗血清，则不出现浑浊。此现象称 Nagler 反应，为本菌的特点。

3. 生化特性

本菌代谢十分旺盛，可分解多种常见的糖类，产酸产气。在庖肉培养基中可分解肉渣中糖类而产生大量气体。在牛奶培养基中能分解乳糖产酸，使其中酪蛋白凝固，同时产生大量气体，可将凝固的酪蛋白冲成蜂窝状，将液面封固的凡士林层上推，甚至冲走试管口棉塞，称"汹涌发酵"。鉴定本菌的生化特性有：分解葡萄糖、麦芽糖、乳糖、蔗糖；不分解水杨苷，产生卵磷脂酶。水解明胶，但不液化凝固血清。剧烈发酵牛乳培养基。

4. 抵抗力

本菌广泛分布于环境中，经常在病畜肠道中发现，该菌的芽孢长期存在于土壤和沉淀物中。该菌有时很不容易形成芽孢，芽孢的热抵抗力很强，由病畜粪便中分离的芽孢能耐受 100℃ 1~5h 的加热。

5. 血清学分型

产气荚膜梭菌可产生多种外毒素，均用小写希腊字母表示，有 α、β、γ、δ、ε、η、θ、ι、κ、λ、μ、ν 等，目前发现的至少有 16 种，这些外毒素均为蛋白质。在这些致死性外毒素中，起主要作用的只有 α、β、ε 和 ι 4 种毒素，因此，根据产气荚膜梭菌能够产生这 4 种主要外毒素的能力，人为地将该菌分为 5 种类型，分别命名为 A 型、B 型、C 型、D 型和 E 型产气荚膜梭菌，其中 A 型产气荚膜梭菌主要分泌 α 毒素；B 型主要分泌 α、β、ε 毒素；C 型产气荚膜梭菌主要分泌 α、β 毒素；D 型产气荚膜梭菌主要分泌 α、ε；E 型主要分泌 α、ι 毒素。5 个型中对人致病的主要是 A 型和 C 型，A 型最常见，引起气性坏疽和胃肠炎型食物中毒；C 型能引起坏死性肠炎。

6. 分子特征

（1）α 毒素（CPA）。是产气荚膜梭菌产生的所有毒素中最为重要的一种，5 种类型的产气荚膜梭菌均可产生。各种产气荚膜梭菌 α 毒素的基因有部分同源性。编码 α 毒素的基因 plc 位于染色体上，大小为 1 194 bp，编码 398 个氨基酸，分子量为 42.5kD，其中成熟肽和信号肽分别由 370 个氨基酸和 28 个氨基酸组成。

（2）β 毒素（CPB）。仅由 B 型和 C 型产气荚膜梭菌所产生，其编码毒素的 cpb 1 基因位于一种带有插入序列 151 151 的大质粒上，cpb 编码蛋白的信号肽含 27 个氨基酸，在外分泌过程中被切除后成为由 309 个氨基酸组成的胰蛋白酶敏感性蛋白、与葡萄球菌的 γ 毒素有 30% 核苷酸同源，分子量为 34.5kD。

（3）ε 毒素。仅见于 B 型和 D 型产气荚膜梭菌中，是 D 型产气荚膜梭菌的主要致病因子。编码 ε 毒素的基因 *etx* 位于 151 151 质粒上，基因全长 984 个碱基，前面的 96 个碱基编码信号肽，其后的碱基编码 ε 毒素的前体成熟肽，前体成熟肽以酶原形成存在，分子量约 33kD，没有毒性。通过蛋白酶切除 N 末端的 13 个氨基酸和 C 端 22 个氨基酸后，成为有活性的成熟肽，分子量约 29kD。

（4）ι 毒素。仅由 E 型产气荚膜梭菌分泌，是一种由酶部分（ιa）和结合部分（ιb）两个部分组成的二元毒素。其中发挥毒力作用的是分子量为 47.5kD 的 ιa 多肽，由 *iap* 基因编码，具有肌动蛋白特异性 ADP 核糖转移酶活性，另一亚基为 ιb，具有结合活性，分子量 81.5kD，由 *ibp* 基因编码。Ia 作为一种分子伴侣除了有一个与 ADP 核糖转移酶类毒素所共有的保守位点，还含有一个保守的肌动蛋白结合基因。

（二）致病机制

产气荚膜梭菌主要存在于十二指肠、回肠内容物和粪便及土壤中，产气荚膜梭菌随饲料和饮水进入消化道后，大部分被胃酸杀死，小部分存活并进入肠道。在正常情况下，细菌增殖缓慢，毒素产生很少，由于肠蠕动不断将肠内容物排出体外，细菌及其毒素难以在肠内大量积聚。当饲料突然改变，瘤胃一时不能适应，饲料发酵产酸，使瘤胃 pH 值降低，大量未经消化的淀粉颗粒通过真胃进入小肠，导致产气荚膜梭菌迅速繁殖并大量产生毒素，或肠道正常菌群因疾病而改变，使本菌大量增殖。高浓度的毒素可使肠黏膜坏死、肠壁的通透性增高。毒素进入血液则引起全身毒血症，血管通透性增强、溶血，白细胞和有关神经元受害，动物终因休克而死亡。

牛产气荚膜梭菌肠毒血症的发病与其分泌的毒素密切相关，不同型的病原可分泌不同毒素，其中尤以 α 毒素较为常见，也是与产气荚膜梭菌肠毒血症相关的主要毒素，α 毒素具有磷脂酶 C（PLC）和鞘磷脂酶活性，能同时水解组成细胞膜的主要成分（磷脂酰胆碱和鞘磷脂），破坏包括红细胞、巨噬细胞、成纤维细胞在内的真核细胞的完整性。α 毒素不仅能够水解细胞膜上的磷脂破坏细胞，而且能够引起宿主局部和全身组织的机能障碍、休克甚至死亡。α 毒素与细胞膜磷脂结合能够活化细胞内的 GTP 结合蛋白，进而活化内源性的磷脂酶 C，如磷脂酰肌醇-磷脂酶 C（Pl-PLC）和磷脂酶 D。α 毒素与细胞膜结合后，被 α 毒素激活的内源性 PI-PLC 能催化细胞膜上的磷脂酰肌醇-4，5-二磷酸盐（PIP2）产生肌醇-1，4，5-三磷酸盐（IP3）和甘油二脂（DAG），α 毒素分别将 PIP2 和磷酸卵磷脂水解为 DAG，DAG 又被 DAG 脂肪酶直接催化形成花生四烯酸（AA）。另外，DAG 能激活蛋白激酶 C，进而活化 PLA2，使其从细胞膜上释放花生四烯酸，并产生促凝血素、白细胞三烯和前列腺素等代谢产物，这些产物在宿主机体的局部炎症应答中起着重要作用。此外，α 毒素诱导细胞产生的炎性物质以及花生四烯酸导致的凝血作用、血管舒张作用和白细胞滞留作用等使得宿主体内的血流速度受到限制，从而为产气荚膜梭菌的增殖提供了良好的厌氧环境。

此外，产气荚膜梭菌可编码肠毒素，该毒素由 cpe 基因编码，可导致人食物中毒和多种动物的腹泻。肠毒素的作用机制牵涉到肠毒素与小肠敏感细胞表面受体的结合过程，目前已经鉴定出 CPE 的两种受体（claudin-3）和（claudin-4）。CPE 与（claudin-3）和（claudin-4）的结合，在细胞表面形成 1 个 90kD 的复合物，使得 10kD 左右的大分子物质能够通过细胞膜流入或流出。该复合物进一步与其他膜蛋白结合，造成细胞膜渗透性的改变和膜孔出现，使细胞内的大分子物质流出。另外，复合物与细胞紧密连接蛋白（TJ）结合后形成200kD的大复合物，进一步造成细胞膜的结构损坏。这些变化引起感染动物胃肠道产生大量液体且电解质流失，造成腹泻。

（三）流行病学

1. 易感动物

牛产气荚膜梭菌对犊牛最易感，其次是成年母牛。除此之外，多种野生和家养动物均对该菌易感，人也可以感染本菌发病。

2. 传播途径

牛产气荚膜梭菌能感染不同年龄不同品种的牛，包括黄牛、奶牛、水牛等。

3. 传染源

病牛或带菌牛是主要传染源。

4. 流行特点

主要呈零星散发或区域性流行，一般可波及几个至十几个乡镇或牛场。该病以农区和半农半牧区多发，常流行于低洼、潮湿地区，一年四季均有发生，但春末、秋初及气候突然变化时发病率明显升高。耕牛以4—6月发病较多，奶牛、犊牛以4—5月、10—11月发病较多，牦牛以7—8月发病较多。病程长短不一，短则数分钟至数小时，长则3~4d或更长；发病时有的集中在同圈或毗邻舍，有的呈跳跃式发生；发病间隔时间长短不一，有的间隔几天、十几天，有的间隔几个月。近年国内各地发生的产气荚膜梭菌病虽以A型、D型为主要病原菌，但B型、C型、E型产气荚膜梭菌也都是病原菌之一。

（四）症状与病理变化

牛肠毒血症多表现为最急性和急性型。

（1）最急性。突然发病死亡，病程最短的仅10min，最长的1~2h。

（2）急性。精神沉郁，行动迟缓，卧多立少，食欲废绝，体温不高，心跳呼吸均增快，耳、鼻和四肢末端发凉，颤抖，站立不稳。死前体温下降，呼吸急促，黏膜发绀，流涎，腹胀、腹痛，有的口鼻流出多量有泡沫的红色水样物，粪便偶见血液，肌肉抽搐，倒地哀叫而亡，死后腹部迅速膨胀。

病理变化主要为小肠和全身实质器官出血，同时胸腔和腹腔有大量黏液，心包积液，心外膜和心内膜密布出血斑点。瘤胃和肠臌气，真胃黏膜明显出血、水肿和溃疡。小肠黏膜弥漫出血，肠内有多量带血的黏液，肠系膜淋巴结肿大、出血。肝脏肿大，充血，质脆，色黄，表面有出血点。脾肿大，表面散在出血点。胆囊肿大2~3倍并充满胆汁。肺淤血、水肿，间质气肿，表面散布出血点。肾肿大，表面充血，被膜下也有散在出血点。多数肾脏呈"软泥"状，故称软肾病。镜检，肾小管上皮坏死。脑与脑膜充血、出血与水肿，有些神经细胞溶解、坏死。

（五）诊断

产气荚膜梭菌病的经典检测方法是采用血清中和试验，抗原的检测主要针对各型产气荚膜梭菌所分泌的毒素，主要方法有免疫学试验、分子生物学试验等；分型鉴定主要是根据血清中和试验、ELISA、PCR等检测手段。

（1）细菌分离培养。无菌采取小肠内容物用生理盐水稀释2~4倍，500r/min离心

10min，取上清液，由于肠道中的常在菌较多，不宜分离纯化，因此分离前要预先处理，将肠内容物稀释液置 80℃ 水浴锅内恒温 30min，然后取处理液 50μl 用 "L" 玻璃棒涂于绵羊血琼脂平板上，37℃ 厌氧培养 72~96h，挑取呈现明显 α、β 双溶血环的单个菌落涂片、染色、镜检，进行细菌的纯培养。将纯培养物接种于肉肝胃膜消化汤中增菌。

（2）动物接种试验。取每株纯化后的分离菌液体培养物的上清液，通过腹腔注射 1ml 和尾静脉注射 0.2ml 各接种 2 只小鼠，同时设对照组，观察小鼠死亡情况。

除此之外，各种基于毒素的血清学诊断方法，基于核酸的分子生物学诊断方法也层出不穷，均可以用来检测细菌的存在，但方法的特异性以及环境菌污染都成了这些方法的局限之处。

（六）治疗

由于产气荚膜梭菌病常呈急性散发，目前尚无有效的治疗措施，一般遵循强心补液、解毒、镇静、调理肠胃的原则，进行对症治疗；给予强心剂、肠道消毒药、抗生素等药物，如青霉素、四环素、安痛定、甘露醇等；采用同型的高免血清治疗，对症加减，也可收到一定的效果。中药治疗法，采用能增加胃肠蠕动、清热解毒、凉血止痢、阻止瘟疫热毒进入机体的中药，如黄芩黄连解毒汤加减，煎水灌服，2 次/d，连用 3~5d，可收到良好的效果。另有研究结果发现，服用益生菌对该病可以起到一定的防治作用。

（七）预防措施

牛产气荚膜梭菌病的发病率低，但死亡率高，一旦发生，往往来不及治疗即死亡，因此采取综合防制措施，显得尤为重要。预防主要以提高动物的抵抗力和改善饲养环境为目标。平时要加强饲养管理和卫生措施，定期消毒畜舍和周围环境，冬季要注意牛舍通风和保温。用当地分离菌株制成灭活疫苗进行预防接种。尸体要深埋处理，彻底消毒畜舍，对同群未发病牛全部用敏感抗菌素进行药物预防。

（撰写人：朱洪伟；校稿人：周玉龙）

三十七、化脓隐秘杆菌肺炎

牛化脓隐秘杆菌肺炎是由化脓隐秘杆菌引起的以咳嗽、流脓性鼻汁，化脓性肺炎或关节炎为特征的传染病。

（一）病原

病原为化脓隐秘杆菌（*Trueperella pyogenes*，*T. pyogenes*），曾经被认为是化脓棒状杆菌，而后被分类到放线菌属。Ramos 根据 16S rRNA 基因进行系统进化分析后将其重新分类到隐秘杆菌属。根据 16S rRNA 特征分类，最初把放线菌科（*Actinomycetaceae*）确定为放线菌目（*Actinomycetales*）唯一成员，但是随着分类技术的改进，依据表型特征、分类学、数值分类和分子遗传进程等方法，对放线菌科进行了多次重新分类。当前，放线菌科包含 6 个有效属：*Actinomyces*、*Actinobaculum*、*Varibaculum*、*Mobiluncus*、*Arcanobacterium* 和 *Trueperella*。目前根据基于 16S rRNA 的系统进化分析、磷脂组成和维生素 K2 的存在与否等把 *A. pyogenes* 被重新命名为 *Trueperella pyogenes*（*T. pyogenes*）。

T. pyogenes 属于兼性厌氧菌，在 5%~10% CO_2 环境条件下或添加血液、血清可促进其

生长。也可以在巧克力培养基上生长。*T. pyogenes* 在血琼脂培养基上培养 24~48h 后，可看见白色、光滑、针尖大小菌落，并且在菌落周围形成 β-溶血环。革兰氏染色阳性，具有多形性，多呈逗号状、弧形或者短杆状，无荚膜和芽孢，菌体着色不均常散在，也有呈丛或 2~4 个并列者。

（二）生化特性

本病原生化鉴定显示在血清斜面上生长时菌落周围有液化坑，有时整个斜面液化；石蕊牛奶酸性，凝块被消化；代谢型不确定：发酵葡萄糖、木糖、果糖、半乳糖、乳糖、麦芽糖、糊精、和淀粉产酸；不发酵阿拉伯糖、鼠李糖、蔗糖、海藻糖、棉籽糖、甘油、甘露醇、肌醇、卫矛醇和山梨醇；触酶阴性；不还原硝酸盐；不产生吲哚；特征性的细胞壁糖组分为鼠李糖和葡萄糖；肽聚糖的二氨基酸是赖氨酸。

T. pyogenes 毒力因子主要有胆固醇依赖的溶细胞素 PLO（溶血素），神经氨酸酶（NanH 和 NanP）、菌毛合成蛋白（为 FimA、FimC、FimE 和 FimG）、细胞外基质结合蛋白、胶原结合蛋白（CbpA）、纤维蛋白原结合蛋白、纤维连接蛋白结合蛋白、脱氧核糖核酸酶和蛋白酶等。

含有 2 105 个开放阅读框架（ORFs）全长 2 045 904bp，约占全基因组的 90.03%。含有 30 个有规律的成簇短间隔回文重复区（clustered regularly interspaced short palindromic repeats，CRISPR），1 105 个基因属于已知的同源群簇（Clusters of Orthologous Groups，COGs），947 具有特殊功能成分。

目前还未见对 *T. pyogenes* 进行血清分型的相关研究。

（三）致病机制

T. pyogenes 产生的溶血素分子量为 57.9kDa，由 *plo* 基因编码。*plo* 基因含 1605 个碱基。PLO 通过结合细胞膜上的胆固醇，进而导致细胞溶解，溶血素不仅能溶解血细胞，使化脓隐秘杆菌具有 β-溶血的特性，PLO 还可以溶解各种动物细胞如与动物免疫相关的巨噬细胞。近年有研究显示，PLO 作用巨噬细胞，改变细胞因子的表达，使得巨噬细胞发生凋亡。从而动物机体防御能力减弱，导致动物皮肤、器官和免疫系统受到破坏。

在 *T. pyogenes* 中发现的神经氨酸酶（neuraminidase，Nan）有两种：NanH 和 NanP。NanH 蛋白分子量 107kDa，由 nanH 基因（3 009bp）编码。NanP 蛋白分子量 186.8kDa，由 nanP 基因（5 112bp）编码。Nan 具有多种毒力作用，能够分解宿主细胞的唾液酸作为碳源，促进其在低养分条件下的生长；降低膜表面黏液的黏滞性，便于细菌潜入深层组织；另外，Nan 可分解免疫球蛋白 IgA，降低宿主防御功能，因此，Nan 能够增强细菌对宿主的黏附力、聚集力和感染力。

胶原结合蛋白（collagenbinding protein，CbpA）是在化脓隐秘杆菌中发现的第一种黏附素，它是一种蛋白，存在于细菌表面。编码 CbpA 的基因为 cbpA，含有 3 500 个碱基，表达产物为 124.7kDa。CbpA 的主要作用是连接胶原蛋白，促进细菌对宿主细胞的黏附，从而增强细菌的侵袭力，提高其毒力作用。6 个组氨酸标记的重组体 CbpA 能够与 I、II 和 IV 型胶原蛋白结合，但不表现纤维蛋白连接活性。纤维蛋白原结合蛋白能够与纤维蛋白原结合，并且通过与多形核嗜中性白细胞（PMNs）相互作用促进吞噬；纤连蛋白结合蛋白能够与纤连蛋白结合，促进黏连。

目前，对于 *T. pyogenes* 的致病机制尚不清楚，尤其是主要毒力因子如菌毛合成蛋白，以及 *T. pyogenes* 分泌多种酶类等具体作用还有待进一步研究和确定。

（四）流行病学

1. 易感动物

T. pyogenes 感染普广，能引起牛、羊、猪和禽等多种动物发病。此外，也可以引起经济动物及野生动物发病，如羚羊、野牛、骆驼、猫、鸡、鹿、狗、象、瞪羚、马、鹦鹉、驯鹿、火鸡和非洲大羚等。*T. pyogenes* 不属于人类正常菌群，但也出现少数人类感染的病例。

2. 传播途径

T. pyogenes 是反刍动物及猪体内的正常菌群，常寄生于多种家畜上呼吸道、消化道、泌尿生殖道等黏膜处，*T. pyogenes* 感染的源头往往是内源性的。

3. 传染源

发病的动物和病死动物是主要传染源。

4. 流行特点

T. pyogenes 引起的牛化脓性肺炎在易感动物在长途运输、气候突变、导致内环境失调等应激因素作用情况下发病率明显增高。尤其牛当发生呼吸道病毒如牛副流感病毒 3 型、牛呼吸道合胞体病毒、牛传染性鼻气管炎病毒和牛病毒性腹泻黏膜病病毒感染时 *T. pyogenes* 易感染。

（五）症状与病理变化

发病初期体温40℃左右，食欲不振，鼻镜干燥，咳嗽症状明显，流鼻汁初期黏液性后转为脓性，眼睛流泪。发病后渐进性消瘦，个别牛后期附关节肿胀跛行，粪便稀薄呈暗红色。脉搏弱而快每80~100次/min，明显的腹式呼吸，鼻孔扩张，呼吸40~50次/min，听诊呼吸音粗历，后期为干性啰音，胸膜有摩擦音，病变严重区无肺泡音。

另外，*T. pyogenes* 感染还能引起易感动物发生皮肤、关节和内脏器官等多种组织和器官化脓性感染，如心内膜炎、肝脏脓肿、关节炎、乳腺炎、子宫内膜炎、骨髓炎、流产以及子宫感染导致的不育和精囊炎等相应症状。

牛化脓隐秘杆菌肺炎主要病理变化为：肺脏与胸膜黏连，肺脏心叶、尖叶有大量脓包，黄豆粒大小到鸡蛋大小不等，严重时膈叶也出现大量脓包，切面含大量脓汁或干酪样坏死物。心肌及心内膜出血，脾脏萎缩，胆囊肿大。组织学变化：肺脏可见结节，内有干酪样坏死，坏死组织周围有多核巨噬细胞，但未形成细胞核呈马蹄样排列的郎罕氏细胞；结节外有较厚包膜，包膜中有大量组织细胞；肺间质纤维组织增生，炎细胞浸润，肺泡细胞平行，肺泡中有炎性渗出物。脾脏组织内有大量含铁血黄素颗粒，淋巴组织增生；淋巴结水肿，内有坏死结节，毛细血管充血，结节周边有大量组织细胞增生，周围有多核巨噬细胞。

化脓性隐秘杆菌性肺炎以肺脏脓肿为特征。眼观肺脏化脓灶所形成的包囊不易与肺结核病灶区别，应注意鉴别。经组织学检查见不到郎罕氏细胞，结核皮试阴性，据此可与结核病相区别。

（六）诊断

（1）组织抹片镜检。无菌采取发病动物的心血、肝脏、脾脏和肺脏等组织病料制作触片或涂抹成薄层，进行革兰氏染色，自然干燥后用油镜观察结果。*T. pyogenes* 为革兰氏阳性棒状杆菌，多成对，两端尖，中间粗。

（2）细菌分离培养。无菌采集病料接种到血液营养琼脂培养基，37℃ 5%CO_2条件下培养48h，可见 β 溶血环，透明菌落，再根据生化指标进行鉴定。或者用 PCR 方法对分离菌株或者病料组织进行鉴定。

（3）细菌生化鉴定。生化鉴定结果可按照生化特性判定。

（4）细菌 PCR 鉴定。根据报道通过扩增 *T. pyogenes* 16S rRNA 目的基因，对分离的细菌或者病料组织进行鉴定。引物序列如下：P1：5′-GGGGCTTTTTGTTTTGGTGG-3′，P2：5′-TCTCTGGCACATCGCAGTGTAT-3′。反应体系如下：10×PCR Buffer 2.5μl，2.5mM dNTPs 2μl，上下游引物各 0.2μmol/L，DNA 模板 2μl，Mg^{2+}（25mmol/L）1.5μl，Taq DNA 聚合酶0.125U，补水至25μl。反应条件：95℃变性5min；94℃ 30s，58℃ 30s，72℃ 60s，30 个循环；72℃延伸 10min。PCR 产物用经 1%琼脂糖凝胶电泳后，溴化乙锭染色，若出现927bp 特异性目的基因则结果判定为阳性。

（七）治疗

药物敏感性试验表明化脓隐秘杆菌对阿奇霉素、米诺环素、红霉素和四环素等药物高度敏感，可以选择上述药物进行早期治疗。化脓隐秘杆菌主要寄生在病牛的肺部化脓灶内，常规静脉内注射或者肌内注射很难使药物在病灶内达到有效浓度，而气管内注射的方法却可以克服上述缺陷。

（八）预防措施

本病发生与应激因素有直接关系，因此平时加强饲养管理、兽医卫生措施和减少应激因素是预防本病的关键。例如减少长途运输、动机注意畜舍氨气浓度、温度和湿度不当等造成的应激。另外，发病牛群要进行早期诊治疗，采取隔离、封锁、消毒等措施以防控该病的蔓延。国内尚无疫苗。

（撰写人：周玉龙；校稿人：周玉龙）

三十八、钩端螺旋体病

钩端螺旋体病是钩端螺旋体引起的一种全球性人畜共患病，可引起多种家畜、毛皮兽和家禽以及人发病。在热带及亚热带地区尤其流行。世界动物卫生组织（Office International Des Epizooties，OIE）将钩体病划分为 B 类疫病。本病在家畜中多为隐性感染，有时可表现不同临床类型，如发热、贫血、黄疸、血红蛋白尿、出血性素质、黏膜和皮肤坏死、消化障碍、流产等。1886 年，阿道夫·韦尔首次报道了黄疸钩端螺旋体病与肾功能衰竭的综合征。1934 年，我国在广东首次发现人感染该病，本病分布广泛，各大洲均有发病。

（一）病原

1. 分类

钩端螺旋体属于螺旋体目（*Spirochaetales*）螺旋体科（*Spirochaetaceae*），钩端螺旋体属（*Leptospira*）。钩端螺旋体属下有两个种，即问号钩端螺旋体（*L. interrogans*）和双曲钩端螺旋体（*L. biflexa*），前者为寄生性、致病性钩端螺旋体可从病人和病畜分离获得。后者为腐生性钩端螺旋体，多不致病。本病由非宿主特异性的钩端螺旋体（*Leptospira*），例如波摩那钩端螺旋体（*Leptospira pomona*）、出血性黄疸钩端螺旋体（*Leptospira icterohaemorrhagiae*）和犬钩端螺旋体（*Leptospira canicola*），或宿主特异性的钩端螺旋体，如哈德乔钩端螺旋体引起。

2. 形态和培养特性

革兰氏阴性，不易着色。呈细长丝状、圆柱形，规则紧密的螺旋盘绕，运动力强。钩体长度不等，一般直径为 $0.2\mu m$，长度为 $6\sim10\mu m$。最适生长温度范围为 $28\sim30℃$，菌体多呈 C 形、S 形，一端或两端弯曲为钩状，与密螺旋体科的细菌相比螺旋更多。当温度低于 $25℃$ 时生长缓慢，温度过高菌体数量减少，迅速死亡。病原较易培养，常用培养基包括：血清培养基，牛血清白蛋白代替血清的半综合培养基和含化学物质、脂质、氨基酸及生长因子的全综合培养基。钩端螺旋体培养基（EMJH）是最常用的液体培养基，另外添加 VB12、钙离子、镁离子、钾离子、乳清蛋白水解物、吐温-80、铵盐等一系列营养物质能够促进其生长迅速与繁殖。

抵抗力　钩端螺旋体在水田、池塘或沼泽中可生存数周或数月。对酸或碱敏感，适宜 pH 值为 $7.0\sim7.6$，对干燥、热、阳光照射抵抗力低，$56℃$ 处理 $10min$ 或 $60℃$ 处理 $10s$ 即可杀死病原。对消毒剂和抗菌药物敏感。常用消毒剂处理 $10\sim30min$ 即可消灭病原，如 0.5% 来苏尔、1% 漂白粉或 0.1% 苯酚等。对青霉素、金霉素等抗生素敏感。在钩体培养基中添加一定剂量抗菌剂（如磺胺甲恶唑、甲氧苄啶、两性霉素 B、磷霉素和 5-氟尿嘧啶）可在不影响钩体生长情况下抑制杂菌生长。

3. 血清学分型

从遗传学角度将钩端螺旋体属的菌分为 13 个基因种和 5 基因种两大类，共有 250 多个血清型。多个血清型可以感染家畜。1999 年公布的问号钩端螺旋体分为 24 个血清群和 259 个血清型，这 24 个血清群分别为：Australis、Autumnalis、Ballum、Bataviae、Canicola、Celledoni、Cynopteri、Djasiman、Grippotyphosa、Hebdomadis、Icterohaemorrhagiae、Javanica、Louisiana、Manhao、Mini、Panama、Pomona、Pyrogenes、Ranarum、Sarmin、Sejroe、Shermani、Tarassovi 和 Hurstbridge。来自地表水对实验动物不致病的双曲钩端螺旋体有超过 39 个血清群 66 个血清型。在美国已鉴定出与牛有关的血清型有 6 个：波摩那型、犬型、出血性黄疸型、哈德桥型、感冒伤寒型和西瓦几扎克型。我国已知有 18 个血清群，75 个血清型，国内常见的血清型主要包括：波摩那型、犬型、黄疸出血型、流感伤寒型、秋季热型、澳洲型和七日热型。

4. 分子特征

目前，关于致病因子的研究主要集中在细菌表面蛋白，能够介导细菌和宿主细胞的相互作用。研究比较透彻的有以下几种毒力因子。

（1）Loa22 是细菌表面蛋白，在 Loa22 C-末端有一个外膜蛋白 OmpA 结构域，该结构域含有一个预测的肽糖结合基序。Loa22 与被感染病人的血清有反应，在豚鼠疾病模型中，干扰该基因的表达，可以导致 *L. interrogans* 菌株的毒力完全丧失。在该病原的急性感染模型中，其表达上调。

（2）LipL32 是主要外膜蛋白和主要免疫原，也被成为溶血相关蛋白 I，分子量约为

32kDa。是一种细菌表面脂蛋白，占到外膜蛋白的75%左右，在致病性菌株中是高度保守的。LipL32 的 C-末端能够结合胶原蛋白 I、胶原蛋白 IV、胶原蛋白 V 以及血浆纤维蛋白。通过 TLR-2 通路引发纤连蛋白聚集，激活 NF-kb 和 MAPK 通路，诱导表达大量的趋化因子及细胞因子，造成肾小管间质性肾炎。

（3）LipL36 是一种温度调节蛋白，温度可影响其表达，30℃时可合成表达，36℃时就无法表达。对数生长期的前期为表达量最丰富的蛋白，但中期开始表达水平就显著下调。此外，该蛋白可能是一个表示分子，使致病性钩体能够适应宿主机制。

（4）Qlp42 也是一种温度调节蛋白，但与 LipL36 蛋白温度控制范围相反，当培养温度升高时，其表达量上调。Qlp42 脂蛋白信号肽和信号肽酶切割位点由 21 个氨基酸组成，位于氨基端，大小约为 42kDa。Qlp42 基因能在致病性钩体的各种血清群中检测到，非致病性则无法检测到。

（5）OmpL1 是外膜蛋白中的一种跨膜蛋白，含有许多跨膜结构和膜表面弯曲结构，第一个被发现的跨膜蛋白，仅存在于致病性钩体中，以单拷贝形式编码基因。OmpL1 家族包括三种外膜蛋白，位于钩端螺旋体表面，表达保守，可能为宿主免疫反应中的靶蛋白。

（6）细菌的免疫球蛋白样超家族分子（Lig）能够介导病原-宿主的相互作用，如侵入以及细胞黏附等。目前本病原体发现的 Lig 有 LigA、LigB 和 LigC，锚定在细菌的外膜。与 LipL32 类似，Lig 只存在于致病性 Leptospira spp. 中。体外实验表明，重组 Lig 能够结合胞外基质蛋白；LigB 能够结合钙离子，一次增强其对 fibronectin 的黏附能力。

（7）溶血素。已从多种钩端螺旋体菌株中分离出类似溶血素样毒性物质。如 ballum、hadrjo、pomona 和 tarassovi 型钩端螺旋体产生的溶血素具有鞘磷脂酶 C 活性，canicola 型产生的溶血素为磷脂酶 C。而钩端螺旋体 lai 株溶血素为一种孔形成蛋白。

（8）脂多糖是革兰阴性菌的重要致病因子，细胞壁的主要成分，保证了菌体结构的完整性，菌体功能多样性。钩端螺旋体脂多糖结构成分包括由二糖单元连接脂肪酰基链组成的脂质 A、3-羟基棕榈酸、三油酸、特异多糖和 3-羟基月桂酸，培养环境可影响脂质 A 合成，使其毒性呈现差异。在不同致病性钩端螺旋体血清型中脂多糖的 O 抗原具有多样性，可作为诊断不同血清型的依据。

（二）致病机制

钩端螺旋体侵入动物机体后，多个组织器官发生损伤，引起各种临床和病理症状。目前对于钩端螺旋体病发病机制的研究主要集中于毒力因子，保护性机制和保护性抗原，与宿主细胞相互作用和免疫逃避机理等。

1. 黏附和侵袭

是病原感染宿主细胞过程的第一步。病原接触到黏膜或损伤皮肤伤口后侵入机体，迅速进入血管，然后穿入各种组织和器官。钩端螺旋体的毒力因子主要是不同功能的膜蛋白、分泌蛋白、溶血素、细胞损伤溶解蛋白等。膜蛋白可发挥黏附作用，通过与宿主细胞外膜基质（ECM）结合进行相互作用，宿主细胞纤维酶原能促进病原侵袭，溶血素和蛋白酶也能使其穿透各种组织屏障，完成侵袭过程。

2. 免疫逃避

钩端螺旋体侵入机体后能够有效地进入细胞，菌体穿越细胞单层时，细菌在细胞内短暂停留。内源化的菌体通常存在于非吞噬细胞的细胞质以及吞噬体隔膜中，从而捕获吞噬小体或转移到其他组织来逃避宿主的免疫攻击。钩端螺旋体定殖于耐受动物的肾脏可能与其逃避宿主免疫系统的识别密切相关。由于肾小管生长环境利于病原生长，先选择肾脏作为主要目标，且肾脏有免疫盲区，能够使钩体长期滞留。此外，肾脏缺乏补体抗体而不能杀死病原，钩端螺旋体表面内皮抑素样蛋白（Leptospiral endostatin-like protein，Len）结合补体因子 H 后，能够避开补体介导的清除替代途径。

3. 发生黄疸机制

钩端螺旋体可引起肝损伤，使肝细胞对游离胆红素的摄取、结合、分泌发生一系列障碍，造成血清游离胆红素增高。当钩端螺旋体产生的溶血素大量裂解红细胞时，单核吞噬细胞将血红蛋白转为胆红素的代偿能力为正常的 6 倍。在血清中游离胆红素含量增多的情况下，肝脏也发挥代偿作用，有更多的游离胆红素为肝细胞所摄取，并使之与葡萄糖醛酸结合，形成结合胆红素。但是肝脏的代偿能力有限，如果红细胞破坏太多，游离胆红素在量上超过代偿能力的处理范围，血内游离胆红素发生滞留，从而发生黄疸。

（三）流行病学

1. 易感动物

本病发生于世界各国，宿主种类较多，包括牛、水牛、猪、野猪、犬、马和人等几乎所有的哺乳类动物，尤其是啮齿类的带菌率很高，并成为自然宿主。另外还包括鸟类、两栖类、爬行类、鱼类和节肢动物等。

各年龄段易感动物均可感染，但幼龄动物发病率较高，也可感染人。

2. 传播途径

本病感染方式有直接和间接两种，可通过皮肤、黏膜、消化道引发感染，也可通过交配和吸血昆虫传播。钩端螺旋体通过水或湿土感染动物，是由于钩端螺旋体穿过结膜、消化道、生殖道黏膜、皮肤伤口和潮湿并受损伤的皮肤而引起的。

3. 传染源

猪、牛、犬等家畜是该病的主要传染源和储存宿主。鼠是钩端螺旋体病的储存宿主，蛙也可作为传染源。此外，钩端螺旋体病具有自然疫源性，在世界各地广泛分布。上述各类带菌动物可通过尿液、乳、唾液和精液排出病原，污染水源、土壤、饲料、围栏和用具等进而传染本病。其中，尿的排菌量最大。

4. 流行特点

任何年龄的牛均可感染，但以幼牛发病率较高。本病具有明显的季节性，流行高峰期为潮湿、温暖、多雨季节或鼠类活动频繁季节，每年以 7—10 月为流行高峰期。其他时期多以散发形式发病。牛的饲养管理与本病的发生有着密切的关系，如饥饿、饲料质量差、饲喂不合理，管理混乱或其他疾病使牛体抵抗力下降时，常常引起本病的暴发和流行。钩端螺旋体病呈世界范围流行，尤其是在热带和亚热带地区，许多血清型都是在热带地区发现。洪水或雨水也会造成本病流行。在我国，仅有新疆维吾尔自治区、西藏自治区、青海省、甘肃省和宁夏回族自治区尚无该病病例报告，我国近 20 年病例报告结果表明，钩端螺旋体病已经成为威胁我国人类和动物健康重要人畜共患病之一。

（四）症状与病理变化

1. 症状

本病潜伏期为 2~20d，犊牛感染波蒙那钩端螺旋体时出现急性败血症、高热。成年牛出现血红蛋白尿，也可能在败血症期间流产。在成年牛中，亚急性和慢性感染最常见，如果不出现发热、血红蛋白尿、黄疸和乳房炎，可能不被察觉，直到发生流行性流产。特征性是胎儿流产发生在怀孕的后 3 个月，但从妊娠 4 个月到妊娠末期均可发生。子宫内的胎儿在妊娠末期受感染，可能产出弱胎或死胎。

2. 病理变化

急性病例可见脏器、皮下组织以及黏膜等处出现黄疸或斑点状出血，脾脏淤血肿大，肝肿大呈黄褐色。慢性病例的病变局限于肾脏，肾脏表面有灰白色小坏死灶，肾小管坏死，肾间质有白色坏死灶，淋巴结肿胀多汁。

急性病例的组织学病变为肾小球和肾小管高度变性和坏死，肝小叶中心坏死，胆汁淤滞。慢性病例的肾皮质可见大量淋巴细胞浸润和纤维化。病理组织片镀银染色时可见肾小管上皮细胞内或肾小管内有细钩端螺旋体。

3. 人感染钩体病

临床症状分为早、中、后 3 个时期。早期感染表现为发热畏寒、全身肌肉疼痛、乏力不适、结膜充血、呕吐腹泻、淋巴结肿大和鼻出血等。中期感染症状为咯血，肺弥漫性出血，黄疸，皮肤黏膜广泛性出血，蛋白尿、血尿、管型尿与肾功能不全，脑膜脑炎症状等。患者感染后期，体内产生特异性抗体，可以中和病原，患者逐渐恢复健康。

（五）诊断

（1）直接镜检。无菌采集心血、胸水、肝脏、肾脏组织压片，暗视野镜检，镜下可见纤细，弯曲、盘绕、迅速移动的微小螺旋体。无菌采集濒死心血、肝、肾组织涂片，镀银法染色，暗视野镜检，发现大量细丝状、棕黑色、一端或两端弯曲呈钩状、圆形杆状物。

（2）分离培养。无菌采集心血、肝、肾、脾组织，接种希夫纳氏培养液，25℃培养，每隔 5d 观察，约在 15d 呈现轻度乳光，随之暗视野镜检，结果同病料压片。

（3）动物实验。将上述培养物 0.25ml/只，新鲜血液和尿液，或肝脏、肾脏等组织制成乳剂，以 1~3ml/只接种量接种体重约 150~200g 幼龄豚鼠，待出现体温升高，食欲减退，黄疸时扑杀，可见黄疸和出血，肝脏、肾脏涂片，镜检可观察到钩端螺旋体。

（4）分子生物学诊断。根据钩端螺旋体 lfb1 基因设计 PCR 鉴定引物。其中，上游引物序列为：5′-CATTCATGTTTCGAATCATTTCAAA-3′，下游引物序列为：5′-GGCCCAAGT-TCCTTCTAAAAG-3′，目的基因片段为 331bp。PCR 反应体系 25μl；反应条件：94℃预变性 2min，94℃变性 20s，50~55℃退火 30s，72℃延伸 50s，共 35 个环，最后 72℃延伸 7min。

（六）治疗

治疗一定要及时，否则容易转为重症病例。抗菌素中链霉素为治疗本病的特效药，庆大霉素和四环素也有疗效。

感染。此外，氨苄西林、阿莫西林和四环素都可以用于本病的治疗。

（七）预防措施

疫苗是控制钩体病感染与传播有效方法之一。疫苗主要分为灭活苗，基因缺失苗，重组蛋白疫苗。由于病原血清群众多，不同国家和地区流行群存在差异，使该病的预防极为困难。各血清群、血清型抗体之间交叉保护作用较弱或无。因而，进一步研发安全、长效、高交叉保护性的重组蛋白疫苗对预防该病意义重大。

预防本病的关键在于控制老鼠等啮齿类动物和野生动物。牛舍要注意驱鼠防鼠，防止家畜生活环境污染钩端螺旋体。当牛群发生本病时，应立即隔离治疗病牛及带菌牛。用3%氢氧化钠、10%~20%石灰乳消毒被病牛污染的饲槽、牛床、牛栏、饮水器及饲养用具等，清除污水、淤泥、积粪，捕杀舍内、饲料库内老鼠。及时进行钩端螺旋体病多价菌苗紧急预防接种，多在两周内即可控制疫情。同时要加强饲养管理，喂给易消化，含有丰富维生素的饲料，提高牛的特异性和非特异性抵抗力。

（撰写人：刘宇；校稿人：周玉龙）

三十九、无浆体病

本病由立克次氏体目的无浆体寄生于牛红细胞引起的感染症。主要特征为发热、贫血和黄疸。

（一）病原

1. 分类

牛无浆体病（Bovine anaplasmosis）的病原是边缘无浆体（*Anaplasma marginale*），属于立克次氏体目（*Rickettsiales*），无浆体科（*Anaplasmataceae*），无浆体属（Anaplasma）。2001年，根据无浆体科微生物的16S rRNA和编码热休克蛋白的gro-ESL基因序列同源性，将无浆体可分为4个属：无浆体属（Anaplasmo）、艾立希体属（Ehrlichia）、新立克次氏体属（Neorickettsia）和沃尔巴氏体属（Wolbachia）。无浆体属包括牛边缘无浆体（*A. marginale*）、牛中央无浆体（*A. centrale*）、马/人嗜吞噬细胞无浆体（*A. phagocytophila*）、犬无浆体（*A. platy*）等。

2. 形态和培养特性

边缘无浆体呈圆点状：在发病初期，菌体在血球内进行二分裂繁殖，可发现有一个尾巴的圆点状菌体，形似彗星，无原生质，由一团染色质构成。以姬姆萨染色，菌体呈紫色，大多数寄生在红细胞边缘，大小为0.2~0.9μm；每个红细胞中的菌体数为1~3个，寄生一个菌体的约占87.4%，寄生两个菌体的约占11.1%，三个菌体的约1.5%，红细胞感染率为14.7%。用电子显微镜看到，每个无浆体是由1~6个亚单位组成的，每个亚单位具有两层膜，当菌体含单个亚单位时呈圆形，含多个亚单位时呈豆状或环状，其形态变化是由于进行二分裂增殖造成的。亚单位的内部构造系由原纤维物质和许多种致密的电子颗粒组成，这些颗粒形状不一，成堆或分散在亚单位内。中央无浆体它与边缘无浆体在形态上、宿主上近乎相同。但它的致病性较小，而且显微镜检查时，它的位置大多寄居于红细胞的中央，故此得名。

3. 病原的增殖

边缘无浆体可以在摘除脾脏的本动物血液中进行传代增殖，可用于病原的分离或建立动物感染模型。通过全血可以培养边缘无浆体，但不能繁殖。肩突硬蜱胚胎的 IDE8 细胞系可用于分离边缘无浆体和生物学特性研究。边缘无浆体在蜱肩胛细胞系中可进行繁殖，连续传代后仍具有很强的感染性和抗原性。在牛体内边缘无浆体整个孵育期 7~60d，首先侵入红细胞，然后在红细胞内复制，感染的红细胞被网状内皮细胞清除，最后红细胞复位。在感染初期，被感染的红细胞数量以几何级数递增。在感染的急性期，被感染的红细胞数量可能达到 10^9 个/ml 血液。牛一旦感染边缘无浆体将造成持续性感染，持续性感染牛携带的边缘无浆体数量有相对稳定的循环周期，被边缘无浆体感染的循环红细胞数量，每 10~14d 出现一次升高和降低。被感染的红细胞浓度出现明显的变化，每毫升血液中被感染的红细胞每月出现 2 次变化，一般变化范围是 10^3~10^5，多数低于急性感染期的动物。

4. 分子特征

（1）边缘无浆体基因组一般特征。边缘无浆体具有一个完整的环形基因组，约 1.2~1.6Mb，G-C 含量为 49.8%，比立克次氏体目的其他成员高（平均 31%）。基因组具有较高的编码密度（86%），有 949 个编码序列（CDSs），平均每个 CDSs 是 1 077bp。其中 8 个 CDSs 是断裂区 ORFs，可能是典型的假基因。基因组包含一个独立的 rRNA 操纵子基因，这是立克次氏体目特征。另外还有 37 个 tRNA 基因。

（2）边缘无浆体外膜蛋白。通过对 St. Maries 株边缘无浆体全基因组测序，预测出 163 个含有信号肽的 CDSs，每 3 个 CDSs 就包含一个跨膜区。已经确定 13 个编码外膜蛋白（OMPs）的 CDSs，有两个超家族分别是 Msp1 超家族包括 9 个成员，Msp2 超家族有 56 个成员，包括 16 个假基因。

Msp1 超家族主要由 MSP1 组成。MSP1 是表面暴露的异侧性（heteromeric）复合物，由 105kDa 和 100kDa 的多肽聚合而成，各自被命名为 MSP-1a 和 MSP-1b。MSP1a 与 MSP1b 形成复合物作为牛红细胞的黏附素。Msp2 超家族包括 MSP2、MSP3 和 MSP4 位于具有表面暴露区的外膜。MSP1、MSP2、和 MSP3 是免疫显性的分子，大部分宿主免疫反应都发生在这几种蛋白上。MSP2 和 MSP3 容易发生变异而逃避宿主免疫反应。MSP4 由单拷贝基因编码，而且是高度保守的，可作为无浆体系统进化分析的重要基因。边缘无浆体 MSP-5 是由 633bp 单拷贝基因编码 19kDa 的蛋白，是高度保守的抗原，可以作为一种有效的诊断性抗原，也可以作为分子诊断的靶基因。

（二）致病机制

1. 无浆体病的发生发展

可分为 4 个阶段：孕育期（Incubation stage）、发展期（Developmental stage）、康复期（Convalescent stage）和带虫期（Carrier stage）。

潜伏期指从无浆体侵入易感动物到 1% 红细胞感染。孕育期的长短与侵入动物机体的无浆体的数量有关。在自然感染条件下，该期为 3~8 周，该时期无任何临床症状可见。动物机体第一次体温升高作为该期结束的分界线。

发展期指的是典型的贫血期。该期开始于 1% 红细胞感染，结束于外周循环系统出现网状细胞。该期时间为 4~9d。在发展期，大部分无浆体病的特征性的病状都将出现。感染动物最初的临床症状出现在发展期的中期，即发展期的第 3~5d。此时，实验检查可发现动物出现严重的溶血性贫血。急性感染时，红细胞感染率可从 10% 上升到 75%。对红细胞进行瑞氏或姬姆萨染色后显微镜检查，在红细胞边缘有大量 0.5~1.0μm 的嗜碱性点状小体。

康复期从网状细胞出现到各种血液指数恢复到正常水平。康复期的时间范围跨越较大，从几周到几个月。发展期与康复期的不同之处在于红血球数量的不同：发展期，红血球减少；康复期，红血球增加。红血球增加主要表现于网状细胞，多染性、嗜碱性粒细胞，正常红细胞，以及血红素和白细胞的增加。无浆体病引起的死亡主要发生在发展期的后期或康复期的早期。

带虫期，通常是指可见的无浆体消失，即从康复期结束到动物死亡。动物在带虫期，不能检测出无浆体。

2. 持续感染的建立

细胞内寄生虫可以通过调整其自身的生长速度，使其生长速度限制在细胞耐受的范围之内，以逃避被宿主细胞杀死。边缘无浆体正是利用了这一原理，进入红细胞并在其中繁殖，但并不给宿主细胞带来致死性的损伤。也有研究表明，无浆体的初始体在红细胞之间的移动，是通过一种并不损害宿主细胞膜的方式进行的。体外研究显示，无浆体数量的减少相当于两倍的溶血作用，但临床上并非如此，这就表明病原体移出红细胞时并未伴随着红细胞的裂解。病原体很可能是按类似蛋白酶系统作用于宿主的细胞膜，这使得病原体从红细胞中释放对细胞膜的影响不是很大。由于很少在细胞外观察到病原体，所以病原的传播可能是通过细胞内的组织桥梁进行的。边缘无浆体与红细胞的黏附过程中，主要表面蛋白 MSP-la、MSP-lb、MSP-2 和 MSP-4 起重要作用，病原是先黏附在红细胞上，进而侵入红细胞。机体通过吞噬作用来清除血液中的病原体，吞噬已感染的红细胞，但有时也可见到未感染细胞被吞噬的情况，这主要是无浆体引起了细胞膜的改变而激活了自身免疫反应所致。

牛红细胞的平均寿命是 160d，为了维持持续性感染，新的红细胞需要不断地被重复感染，这个过程需要逃避免疫反应来完成。为此，边缘无浆体在每一个生命周期中，都会出现一个或者更多个表达 MSP2 和 MSP3 超变区的无性繁殖体，这些"变异株"不能被突变体产生的抗体识别，但可以被直接抵抗 MSP2 和 MSP3 超变区的 IgG2 清除。这种抗原变异、复制和清除不断更替，导致边缘无浆体持续性感染。

3. 免疫反应

细胞介导的免疫应答对该病有明显的保护作用，但在保护性的免疫应答发生之前，细胞介导的免疫需要逐步地与无浆体产生一种均衡的相互关系。然而，血清抗体对无浆体病没有很好的保护作用，但从感染动物的红细胞中洗脱出了调理素，能致敏自身或其他牛只的红细胞而发生吞噬作用，这种调理素的活性最强时常伴随着严重的贫血和吞噬红细胞的反应。因此，这现象说明抗体在体内的免疫中起到了参与作用。可见无浆体病的保护性免疫需要体液免疫和细胞介导的免疫应答共同作用，但细胞介导的免疫应答起着主导的作用。在与强毒病原的反应中，被攻击动物致敏的淋巴细胞能激活吞噬性的巨噬细胞，反过来巨噬细胞又致敏淋巴细胞，在 IgG 的辅助之下，快速的清除了血液中的受感染的红细胞。

4. 红细胞损伤

在边缘无浆体感染的红细胞中果糖磷酸激酶活性比在正常红细胞中增加了 300%，ATP 浓度比在正常红细胞中降低了 40%。也就是说，疾病发展过程中的贫血症状可能是因为病原要维持自身的新陈代谢，而竞争性掠夺了大量的 ATP，导致红细胞没有足够的能量来维持自身的需要而变形，直至破裂而消亡。

（三）流行病学

易感动物有黄牛、奶牛、水牛、鹿、绵羊、山羊等反刍动物。传播媒介和途径主要是通过蜱（牛蜱、璃眼蜱、扇头蜱和革蜱等）的叮咬而传播。另外吸血昆虫虻、厩螫蝇、刺蝇、蚊等也有重要的传播作用。发病动物和病愈后动物（带毒者）是本病的主要传染源。无浆体病多发于夏季和秋季。由于传播媒介蜱的活动具有季节性，故本病 6 月出现，8—10 月达到高峰，11 月尚有个别病例发生。边缘无浆体能够感染各种日龄的牛，但是疾病的严重程度与日龄有关系。犊牛不易感，6 月龄以下的犊牛很少发病。6~12 月龄牛能够发展成温和型疾病。1~2 岁的能够导致急性无浆体病，但是很少死亡。另外，超过 2 岁的成年牛能够导致急性发病，而且经常出现死亡，死亡率在 29%~49%。本地家畜和幼畜常呈隐性感染而成为带虫者，并且成为易感动物的感染源。母畜能通过血液和初乳将免疫力传给仔畜，使初生仔畜对本病有抵抗力。

牛的无浆体病主要流行于热带和亚热带地区。边缘无浆体的分布最广，整个非洲、美洲、欧洲、地中海沿岸、中亚、东南亚等地区以及澳大利亚、朝鲜半岛和日本等国家都有分布和流行。在我国，北京市、上海市、广东省、贵州省、湖南省、湖北省、四川省、河南省、河北省、吉林省、新疆维吾尔自治区等地都曾有过发生边缘无浆体病的报道。

（四）症状与病理变化

无浆体感染的主要症状为，感染红细胞和非感染红细胞破坏后导致的进行性贫血。红细胞数量、红细胞压积（PCV）、血红蛋白值都显著降低。疾病后期，出现网织红细胞，呈现巨红细胞贫血。

1 岁以内的牛表现轻微的症状，1~3 岁的牛呈现急性症状，3 岁以上的牛呈最急性症状。牛无浆体边缘亚种感染时，潜伏期为 3~6 周。最急性型多发于纯种高产奶牛，表现贫血，泌乳停止，流产，呼吸促迫，神经症状等，死亡率高。急性型体温升高达 40~42℃，食欲不振、贫血、黄疸、便秘、衰竭、脱水、流产等。有时无前驱症状，突然发病。公牛发病时暂时失去生殖机能，死亡率较高。当牛感染无浆体中央亚种时，症状轻微，预后良好。牛一旦感染无浆体可终身携带病原，并具有较强的免疫力，可抵抗再次感染。

主要病变为可视黏膜贫血，皮下组织胶冻样浸润和黄疸，肩前淋巴结肿大，脾脏肿大，髓质呈暗红色，变软，滤泡隆起。肝脏表面有黄色至橙色的斑点。胆囊肿胀并伴有胆管闭塞，充满茶色或绿色胆汁。心外膜和心内膜点状和斑状出血。

组织学病变为，在网状内皮系统中可见大量吞噬红细胞的吞噬细胞。急性死亡病例的红细胞中可检出大量的病原体。

（五）诊断

牛无浆体病除表现贫血、黄疸和发热外，最急性和急性型还有全身衰竭，脱水，流产及神经症状等，并且病死率较高，可视黏膜贫血，皮下组织胶冻样浸润和黄疸，心内外膜点状出血，肝脏轻度肿胀，肝表面有黄褐色斑点，胆囊肿大，脾脏肿大坏死，肾脏呈黄褐色。以初步鉴别上述两种病。

确诊需进行病原学和血清学诊断。可用血涂片染色和镜检法进行快速诊断。牛嗜血支原体在红血球、血小板和血浆内均可检出病原体，而牛无浆体仅限于红血球中检出病原体。另外，牛无浆体病还可用荧光抗体试验鉴定无浆体。

1. 微生物学检查

活体采集耳尖血或者抗凝血制备血涂片。死后尸体制备内脏器官组织抹片。用吉姆萨染色镜检。边缘无浆体在红细胞内边缘位置，中央无浆体位于红细胞中央，直径 0.3～1.0μm，浓密紫色圆形。

2. 分子生物学诊断

可采用 nPCR 方法对全血中的无浆体进行快速诊断，针对 *msp5* 基因设计引物序列如下：P1 5′-GCATAGCCTCCCCCTCTTTC-3′；P2 5′-TCCTCGCCTTGCCCCTCAGA-3′ P3 5′-TACACGTGCCCTACCGACTTA-3′。P1 和 P3 为外层 PCR 引物，目的基因片段 458bp，P1 和 P2 为内层 PCR 引物，目的基因片段 345bp。25μl PCR 反应体系，第二轮 PCR 扩增时以第一轮 PCR 扩增产物 1μl 作为 DNA 模板，PCR 循环参数：预变性 95℃ 3min，35 个循环：95℃ 30s；65℃ 58s；72℃ 30s，延伸 72℃ 10min。

（六）治疗

（1）治疗原则。抑制病原体在体内增殖，必须两种以上药品交替使用。防止继发感染，补充营养，制止渗出。重症需强心，保肝，补液，止血，补血。特效药物主要有台盼兰、贝尼尔、四环素和土霉素等。

（2）推荐治疗方案。以血虫净（贝尼尔、三氮脒）或黄色素（吖啶黄）与四环素联合用药为主，同时采取对症治疗和预防措施。

①血虫净。1 次量每千克体重 5～6mg，用生理盐水配成 5%的溶液，肌内注射，1 次/d，连用 2～3d。

② 0.5%黄色素注射液。成母牛 1 次量每千克体重 3mg，5%葡萄糖注射液 500ml，缓慢静脉注射，间隔 24h 再注射 1 次。育成牛、犊牛 1 次用量为每千克体重 2mg，用法同上。

③四环素。成母牛 1 次用量 5～6g，5%葡萄糖注射液 500ml×2，静脉注射，1 次/d，连用 3～4d。育成牛、犊牛 1 次用量每千克体重 5mg，5%葡萄糖注射液 300～500ml，用法同上。

（七）预防措施

消灭蜱等吸血昆虫是预防本病的主要措施，但现场采取这种措施有一定难度。为防止机械性传播本病，要经常消毒注射器、针头及外科器械等。加强检疫，防止带菌动物混入健康牛群中。有些国家采用牛无浆体中央亚种作为弱毒疫苗免疫牛群，以预防边缘亚种的感染，虽有一定的效果，但接种牛有成为传染源的危险，因此用无浆体边缘亚种作灭活疫苗接种牛群，第一年间隔 4～6 周免疫 2 次，次年免疫 1 次，效果较好。另外，也可用牛边虫—牛巴贝虫二联弱毒疫苗，肌内注射，成牛和两个月以上小牛免疫剂量为 3ml，保护期为 2 年。免疫牛可获得较高的免疫力。

当发病时，病牛应在严格隔离的条件下进行治疗，必要时对重症牛予以扑杀。用药物驱除吸血昆虫。

（撰写人：周玉龙；校稿人：周玉龙）

四十、传染性角膜结膜炎

牛传染性角膜结膜炎（IK）又名红眼病（pink eye，PE），主要是由牛莫拉氏杆菌（*Moraxella bovis*）引起的危害牛、羊等反刍动物的一种急性传染病，以眼结膜和角膜发生明显的炎症变化，并伴有大量流泪为特征。疾病后期感染角膜呈乳白色，往往发生角膜浑浊、溃疡甚至失明。

（一）病原

1. 分类

牛传染性角膜结膜炎被认为是多病原的传染病，牛莫拉氏杆菌（*Moraxella bovis*）、立克次氏体、支原体、衣原体和某些病毒均曾被报道为该病的病原，近年来的研究表明，牛莫拉氏杆菌是本病的主要病原菌，在强烈的太阳紫外光照射下引起发病，产生典型症状。牛莫拉氏杆菌属于假单胞菌目（Pseudomonadales）莫拉菌科（*Moraxellaceae*）莫拉菌属（Moraxellaceae）。该属中最重要的两个种分别是牛莫拉氏杆菌和黏膜炎莫拉菌（*Moraxella catarrhalis*）。

2. 形态和培养特性

牛莫拉氏杆菌呈杆状，往往短而胖圆，也可呈纤细杆状等，大小及形态不一，革兰氏染色阴性，不形成芽孢，无鞭毛，有些种可形成荚膜和菌毛。牛莫拉氏杆菌培养时不需要特殊的生长因子，但营养要求严格，且湿度也要适宜。需氧，有些菌株可在厌氧条件下微弱生长，最适生长温度为 33～35℃。在血液琼脂培养基上培养 48h，菌落才明显可见。菌落一般直径在 1mm 以内，透明到半透明，半球状至扁平，产生透明溶血环。巧克力琼脂培养基上菌落多形成黑色环。在麦康凯琼脂上不生长。培养 48h 内，初次分离可产生平的、溶血、易落的菌落，侵蚀琼脂，并且在盐中悬浮，自身凝集。牛莫拉氏菌致病株有菌毛素蛋白亚单位组成的菌毛，有助于该菌黏附于角膜上皮。

3. 生化特性

本菌的生化活性很弱，不发酵碳水化合物，不还原硝酸盐，不形成靛基质，V-P 试验阴性，甲基红试验阴性，氧化酶阳性，缓慢分解石蕊和牛乳，液化明胶，过氧化氢酶各异。

4. 抵抗力

本菌对理化因素的抵抗力较弱，一般浓度的消毒剂或加热至 59℃，经 5min 后均被杀死。离开畜体后，在外界环境中存活一般不超过 24h。经氯化镁处理的致病菌株，其自凝作用、血凝作用以及致病作用均已消失，用氯化镁处理后的致病菌株接种牛眼，未见任何眼部症状。

5. 血清学分型

未见相关报道。

（二）致病机制

环境因素包括紫外照射、蝇、灰尘，对于损伤的靶组织有一定的作用。不同病原体同时感染，如牛I型疱疹病毒和腺病毒、支原体（牛支原体）、细菌（产单核细胞李氏杆菌）和线虫，可能使疾病变得复杂。

本菌的毒力因子主要有菌毛和毒素。菌毛有Q菌毛和I型菌毛，前者与吸附角膜上皮细胞有关，后者使之定殖。无菌毛菌株无毒力。菌毛由菌毛素蛋白亚单位组成。该菌可产生a型或b型菌毛素。b型菌毛素与致病力有关。本菌定殖之后产生细胞毒素，为穿孔毒素，属RTX毒素家族，损害角膜上皮细胞，导致溃疡发生。在美国最常见的为血清3型及4型的菌株，毒力因菌株而异。除此以外，牛莫拉氏菌可以产生溶血素，它在抵抗牛嗜中性白细胞的细胞毒性中起到了一定作用。

（三）流行病学

1. 易感动物

本病为高度传染性疾病，乳牛、黄牛、水牛、牦牛、绵羊、山羊、马、骆驼、鹿和猪等均可发生传染性角膜结膜炎。患病动物不分性别和年龄，但幼年动物发病较多，尤其是哺乳和育肥的犊牛。

2. 传播途径

自然传播的途径不十分明确，同种动物可以通过直接接触（例如，头部的相互摩擦、打喷嚏和咳嗽）或者间接接触而传染，蝇类或某些飞蛾也可传播此病。此外，污染的饲料也能散播此病。

3. 传染源

病牛和带菌牛是本病的主要传染源。

4. 流行特点

本病在牛群中传播迅速，可使许多动物发病。多流行于夏、秋季节的放牧牛群及育肥牛群，其他季节发病率较低。不良气候和环境因素可使本病临诊症状加剧，尤其是强烈的日光照射。一旦发病，传播迅速，多呈地方流行性。青年牛群的发病率可高达60%～90%。

（四）症状与病理变化

病畜一般无全身症状，很少有发热现象。潜伏期一般为3～7d。初期患眼羞明、流泪、眼睑肿胀、疼痛，其后角膜凸起，角膜周围血管充血、舒张，结膜和瞬膜红肿，在角膜上发生白色或灰色角膜翳。严重者角膜增厚，并有溃疡。后期，角膜周围的血管扩张充血，巩膜变成淡红色即成"红眼病"。有时发生眼前房积脓或角膜破裂，晶状体可能会脱出。多数病例起初一侧眼患病，后为双眼感染。病程一般为20～30d。多数可以自然痊愈，但在瞳孔部位形成角膜云翳或角膜白斑时失明。结膜水肿和严重充血，角膜凹陷，出现白斑或白色混浊或隆起，甚至突出于表面。

（五）诊断

牛传染性角膜结膜炎多发生于夏秋两季，发病率高，传播迅速，取良性经过。在临床上虽有结膜和角膜炎，但病畜无全身症状。确诊需要进行病原学诊断。本菌不耐干燥，采集病料后应尽快分离培养。陈旧病灶因有继发感染，很难分离到本菌，因此应在感染早期采集眼结膜分泌液，用血液培养基分离培养本菌。培养经24～48h后，可见到略带黏性和

β溶血环的小菌落。本菌在琼脂培养基上易死亡。采取病原学诊断措施如下。

（1）病料采集发病初期用无菌棉拭子采集结膜囊内的分泌物、鼻液作为病料，置脑心浸液肉汤中立即送检。同时制作病料涂片，供染色检查用。

（2）革兰氏染色镜检牛莫拉氏杆菌为革兰氏染色阴性，有荚膜，不形成芽孢，不运动。病料中常成双存在，偶见短链，具多形性，有时可见球状、杆状、丝状菌体。病料中检出病原菌，结合发病情况，可确诊。

（3）分离培养用接种针勾取少量病料标本，划线或涂布接种于巧克力琼脂平板、牛血或羊血脑心琼脂（牛血优于羊血）培养基（平板应新制），置35℃培养24~48h。本菌可生长形成圆形、边缘整齐、光滑、半透明、灰白色的菌落。如接种于鲜血琼脂平板，呈β溶血。观察并挑选可疑菌落进行生化试验和血清学试验以鉴定分离菌株。初次分离菌株有荚膜。

（4）动物接种试验将小鼠分为对照组和试验组。将患牛角膜结膜囊分泌液涂布于试验组小鼠双眼，对照组涂营养肉汤。接种第2d开始，白天自然光线下饲养。接种鼠出现羞明流泪，眼睑肿胀，眼分泌物增多，精神沉郁，症状加剧甚至死亡即可确定分离株具有致病性。

用已知牛莫拉氏杆菌荧光抗体鉴定分离菌，还可用已知抗原做凝集试验、间接血凝试验等，检测血清抗体，以进行追溯性诊断。

（六）治疗

眼部使用阿托品，保持睫状肌松弛。病畜可用2%~4%硼酸水，通过鼻泪管洗眼，拭干后再用3%~5%弱蛋白银溶液滴入结膜囊，每日2~3次。也可滴入青霉素溶液（每毫升5 000IU）或涂四环素眼膏。如有角膜混浊或角膜翳时，可涂1%~2%黄降汞软膏。国外应用0.05%酒石酸泰乐霉素溶液或6-甲强的松龙，青霉素治疗，有较好的疗效。

（七）预防措施

现有多种抗莫拉氏杆菌的菌苗可用于发生本病的牛群。菌苗并不能完全阻止新病例的产生，但可降低发病率。该菌有许多免疫性不同的菌株，用具有菌毛和血凝性的菌株制成多价苗才有预防作用。犊牛注苗后约4周产生免疫力。患过本病的动物对重复感染具有一定的抵抗力。

防病关键在于加强饲养管理，严格日常消毒制度。加强疾病检疫措施，杜绝带菌牛混入牛群。对于牛舍内污物要及时清扫，制定严格的消毒措施，破坏各种吸血昆虫滋生环境，消灭潜在的传播途径。加强饲养管理措施，针对疾病诱发特点，要尽量减少强光刺激牛体。一旦有染病牛出现，应该立即进行隔离治疗，封锁染病区域。牧区流行期间，要根据扩散状况划定隔离区，严禁牛只出入流动。同时，对于患病区域内使用的用具、待过的场地等要进行彻底的消毒处理。

（撰写人：刘宇；校稿人：周玉龙）

四十一、犊牛多发性关节炎

犊牛多发性关节炎是由衣原体或支原体引起的犊牛指关节软骨、骨头、软骨组织、韧带和关节液炎症性疾病的总称，以四肢关节和其周围组织的炎症、肿大、疼痛和跛行为主要特征，常造成牛群生产性能下降，利用价值和胴体质量降低。

（一）病原

1. 分类

本病按致病病原可分支原体和衣原体2种，衣原体病原为家畜嗜性衣原体，又称反刍动物衣原体（*Chlamydophila pecorum*）属于衣原体科（*Chlamydiaceae*）衣原体属（*Chlamydophila*）的成员。引起犊牛多发性关节炎的支原体病原为 *leachii* 支原体（*Mycoplasma Leachii*），又称牛7型支原体（*Mycoplasma sp.* bovine group 7，MBG7）该菌属于支原体科（*Mycoplasmataceae*）、支原体属（*Mycoplasma*）、丝状支原体种（*Mycoplasma mycoides*）成员之一，除 *leachii* 支原体之外，丝状支原体种下还包括其他5种亚种，其中，丝状支原体丝状亚种蕈状小菌落（SC）型［*Mycoplasma mycoides* subsp. *mycoides* Small Colony（SC）type（MmmSC）］是牛传染性胸膜肺炎的致病菌。

2. 形态和培养特性

衣原体病原部分参见牛散发性脑脊髓炎。

3. 支原体

支原体无细胞壁，形态易受培养基及染色液的 pH 值变化、培养基的质量、离子强度和渗透压的改变、多种形式的繁殖方式、湿度及大气环境的不同而发生改变。在显微镜下观察液体培养基的支原体，具有高度的多形性，具有球形、椭圆形、丝状、棒状等不规则形态，以球形最为常见，直径一般在 $0.2 \sim 0.5 \mu m$ 范围内，可通过 220nm 的微孔滤膜。支原体革兰氏染色效果不佳，用 Giemsa 染色或瑞士染色良好，呈淡紫色。利用 Hoechest 进行 DNA 染色可检测液体培养中的支原体污染，利用 Dienes 染成蓝色可鉴别支原体菌落，区别细菌污染。电镜观察可见有 $7.5 \sim 11.0nm$ 厚的三层细胞膜，内层和外层由高电子密度的蛋白质和糖类构成，中间层为低电子密度的脂质构成，细胞质内有核糖体，环状双股 DNA 分散在胞质内，不具有线粒体和高尔基体等细胞器。

支原体生物合成及代谢能力非常有限，细胞中主要成分需从外界摄取，对营养要求也较高，培养时主要需要包括胆固醇、脂肪酸、核酸前体和能量等物质。一般支原体培养基以 PPLO 作基础，另外加入 10%～20% 马血清，10% 新鲜酵母浸液以及 5% 葡萄糖作为辅助营养物质。本菌在固体培养基上能形成肉眼不易观察到的细小菌落，菌落形态因其种型不同而各具特征，在低倍显微镜下大多数典型菌落呈"油煎荷包蛋"样，中央部分菌落深入固体培养基内，少数支原体的菌落呈圆形隆起的颗粒状，基部陷入固体培养基内，边缘部分扩散在培养基表面。不同支原体菌落大小不一。可在 $22 \sim 41 \text{℃}$ 温度范围生长，37℃ 为最适温度。支原体多数为兼性厌氧，少数在有氧条件下能生长，但一般在含 5%～10% CO_2 和相对湿度 80%～90% 的大气环境中生长良好。

4. 生化特性

一般能分解葡萄糖的支原体不能利用精氨酸，能利用精氨酸的不能分解葡萄糖。各种支原体都有特异的表面抗原结构，很少有交叉反应，具有型特异性。应用生长抑制试验（GIT）、代谢抑制试验（MIT）等可鉴定支原体抗原，进行分型。

5. 抵抗力

支原体对理化因素敏感，一般加热 45℃ $15 \sim 30min$，55℃ $5 \sim 15min$ 即被杀死，常用消

毒剂均能达到消毒的目的。

6. 血清学分型

但在引起本病的病原家畜嗜性衣原体及 *leachii* 支原体的血清型分型方面，未见相关报道，具体血清型还不是十分清楚。

7. 分子特征

目前已有 2 株 *leachii* 支原体菌株 PG50 和 99/014/6 基因组已经完成了测序及注释工作，这两株菌的基因组大小分别为 1.00895Mb 和 1.01723Mb，GC% 分别为 23.80 和 23.70，有意思的是菌株 PG50 的基因组较 99/014/6 少了 15 个基因，编码蛋白少了 23 个。与丝状支原体丝状亚种 SC 基因组较多的插入序列（insertion sequence，IS）相比，leachii 支原体菌株 PG50 基因组的一个重要特征就是 IS 序列较少，leachii 支原体 PG50 的另一个特征是存在着编码多个回文性重复编码单元（palindromic amphipathic repeat coding element，PARCEL）蛋白结构域的整合性序列元件。此外，基因组种还存在着一种新的相位可变脂蛋白基因。

（二）致病机制

leachii 支原体。致病主要是由其毒力因子突破宿主防御功能，在宿主体内定居、繁殖、扩散。目前已知，至少有 13 个基因编码了支原体表面具有黏附功能的可变表面脂蛋白（Variable surface lipoproteins，Vsp），已经鉴定的 Vsp 蛋白包括 VspA、VspB、VspC、Vsp F、VspO 和 VspL 等。这组蛋白介导牛支原体与宿主组织/细胞的黏附，这些蛋白具有很强的免疫原性，可诱导较高的体液免疫和黏膜免疫。此外，支原体可诱导淋巴细胞凋亡、抑制淋巴细胞和中性粒细胞功能，这种免疫抑制与部分 Vsp 成员有关，如已鉴定 VspL 蛋白的 C 端 26 个氧基酸片段具有免疫抑制活性。支原体可能还有其他黏附蛋白，如 PMB67、P26 抗原、28ku 蛋白等。支原体还可能通过形成生物膜而增强其在不利环境中的生存能力。近年来研究发现支原体感染能产生广泛的异常免疫反应，包括多克隆激活 T 及 B 淋巴细胞增殖，激活巨噬细胞、NK 细胞及细胞毒 T 细胞的溶细胞活力，并刺激免疫活性细胞产生某些细胞因子（IL-1、IL-2、IL-4、IL-6 及 TNT-α）造成组织损伤。支原体多克隆激活 B 淋巴细胞增殖，产生特异性和非特异性抗体。特异性抗体对疾病恢复及防御起一定作用，尤其是分泌性抗体对防御再感染起着重要作用。另外，在 B 淋巴细胞活化后，可产生趋化因子、Fc 段受体及免疫球蛋白酶，干扰抗原与抗体的结合，改变抗体功能，导致炎症加强，产生病灶，阻碍疾病恢复。

（三）流行病学

1. 易感动物

家畜嗜性衣原体：对多种家畜及考拉，特别是牛羊等反刍动物有致病性。衣原体性多发性关节炎的动物不仅限于犊牛，但多发于 4 周龄以下的犊牛。*leachii* 支原体感染的易感动物也包括但不限于犊牛和母牛。

2. 传播途径

家畜嗜性衣原体：新生犊牛脐带感染是一种重要的传播方式。

leachii 支原体。有研究者认为犊牛关节炎的发生可能是由于饲喂污染 *leachii* 支原体的乳汁而引起，但尚无可靠的证据。通过关节内注射接种 *leachii* 支原体可引起犊牛关节炎、

乳房内灌注接种 *leachii* 支原体可引起母牛乳房炎。静脉途径接种犊牛，仅引起轻度关节炎，而且不能在关节组织中再次检测出病原。有研究显示，静脉注射、气管内灌注以及口服途径接种均不能导致犊牛发病。因此，*leachii* 支原体经消化道、呼吸道以及血液途径进行传播的可能性不大。但用污染精液进行人工授精是本病传播的一种主要途径。

3. 传染源

病牛或带菌牛是本病重要的传染源，家畜嗜性衣原体感染可能通过环境获得，产房、犊牛圈舍、犊牛床和运动场等场地的污染物都可能是本病的传染源。而 *leachii* 支原体感染的传染源还包括本菌污染的精液。

4. 流行特点

本病不分年龄和季节均可发生，呈散发或地方流行性。家畜嗜性衣原体在牛群中具有较高的阳性率，可达到 67%。引起的疾病表现形式多种多样，犊牛出生后 3d 内发病多，病后 3d 内死亡多，除关节炎外还有流产、肺炎、乳房炎等。支原体在牛群中分布广泛，流行趋势与疫区牛群的流动以及病牛的可持续带菌因素有关。本病潜伏期短，发病期长，可长时间向环境中散菌。

（四）症状与病理变化

引起犊牛多发性关节炎的病原菌有两种分别是家畜嗜性衣原体和 *leachii* 支原体。这两种病原引起的关节炎都具有发病迅速、迅速恶化的特点，在症状上也有相似之处。

家畜嗜性衣原体引起的关节炎。临床症状包括发病突然，病犊精神沉郁，吃奶量减少或厌食，体温升高达 39.5~40℃，有的鼻孔内有脓性鼻漏，有的出现神经症状，或突然卧地，表现腹痛。典型症状是关节肿大，常见跗关节、腕关节、冠关节肿大，关节僵硬，触诊有痛感，步态迟缓，不愿行走。剖检见关节周围肌肉充血，水肿，筋膜出血，关节液混浊，有纤维素块，关节面出血、溃烂。组织学变化特征包括肝细胞变性、坏死，核内有包涵体；脑神经细胞变性、坏死，血管水肿，周围浆细胞、淋巴细胞浸润形成"血管套"。

leachii 支原体引起的关节炎　*leachii* 支原体能够引起犊牛的多发性关节炎和泌乳母牛的轻度乳房炎，临床症状包括典型的多发性关节炎，四肢所有关节肿胀明显、以腕关节和跗关节最为严重，并伴有体温升高。发病初期，犊牛呈现轻微的四肢僵硬和跛行，发病后 2~3d 病情迅速恶化，腕关节和跗关节迅速肿大，内有积液，触摸有波动感，后期关节腔内产生大量干酪样纤维素性渗出物，充满整个关节腔，触摸有实质感。剖检病理变化主要集中在关节腔，腔内有半透明状关节积液，并充满大量的干酪样纤维素性渗出物。造成的关节炎是不可逆性损伤。

（五）诊断

1. 家畜嗜性衣原体

（1）直接染色观察。取病料进行相应的涂片，自然干燥，甲醇固定 15min，然后进行姬姆萨液进行染色 30~60min，最后用蒸馏水冲洗干净，镜检。在油镜下可观察到衣原体的原生小体呈紫红色，网状体呈蓝紫色。直接染色镜检观察是检测对衣原体检测筛选最为常用的方法。但该方法需要操作经验，且灵敏度稍差。

（2）细胞培养法。细胞培养法是诊断衣原体的金标准，但其也受灵敏度限制，此外，许多菌株难以培养，衣原体细胞培养中支原体的污染是一个常见的问题。

2. *leachii* 支原体

对 *leachii* 支原体病的确诊，需结合临床和实验室诊断。

临床诊断：根据临床症状、病理变化以及流行病学特点进行判断。

3. 病原分离

leachii 支原体具有与其他支原体相似的生长特性，因此根据在液体培养基中的生长特性，以及在固体培养基上典型的"油煎蛋"菌落形态，可实现对支原体的诊断。

4. PCR 诊断

通过 PCR 扩增和序列分析，可实现对 *leachii* 支原体的特异性诊断。*LppA* 是 *leachii* 支原体独特的基因，其与丝状支原体族其他成员的相应基因具有较低的同源性，针对该基因设计引物可实现对 *leachii* 支原体的特异性扩增。进一步的序列分析，可准确鉴定支原体分离株的进化来源。

（六）治疗

治疗本病时可使用病原敏感性抗生素，多发性关节炎发病牛治疗不及时，则预后不良。急性期治疗原则是制止渗出、促进吸收、排出积液、恢复机能。可用 0.5% 的普鲁卡因青霉素于关节腔内注射（有时加可的松类药物），也可采用冷疗法、压迫绷带疗法等。慢性时可用温热疗法外敷鱼石脂软膏。还可用四三一擦剂涂擦。对脓性关节炎的治疗原则是早期控制及消除感染，排出脓汁，并用抗菌素和磺胺类药物配合治疗。

（七）预防措施

防止脐带炎发生是预防犊牛多发性关节炎的关键，做好脐带的处理，犊牛出生后马上获取初乳，对于预防犊牛多发性关节炎至关重要。加强厩舍以及饲养环境的卫生管理是预防本病的有效措施。*leachii* 支原体引起的关节炎还需要检测精液样本，控制传染源，切断传播途径。

（撰写人：周玉龙；校稿人：周玉龙）

四十二、散发性脑脊髓炎

牛散发性脑脊髓炎是由牛、羊病鹦鹉热衣原体和沙眼衣原体引起的牛散发性或地方性、全身性传染病，临床症状为精神沉郁、发热、咳嗽、腹泻、呼吸困难、肢体僵直、跛行、麻痹。以脑炎、纤维蛋白性胸膜炎和腹膜炎为特征。

（一）病原

1. 分类

病原为病鹦鹉热衣原体（*Chlamydophilia psittaci*）和沙眼衣原体（*Chlamydia trachomatis*）。根据包涵体形态、糖原含量、磺胺嘧啶敏感性和天然宿主的差异，衣原体以前被分为沙眼衣原体和鹦鹉热嗜衣原体两个属。1999 年，根据 16S~23S rRNA 基因序列分析，衣原体科病原被分为衣原体属（*Chlamydia*）和嗜衣原体属（*Chlamydophila*）。衣原体属包括沙眼衣原体（*C. trachomatis*）、猪衣原体（*C. suis*）和鼠衣原体（*C. muridarum*）；嗜衣原体属包括流产嗜衣原体（*Ch. abortus*）、豚鼠嗜衣原体（*Ch. caviae*）、猫嗜衣原体（*Ch. felis*）、家畜嗜衣原体（*Ch. pecorum*）、肺炎嗜衣原体（*Ch. pneumoniae*）和鹦鹉热嗜衣原体

（*Ch. psittaci*）。

2. 形态和培养特性

衣原体分类是介于细菌和病毒之间，革兰氏染色阴性。其进化来源尚未明确，感染宿主广泛，致病表现复杂。衣原体有 3 种形态，较大的称为网状体（Reticularbody，RB），直径为 0.6~1.5μm，呈球形或不规列形态，为繁殖性形态；较小的称为原体（Elementary body，EB），直径为 0.2~0.5μm，呈球形或卵圈形，具有感染力；还有一种过渡形态，称为中间体（Intermediate body，IB）。这些形态 Giemsa 染色或碘染色后在光学显微镜下可以观察到。本菌能在无细胞的人工培养基上生长，生长条件要求较为严格，在以含有水解乳蛋白的组织缓冲液、酵母浸液和猪血清组成的液体培养基上才能生长，在固体培养基上生长较慢，接种后经 7~10d 增殖，需用低倍显微镜才能观察到针尖或露珠状菌落。支原体在液体培养基中生长数量较少，不易见到混浊，有时管底可见沉淀。

3. 生化特性

衣原体体外培养条件苛刻，一般不进行生化分析。

4. 抵抗力

衣原体对热、脂溶剂和去污剂以及常用的消毒药液均十分敏感，在高温下很快就能将其杀死，低温情况下能够存活相对较长的时间，在 4℃ 能够存活 5d，温度越低其保存的时间越久，同时多种消毒药都可以将其杀死，如 0.1% 福尔马林、0.5% 石炭酸短时间均可以将其杀死。

5. 血清学分型

衣原体的分型主要根据其表面抗原表位及空间构象分型，以人源沙眼衣原体为例，可将其分为 18 个血清型：A、B、Ba、C、D、Da、E、F、G、H、I、Ia、J、K、L1、L2、L2a、L3。衣原体表面抗原主要由主要外膜蛋白（Major outer membrane protein，MOMP）、表面蛋白 A、表面蛋白 B、脂多糖和热休克蛋白等构成，而 MOMP 占外膜总蛋白的 60%，是衣原体分型的依据。其他衣原体的血清分型情况不清楚。

6. 分子特征

目前，已经有至少 93 株沙眼衣原体的基因组得到阐明。其核酸的排列结构为双链闭合的环状，其分子量大小在 1.03~1.08Mb，是一种相对较小的原核生物。GC% 含量多在 41.20~41.50。包含了 950~1 000 个基因，编码蛋白数量在 880~930。

（二）致病机制

衣原体引起本病的具体作用机理有待研究，但其普遍的机制是衣原体通过黏多糖（GAG）和 GAG 受体黏附在宿主细胞表面。病原菌可通过衣原体的 III 型分泌系统，穿过宿主细胞壁进入宿主细胞。

1. 外膜蛋白

衣原体的原生小体（EB）和网状体（RB）外膜包裹的蛋白在细菌的致病方面起着重要作用，外膜中的优势蛋白为 40kDa 蛋白，占外膜总蛋白量的 60%，为外膜主蛋白（MOMP），与 Omp2 和 Omp3 由二硫键交叉连接形成复合物，是一种孔道蛋白，孔径约为 2nm。MOMP 是一种三聚体，具有以 β-折叠片占优势的结构。预测其有 16 个跨膜片段，并且与 LPS 紧密结合，在衣原体入侵宿主细胞时起作用。

2. 分泌蛋白

衣原体有一个 III 型分泌系统，通过该系统衣原体能够把本身的蛋白质分泌穿过真核细胞膜或包涵体膜进入宿主细胞胞质。衣原体也能通过另一个依赖型分泌系统将蛋白分泌入宿主细胞胞质中。然而，蛋白质如何通过包涵体膜的机制并不清楚。

3. 衣原体侵入

衣原体通过黏附素（adhesin）黏附到宿主细胞表面，这种黏附素可以被肝素所阻断。黏多糖（GAG）搭建了连接沙眼衣原体黏附素与真核细胞受体之间的桥梁。易位性复原活动磷酸化蛋白（Tarp），通过 III 型分泌系统注射进宿主细胞。70ku 的酪氨酸磷酸化蛋白是一种真核的与 Tarp 共处的膜突蛋白，诱导肌动蛋白恢复趋向 EB 的黏附点。Rac 与 WAVE2 及 Abi-1 发生作用，介导 Arp2/3 依赖性肌动蛋白聚合和 EB 的摄入，引起 EB 在胞质空泡内的内在化，形成吞噬体（phagosome）。衣原体在其发育周期分泌蛋白到宿主细胞，可改变宿主对抵抗感染的应答。如通过衣原体蛋白酶小体样活性因子（CPAF）下调 MHC 分子和肿瘤坏死因子受体 I（Tumor Necrosis Factor Receptor Type 1，TNFR1）的表达。衣原体分泌蛋白还可以抑制感染宿主细胞的凋亡，逃避免疫反应和凋亡细胞的吞噬过程。

（三）流行病学

1. 易感动物

病畜和隐性感染者是本病的主要传染源。本病的传播途径仍不完全清楚。不同品种、性别和年龄均可感染发病，但 3 岁以内的牛最易感。

2. 传播途径

牛散发性脑脊髓炎似乎并不是高度传染性疾病，自然传播来自受感染的反刍动物，主要经呼吸道感染。受感染的母牛通过泌乳传染给犊牛是重要的途径。牛群中隐性和轻度感染较多，病牛从其排泄物尤其是从粪便排出衣原体常污染环境。牛散发性脑脊髓炎的暴发常见于新引进动物进入牛群之后或牛群中敏感犊牛数量骤增时。

3. 传染源

病牛能从粪、尿和眼分泌物中大量排出衣原体，是本病的主要传染源，康复牛粪便排菌达 6 个月之久。

4. 流行特点

本病不分年龄和季节均可发生，呈散发或地方流行性。自然感染潜伏期变动范围在 4~27d 不等，潜伏期随着感染途径而异，口服为 12~14d，皮下为 5~7d，静脉与脑内注射为 2~4d。本病患牛多呈急性发作，重度精神沉郁，发病早期就出现体温升高（40~41℃），直至康复或死亡，这种持续性发热可能与亲衣原体血症有关。

（四）症状与病理变化

本病主要引起神经症状，病牛初期表现无意识、虚弱、消瘦、疲劳等症状。眼、鼻常流出清亮的黏液性分泌物，有时出现轻度腹泻。随着病程的延长，病牛消瘦，全身主要关节水肿并有压痛感。大多数病牛出现神经系统病症，四肢无力，行走困难，不愿站立，球关节僵直，步态蹒跚，膝关节不随意弯曲，四肢关节明显肿胀、疼痛、跛行明显。敏感性增高是本病的特征，病牛将头抵在坚硬物体上，出现虚脱和高度抑郁，步态不稳，行走时常踢到地面。转圈运动，倒地四肢呈游泳状，起立十分困难，逐渐出现麻痹症状，3~21d

内死亡，死前可见角弓反张，颈和脑后肌肉痉挛性收缩。有的还出现神经过敏和共济失调，头部震颤，上眼睑、眼睛、耳和嘴唇不断抽搐。康复牛的体况明显下降，恢复缓慢。有的病牛绕圈行走、角弓反张，之后出现麻痹、倒地，经 3~5 周死亡，病牛死亡率为 40%~60%。

该病病变广泛，最明显的变化发生在腹腔、胸腔和心包腔，病初这些体腔中的淡黄色浆液性渗出液增多，出现纤维蛋白性腹膜炎、胸膜炎和心包炎，5~6d 后，浆膜表面有纤维素样渗出物覆盖，使腹腔脏器互相黏连。脾与淋巴结肿大，有的发生大叶性肺炎。脑出现弥漫性脑脊髓炎和脑膜炎，脑膜和中枢神经系统血管充血、发炎、水肿。脑、脊髓的组织学检查见到血管周围由淋巴细胞浸润形成的细胞套和以单细胞核为主，偶尔与多形核白细胞一起构成的炎性灶。软脑膜也有类似的炎性反应。肝、肾、脾和肺中间或有坏死灶和淋巴肉芽肿样炎性灶。组织学检查发现非化脓性淋巴细胞性脑炎和脑膜炎。本病的急性期，出现白细胞减少症，多形核白细胞减少和淋巴细胞相对增多。大脑通常无明显病变，但镜检可见脑和脊髓的神经元变性，脑血管周围有淋巴细胞和单核巨噬细胞形成的细胞套，脑膜可见中性粒细胞和单核细胞构成的炎症病灶。

（五）诊断

根据发热、全身衰竭、肌肉强直、抑郁、运动失调、纤维性腹膜炎、胸膜炎和心包炎等可作出初步诊断。对发病牛群血清学检查发现，半数以上的牛呈补体结合试验阳性反应，滴度为（1:8）~（1:1 024）。应当注意的是，牛衣原体的亚临床肠道感染是十分普遍的，同样可刺激产生特异性抗体。

应根据微生物学中枢神经系统的组织学检查结果作最后诊断，虽然能从病畜的肝、脾、肾、肺、腹水和发病初期的血液中检出衣原体，但从脑脊髓中分离出衣原体尤为重要。从水牛脑分离的衣原体在鸡胚继代 7~8 次后，其传染滴度达到 $10^{4.5} ~ 10^{5.2}$ $EID_{50}/0.3ml$。

本病从症状上与其他具有神经症状的传染病难于区分，因此应该借助于病原学与血清学进行诊断。取病肺组织接种于支原体培养基，进行分离培养，并对纯培养物做生化试验进行鉴定。用间接血凝试验、微量补体结合试验和 ELISA 等检测血清中的抗体，以进行追溯性诊断。

1. 分离培养

有细胞培养法（常用 BGM 细胞、HeLa 细胞、HEp-2 细胞、McCoy 细胞、BHK21 细胞和 Vero 细胞）、鸡胚分离法和小鼠接种等方法。

2. 补体结合试验（CFT）

CFT 是衣原体实验室诊断的重要方法之一。原理在于利用抗原抗体的反应，激活补体反应途径，指示性红细胞发生凝集，从而对抗体的存在进行判定，可利用本方法检测禽类血清中的衣原体抗体。流产嗜衣原体与家畜嗜衣原体及某些细菌如假单胞菌属（*Acinetobacter*）具有共同抗原，CFT 不是完全特异性的，也无法区别免疫接种和自然感染。在没有流产病史的畜群或个体出现低滴度的抗体时，结果判定困难。

3. 间接血凝试验（IHA）

IHA 是另一种衣原体实验室检测方法，优点是方便快捷，对设备要求低，但是其特异性和灵敏度较低。IHA 实验被应用于牛、羊衣原体、猪衣原体感染的血清学调查研究，2011 版 OIE 陆生动物诊断手册没有推荐 IHA 作为衣原体病的诊断方法。

4. 酶联免疫吸附试验（ELISA）

用单克隆酶标抗体可以检测标本中是否存在衣原体抗原。衣原体抗原与酶标抗体发生特异性反应，加入酶的底物出现特征性的呈色反应，即为阳性。本法主要优点是结果准确、快速易行，多数仅需几个小时，适合批量样品检测。缺点是与其他常见微生物产生交叉反应，如金黄色葡萄球菌、A 群及 B 群链球菌、淋病奈瑟菌、其他革兰氏阴性细菌。ELISA 具有快速、准确、特异、敏感、实用性强等特点，是一种非常常用的鉴别检测方法。另外 PCR-ELISA 检测技术也被用于衣原体病的检测。

（六）治疗

加强对症治疗，即镇静、解热、止痛、营养神经、补液等。镇静药物有盐酸氯丙嗪、安定；抗惊厥药物有苯巴比妥钠、扑癫酮；解热止痛药物有安痛定、安乃近、炎痛宁；营养神经药物有维生素 B_1、脑活素、脑神经生长因子；消除脑水肿常用甘露醇和山梨醇。

应及时隔离病畜，及早用四环素族抗生素和泰乐菌素治疗有一定效果，金霉素或土霉素，按 11mg/kg 体重肌内注射，连续 5d，泰乐菌素按 1~2mg/kg 体重。

（七）预防措施

发生本病时，应采取对全群牛投药的办法进行紧急预防，随饲料或饮水服用金霉素或土霉素，每日 2.2mg/kg 体重，连喂 10d，然后再数星期内给予半量，可收到一定效果。目前尚无有效的菌苗。

（撰写人：朱洪伟；校稿人：周玉龙）

四十三、恶性水肿

恶性水肿（Malignant edema）是由厌氧梭菌引起的多种动物的一种急性、创伤性、中毒性传染病。其特征为病变组织发生气性水肿、急性炎症，并伴有发热和全身性毒血症。

（一）病　原

1. 分类

病原菌为革兰氏阳性梭菌。首先是腐败梭菌（*Clostridium septicum*），其次是产气荚膜梭菌（*Clostridium perfringens*）、诺维梭菌 A 型（*Clostridium Novyi type* A）和溶组织梭菌（*Clostridium Histolyticum*）等。

2. 形态和培养特性

腐败梭菌为革兰氏阳性厌氧大杆菌，两端钝圆，（0.6~1.9）μm×（1.9~35.0）μm，DNA 的 G+C 含量为 24mol%，在体内外易形成芽孢，芽孢椭圆形，在菌体中央或近端，宽于菌体，当芽孢位于菌体中央时，菌体呈梭形。菌体形态呈多形性，单在或两菌相连。无荚膜，有鞭毛，能运动。在患病动物体内的腹膜或肝脏表面触片染色镜检，常形成无关节微弯曲的长丝状。在培养物和病理材料中多单在，偶成短链。在普通培养基上生长良好，形成半透明、边缘不整齐菌苔，一般不形成单个菌落。高层琼脂上形成棉花状或丝状菌落。血琼脂平板上菌落周围有微弱的溶血带环绕。培养诺维氏梭菌需要严格的厌氧条件，在普通的厌氧条件下难以分离。

3. 生化特性

腐败梭菌可发酵葡萄糖、果糖、半乳糖、麦芽糖、乳糖和水杨苷，产酸产气，能液化明胶，形成少量气泡，使石蕊牛乳凝固，凝块中可能有气体产生。凝固的血清和凝血的卵白蛋白都消化。与气肿疽梭菌区别的生化性状为，本菌不分解蔗糖，而分解水杨苷。

4. 抵抗力

病原菌可形成芽孢，抵抗力强，在腐败尸体中可存活 3 个月，土壤中可保持活力 20年。一般消毒药物短期难以奏效，3%福尔马林溶液、1∶500L 汞溶液、20%漂白粉、3%~5% NaOH 溶液、3%~5%硫酸或石炭酸溶液等强力消毒剂可短时间内将其杀灭。

分型。通过凝集试验可将腐败梭菌分型，按 O 抗原可分为 4 个型，再按照 H 抗原又可分为 5 个亚型，没有毒素型区别。不同型 O 抗原菌之间缺乏共同的保护性抗原，O 抗原的荧光抗体染色与凝集反应一致且更明确。本菌与气肿疽梭菌有许多共同抗原成分，但两者的毒素抗原具有特异性。

（二）致病机制

腐败梭菌能够产生四种毒力因子，即 α、β、γ 和 δ 毒素。α 毒素为卵磷脂酶，具有坏死、致死和溶血作用。β 毒素为脱氧核糖核酸酶，有杀白细胞的作用。γ 和 δ 毒素分别具有透明质酸酶和溶血素活性。毒素可增进毛细血管通透性，引起肌肉坏死，感染沿肌肉筋膜面扩散。毒素和组织崩解产物能在 2~3d 内导致毒血症，导致感染动物死亡。

目前研究比较透彻的是其产生的 α 毒素。α 毒素是一种孔状细胞溶解素，是其主要的致病因子。在小鼠模型中，缺失 α 毒素的结构基因，可使该菌失去毒力。该菌分泌的 α-毒素最初是一个没有活性的 46.5kDa 左右的单体毒素前体，通过其 C-末端色氨酸富集区域够结合锚定在细胞脂阀上的糖基磷脂酰肌醇（glycosylphosphatidyl inositol，GPI）。许多细胞的表面表达 GPI 受体，因此 α 毒素对许多细胞都具有亲和力。α 毒素结合 GPI 受体以后，其单毒素单体可以被细胞的蛋白酶裂解，促进单体的寡聚化，并在细胞表面形成七聚体构成的离子孔道。这些孔道可以促进胞外离子如钙离子等进入细胞内部或者内部如钾离子外流，导致细胞裂解死亡。有研究表明，α 毒素能在细胞表面形成孔道并诱导胞外离子内流，启动下游信号途径，如钙蛋白酶-组织蛋白酶途径，干扰溶酶体和线粒体的完整性，活性氧族（reactive-oxygen species，ROS）的产生，高迁移率组蛋白的核转位（high mobility group box-1 protein，HMGB-1），导致细胞肿胀死亡。重组 α-毒素能够在脂质双分子层形成大的弥散性孔道，导致钾离子的快速外流和 ATP 耗竭等，导致细胞死亡。分子水平上，腐败梭菌产生的 α-毒素能够激活 MAPK（mitogen activated protein kinase，MAPK）途径，包括 ERK 途径（extracellular-signal-regulated kinase，ERK），JNK 途径（N-terminal kinase，JNK）和 p38 途径。通过以上途径，最终激活细胞内一系列的生理调控，如肿瘤坏死因子 TNF-α 的释放等，对机体产生毒害作用。

（三）流行病学

1. 易感动物

腐败梭菌分布广泛，可经创伤感染，导致人气性坏疽、马、牛、羊、猪等家畜恶性水肿、鸡气性水肿。本菌可使牛、绵羊、山羊、禽、兔、鹿等动物发病。其中，牛、马和绵羊较易感染，猪一般较少发生，犬、猫不能自然感染，禽类除鸽子外，即使人工感染也不发病，试验动物中家兔、豚鼠和小鼠均易感染。

2. 传播途径

传播途径主要为外伤，如去势、断尾、分娩、外科手术、注射等没有严格消毒，致使本菌芽孢污染而引起感染。本病一般为散发形式，但消毒不严格而导致的外伤感染，可群体发病。

3. 传染源

该菌广泛存在于自然界，粪便污染的土壤和家畜肠道的内容物为重要传染源。

4. 流行特点

各日龄易感动物均可感性，无明显季节性，多呈现散发性。此外，常年高密度饲养环境中存在大量病原芽孢，在该类地区建场，恶性水肿的发病率较高。

（四）症状与病理变化

1. 临床症状

本病的潜伏期一般为12~72h。病初牛表现为食欲不振，体温升高，可达42℃，呼吸困难，跛行。在伤口周围发生气性炎性肿胀，并迅速而弥散性扩展，肿胀部位初期硬、热痛，后变无热无痛，触诊时柔软、有捻发音。感染部位为产道时，后躯特别是从外阴部至臀部明显肿胀。随着炎性气性水肿的发展，病畜全身症状加重，可视黏膜发绀，呼吸困难。后期表现痛苦，不能站立而倒地死亡。常预后不良，病程多为1~3d。

患部皮肤干硬，呈暗红色或黑色。切开肿胀部，皮下和肌间结缔组织内有多量淡黄色的或红褐色液体浸润并流出，有少数气泡，具有腥臭味，创面呈苍白色，肌肉暗红色。

2. 病理变化

从创伤处侵入的病菌在皮下组织或组织深处增殖，并产生毒素使病灶扩大。病变因菌种和病性不同，所产生的毒素也不同。感染部位皮下和肌肉有明显的炎性水肿，当以气性坏疽为主时，病变部位可见胶冻样浸润、出血、坏死及暗红色气肿，含有酸臭、泡沫样黄色液体，有的呈暗红色。病变会沿着肌肉间肌膜扩大，因此肌肉呈暗红色、灰白或黑红色，海绵状，多含有气泡。胸腔和腹腔内有血样渗出物，脾脏偶见肿大，淋巴结肿大，偶有气泡。肝脏气性肿胀，坏死，柔软。肾脏混浊变性，其被膜下有气泡，呈海绵状。心脏充血出血，心包液增多呈血样。胸腔腹腔中积聚大量的血样液体。淋巴结肿大且出血性水肿。急性死亡病例有时可见天然孔出血。

（五）诊断

根据临床症状和病理变化可以初步诊断，确诊还需进行病原学诊断。

（1）组织抹片镜检。采取水肿液、坏死组织或肝、脾、肾、肺、心血涂片，可见革兰氏染色阳性大杆菌，菌体微弯呈长丝状，无荚膜，芽孢比菌体大，呈卵圆形，位于菌体中央或近端。

（2）病原分离培养。无菌采集上述相关病料样品，接种于普通琼脂培养基或血液琼脂培养基或者厌气肝汤，厌氧37℃恒温培养，普通培养基上可形成半透明、边缘不整齐菌苔，一般不形成单个菌落。血琼脂平板上初期菌落透明，逐渐变为灰白色、不透明，且有微弱的溶血环、边缘不整齐、有臭味。挑取典型菌落制成涂片，进行革兰氏染色可观察到革兰氏阳性、杆状有芽孢的细菌。

（3）细菌生化鉴定。将纯培养的细菌接种于微量生化发酵管中，进行生化鉴定，厌氧37℃恒温条件下培养，具体生化指标见病原部分。

（4）动物感染试验。将水肿液或内脏组织制成5～10倍悬液，或用肝片肉汤培养物0.1～0.2ml，豚鼠股部肌内注射，18～24h豚鼠死亡，注射部位发生严重出血性水肿，肌肉湿润，呈鲜红色，局部水肿液涂片镜检，发现有两端钝圆的大杆菌。肝表面触片镜检，见有长丝状大杆菌时，即可确诊。

（5）分子生物学诊断。根据腐败梭菌α毒素基因设计PCR鉴定引物。其中，上游引物序列为：5′-AATTCAGTGTGCGGCAGTAG-3′，下游引物序列为：5′-CTGCCCCAACT-TCTCTTTT-3′，目的基因为270bp。PCR反应体系20μl；反应条件：94℃预变性5min，94℃变性1min，54℃退火1min，72℃延伸1min，共34个环，最后72℃延伸7min。

（六）治疗

局部治疗应早期切开患部，在水肿部位较低位置切开，塞入纱布引流，用大量1%～2%高锰酸钾溶液或3%过氧化氢等充分冲洗，创口开放，创口处撒入青霉素粉末，或者撒入磺胺碘仿合剂等外科防腐消毒药，清除掉腐败坏死组织和渗出的水肿液，同时施以强心、补液、补碱解毒等对症疗法。

（七）预防措施

应注意预防外伤和伤后的及时治疗，手术或注射应注意无菌操作。在实施去势、断尾等常规手术时，要严格按照操作规程进行，严格消毒措施，做好伤口处护理工作，避免被土壤和粪便所污染。

应加强日常饲养管理。注意畜舍卫生，及时清扫，严格执行消毒措施，创造良好养殖环境。所用饲草和饮水，要保证干净卫生。此外，严禁在低洼潮湿牧地放牧。一旦发现恶性水肿临床症状，应该立即进行隔离治疗。被污染的用具、场地、物品等可使用浓度为20%的漂白粉溶液或浓度为5%火碱溶液进行彻底的消毒处理。病症较轻患畜，应该及时治疗。病症较重患畜，应进行无害化焚烧或深埋处理。此外，饲养人员或兽医在接触病死牛时，应佩戴一次性手套和护具，患畜放置的区域应彻底消毒处理，避免病原感染其他动物。我国已研制出预防梭菌病多联疫苗，在梭菌病频发地区使用，可有效预防本病发生。

（撰写人：刘宇；校稿人：周玉龙）

第二章 牛常见传染病综合防控概述

一、牛规模化养殖疫病防控存在的主要问题

规模化养殖普遍存在养殖数量大、饲养密度高、运动范围小、流动频繁、发病率高、疾病传播快等特点。对广大从业者提出了更高的要求，目前，从养牛场（区）自身对疫病防制情况来看，存在的突出问题主要有以下几方面。

1. 人员综合素质有待提高

规模化奶牛场成败的关键是管理水平。管理人员的素质、技术人员和饲养人员对养牛技术掌握的熟练程度，是关系到牛场生产性能能否得到充分发挥、牛群生长发育和成活率的根本保证。目前，畜牧技术、防疫人员短缺，总体文化素质不高，普遍存在技术老化，与现代科学管理和科技发展水平不相适应，从而导致对生产指导不力，发挥不了技术指导和服务作用。

2. 饲养场所不符合防疫要求

一些规模化养牛场建设布局、设施设备不符合动物防疫的要求。存在生产区和生活区、工作区、外宾接待区混为一体，不能有效地隔离开来，且生产区未设疫（疾）病隔离观察治疗区，很容易导致疫病的传播、发生；饲养圈舍、养牛场出入口未设立消毒设施，或消毒设施不符合防疫要求，达不到消毒防疫目的。一些防疫、隔离、消毒及无害化处理等设施也不完善，奶牛场的管理制度不规范。

3. 牛场的环境卫生和消毒不到位

牛场良好的环境卫生和严格的消毒制度是降低奶牛常见病如乳房炎、子宫内膜炎和腐蹄病等发病率的有效措施，是预防传染病流行的有效手段，对于提高牛群的整体健康水平，增加经济效益具有重要意义。但是，一些牛场没有完善的卫生消毒制度，而且在消毒过程中也存在一些问题：例如，不注重牛体卫生；兽医操作不规范，常忽视去角、注射、接产、榨乳等操作时的消毒。

4. 疫苗来源复杂、免疫程序混乱

防疫所用疫苗来源复杂，除有少部分养殖场向动物防疫主管部门订购、需时领用，大部分牛场都是自行购买，有到兽药、饲料市场购买的，也有在兽药、饲料经营者手中购买的。从而不能保证疫苗质量或者冷链环节合格。规模化养牛场牛群的防疫注射主要是口蹄疫疫苗，注射密度要达到100%，在注射疫苗时对每头牛登记造册，详细记录牛群的免疫

情况，但大多牛场都做不到。常出现免疫程序混乱，免疫密度高低不一，多免或漏免现象严重，免疫记录不全。

5. 奶牛引进管理制度不严格

对于新购进的奶牛没有经过严格检疫就直接混群饲养，往往会引起病牛对健康奶牛的传染。

6. 重治疗轻预防

造成牛场亏损的最重要的原因之一是奶牛疾病或死亡，对奶牛危害最大的疾病是乳房病、生殖系统疾病、营养代谢病、四肢疾病等，必须要加强饲养管理，注重平时的预防保健减少疾病的发生。

7. 重泌乳期，轻干奶期

干乳期是奶牛整个泌乳周期中的一个重要时期，这个时期如果不及时保健调整，一旦分娩进入下一个泌乳期产奶量会大大下降，而且对以后的各胎次都会有不利影响，所以，在干乳期前一定要做好隐性乳房炎等的检查和治疗，加强干乳期的保健尽量降低奶牛的发病率，确保奶牛的健康生产。

二、牛疫病流行状况

1. 牛疫病种类增多，发病率增高，危害严重

近年来，随着养牛业尤其奶牛饲养数量不断增多、国际贸易频繁、牛群流动广泛、疫病监测和控制不力等众多因素，使得牛疫病尤其病毒性传染病旧病未除，新病不断出现和流行。当前常发的疫病有口蹄疫、轮状病毒感染、冠状病毒感染、恶性卡他热、牛流行热、大肠杆菌病、沙门氏菌病、布氏杆菌病和副结核病等，呈世界性分布，各国发生程度不同。同时流行新的病毒性传染病，如牛玻纳病、心水病、中山病、赤羽病、牛病毒性腹泻/黏膜病、茨城病、牛传染性鼻气管炎等。其中牛病毒性腹泻/黏膜病和牛传染性鼻气管炎已成为危害我国养牛业的重要疫病。

2. 牛源性的人兽共患传染病明显上升，公共卫生问题日益严峻。

当前，一些常见的牛源性的人畜共患病，如布氏杆菌病、结核病、炭疽、弯曲杆菌性腹泻、沙门氏菌病、钩端螺旋体病、Q热等严重威胁人类的健康和食品安全。据报道我国是全球结核病最严重的国家之一。在人结核中13%病原菌来自牛分支杆菌。人、牛结核病的交叉传播是造成我国结核病流行的重要原因之一。近年我国布鲁氏杆菌病流行较广泛，个别牛群阳性率高达60%以上。因此，布鲁氏杆菌病、结核病依然是危害牛群和社会环境安全的重要疫病。

3. 多病原混合感染增多，一些重要牛传染病发病率居高不下，耐药性问题日益严重，难以诊治

目前，在养牛生产中，多病原的多重感染或混合感染已成为牛群中普遍存在的问题。其中犊牛腹泻、牛子宫内膜炎、乳房炎和牛呼吸道综合症是典型代表。引起犊牛腹泻的常见病原有大肠杆菌、沙门氏菌、轮状病毒和冠状病毒等；引起乳房炎和子宫内膜炎的病原更多，有细菌、真菌、病毒等，较常见的有27种，其中细菌14种，支原体2种，真菌和

病毒 7 种。牛呼吸道综合症主要有牛呼吸道合胞体病毒、副流感病毒 3 型、黏膜病病毒和牛传染性鼻气管炎病毒、支原体、多杀性巴氏杆菌、溶血性曼氏杆菌、化脓性隐秘杆菌、肺炎链球菌等病原体。当疾病发生时，常常是两种以上的病原共同作用。在多病原感染中，既有病毒与病毒的混合感染、细菌与细菌的混合感染，也有病毒与细菌的混合感染。加上细菌耐药性增强，耐药性菌株的增多，造成病牛的诊断和防治难度加大。

4. 在低洼的湿地放牧，牛群中梭菌类疾病和猝死症的发病率增高

在洪水泛滥，降雨量增多的季节，一些在低洼的湿地放牧的牛群中患炭疽、恶性水肿、牛产气荚膜梭菌、肠毒血症的病例明显增加。其中炭疽的发生严重威胁人类的健康。畜牧行政部门和饲养场及饲养人员应引起足够的重视。

5. 繁殖障碍和肢蹄病发病率高，危害加重

迄今为止，繁殖障碍一直是困扰养牛生产的一大难题。牛繁殖障碍的病因众多，大致分为传染性因素和非传染性因素。传染性疾病曾是繁殖障碍的重要因素，而现在非传染性因素已成为繁殖障碍的主要病因。非传染性因素主要包括饲养管理不当（占 30%~50%）；生殖器官疾病（占 20%~40%）繁殖技术失误（占 10%~30%）。随着规模化养殖密度增大、泌乳量增高等因素，奶牛繁殖障碍日趋严重，除屡配不孕、生殖器官疾病如卵巢静止、卵巢机能不全、排卵延迟、持久黄体、卵巢囊肿和子宫内膜炎等明显增加外，最突出的特点是产后 60~90d 乏情极其普遍。泌乳量越高，返情问题越严重，高达 70% 以上，造成奶牛产后发情延迟到 120d 以上，甚至更长，极大地降低了奶牛繁殖力。另外，肢蹄病种类多，常见的有蹄叉腐烂、蹄底溃疡、蹄叶炎、腐蹄病、犊牛多发性关节炎、蹄变形和骨营养不良等；病因复杂，涉及营养、管理、环境、遗传、疾病等因素。国外发病率为 4.75%~30%，国内个别牛场高达 30% 以上。国内外将肢蹄病与乳房炎和不孕症列为奶牛急需解决的三大主要疾病。

6. 围产期营养代谢病日趋严重，危害加大

围产期是高产奶牛发病高峰期，奶牛一生约 70% 疾病发生在此期。此期主要代谢病有酮病、脂肪肝和生产瘫痪，这些代谢病发生与精料饲喂过多，干物质摄入减少所致的机体能量、钙的负平衡密切关联。当前，尽管临床型的酮病、脂肪肝和生产瘫痪及瘤胃酸中毒明显减少，但是亚临床病例日益增多。据报道，国内外高产牛群亚临床的酮病、脂肪肝可达 30% 以上，亚急性瘤胃酸中毒可达 20% 以上，亚临床低血钙症可达 60% 以上，泌乳量越高亚临床病例也越高。由于围产期营养与机体代谢、内分泌和免疫功能之间存在着内在联系，围产期奶牛代谢紊乱可导致级联效应，使感染性疾病、其他疾病发生率升高，而造成繁殖力降低、产奶量下降等一系列问题。

7. 犊牛腹泻综合征、母牛呼吸道综合征和繁殖障碍综合征日趋严重

近些年，在我国以牛冠状病毒感染、牛轮状病毒感染、牛肠道病毒、牛病毒性腹泻/黏膜病、牛产肠毒素性大肠杆菌病和犊牛沙门氏菌病等引起的犊牛腹泻综合症；以牛传染性鼻气管炎、牛呼吸道合胞体病毒感染、牛副流行性感冒、牛巴氏杆菌病-肺炎型和牛化脓性隐秘杆菌感染等疾病引起的牛呼吸道综合症；以牛布氏杆菌病、牛生殖道弯曲杆菌病、Q 热、牛地方流行性流产等疾病引起的繁殖障碍综合征，在局部地区呈流行性或者地方流行性。这些疾病严重威胁养牛业的健康发展。

三、奶牛疫病防控的主要措施

1. 环境控制

（1）温度。奶牛的生物学特性是相对耐寒而不耐热。奶牛舍应能保温隔热，牛舍内的温度应满足奶牛不同群的要求，以降低牛群发生疫病的机会。一般要求大牛舍控制在 $5\sim31℃$，较佳生产区温度为 $10\sim15℃$；小牛 $10\sim24℃$，最佳 $17℃$。泌乳牛舍温高于 $24℃$ 或低于 $-4℃$，不但产奶量减少，而且会因应激作用易发生疾病。天棚和地面附近温差不能超过 $2.5\sim3℃$，墙内表面与舍内平均温差不能超过 $3\sim5℃$，墙壁附近空气温度与舍中间温差不能超过 $3℃$。

冬春季泌乳奶牛饮水温度应维持在 $9\sim15℃$，禁止饮冷水。用麸皮水代替饮水，且温度高于体温 $1\sim2℃$，有补充体液、温暖身体之效。犊牛体温比成年牛高，所以饮水温度应比成年牛高，一般饮水以 $35\sim38℃$ 为宜。犊牛人工哺乳时，无论初乳或常乳，都应在加热消毒之后冷却至 $35\sim37℃$ 时喂给，偏高或偏低都有不良影响。在北方部分地区，奶牛饲养要注意冬春季的防寒保温工作，以确保奶牛饲养安全和饲养效益。

（2）湿度。相对湿度对动物影响的研究不太多。经验表明相对湿度高，犊牛舍中的病原菌就易于繁殖存活，病原菌能够进入肺部，易引起肺炎等呼吸系统疾病。犊牛舍中粪尿分解形成的氨气会增加感染机会，温度越高，粪尿中产生的氨气越多。此外相对湿度较高，会减少动物蒸发降温的效果，从而提高了夏季的热应激。目前还难以确定影响动物正常生产的相对湿度的精确指标。建议犊牛舍的相对湿度一般应保持在 $50\%\sim70\%$ 为好，成乳牛舍内相对湿度一般应保持在 $25\%\sim75\%$，相对湿度不应高于 $80\%\sim85\%$。

（3）通风。舍内的温度和湿度与通风有直接关系，炎热夏季通风可以起到防暑降温，保湿作用，冬季通风可以起到降湿、降氨的作用，但是在北方通风、温度和适度之间的矛盾很难解决，所以一定要保持适度通风，以保证舍内的温度。冬季气流速度不应超过每秒 $0.2m$。

（4）消毒。消毒是指利用物理、化学或生物学方法清除或杀灭外界环境中的病原微生物及其他有害微生物，而达到无害程度的过程。消毒是兽医卫生防疫工作中的一项不可或缺的工作，是预防和扑灭传染病的重要措施。在目前集约化、规模化养殖业迅速发展之际，消毒工作显得特别重要，已成为畜产品生产和人类健康安全必不可少的关键措施之一。

牛的传染病发生必须具备 3 个基本环节，即传染源、传播途径和易感牛群。消毒能切断病原体的传播途径，减少和避免传染病的发生。牛场做好兽医卫生消毒工作，是采取综合防治牛病的一个有效措施。

消毒能控制牛病原体的感染和发病。在已知的 100 多种动物传染病中，尚有相当一部分由病原微生物本身或其毒素引起的疾病，如外科感染、泌尿系统感染等，这些疾病虽然没有明确的传染源，但其病原体都来自外界环境、动物体表或自然腔道等。为了预防这类疾病，必须对外界环境、牛只体表及腔道、生产和兽医诊疗的各个环节采取消毒及防护措施。

消毒能减少疾病对人类健康的危害，在一定程度上讲，人牛共患的传染病，不仅给养牛业生产造成了很大危害，也严重地影响人类健康，如布氏杆菌病、结核病、炭疽、破伤风等，可能危害人的生命和健康。因此，做好养牛场兽医卫生消毒工作，可以抑制人兽共患病的流行，加强人类自身保护，并可大大减少人类感染的机会，保障人体健康。

2. 免疫预防

传染病在畜群中的传播必须具备三个相互连接的基本环节，即传染源、传播途径和易感动物。这3种因素的相互作用或相互关系，将决定传染病的发生和发展。因此，对传染病的控制可以针对其中某个环节或者多个环节采取综合措施。疫苗是将病原微生物（如细菌、立克次氏体、病毒等）及其代谢产物，经过人工减毒、灭活或利用基因工程等方法制成的用于预防传染病的自动免疫制剂。疫苗保留了病原菌刺激动物体免疫系统的特性。当动物体接触到这种不具伤害力的病原菌后，免疫系统便会产生一定的保护物质，如免疫激素、活性生理物质、特殊抗体等；当动物再次接触到这种病原菌时，动物体的免疫系统便会依循其原有的记忆，制造更多的保护物质来阻止病原菌的伤害。对畜群（易感动物）实施免疫接种时，其免疫密度达到一定程度后（即使达不到100%），这种传染病就难以流行。因此，对易感动物进行疫苗免疫是防传染病的一种有效的手段，也是保障人兽健康的必要条件。许多国家借助生物制品控制或消灭了很多危害严重的动物传染性疾病，如牛瘟、牛肺疫。

3. 科学饲养管理

随着我国奶牛集约化、规模化的迅速发展，奶牛饲养密度增加；多种病毒与细菌共感染，部分病原体经常发生遗传变异，出现新的毒株和新的血清型；新的病毒也不断地出现；加之饲养环境的严重污染；饲料中霉菌毒素的存在；滥用抗生素，引发"超级细菌"的出现；不合理、不科学地乱打疫苗，造成免疫失败；以及各种应激因素的存在，导致牛体长期处于免疫抑制与亚健康状态，非特异性与特异性免疫力都低下。这不仅使牛病的发生越来越严重、越来越复杂，而且增大了防控疾病的难度。因此，一定要改变旧观念，树立正确的动物疫病防控指导思想，在动物疫病防控中要坚持"管重于养，养重于防，防重于治，综合防控"的原则或指导思想，才能做好我国动物重大疫病的防控工作，保障食品安全与人类的健康。

加强科学的饲养管理，重点要搞好"三管"。

（1）管理好人员。养牛是份辛苦活，同时也是技术活、良心活。规模化的牧场，需要管理者设计科学合理有效的组织机构，组织合适的人员做好牧场各方面的工作。要以人为本，关心职工生活与福利，学习技术，组织培训；建立科学的奖惩制度，进行企业文化建设，培养每一个人的爱心和责任。保证能够使每个员工做到各尽其职，严格执行各项规章制度。

（2）管理好牛群。生产过程中要数字化管理，技术操作要程序化、规范化、标准化管理。建立完善的牧场信息管理系统与奶牛疾病监控制度。认真执行"奶牛重大疫病检疫与防疫规程""产犊与接产规程""犊牛护理规程""新产牛护理规程""挤奶操作规程""干奶操作规程""蹄浴与蹄病预防规程""奶牛疾病诊疗规程""奶牛的驱虫规程"和"奶牛繁育管理规程"。

（3）管理好饲养环境。严格执行日常的卫生消毒制度，及时清除牛舍内外的各种污物、杂物、污水、杂草等，定期消毒，建筑沼气池，污染物和动物尸体无害化处理；只有坚持对牛场的消毒，改变生态环境，搞好生物安全各项措施的落实，才能保障动物健康生长，减少疾病的发生。

4. 药物保健

奶牛药物保健主要注重预防妊娠期流产、产后败血症、子宫内膜炎、泌乳期奶牛乳房炎、干乳期停乳和新生犊牛腹泻等。采用的药物主要有中药、微生态制剂、细胞因子和抗生素类药物。

（1）合理用药。近年来，奶业生产迅速发展，但奶牛用药中的耐药性、抗生素残留等问题日益严重，正确合理地使用兽药关系着奶业的持续健康发展。奶牛养殖场户要合理、安全用药，需注意以下几点：

坚持"两少"原则。即少用抗生素，使用抗生素奶牛的牛奶投药后 72h 内禁止出售。少打针，奶牛性情胆小，比较敏感，打针时应激反应大，产奶量会有所下降。

保证"三个选准"。选准用药时间，可提高治疗效果。从生产周期来讲，治疗奶牛疫病尽量在干奶期做；选准药物是奶牛养殖场兽医综合控制全场疫病的关键，兽医选择药物应符合《中华人民共和国兽药典》和《中华人民共和国兽药规范》规定的药物，使用消毒防腐剂对饲养环境、厩舍和器具进行消毒；选准给药途径，药物作用不仅与剂量、剂型有关，还与正确的给药途径有关。

保证"三个禁止"。禁止不按量用药、禁止乱配药物和禁止重复用药。

注意两个阶段。即泌乳期禁止使用抗生素及磺胺类药物、抗寄生虫药和生殖激素类药，避免产奶量下降和牛奶药物残留；怀孕期孕牛慎用全麻药、攻下药、驱虫药、前列腺素、雌（雄）激素，也禁用缩宫药物如催产素、垂体后叶素、麦角制剂、氨甲酰胆碱、毛果芸香碱，还有中药的桃仁、红花等。

防止药物过敏。能引起奶牛药物过敏的一般只有抗生素类药物，所以在给患病奶牛注射青霉素或链霉素等药物后，应注意细心观察，并做好急救准备。

（2）保健预防。

①中药制剂：中草药饲料添加剂是以畜禽饲料为载体，按照中兽医"医食同源"的理论，将中草药少量加入饲料中，用以改善畜禽机体营养代谢，改善饲料适口性。增强泌乳调节机能，起到增乳作用；增强免疫功能，提高细胞免疫及体液免疫水平，提高机体免疫力及抗病能力；调节奶牛生殖内分泌机能，促进了母牛产后生殖系统恢复，缩短空怀期，缩短母牛产犊间隔。改良畜禽产品品质，减少动物源性食品污染。中草药是最早应用的纯天然物质，具有抗病毒、抗菌、抗寄生虫、抗应激、增加维生素和矿物质及增强免疫等作用，而且中草药来源广泛，价格低廉，毒副作用小，不易产生耐药性，不污染环境，已成为绿色畜牧的新主题。

②微生态制剂：微生态制剂具有独特的作用机理和无毒副作用、无残留、无抗药性、成本低、效果显著等优点，越来越受到世人的关注。按微生物种类划分为乳酸菌类微生态制剂：此菌属肠道中正常菌群，目前应用的主要有嗜酸乳杆菌、粪链球菌、双歧乳杆菌等。芽孢杆菌类微生态制剂：此菌属在动物肠道微生物群落中仅零星存在。目前，应用的菌种主要有短小芽孢杆菌、枯草芽孢杆菌、蜡样芽孢杆菌等。酵母微生态制剂：零星存在于动物肠道微生物群落中。目前，应用的菌种主要有酿酒酵母和石油酵母等。复合微生态制剂：由多种菌复合配制而成，能适应多种条件和宿主，具有促进生长、提高饲料转化率等多种功能。微生态制剂在奶牛生产中具有提高产奶量，改善乳品质提高乳脂率、乳蛋白

率、乳糖率和干物质含量，提高生长性能，提高营养物质消化率，增强机体抵抗力，防治疾病降低乳房炎发病率，调控消化道微生物预防腹泻等功能。

③细胞因子制剂：细胞因子是由免疫细胞和某些非免疫细胞合成和分泌的一类高活性、多功能蛋白质多肽分子，作为细胞间信号传递分子，细胞因子的生物学活性主要是介导和调节免疫应答及炎症反应，促进造血功能，参与组织修复，抗增殖及神经内分泌效应。细胞因子间可形成大分子网络，既能协同，又能抑制，通过形成的细胞因子网络发挥整体效应，调节免疫平衡。细胞因子是机体对感染应答的天然调节剂，并构成了机体复杂的免疫调节网络，可激活奶牛机体的天然防御功能，在奶牛乳腺的非特异性免疫和特异性免疫过程中发挥着重要的作用。因此，应用于奶牛乳房炎的各种生物制品和生物疗法应运而生，例如重组牛白介素2、重组牛巨噬细胞集落刺激因子、重组牛干扰素γ、肿瘤坏死因子、重组牛可溶性CD14等，其中细胞因子有便于通过重组DNA技术大量生产、半衰期短、乳汁中残留量少、使用剂量小、生物活性高等优点，成为非抗生素疗法中的研究热点，有望成为人们控制奶牛乳房炎的安全有效而实用的新途径。

四、疫病监测及暴发疫情后的处理措施

1. 疫病监测

牛群疫病监测是疫病防控工作的重要组成部分。疫病监测能掌握动物群体特征性和影响疫病流行因素，有助于确定传染源、传播途径以及传播范围，从而预测疫病的危害程度并制定合理的防控措施；疫病监测也是评价疫病预防控制措施实施效果、制定科学免疫程序的重要依据；疫病监测可以随时掌握疫情动态，做到早发现、早预防、早控制、早扑灭。同时对指导奶牛保健，保证输出安全的牛奶及其产品等具有非常重要的意义。

目前，用于疫病监测使用最广泛的方法是ELISA，大多数常见疫病（口蹄疫、结核病、布鲁氏杆菌病、病毒性腹泻/黏膜病等）都有商品化的检测试剂盒供选择，该方法灵敏度高、操作简便、快捷，适合于大量样本的检测。试管凝集试验可用于布鲁氏杆菌病的抗体检测。变态反应诊断方在生产上仍然被广泛用于结核病和副结核病的检疫。分子生物学诊断方法像PCR和RT-qPCR技术已经非常成熟，可以用于疫病的快速诊断。另外，也可以定期对病死牛进行病原学检测，比如进行细菌分离鉴定，通过分离的致病性细菌进行药敏试验，选择敏感药物进行药物预防及保健，可以避免长期使用某种药物产生耐药性，也可避免了目前乱用药的现象。

2. 暴发疫情后的处理措施

（1）隔离封锁。发现疑似传染病病牛，应立即隔离。隔离期间继续观察诊断。对隔离的病牛要设专人饲养，使用专用的饲养用具，禁止接触健康牛群。发生危害严重的传染病时，应报请政府有关部门划定疫区、疫点，经批准后在一定范围内实行封锁，以免疫情扩散，封锁行动要果断迅速，封锁范围不宜过大，封锁措施要严密。

（2）上报疫情。发现应该上报疫情的传染病时，应及时向上级业务部门报告疫情，详细汇报病畜种类、发病时间和地点、发病头数、死亡头数、临床症状、剖检病变、初诊病名及已采取的防制措施。

（3）临时消毒。对病牛所在牛舍及其活动过的场所、接触过的用具进行严密的消毒。病牛污染的饲料经消毒后销毁，病牛排出的粪便应集中到指定地点堆积发酵和消毒。同时对其他牛舍进行紧急消毒。

（4）紧急接种。对同牛舍或同群的其他牛要逐头进行临床检查，必要时进行血清学诊断，以便及早发现病牛。对多次检查无临床症状、血清学诊断阴性的假健牛要进行紧急预防接种，以保护健康牛群。

（5）无害化处理。对死亡病畜的尸体要按防疫法规定进行无害化处理销毁，采取焚烧或深埋。对严重病畜及无治疗价值的病畜应及时淘汰处理，消灭传染源。对于烈性传染病的动物粪便及其污染物应随同尸体一起进行焚烧或者深埋处理，例如炭疽。对于一般传染病的动物粪污应采取生物热发酵或者化学消毒液消毒处理，防止病原扩散。

（撰写人：周玉龙；校稿人：周玉龙）

第三章　无规定动物疫病区

一、动物疫病区域化管理

1. 动物疫病区域化管理概念

世界动物卫生组织（OIE）关于动物疫病区域化管理的概念是指一个国家出于疾病控制和/或国际贸易的目的，定义其边界内一个对规定动物疫病具有清楚卫生状况的特定动物群体，并对规定动物疫病采取监测、控制和生物安全措施所实施的程序。

动物疫病区域化管理适用于整个国家建立和维持无疫状态比较困难的动物疫病，其基本原理是以流行病学、风险分析和区域控制的原则来评价和管理来自动物疫病的风险。动物疫病区域化管理可以有效的集中资源，控制或消灭特定动物疫病，提升动物卫生水平，促进国际间动物及动物产品的贸易正常健康发展。OIE等国际组织自20世纪90年代以来，不断推动动物疫病的区域化管理，据OIE统计，目前国际上，有74%的国家实施了动物疫病区域化管理，64%的国家有动物疫病区域化管理的立法。

2. 动物疫病区域化管理模式

关于动物疫病区域化，OIE提出两种区划模式：地区区划和生物安全隔离区划。地区区划主要适用于以地理屏障（采用自然、人工或法定边界）为基础界定的特定动物群体，无疫区域的大小和范围由兽医行政管理部门根据自然、人为或法律边界划定，该区域可以是省、自治区、直辖市的部分或全部区域，也可以是毗邻省的连片区域，目标是实现整个国家或一定地区的无疫状态（无疫国家或无疫区）。该区域既可以是一种动物疫病的无疫区，也可以是几种动物疫病的无疫区；既可以是免疫无疫区，也可以是非免疫无疫区。

无疫区，OIE概念中是指已证明没有特定疫病的区域，在该区域内及其边界对动物和动物产品及其运输实施有效的官方兽医控制。《中华人民共和国动物防疫法》中，无规定动物疫病区是指具有天然屏障或者采取人工措施，在一定期限内没有发生规定的一种或者几种动物疫病，并经验收合格的区域。天然屏障为自然存在，足以阻断某种动物疫病传播、人和动物自然流动的地理阻隔，如山峦、河流、沙漠、海洋、沼泽地等；人工措施是指为防止规定动物疫病病原进入无疫区域，在无疫区域周边建立的隔离、封锁设施，如动物防疫监督检查站、动物及动物产品进出无疫区域的指定通道等。缓冲区或保护区是指为保护一个无疫区内的动物健康状况所设置的区域，将无疫区与其他具有不同动物卫生状况的区域分开，在该区域内采用基于相关疫病流行病学的措施，可包括但不限于免疫接种、移动控制和强化监测等，防止病原进入无疫区。

生物安全隔离区划是针对那些难以在国界或边界处控制其传入的疾病，在整个国家水平或在一定区域水平建立和维持无疫状态比较困难的情况。2003 年 6 月 WTO-SPS 会议上，OIE 提出了生物安全隔离区划的动物疫病区域化管理新模式，该模式是在总结南非、泰国等国家和地区实施"生物安全隔离区域化管理"的基础上提出的，主要适用于以生物安全管理和良好饲养规范为基础界定的特定动物群体，以畜禽生产企业为基础区域，对某些特定动物疫病实施监测、控制和净化，其目标是通过建立无疫生物安全隔离区，实现动物生产企业的无疫状态（无疫企业）。因此，生物安全隔离区是指处于同一生物安全管理体系中，包含一种或多种规定动物疫病卫生状况清楚的特定动物群体，并对规定动物疫病采取了必要的监测、控制和生物安全措施的一个或多个动物养殖、屠宰加工等生产单元。因此，建立了生物安全隔离区，能够对动物繁育、养殖、屠宰加工、流通等环节的各种生物安全风险实施有效控制，处于官方有效监管状态，且在规定期限内没有发生过某种或某几种规定动物疫病，并经验收合格的动物养殖、屠宰加工企业所在的区域就被称为无疫生物安全隔离区。

生物安全隔离区与我国原实施的无规定动物疫病区同属于动物疫病区域化管理的模式，只是二者之间在管理主体和实施范围上有区别。地区区划和生物安全隔离区划的区别主要体现在区划模式、区划结果和目的及实施主体上。在区划模式方面，地区区划适用于以地理基础为主划分的动物亚群体；生物安全隔离区划适用于以生物安全管理和良好饲养规范为主所划分的动物亚群体。在区划结果和目的方面，地区区划是建立无疫区和区域无疫；生物安全隔离区划是实现无疫生物安全隔离区和企业无疫。在实施主体方面，地区区划的主体是政府；生物安全隔离区划是企业为主体，政府为辅助，二者相互配合，相互合作。

随着畜牧业生产集约化、规模化进程的加快，生物安全隔离区也不断发展和增多，逐步形成较大范围内的无疫病区。因此，生物安全隔离区的建设和发展，不仅将促进畜禽养殖企业主动承担起疫病防控的主体责任，还将会培养一批既有理论知识又有实践经验的兽医技术队伍，这对改革兽医队伍结构、提高兽医队伍素质意义重大。

实行动物疫病区域化管理，建立无规定动物疫病区，是在充分考虑我国畜牧业生产和动物疫病状况、动物产品国际贸易以及公共卫生安全需要的基础上，引入的 OIE 关于无疫区认可的管理机制，这是我国与国际动物卫生管理模式接轨的重大举措，有利于我国分区域有计划地控制和消灭主要动物疫病，有利于畜产品国际贸易，有利于我国畜牧业健康可持续发展。

3. 适合区域化管理的疫病

OIE 指出禽流感、新城疫、非洲猪瘟、古典猪瘟、马流感、痒疫、口蹄疫、牛传染性胸膜肺炎、牛海绵状脑病、牛白血病、牛结核病、养殖鹿科动物结核病等 12 种动物疫病及 5 种蜂病适合生物安全隔离区划，除上述所列疫病外，地区区划管理的疾病还包括牛瘟、布病、伪狂犬病、兰舌病、裂谷热、旋毛虫病、土拉杆菌病、水泡性口炎、西尼罗河热、出血性败血症、牛传染性鼻气管炎、结节性皮肤病、非洲马瘟、马媾疫、马鼻疽、委内瑞拉马脑脊髓炎、兔出血病、小反刍兽疫、绵羊痘和山羊痘、猪水疱病等 30 多种动物疫病。

4. 动物疫病区域化管理的发展

20 世纪 90 年代，OIE 启动了动物疫病区域化管理规则的制定和无疫状况的国际认可工作。1990 年，OIE 成员国赋予 OIE 制定特定动物疫病无疫标准并开展无疫国家和无规定动物疫病区域认证的权利。1994 年 5 月，OIE 要求口蹄疫和其他病委员会（现称为动物疫病科学委员会）起草 OIE 成员国口蹄疫无疫状况的官方认可程序。1995 年 5 月，OIE 采纳了该认可程序，开始口蹄疫无疫国际认证工作。1996 年，OIE 公布了第一份非免疫无口蹄疫成员国家或区域名单。此后，口蹄疫疫病状态认可的机制被国际委员会引到牛瘟等其他疫病的认可。1998 年 5 月，OIE 和 WTO 签订协议，将 OIE 制定的标准、指南作为动物和动物产品国际贸易中世界各国应遵循的动物卫生标准。动物疫病区域化管理是 OIE《陆生动物卫生法典》（简称《法典》）推荐的重要措施之一。OIE 在《陆生动物卫生法典》中先后提出地区区划和生物安全隔离区划两种区域化管理模式，推荐可以对 40 多种动物疫病实施区域化管理，并分别规定了这些动物疫病的无疫区、无疫生物安全隔离区、无疫场群或季节性无疫标准。此外，OIE 还先后制定出口蹄疫、牛瘟、牛传染性胸膜肺炎、牛海绵状脑病、非洲马瘟、古典猪瘟和小反刍兽疫等疫病的官方认可程序，并开展国际无疫认可工作。OIE《陆生动物卫生法典》规定，对于尚未制定特定官方认可程序的动物疫病，成员国也可宣布其国家或国家内某区域处于无疫状态，但必须提供相关动物疫病的流行病学信息支持，并符合《陆生动物卫生法典》的相关要求。

经过 20 多年的发展，动物疫病区域化管理已成为控制动物疫病、保护动物卫生水平、促进国际贸易的重要动物卫生措施，在世界许多国家都有实践。通过应用区域化措施，澳大利亚成功扑灭了口蹄疫、高致病性禽流感、新城疫、牛瘟、牛结核病、牛布鲁氏菌病等 10 余种重大动物疫病，并且连续多年没有外来动物疫病传入。巴西在无疫区建设、管理和维持过程中，充分调动了利益相关方的积极性，全社会参与无疫区建设，特别是发挥了农场主在无疫区建设、维持中的作用。目前，巴西全国大部分地区实现了口蹄疫无疫状况，得到了 OIE 和国际社会的普遍认可。泰国实施生物安全隔离区划的做法和成效得到了 OIE 专家的高度评价，并且进一步推动了国际社会对生物安全隔离区划的关注和认可，通过实施生物安全隔离区划，泰国在禽流感发生后的短时间内即恢复了对欧盟出口熟制禽肉，后来也恢复了对欧盟出口生鲜禽肉。美国也制定了对动物和动物产品出口国家和区域进行评估认可的程序，该程序是建立在科学风险评估的基础上，主要对向美国出口动物和动物产品的国家和地区的动物卫生状况进行评估，这种区域化管理方式不仅在很大程度上防止了外来动物疫病的传入，还保护了本国畜牧业和国际贸易的发展。2004 年，加拿大暴发禽流感疫情，加拿大食品检验署采取区域化管理方式，划定感染区和控制区，在划定的区域外围进行严格的动物移动控制，成功地控制了禽流感疫情，现阶段加拿大继续采用区域化管理措施控制局限在局部区域和野生动物群体的疫病，并逐步在区域内净化疫病。

各国实施动物疫病区域化管理时，是在依据 OIE 区域化基本原则要求基础上，结合本国畜牧业生产特点和动物疫病发生分布情况，不断创新和发展区域化管理方式，针对不同区域动物卫生状况，制订动物疫病控制消灭计划，采取相应防控措施，已取得了显著成效。

二、我国无规定动物疫病区建设管理要求

根据《动物防疫法》等有关法律规定，加快推进动物疫病区域化管理，增强动物疫病防控工作能力，提高动物卫生和畜产品质量安全水平，促进动物及动物产品贸易，保障畜牧业健康发展和公共卫生安全，具有十分重要的意义。

1. 无规定动物疫病区建设的必要性

（1）实施动物疫病区域化管理，是有效控制和扑灭动物疫病的重要举措。实行动物疫病区域化管理是国际通行做法，目前被世界大多数国家所认可。20 世纪 90 年代以来，欧美畜牧业发达国家先后制定了区域化管理的政策和法律法规，促进了动物疫病的控制和扑灭。近年来，巴西、阿根廷、泰国等国家开展无疫区建设，有效控制和消灭了口蹄疫等重大动物疫病，其中，泰国通过生物安全隔离区建设，成功控制了禽流感疫情。

（2）实施动物疫病区域化管理，是促进畜产品贸易的有效措施。动物疫病是影响畜牧业发展和动物产品安全的重要因素。WTO《实施卫生与植物卫生措施协议》要求，各成员国应对动物疫病实行区域化管理。WTO/SPS 委员会根据协议要求，制定了无疫区认可程序和规范，要求各成员国必须履行相关义务，在畜产品贸易中，各成员国应认可来自无疫区动物产品，即进口畜产品必须来自相关成员国无疫区，出口畜产品也必须满足无疫要求。

（3）实施动物疫病区域化管理，是现代畜牧业发展的重要保障。实施动物疫病区域化管理，有利于畜牧业结构调整，突出优势产区，优化产业结构；有利于畜牧业生产方式由散养向集约化、标准化、产业化转变，提高畜禽养殖规模化水平，保障区域内畜牧业持续健康发展，增强市场竞争力，提高畜牧业产业效益；有利于增加农民收入，扩大农民转移就业渠道，不断改善农民生活，繁荣农村经济，统筹城乡发展，加快社会主义新农村建设步伐，维护农村社会安定和谐。

（4）无规定动物疫病示范区的建设实践，为全面推进区域化管理奠定了坚实基础。2001 年，我国选择自然条件好、相对封闭、易于监管的胶东半岛、辽东半岛、四川盆地、松辽平原和海南岛五片区域，针对口蹄疫、新城疫、猪瘟、高致病性禽流感等重大动物疫病，开展无规定动物疫病示范区建设。之后，动物疫病区域化管理在全国范围得到普遍认可，取得了明显的经济效益和社会效益。

2. 无规定动物疫病区建设的指导思想、基本原则和目标

（1）无规定动物疫病区建设的指导思想。以科学发展观为指导，坚持"预防为主"，坚持"24 字"防控方针，认真贯彻落实《中华人民共和国动物防疫法》等法律法规，加快推进动物疫病区域化管理工作，不断探索和完善动物疫病区域化管理模式，逐步控制和消灭重大动物疫病，提升动物卫生防控能力和水平，使我国畜牧业发展水平和动物疫病防控能力与国家社会经济发展总体水平相协调，促进畜牧业持续健康发展，促进畜产品国际贸易，确保公共卫生安全。

（2）无规定动物疫病区建设的基本原则。因地制宜，科学规划。各地要结合当地畜牧业特点、动物防疫基础和经济社会发展水平等因素，按照国家区域化管理相关规划、标准、原则和要求，科学设计、合理布局、统筹兼顾、分类指导，分阶段、分区域对严重危

害畜牧业生产及公共卫生安全的动物疫病实行区域化管理。

完善措施,依法实施。各地应在有关法律法规及农业部有关规章制度和标准规范基础上,强化区域化管理地方立法,完善相关法律法规、规章、标准和制度,制定区域化管理实施方案,明确区域范围、区划类型、疫病种类和保障措施,明确相关部门职责分工,依法实施区域化管理,开展无规定动物疫病区建设。

突出重点,注重实效。优先将畜牧业主产区、养殖密集区和大型畜牧业龙头企业纳入区域化管理范围,选择相应的区域化管理模式,选择一种或几种重大动物疫病开展无疫区建设。按照"建设一片,净化一片,巩固一片,扩大一片"的原则,将毗邻无疫区逐步整合,增加病种,扩大范围,求得实效。

明确责任,稳步推进。实施动物疫病区域化管理是《动物防疫法》规定的各级人民政府的责任,各地畜牧兽医部门要在当地人民政府领导下,积极与发展改革、财政、交通运输、工商、商务、公安、环保、林业等部门沟通协调,建立无疫区建设协调机制,大力推进动物疫病区域化管理工作,对条件成熟的无疫区,及时申请国家评估,适时推动国际认可。

(3)无规定动物疫病区建设的目标。从 2010 年开始,用 5 年时间,科学制定并实施动物疫病区域化管理规划,在全国范围内分区域、分类型、分阶段、分病种对动物疫病实行区域化管理,进行区域控制和净化,基本建立与国际接轨的动物疫病区划管理与评估机制,全面推进无疫区建设。一是鼓励具备条件的省区开展区域化管理,重点对现有无疫示范区和各省无疫区组织国家评估验收,选择部分有条件的地区和企业开展生物安全隔离区的建设试点;二是通过国家评估认可的无疫区,推进 OIE 等国际组织的评估认可。

从 2015 年开始,用 5 年时间,建立健全我国动物疫病区域化管理的长效机制,有序推进中长期动物疫病防治规划的实施。一是继续推广无疫示范区和各省无疫区建设经验,适时整合毗邻同类型无疫区,优先考虑扩大示范区至全省范围,逐步建立跨省区连片无疫区,最终实现整个国家特定动物疫病无疫;二是在生物安全隔离区建设基础上,逐步将大型国家级种畜禽场、国家级畜禽遗传资源保种场和国家级龙头企业等纳入生物安全隔离区建设范围,从源头净化畜禽疫病,提高畜产品质量安全水平。

3. 无规定动物疫病区域化管理模式与建设要求

(1)实施无规定动物疫病区域化管理的基本条件。按照《无规定动物疫病区管理技术规范》等要求,各地要选择符合下列条件的区域开展无疫区建设:一是动物疫病状况清楚,通过流行病学调查结果,区域内畜牧业养殖、区域地理和社会经济情况以及特定动物疫病状况及其发生风险清晰;二是具有一定的畜牧业基础,动物疫病区划建设区域,畜牧业较发达、产业布局合理、规模化产业化水平较高;三是有较好的动物防疫工作基础,动物防疫基础设施较好,动物防疫机构和队伍较健全,动物防疫体系完善;四是具有一定自然屏障或可监控措施,区域周围具备海洋、沙漠、河流、山脉等自然屏障基础,或考虑结合行政区划,具有设置和维护缓冲区或监测区等监管措施。

(2)无规定动物疫病区域化管理的疫病种类。根据当地防控工作实际,科学选择控制动物疫病种类。优先选择当地影响畜牧业发展、公共卫生安全及畜牧业贸易的重大动物疫病实施区域化管理。实施区域化管理的动物疫病种类不宜过多,按照"成熟一个评估验收一个,逐步增加控制疫病种类"的原则,待条件成熟后,通过评估验收,逐步增加动物疫病种类。现阶段重点对口蹄疫、猪瘟、禽流感、新城疫、禽白血病以及布鲁氏菌病等重大动物疫病和重点人畜共患病实现区域化管理。

（3）无规定动物疫病区域化管理的模式及要求。根据各地经济发展水平、地理屏障、区域和资源优势及畜牧产业布局，选择适合当地的动物疫病区域化管理模式。一是动物疫病区域区划模式：区域具有一定规模，集中连片，区域与相邻地区间必须有足以阻止疫病传播的地理屏障或人工屏障，对缺少有效屏障的区域，应建立足够面积的缓冲区和（或）监测区；当地经济发展水平能满足动物疫病区域化管理工作需要；区域可以是一个省的部分或全部，也可以是毗邻省的连片区域。二是生物安全隔离区划模式：可选择大型国家级种畜禽场、国家级畜禽遗传资源保种场、国家农业产业化龙头企业，开展生物安全隔离区示范区建设；相关企业应为独立法人实体，生物安全隔离区的各生产单位应具有共同的拥有者或管理者，并建立统一的生物安全管理体系，其组成应包括种畜禽场、商品畜禽养殖场、屠宰加工厂、饲料厂、无害化处理场等；有关生产单位应符合规定的动物防疫条件，取得《动物防疫条件合格证》，种畜禽繁育场还应取得《种畜禽生产经营许可证》，当地畜牧兽医部门应对生物安全隔离区实施官方有效监管。

根据采取的不同免疫措施，无疫区可分为两种类型：一是免疫无疫区，各省根据当地与毗邻地区动物疫病流行状况、贸易需求实施免疫政策的区域化管理；二是非免疫无疫区，对区域内易感动物不实施规定动物疫病的免疫，具体分为口蹄疫、禽流感、猪瘟、新城疫等重大动物疫病和布病等重点人畜共患病的免疫无疫区和非免疫无疫区，以及无特定动物疫病的生物安全隔离区。

（4）无规定动物疫病区的建设、保障措施与评估。按照《中华人民共和国动物防疫法》等法律法规和有关规章规定，加强动物疫病区域化管理，强化无疫区建设评估工作：一是制定区域化管理规划，各地应根据畜牧业生产现状，在准确掌握动物繁育、饲养、流通、进出口、屠宰、加工和疫情等基本情况以及区域动物卫生状况风险评估基础上，科学编制区域化管理规划及其实施方案，明确区域化管理实施步骤、动物疫病种类、区域模式和类型及相关保障措施等；二是加强动物防疫体系建设，加强动物疫病防控体系建设，完善区域内各级实验室，加强实验室诊断、监测和流行病学调查工作基础设施和能力建设，加强动物卫生监督体系建设，建立健全区域内动物及其产品全程监管体系，加强动物防疫屏障体系建设，在进入区域的主要交通道口设立检查站和畜产品指定通道，缓冲区设置无害化处理场、动物隔离场等基础设施，建立健全动物疫情监测体系，强化省、市、县、乡疫情信息报告网络体系和信息管理设备建设，完善重大疫情应急反应体系，做好应急物资、技术、资金和人力储备，大力推进生物安全隔离区建设，各地要根据本省实际情况，选择1~2个提出开展生物安全隔离区建设申请的企业，指导开展建设试点；三是切实做好评估验收工作，主要包括无疫区建设前的申报与建成后的评估验收，建设前，在省人民政府统一领导下，省级畜牧兽医主管部门协调有关部门，充分调查相关区域的自然条件、畜牧业养殖水平、动物疫病状况、贸易需求和经济能力，对建设方案的可行性进行评估论证，在此基础上向农业部提出申报，经同意后方可开展无疫区建设，各省已经开展区域化管理的，应尽快将建设情况报农业部备案，建成后，无疫区所在省区的畜牧兽医主管部门，应按照国家有关评估验收制度和程序开展自我评估，并根据评估结果，适时申请国家评估验收，符合相关标准要求，经农业部评估验收合格的，纳入国家无疫区名录，并向社会公布。

三、无规定动物疫病区的建设与评估

根据《无规定动物疫病区管理技术规范（试行）》，无规定动物疫病区的建设分为 6 部分。

1. 无规定动物疫病区的建设步骤

（1）基础准备包括机构队伍、法规规章、财政支持、防疫屏障及测报预警、流通控制、检疫监管和规划制定。

（2）免疫控制的目标是规定时期内无临床病例，这主要通过制订科学的免疫计划、实施免疫接种、开展流行病学和免疫效果监测和加强流通控制来实现。

（3）监测净化（免疫无疫）的目标是规定期限内无感染，这主要是通过加强病原和免疫监测、强制扑杀感染动物及同群动物和逐步缩小免疫接种区域来实现，可申报免疫无疫区评估。

（4）无疫监测（非免疫无疫）的目标是规定期限内非免疫无感染，这主要是通过停止免疫、强化监测、处置感染动物来实现，可申报非免疫无疫区评估。

2. 无规定动物疫病区的标准

无规定动物疫病区的标准包括无口蹄疫区标准、无高致病性禽流感区标准、无猪瘟区标准、无新城疫区标准及无规定马属动物疫病区标准。

免疫无口蹄疫区标准是与国内其他地区或毗邻口蹄疫感染国家间具有人工屏障或地理屏障，以有效防止病毒入侵；过去 24 个月内没有发生过口蹄疫，12 个月内的疫病监测中未检出口蹄疫病原或无口蹄疫病毒感染的任何证据；设有有效的监测体系，并按规定的频率和密度实施了口蹄疫监测；执行预防和控制口蹄疫的常规措施；无口蹄疫区及缓冲区均实施免疫接种，所用口蹄疫疫苗符合国家规定。

非免疫无口蹄疫区标准是在无疫区内，沿无疫区周边与国内其他地区或毗邻口蹄疫感染地区间具有人工或地理屏障，以有效防止病毒入侵；过去 12 个月内，没有进行口蹄疫免疫接种，该地区在停止免疫接种后，没有引进过免疫接种动物；设有有效的监测体系，过去 12 个月没有发生过口蹄疫，并且过去 12 个月内的疫病监测中未检出口蹄疫病原或无口蹄疫病毒感染的任何证据；所有预防和控制口蹄疫的规定措施都得以执行，并得到有效监督。

3. 无规定动物疫病区建设的基础与体系

无规定动物疫病区建设的基础与体系规定了兽医实验室的建设标准、工作程序、质量保证体系、档案资料管理等，畜牧业基本情况报告制度以及动物防疫档案管理要求。

4. 无规定动物疫病区的预防与监测

无规定动物疫病区预防与检测包括口蹄疫、高致病性禽流感、新城疫、猪瘟四种动物疫病的免疫、诊断、监测和样品采集的技术规范和标准。

5. 无规定动物疫病区的检疫与监管

无规定动物疫病区的检疫与监管包括动物隔离场、饲养场、屠宰场、无害化处理场的防疫条件和管理规范，动物和动物产品流通控制、追溯、屠宰检疫和消毒的技术规范。

6. 无规定动物疫病区的应急与恢复

无规定动物疫病区的应急与恢复包括口蹄疫、高致病性禽流感疫、新城疫、猪瘟的疫情报告和确认规范、应急处置原则、疫情扑灭技术规范和流行病学调查技术规范。

7. 无规定动物疫病区建设的保障措施

（1）加强法制建设。加强动物疫病区域化管理立法工作，加快推进动物疫病区域化管理实施条例制定，进一步明确实施动物疫病区域化管理的主体、区划类型、财政和技术等保障措施、市场准入机制、评估认可机制等。

（2）加强组织管理。在地方人民政府的领导下，各地畜牧兽医部门积极协调发改、财政、林业、公安、工商等部门，建立区域化管理组织机构，充分发挥各部门资源优势，及时协调建设无疫区过程中的重大问题。

（3）加强政策扶持。加强无疫区建设投入，制定生物安全隔离区企业在税收等方面扶持政策，积极鼓励和引导企业开展生物安全隔离区建设，各级畜牧兽医部门要积极争取有关部门支持，加快出台动物疫病防控区域化管理的支持政策，在制定政策安排经费时，向无疫区建设倾斜。

（4）加强队伍保障。建立健全各级兽医工作机构，明确工作职能，稳定和强化基层动物防疫体系，加强兽医队伍培训，建立适应动物疫病区域化管理工作机构和队伍。

（5）加强流通控制。各无疫区应按照无疫区建设要求，严格控制无疫区外的易感动物引入，建立健全动物及动物产品准入机制和指定通道制度。

（6）加强国际交流与合作。进一步加强动物疫病区域化管理工作的国际交流与合作，充分利用"两种资源""两个市场"，大力实施"走出去、请进来"战略，加快推进动物疫病区域化管理，逐步与世界接轨，提高我国动物卫生和畜产品安全水平。

8. 无规定动物疫病区评估的十大关键项

（1）省级人民政府以立法或文件形式明确控制疫病种类、区域范围及类型。

（2）区域自然或人工屏障体系完整，能控制动物的自然进出。

（3）在规定时间内没有发生规定动物疫病。

（4）在规定时间内无规定动物疫病病原感染，并有相应监测记录。

（5）兽医机构体系完整、职能明确，能够满足工作需要。

（6）规定动物疫病监测范围、监测频率和样品数量符合要求。

（7）监测记录及结果真实、完整，检测结果按规定报告。

（8）实施动物及动物产品引入报检制度。

（9）进入区域的主要交通道口设有动物卫生监督检查站。

（10）应急所需的紧急免疫、扑杀补偿等经费纳入财政预算，明确扑杀补偿方案。

四、无规定动物疫病屏障体系和生物安全隔离区

1. 无规定动物疫病屏障体系

物理屏障(有形屏障)。

①自然屏障：指自然存在的足以阻断某种疫病传播、人和动物自然流动的地貌或地理阻隔，如山峦、河流、沙漠、海洋、沼泽地等。

②人工屏障：为防止规定动物疫病病原进入无规定动物疫病区，由省级人民政府批准的、在无规定动物疫病区周边建立的动物防疫监督检查站、隔离设施、封锁设施等。

动物卫生监督检查站是由省级人民政府批准设立的，主要在进出无疫区的高速公路、国道、省道或铁路、航空、港口等线路的主要出入口，设立在无疫区的周边（缓冲区内），方便进行动物隔离或动物产品无害化处理，其管理设施齐全、制度完善、有无害化处理能力和记录完整规范。

动物隔离场的选址和布局要符合动物防疫要求，原则上设在缓冲区内，需要设在无疫区内的，应经农业部批准，取得动物防疫条件合格证，需要设施设备齐全，运行良好，管理规范，记录完整，定期向当地和省级动物卫生监督机构报告工作情况。

2. 管理屏障（无形屏障）

（1）输入前包括引入审批制度、报检制度（二次检疫）和准引手续。引入审批制度，跨省、自治区、直辖市向无疫区引进乳用动物、种用动物及其精液、胚胎、种蛋的，应向无疫区所在省（自治区、直辖市）动物卫生监督机构申办引入审批手续。

报检制度是指从无同种规定疫病的无疫区向无疫区输入易感动物及其产品时，应向无疫区所在地动物卫生监督机构报检，经检疫合格方可进入。

准引手续是指确需从非无疫区输入易感动物及具有规定动物疫病传播风险的动物产品时，必须到输入地省级动物卫生监督机构或其指定的动物卫生监督机构办理报检手续，易感动物经隔离检疫合格，动物产品经检疫合格方可进入。

（2）输入时包括隔离检疫和指定通道进入。隔离检疫，动物隔离场隔离检疫，一般大动物45d，小动物30d。

指定通道是由省、自治区、直辖市人民政府指定并公告的允许无疫区外动物及动物产品进入无疫区的通道，指定通道应设有动物卫生监督检查站，省级人民政府明确设定并公告了进入无疫区的指定通道，要明确各指定通道的位置、地理方位、公路干道名称等信息，所有进入或过境动物及动物产品必须经过指定通道，并有规范、完整的记录。

（3）输入后全程监控。全程监控是动物卫生监督机构对引入无疫区后的动物及动物产品实施从报检、检疫、隔离、运输、混群、交易以及储藏等环节进行的全过程的流通控制、隔离检疫、监督管理等活动，动物卫生监督机构应建立并有效落实全程监控制度。

3. 无规定动物疫病生物安全隔离区

建立生物安全隔离区的肉禽养殖屠宰加工企业应是一个独立的法人实体，其主要生产单元应包括种禽场、孵化场、商品禽养殖场、屠宰加工厂、饲料厂等，且地理位置相对集中，原则上处于同一县级行政区域内或处于以屠宰加工厂为中心，半径50千米的地理区域内，在实施良好生物安全管理措施及有效的风险管理基础上，区域范围可适当扩大；种牛场、商品牛养殖场、牛屠宰加工厂应取得《动物防疫条件合格证》，种牛场还应取得《种畜禽生产经营许可证》，种牛达到种用动物健康标准，饲料厂应取得《饲料生产企业审查合格证》；遵循全过程风险管理和关键点控制的原则，建立统一有效的生物安全管理体系；根据国家有关规定建立规定动物疫病应急实施方案；所在地的兽医部门应对肉禽生物安全隔离区的建立和运行实施官方有效监管；所有生产单元的污染物排放及废弃物处理应符合生物安全和相应的环保要求。

4. OIE 关于无口蹄疫生物安全隔离区

（1）生物安全隔离区的要求。过去12个月内没有发生口蹄疫疫情及口蹄疫感染的证据，没有饲养口蹄疫免疫动物；禁止进行口蹄疫疫苗免疫；引进动物、精液、胚胎时符合规定；生物安全隔离区所在区域最近3个月内没有发生口蹄疫疫情。

（2）生物安全隔离区兽医机构。生物安全隔离区所在省、市、县兽医机构设置符合国家规定，职能明确，能够满足工作需要；兽医机构建立了免疫、检疫监管、疫病监测、疫情报告及应急处置等相关制度，具有与规定动物疫病控制相适应的监测体系，从事监测工作的实验室有相应资质和检测能力；兽医机构对动物饲养、屠宰加工、交易等场所派驻监管人员，实施动物产地检疫、屠宰检疫和防疫监管。

（3）生物安全隔离区动物疫病状况。动物疫病评估关键项包括承担检测和诊断工作的实验室具备相应资质，具有规定动物疫病检测和诊断能力；企业和兽医机构应建立规定疫病监测体系，有科学、合理的监测方案；规定动物疫病监测范围、监测频率和样品数量符合要求；掌握生物安全隔离区过去5年规定动物疫病的历史状况；生物安全隔离区在规定时间内没有发生规定动物疫病；有监测证据表明生物安全隔离区在规定时间内没有发现规定动物疫病病原存在。

5. 生物安全管理体系

生物安全管理体系包括组织体系、屏障设施、生物安全计划、生物安全措施、监测、应急反应和疫情报告、记录和内部审核与改进等。

生物安全计划是分析规定动物疫病传入和在生物安全隔离区内传播、扩散的可能途径，并采取相应控制措施降低疫病风险的计划。其组成部分包括分析规定动物疫病传入和在生物安全隔离区内传播的可能因素；对每个潜在传入传播因素，设立相应关键控制点；对每个关键控制点，制定相应的生物安全措施；建立标准操作程序。

标准操作程序是将各种生物安全措施和相关饲养、屠宰加工等场所的管理规范进行整合而成，主要包括：生物安全措施的实施、维持和监督程序，纠错程序，纠错过程确认程序，记录表格。

6. 加强生物安全隔离区的建设和管理

（1）加强生物安全隔离区疫病风险源和风险途径的识别和确立。围绕区域相对集中、产业链较为完整的畜禽生产加工出口大型企业集团，确立畜禽生物安全隔离区划范围，然后，依据流行病学和风险分析的基本原理，从"传染源、传播途径、易感动物"3个环节，对生物安全隔离区规定疫病的风险因素进行系统分析和评估，这是关键性基础性工作。风险因素应包括规定疫病侵入隔离区的风险因素，即外部风险因素和隔离区内循环传播的风险因素（即内部风险因素），外部风险因素主要包括隔离区和缓冲区外部周边畜禽场、屠宰加工厂、活畜禽交易场等周边传染病传入风险，及人员、设施设备、药品器具、车辆、饲料运输、媒介生物、种畜禽引进等进入所带来疫病传入风险；内部风险因素主要包括内部畜禽移动、饲料运输、粪便运输、病死畜处理等人员物资流动所导致的病原内部传播流行的风险。

（2）强化生物安全隔离区生物安全计划和管理体系的制定和实施。生物安全隔离区要求区域内的动物亚群体在共同生物安全管理体系之下，而建立统一的生物安全管理体系的前提就是首先对生物安全隔离区的风险源、风险途径等风险因素进行系统分析和科学评估，因此没有科学的风险分析作为依据就没有科学的生物安全计划。由于我国幅员辽阔，各地动物卫生水平和养殖模式不一，在建设隔离区时除了遵循统一的标准之外，也应因地制宜，根据当地现实的地理环境、养殖模式、产业链等具体情况开展具体的风险分析，制订针对当地种畜禽场、商品畜禽场、屠宰中心、畜禽流通、饲料加工配送等生产单元各自的和综合的基于风险分析和关键控制点为核心的生物安全计划和管理体系并实施标准操作流程，才能真正意义上发挥生物安全隔离区控制动物疫病、提高动物产品安全水平的作用。

（3）提高生物安全隔离区疫情监测、报告和应急反应的有效性。生物安全隔离区要求通过监测、控制和生物安全措施维持无规定动物疫病，以有效的证据证明区域内规定动物疫病的卫生状况。监测区域应包括隔离区、缓冲区及缓冲区之外区域。监测应按照 OIE《陆生动物卫生法典》和国家有关疫病监测要求，制订疫病监测文本，包括隔离区的基本卫生状况、相关监测数据、强度和频率、发生疫情时的早期诊断程序、疑似病例调查和报告程序等。监测工作需要官方兽医和执业兽医协作完成，一方面，隔离区内畜禽群体抗原抗体监测是企业生物安全计划和管理体系的重要内容，也是企业自身疫病风险控制的必要措施，另一方面，隔离区、缓冲区及周边外围区域的监测也是官方兽医的生物安全监管体系的重要内容。监测、评估生物安全隔离区抗原暴露风险增加时，应该重新评估原有生物安全计划和管理措施，提高风险防范水平。一旦隔离区突发疫情，执业兽医或官方兽医应严格按照既定的疫情报告制度及时、准确地向兽医机构报告，并按疫情暴发应急预案采取隔离封锁等应急处置措施。

（4）完善生物安全隔离区动物及动物产品标识与可追溯体系。要实现生物安全隔离区与外界的"功能性隔离"，要求清晰界定和识别生物安全隔离区内外的畜禽，应遵循农业部《畜禽标识和养殖档案管理办法》，建立动物标识与可追溯体系。其目的就是通过记录生产、屠宰、加工、销售等所有环节的数据，实现对动物及动物产品的追溯，一方面，对于发生动物疫病或动物性食品安全事件时能够有效开展风险评估，快速实施溯源，及时扑灭重大疫情或处置动物食品不安全事件，另一方面，可追溯性能够为消费者和销售商提供畜禽产品详细记录和档案信息，增强消费信心，也可以保障退回或者召回特定货物及时准确地执行，避免不必要的大范围贸易中断。

（5）完善生物安全隔离区建设相关规范标准文件。2009 年，农业部印发了《肉禽生物安全隔离区建设通用规范（试行）》和《肉禽无禽流感生物安全隔离区标准（试行）》，目前尚没有猪、牛等动物的无规定疫病生物安全隔离区相关文件，还需要进一步完善畜禽生物安全隔离区建设的规范标准文件，包括：生物安全隔离区内生物安全管理标准；生物安全隔离区和缓冲区疫病监测计划和标准；生物安全隔离区追溯系统规范；生物安全隔离区和缓冲区内疫病控制措施；生物安全隔离区和周围缓冲区的疫病报告、应急预案、预案实施方案等配套标准文件。

（6）提高生物安全隔离区资源配置合理化水平。要实施生物安全隔离区内生物安全管理和生物安全计划需要资源投入作为物质保障，即生物安全隔离区必须满足基础设施要素要求，其中企业要负责投入和建设的基础设施包括：各生产单元的动物疫病诊断、检疫、防疫等环节的基础设施，缓冲隔离设施，污水、粪便、病死畜禽无害化处理设施，疫病检测、畜禽产品质量安全检测、饲料检测化验等实验室检测体系以及突发重大疫情应急储备防疫物资等，因此，生物安全隔离区在提高动物及产品卫生水平的同时，也需要承担较大的经济投入。

无规定动物疫病区的建立完善了动物防疫体系，在重大动物疫病防控和畜禽产品质量安全控制方面发挥了积极作用，经济效益和社会效益显著。生物安全隔离区建设应在无规定疫病区经验总结的基础上在规划建设初期进行成本效益的经济学评估，并以评估结果为依据，建立科学的经费投入机制，优化投入资源的配置，提高资金效率，使得生物安全隔离区的建设真正让企业取得经济效益并可持续发展。经费的来源需要中央、地方和企业三方解决，中央应给予地方和企业积极的鼓励扶持政策。

（7）理顺生物安全隔离区组织运行和监督管理机制。企业内部应建立生物安全计划的组织运行和监管机制、动物标识与可追溯组织运行和监督管理机制、疫病监测报告和应急处置组织运行和监督管理机制等。兽医部门应建立生物安全隔离区及周边环境疫病监测与风险评估的组织运行机制。《无规定动物疫病区评估管理办法》第八条规定，我国的无规定动物疫病区包括"同一生物安全管理体系下的若干养殖屠宰加工场所构成的一定区域"，明确了生物安全隔离区划的法律地位。但是，目前相关法律法规还很不完善，还需要对生物安全隔离区的审批条件、审批程序、审批内容，生物安全隔离区及其周边环境的要求及风险因素和风险途径的识别要求，同一生物安全管理体系和生物安全计划的制定要求，生物安全隔离区的维持和运行措施，生物安全隔离区的终止和撤销条件，生物安全隔离区及周边区域规定疫情的紧急措施，疫病实验室诊断要求，病原监测和免疫计划的职责分工等系列内容进行立法规范，使生物安全隔离区建设管理有法可依、有章可循。

生物安全隔离区是动物疫病区划管理的新模式，已成为国际通行的动物疫病风险控制措施。一方面，我国应该按照 OIE 生物安全隔离区的建设指导原则积极探索和科学实施生物安全隔离区模式，与国际规则接轨，获得进口国审核认可，促进动物及动物产品国际贸易，提升我国畜牧业国际竞争力；另一方面，在吸收 OIE 等相关疫病管理理念的同时，要更多考虑我国畜牧养殖业发展实际，制定适合本国的动物疫病防控策略和措施。

我国当前规模化养殖水平还落后于欧盟等国家，正处于向标准化、规模化、产业化转型升级过程中，且动物及动物产品以供应内需为主。因此，可以先在现代畜牧园区及规模养殖场试点和推广生物安全隔离区划模式，建立并维持无规定疫病状态，然后向较大区域扩展，这对实现重大动物疫病控制和消灭，保障动物产品生产供应安全、动物产品质量安全和公共卫生安全将更加实际和有效。

五、我国无规定动物疫病区建设评估进展

1. 无规定动物疫病区建设评估的技术支撑机构和评估机构

《国务院关于推进兽医体制改革的意见》（国发〔2005〕15 号）明确指出，要完善动

物疫病控制手段，建立健全风险评估机制，提高科学防治水平。2006年，农业部按照国务院兽医体制改革要求，对部属畜牧兽医单位进行机构调整时，规定由中国动物卫生与流行病学中心承担无规定动物疫病区、动物及动物产品安全兽医卫生评估等职能（农办人〔2006〕40号）。

为健全我国动物卫生风险评估体系，完善动物疫病控制手段，2007年11月15日，全国动物卫生风险评估专家委员会在北京正式成立，标志着我国动物卫生风险评估工作的全面启动，农业部将委员会办公室设立在中国动物卫生与流行病学中心，承担委员会日常工作，建立了150多人的全国动物卫生风险评估专家库。为规范全国动物卫生风险评估专家委员会的工作，做好风险评估工作，2009年3月30日，农业部印发了《全国动物卫生风险评估专家委员会章程》（农办医〔2009〕14号），进一步明确了委员会及办公室的组织机构、职责任务、委员管理和议事规则等。

2. 无规定动物疫病区建设评估的法律地位

《中华人民共和国农业法》第三章第二十四条规定，国家实行动植物防疫、检疫制度，健全动植物防疫、检疫体系，加强对动物疫病和植物病、虫、杂草、鼠害的监测、预警、防治，建立重大动物疫情和植物病虫害的快速扑灭机制，建设动物无规定疫病区，实施植物保护工程。

《中华人民共和国农产品质量安全法》第三章第十六条规定，县级以上人民政府应当采取措施，加强农产品基地建设，改善农产品的生产条件。县级以上人民政府农业行政主管部门应当采取措施，推进保障农产品质量安全的标准化生产综合示范区、示范农场、养殖小区和无规定动植物疫病区的建设。

《中华人民共和国动物防疫法》第二章第二十四条规定，国家对动物疫病实行区域化管理，逐步建立无规定动物疫病区。无规定动物疫病区应当符合国务院兽医主管部门规定的标准，经国务院兽医主管部门验收合格予以公布。

《无规定动物疫病区评估管理办法》，农业部第1号部令发布，自2007年3月1日起施行，本办法指出国家支持各省、自治区、直辖市建立无规定动物疫病区，鼓励养殖企业参与无规定动物疫病区建设；依法推动实施动物疫病区域化管理；规范无规定动物疫病区建设和评估活动；明确了无规定动物疫病区的3种区域类型（省、自治区、直辖市的部分或全部区域；毗邻省的连片区域；同一生物安全管理体系下的若干养殖加工场所构成的一定区域）；明确了无规定动物疫病区评估的评估机构、评估原则、评估依据、评估方法、评估程序等关键问题；明确了评估申请主体，给出了《无规定动物疫病区评估申请书》的基本样式。

3. 无规定动物疫病区建设评估的相关标准规范

（1）无疫区建设评估的相关标准规范。《无规定动物疫病区管理技术规范（试行）》，为实施动物疫病区域化管理，规范无规定动物疫病区评估活动，有效控制和扑灭重大动物疫病，提高动物卫生及动物产品安全水平，促进对外贸易，根据《无规定动物疫病区评估管理办法》有关规定，农业部制定了该技术规范，该规范主要针对口蹄疫、猪瘟、禽流感、新城疫四种疫病，共六大部分63项规范，规定了无规定动物疫病区建设、管理、维持的具体技术要求和无规定动物疫病区评估的技术标准，于2007年1月25日，由农医发

〔2007〕3号文发布。

《无马属动物疫病区系列标准》，根据《无规定动物疫病区评估管理办法》有关规定，农业部制定了《无马流感区标准》等16个与马属动物疫病有关的无规定动物疫病区规范，本规范为指导广州亚运会无马属动物疫病区建设，包括《无马流感区标准》《无亨德拉病区标准》《无狂犬病区标准》《无马鼻肺炎区标准》《无西尼罗河热区标准》《无马梨浆虫病区标准》《无日本脑炎区标准》《无伊氏锥虫病（苏拉病）区标准》《无马病毒性动脉炎区标准》《无尼帕病毒病区标准》《无水泡性口炎区标准》《无非洲马瘟区标准》《无马鼻疽区标准》《无马传染性贫血标准》《无马媾疫区标准》和《无马脑脊髓炎（东方和西方）区标准》，于2009年2月23日，由农医发〔2009〕4号文发布。

为推进无规定动物疫病区建设，加快无规定动物疫病区评估，根据《无规定动物疫病区评估管理办法》和《无规定动物疫病区管理技术规范（试行）》，农业部制定了《无规定动物疫病区现场评审表》，用于开展无规定动物疫病区现场评估工作。该评审表是对《无规定动物疫病区管理技术规范》的核心内容进行高度概括和抽提而形成的，包括六大模块，96个要素指标，其中关键项10项，重点项37项，普通项49项，规范了无疫区评估的指标体系，提高了可操作性，减少了主观性，增加了客观性，解决了在规定时间内完成无疫区评估工作，既要做到全面核查，又要突出重点，统一评估指标的矛盾，于2008年12月9日，由农办医〔2008〕46号发布。

（2）生物安全隔离区建设评估的相关标准规范。为推进我国肉禽无规定动物疫病生物安全隔离区建设，有效控制高致病性禽流感等重大动物疫病，提高我国禽肉产品安全水平，促进对外贸易，依据《无规定动物疫病区评估管理办法》，农业部制定了《肉禽无规定动物疫病生物安全隔离区建设通用规范（试行）》和《肉禽无禽流感生物安全隔离区标准（试行）》，于2009年6月22日，由农医发〔2009〕13号文发布。《肉禽无疫生物安全隔离区建设通用规范》规定了无疫肉禽生物安全隔离区的基本要求、生物安全管理体系、环境条件、基础设施以及疫病监测、诊断能力和程序、应急反应和疫情报告、记录、官方兽医监管等方面的要求。《肉禽无禽流感生物安全隔离区标准》规定了肉禽无禽流感生物安全隔离区的条件及撤销和恢复条件。

为进一步加强动物疫病区域化管理，规范肉禽无规定动物疫病生物安全隔离区现场评审工作，根据《无规定动物疫病区评估管理办法》、《肉禽无规定动物疫病生物安全隔离区通用建设规范（试行）》和《肉禽无规定动物疫病生物安全隔离区标准（试行）》要求，农业部制定了《肉禽无规定动物疫病生物安全隔离区现场评审表》，该评审表包括生物安全隔离区、兽医机构、动物疫病状况3部分，共87项，其中关键项21项，重点项36项，普通项30项，于2010年6月7日由农办医〔2010〕48号发布。

为推进生物安全区建设评估工作，有效防控重大动物疫病，保障动物产品质量安全，促进动物及动物产品对外贸易，依据《无规定动物疫病区评估管理办法》，农业部制定了《生物安全区评估申请书（基本样式）》，该申请书由基本信息、摘要、正文、附件四部分组成，正文部分涉及企业生产概况、生物安全区界定、生物安全管理体系、兽医机构监管等，于2011年7月27日，由农办医〔2011〕49号发布。

4. 无规定动物疫病区建设实践活动

（1）无规定动物疫病区及示范区建设。1998 年，全国 23 个省（区、市）的一定区域建设无规定动物疫病区。2001 年，重点在四川省、重庆市、吉林省、山东省、辽宁省和海南省 6 省市建设四川盆地、松辽平原、胶东半岛、辽东半岛和海南岛五片无规定动物疫病区示范区。国家在无规定动物疫病区建设上总计安排投资 16.48 亿元，其中中央财政投入 10.24 亿元，地方配套 6.24 亿元。

（2）无规定动物疫病生物安全隔离区建设试点。无规定动物疫病生物安全隔离区建设试点是探索适合我国国情的无规定动物疫病生物安全隔离区建设、管理与评估模式，在实际工作中检验和完善无规定动物疫病生物安全隔离区相关标准规范。德州市德城区六和集团、山东民和集团、福建圣农集团、河南华英集团已积极开展生物安全隔离区建设。

5. 无疫区国家评估和国际认可

全国无规定动物疫病区评估管理工作由农业部负责，全国动物卫生风险评估专家委员会承担无规定动物疫病区评估工作，由全国动物卫生风险评估专家委员会办公室组织评估活动。评估申请主体是区域所在省、自治区和直辖市政府兽医主管部门，申请无疫区评估应当提交评估申请书和自我评估报告，评估申请书应当明确下列事项：无规定动物疫病区的范围（包括屏障及边界控制）；兽医体系建设情况（包括实验室建设）；动物疫情报告体系；动物疫病流行情况；控制、扑灭计划和实施情况；免疫措施和监测情况和应急反应措施。

目前已通过评估的无疫区有广州从化无规定马属动物疫病区、海南岛免疫无口蹄疫区、辽宁省免疫无口蹄疫区和吉林永吉免疫无口蹄疫区。

广州从化无规定马属动物疫病区是第一个通过国家评估的无疫区。2007 年 5 月，针对 14 种马属动物疫病，广州市启动了广州亚运会无规定马属动物疫病区建设工作；2009 年 10 月，农业部派出评估专家组，对从化无马属动物疫病区进行国家评估；2009 年 11 月，OIE 亚太区第二十六届会议，OIE 专家介绍了广州从化无马病区的建设评估经验；2010 年 5 月，欧盟发布第 2010/266 号决议，决定将广州从化无马属动物疫病区列入可向欧盟出口马匹的国家和地区名录；2010 年 11 月，第 16 届亚运会马术比赛在广州从化市举行。

海南岛免疫无口蹄疫区是第一个通过评估的无疫区示范区。2009 年 11 月，根据农业部安排，全国动物卫生风险评估专家委员会办公室组织评估专家对海南岛免疫无口蹄疫区进行了现场评估；2009 年 12 月，农业部高鸿宾副部长宣布海南岛免疫无口蹄疫区正式建成。

辽宁省免疫无口蹄疫区是第一个内陆地区全省无疫区，是在辽东半岛免疫无口蹄疫区示范区的基础上开展建设的。2012 年 3 月，辽宁省免疫无口蹄疫区通过了农业部组织的评估专家组现场评审；2012 年 8 月，农业部第 1810 号公告宣布辽宁省免疫无口蹄疫区正式建成。

吉林永吉免疫无口蹄疫区是第一个由中外专家共同评估认可的无疫区。2010 年 5 月，吉林市政府与新加坡农粮兽医局签订《建设中国吉林（新加坡）新型农业合作食品区无规定疫病区协议书》，正式启动了吉林省永吉免疫无口蹄疫区建设；2012 年 7 月，农业部派出专家组对吉林永吉免疫无口蹄疫区进行现场评审，新加坡派出 6 名观察员全程参与评估；2012 年 8 月，农业部第 1811 号公告中宣布吉林永吉免疫无口蹄疫区正式建成，并获得新加坡的认可。

六、无规定动物疫病区建设、存在的问题和对策

1. 无规定动物疫病区建设情况

为了把当前国际通行的动物卫生管理模式动物疫病区域化管理纳入国家范畴，1998年，农业部借鉴国际通行的无规定动物疫病区建设经验，启动了动物保护工程，提出动物疫病区域化控制的理念，先后分两批在 23 个省、区、市的 651 个县对 19 种动物疫病实施区域化控制，投资建设六大体系，建立无规定动物疫病区，中央投入和地方配套总投资近 9 亿元人民币。按照 OIE 规定，只有通过评估、认证，无疫区才能得到国际的普遍认可。针对中国无疫区建设与国际标准相比还存在差距的实际状况，2001 年，农业部参考国际通行的无规定动物疫病区标准，在总结动物保护工程建设经验的基础上，按照出口量大、自然条件好、相对封闭、易于管理的原则，选择 5 片区、6 省（市）即胶东半岛、辽东半岛、四川盆地、松辽平原和海南岛 5 个区域的山东省、吉林省、辽宁省、四川省、重庆市和海南省，投资建设无规定动物疫病区示范区。2003 年 9 月，全国 5 片无规定动物疫病区示范区建设项目全部通过农业部验收。

2. 无规定动物疫病区取得的成就

（1）建成了较大面积的无规定动物疫病区和无规定动物疫病示范区。我国从 1998 年起，开始实施无规定疫病区建设，建设主要包括两个阶段，即实施动物保护工程和无规定动物疫病区示范区建设。1998 年，农业部启动了动物保护工程，先后分两批在 23 个省、市、自治区的 651 个县建立无规定动物疫病区；2001 年，农业部选择了胶东半岛、辽东半岛、四川盆地、松辽平原和海南岛 5 个区域，投资建设无规定动物疫病区示范区，至 2008 年已经累计投资 16.48 亿元。

（2）加强了无规定动物疫病区畜牧兽医队伍建设。建成了一批高质量的各级动物防疫、检疫、监督和兽药监察机构，初步建立了动物疫病控制、动物防疫监督、动物疫情监测及动物防疫屏障等四大体系，畜牧兽医以及动物检疫从业队伍素质和学历层次得到了进一步提高。

（3）有效控制了动物疫病，大幅度降低了动物死亡率。通过动物疫病区域化管理，有效控制了口蹄疫、禽流感、猪瘟、新城疫等重大动物疫病。无疫区内，国际上规定的动物 A 类病都没有发生，并经受住了禽流感的考验，其他疫病也大幅度下降，已经符合了国际动物产品贸易的规定，动物卫生监管水平得到了较大提高，使我国动物疫病防控工作逐步与国际接轨。通过无规定动物疫病区示范区建设，动物疫病的监控、预防、检测和应急能力显著增强，各项技术手段、经济手段和行政手段均得到很大改善，保护动物的水平也得到了提高，猪、禽、牛、羊等主要畜禽品种的死亡率均明显下降，动物死亡率与项目建设前相比平均下降了 5 个百分点。

（4）动物产品的检疫工作明显加强。口蹄疫、猪瘟、鸡新城疫等多种疫病的免疫率、动物免疫标识佩带率、动物产地检疫率、动物屠宰检疫率、上市肉品的持证率、动物卫生监管及违法案件查处率都明显得到大幅度提高。

（5）防制动物疫病的设施与手段得到改善。无规定动物疫病区内，实验室等基础设施

条件明显改善，并进一步完善了综合性动物疫病防疫措施。通过无规定动物疫病区建设，各级实验室从硬件建设到软件建设都有了较大改善。

（6）促进了畜牧业及相关产业快速发展。因无规定动物疫病区的品牌效应，投资环境的改善，吸引了大量国内外企业在示范区内进行畜禽养殖与畜产品加工业投资，同时，疫病的减少也使农民增强了养殖信心。

（7）促进了我国动物产品出口。据6省市的资料统计，无规定动物疫病区出口的畜产品已占全国的近一半。畜禽产品卫生质量逐步提高，畜禽产品出口创汇能力明显增强，并带动了饲料、兽药等相关行业的发展，经济效益显著。

（8）初步建立了相关法律法规和规章制度。许多无疫区先后出台了无规定动物疫病区建设实施方案、无规定动物疫病区管理办法、条例、诊疗管理暂行规定、奶畜防疫管理规定，修改完善了"高致病性禽流感防治应急预案""突发重大动物疫情应急预案"等地方性法规，部分地区健全规范了基层动物防疫机构免疫、检疫、消毒、监督、疫病诊断和监测、疫情报告和扑灭业务记录等。

（9）在公共卫生安全方面贡献巨大。动物防疫工作是公共卫生工作的重要组成部分。我国现有的200多种动物传染病和150多种动物寄生虫病中，已知可以传染给人的有160多种，如果不能及时有效地控制和扑灭，必然会给公共卫生安全带来威胁，甚至危及人民群众健康和生命安全。随着无规定动物疫病区的建设，人兽共患病防制工作成效显著，动物源性食品安全得到改善，有效保障了人民群众身体健康。

（10）初步建立了区域评估机制，无规定动物疫病区建设工作向着规范有序的方向发展。2007年，农业部颁布了《无规定动物疫病区评估管理办法》，制定了《无规定动物疫病区管理技术规范》和无疫生物安全企业建设标准，成立了全国动物卫生风险评估专家委员会，指导各地建立无规定动物疫病示范区并进行评估申请。

3. 无规定动物疫病区建设中存在的问题

（1）兽医管理体制改革工作进展缓慢，基层畜牧兽医站的改革效果不够理想。由于基层防疫人员工作能力不高，技术条件比较差，实验诊断设施不健全，不能及时判断发现疫情，对今后的动物防疫工作极为不利。目前，有不少基层畜牧兽医站机构不健全，编制被挤占，防疫设施落后，加之公益性职能与经营性服务职责不分，科学的管理机制没有建立起来，因此也就难以发挥应有的作用。加快推进兽医管理体制改革，提高重大动物疫病防控能力和公共卫生安全水平是我们面临的紧迫任务。

（2）动物防疫经费不足。防疫人员工资和购买防疫所需的疫苗、器械等物资的经费无法解决，基层实验诊疗设备简陋，部分地区动物防疫工作较为被动。

（3）疫苗存在免疫应激和免疫失败现象，造成免疫效果不理想。部分农户防疫意识差，存在侥幸心理，不配合农牧部门做好防疫免疫注射工作等，造成部分地区畜禽免疫密度达不到相关要求。

（4）小规模分散饲养方式，畜禽混养现象普遍。管理粗放、散养户防疫意识差、防疫水平低下，造成疫源复杂，动物疫病防控难度大。迁徙候鸟等野生动物带毒现象可能传播新的疫情。

（5）产地检疫工作开展难度较大。猪、牛的产地检疫率不容易达到要求的100%，家禽、兔的产地检疫率更低。

（6）畜产品质量亟待提高，对外贸易亟待加强。我国畜产品出口量占畜产品总产量的比例非常小，由于兽药残留等指标超过国际通行的食品质量安全标准，被拒收、扣留、退货、销毁索赔和终止合同的现象时有发生，给我国的外贸出口和农民利益造成了严重损失。

（7）无规定动物疫病区建设仍缺乏地方配套法律法规的大力支持。各地虽然制定了部分条例、办法等，但多数地区尚没有上升到法律的角度来全面保护无规定动物疫病区的建设工作。

（8）有些地方领导没有认清动物疫病的严重危害，不能常抓不懈。近年来，各级党委政府把养殖业摆在农业经济发展的突出位置，畜牧业发展速度加快，畜牧业成为农业结构调整的重要方向，农业经济的重要产业，农民增收的重要来源。一旦发生重大疫情，畜禽产品被封锁，不仅会严重影响畜牧业的健康发展，而且还会对政治、经济和社会稳定造成不良影响。但有些地方政府和部门领导经过一定时间的防疫工作后，开始出现松懈、麻痹思想，没有经常性的把动物疫病防控工作摆到突出的位置去抓，动物疫病防控工作被动应对，动物疫病险象环生，再加上全国的动物疫病形势严峻，给动物疫病防控工作带来巨大的压力。

4. 无规定动物疫病区建设的对策

（1）加强思想意识，强化无规定动物疫病区区域化管理。短短几年的无规定动物疫病区的建设，已经得到各级政府、广大人民群众的认可，以及国外同行专家和政府的紧密关注，使我国对外注册的食品生产加工企业得到外国的认可，能够大量、顺利地销往京、沪、港、澳等地。这些成果都要归功于这些食品生产加工企业，就在无规定动物疫病区内，他们的原料来自无规定动物疫病区，无规定动物疫病区的疫病控制较好和产品卫生安全质量较高。因此，对于无规定动物疫病区这个新生事物，不能够简单地作为搞几年就完事的快餐项目，必须作为一个长远的战略措施来抓。必须把无规定动物疫病区建设为我国畜牧产品的出口基地、安全动物食品生产基地，而且要把防疫体系建设、法律法规建设等投放到无规定动物疫病区来进行试点，把无规定动物疫病区作为整个动物卫生防疫监督和兽医事业发展的示范区来抓。

（2）加大资金投入，完善仪器设施。有关业务部门要认真地制定相关措施，对项目配套资金落实形成监督机制，加大资金投入，每年配套一定的监测经费，购置配套仪器，完善设施和服务功能。同时，有关业务部门的领导要建立创新服务机制，拓展更多资金渠道，例如，把经营理念引入检测室，让检测室走向社会，切实地为广大养殖户提供服务，这种新型经营性服务不仅能够创造更多的实践机会，而且可创造更多的资金收入，补贴了经费不足，形成多渠道资金的良性循环。

（3）科学配置，整合资源，形成网络区域系统。要以若干个市为一个区域，重点建设，从资金、设备、技术培训上加以倾斜，突出地域性布局。对建设区域作适当调整，建设区域一定要考虑原有的动物防疫工作基础、产业条件、政府重视程度和行政能力、自然地理优势等因素，在原有省市不变的情况下，在市、县布局上可作适当调整，但是前提要坚持相对成片的集中原则。在无规定动物疫病区的具体内容上，应该根据实际情况做出科学合理的调整，比如，某一区域则以控制或消灭禽病为重点，兼顾猪病的控制；某一区域应该以控制、消灭猪病为重点，并兼顾其他几个病的控制；在无规定动物疫病区建立屏障区应综合地考虑与周边的边境防疫监督检查站的建设相协调。

（4）加强业务人员的技术培训，建立全程监管机制。定期举办培训班，开展知识竞赛，提高业务人员技术水平，并且严格地执行落实免疫标识制度，建立免疫档案，把监测、免疫、消毒和检疫工作认真地贯彻下去。同时，要依据《国际动物卫生法典》和WTO有关国际动植物检疫协议的要求，建立从饲料到食品、从生产到餐桌的动物卫生和畜产品安全的全程监管机制，确保动物疫情控制、扑灭等措施得到有效落实。

（5）加强兽医管理体制的建立。兽医管理体制要与国际接轨，例如省、市（县）两级各自独立建立动物卫生监督所，扎实执行防疫监督、兽医管理、兽药管理等全部职能，为兽医管理制度的实施打下坚实基础，同时乡镇畜牧兽医站必须打破一乡一站的陈旧模式，应该设立专门从事公益性事业的县（市）区分站，至于其他兽医管理站则可以联合起来，建立动物疾病预防控制中心，这样，市动物卫生监督所和市饲料办则可共同监管动物卫生和畜产品安全。

5. 规划无规定动物疫病区未来发展

为加快推进动物疫病区域化管理，不断增强动物疫病防控工作能力，提高动物卫生水平和畜产品质量安全，促进动物及动物产品贸易，依据《动物防疫法》等有关法律规定，农业部于2010年9月17日制定了《关于加快推进动物疫病区域化管理工作的意见》，由农医发〔2010〕39号文发布，该意见明确了进一步推进区域化管理工作的指导思想、基本原则和今后5~10年的工作目标，规定了实施区域化管理的基本条件、疫病种类、建设模式、建设要求、保障措施等。

全国兽医事业发展"十二五"规划（2011—2015年）指出支持和鼓励无特定病原场、生物安全隔离区和无规定动物疫病区建设，积极推进无疫区示范区和有条件地区的评估认证，适时推动已建成无疫区的国际认可。

国家中长期动物疫病防治规划（2012—2020年），提出一带三区的布局，即国家优势畜牧业产业带、人畜共患病重点流行区、外来动物疫病传入高风险区和动物疫病防治优势区。在海南岛、辽东半岛、胶东半岛等自然屏障好、畜牧业比较发达、防疫基础条件好的区域或相邻区域，建设无疫区。在大城市周边地区、标准化养殖大县（市）等规模化、标准化、集约化水平程度较高地区，推进生物安全隔离区建设。

无规定疫病区建设始终要坚持政府主导、统筹规划、财政补助、科研支撑的工作原则。我国畜牧业产业带、动物疫病防治优势地区、国际大都市郊区等地区要因地制宜、积极主动开展动物疫病区域化管理，是我国畜牧业现代化发展的必然要求。应该看到，畜牧大省不可能在短时间内建立无规定疫病区，反而养殖规模较小、发展精品养殖业的现代都市规模化水平高、管理规范、各级兽医机构技术手段充实，可能推出较成熟、可推广的示范模式。试点先行、整体推进，无规定动物疫病区建设成就必将为我国养殖业健康发展保驾护航。

（撰写人：郇延军；校稿人：何洪彬、王洪梅）